MONOGRAPHIEN ZUR VÖLKERKUNDE

HERAUSGEGEBEN VOM HAMBURGISCHEN MUSEUM FÜR VÖLKERKUNDE

- V -

DIE YAMABUSHI

ASPEKTE IHRES GLAUBENS, LEBENS UND IHRER SOZIALEN FUNKTION IM JAPANISCHEN MITTELALTER

VON

HARTMUT O. ROTERMUND

KOMMISSIONSVERLAG CRAM, DE GRUYTER & CO.

HAMBURG 1968

Inhaltsverzeichnis

Vorbemerkung

Die Yamabushi[1] genannten Bergasketen Japans wurden im Westen bisher kaum bekannt; es sind Mönche und Laien, die auch heute noch[2] zu Askese-Übungen in die Berge pilgern, sich dort übernatürliche Kräfte erringen und u. a. als Exorzisten im Volk wirken.[3]

Ihre Bedeutung in der japanischen Religions- und Kulturgeschichte wurde in westlichen Publikationen bisher noch nicht erschöpfend gewürdigt. Dies liegt einmal in der Interessenrektion westlicher Japanologie gegenüber japanischer Religionsgeschichte begründet[4], zum andern vor allem in der Schwierigkeit, ausreichendes Material zu erschließen. Das Studium der Yamabushi ist in der westlichen Japanologie also noch Neuland; in europäischen Sprachen liegen erst zwei größere Arbeiten[5] neben einigen kleineren Artikeln[6], in deutscher Sprache liegt noch keine umfangreichere Bearbeitung vor.

---

1) Yamabushi bedeutet wörtlich: sich in den Bergen niederlegen. Die von Kaempfer(in " The history of Japan", London 1727, Nachdruck Tôkyô 1929)gegebene Übersetzung' Bergsoldaten' entsprach der unter den Jesuiten-Missionaren verbreiteten Vorstellung, die wohl auch von der Sitte des Schwerttragens her und aus dem oft kriegerisch-dreisten Verhalten der Yamabushi am Ende des 16. Jahrhunderts verständlich wird.

2) Nach dem vom Kultusministerium herausgegebenen "Jahresüberblick über die Religionen"(shûkyô nenkan) für das Jahr 1965 ergibt sich folgendes Bild: (Zum Shintoismus gehörig)Shugendô-kyô: 16 Gemeinden (kyôkai), 13 Lehrzentren (fukyô-sho), 128 Lehrer, 9135 eingeschriebene Gläubige.
(Zum Buddhismus gehörig) Shugen-shû: 5 Schreine, 184 Tempel, 39 Gemeinden, 16 Lehrzentren, 566 Lehrer, 72870 Gläubige. Shugendô: 24 Tempel, 58 Gemeinden, 109 Lehrzentren, 656 Lehrer, 103285 Gläubige. Shingon-shû Shugen-ha: 20 Tempel, 33 Gemeinden, 146 Lehrzentren, 211 Lehrer, 65433 Gläubige.
(Vgl. shûkyô nenkan p. 138, 14o)

3) In der Literatur werden sie auch 'Wunderkraft-Asketen'(shugenja) genannt.

4) Neben frühen Bearbeitungen von Quellen zur altjapanischen Religionsgeschichte wie etwa B.H. Chamberlain "Kojiki", in TASJ, Suppl. vol. X 1882, oder K. Florenz "Japanische Mythologie, Nihongi, Zeitalter der Götter", Suppl. der Mitteilungen der Deutschen Ges. f. Natur-und Völkerkunde Ostasiens 1901; ders. "Die histor. Quellen der Shintô-Religion", Göttingen 1919, oder Aston "Nihongi", 2 vol. in TASJ 1896; ders. "Shintô", London 1905 wandte sich die Forschung in der Folgezeit im Westen vor allem dem Zen-Buddhismus zu.

5) Nämlich a) Harry B. Earhart "A religious study of Mount Haguro sect of Shugendô, an example of Japanese mountain religion", unpl. Ph.D. dissertation, University of Chicago 1965, b) G. Renondeau "Le Shugendô, histoire, doctrine et rites des anachorètes dits yamabushi"(= Cahiers de la Société Asiatique XVIII) Paris 1965

6) Unter diesen Artikeln über Shugendô und Yamabushi seien genannt:

Bei der Suche nach Notizen über den Glauben dieser Bergasketen, ihre Lebensweise und ihre Stellung im Volk, findet man in der Literatur lediglich sporadische Hinweise, die, unterschiedlich an Aussagekraft, -wert und -intention nicht leicht zu einem vollständigen, umfassenden Bild zusammengefügt werden können. Dennoch macht die vorliegende Arbeit den Versuch, diese verstreuten Anhaltspunkte in der Literatur zu sammeln, einige wichtige der zahlreichen Aspekte hierin aufzugreifen und zu analysieren. So sei ein bescheidener Beitrag zur Klärung der Gestalt der Yamabushi gegeben, die auf der religiösen kulturgeschichtlichen wie auch politischen Bühne des japanischen Mittelalters[7] eine nicht unbedeutende Rolle spielten.

Da Übungen und Lebensweise der Yamabushi in der Kamakura- und Muromachizeit, die allgemein die volkstümliche Seite der Religion, insbesondere des Buddhismus[8], in den Vordergrund treten ließen, Ausprägung und typische Form fanden,[9] erschien es gerechtfertigt, die Arbeit auf diese Epochen zu konzentrieren.

Die Untersuchung von Glauben und Übungen der Yamabushi erweist den synkretistischen Charakter dieses mittelalterlichens Volksglaubens; in der Übung des Pilgerns zeigt sich ein hervortretender Charakterzug im religiösen Leben jener Zeit. Es wäre jedoch einseitig und ginge sicher an der Realität vorbei, wollte man die Yamabushi allein unter religiösem Blickwinkel als from-

---

P. G. Schurhammer "Die Yamabushis", in: Zeitschrift für Missionswissenschaft, vol. XII 1922 p. 2o6-228, Nachdruck in MOAG vol. XLVI 1965
U. A. Casal, "The Yamabushi", in MOAG vol. XLVI p. 1-45. H. B. Earhart, "Shugendô, the traditions of En no Gyôja and mikkyô influence", Dep. of Religion, Vanderbuilt U. 1965, ders. "Four ritual periods of Haguro shugendô in north-eastern Japan", in: History of Religions, vol. V No. 1 1965

7) Der Begriff Mittelalter (chûsei) bezeichnet im allgemeinen jenen Abschnitt der japanischen Geschichte von den Hôgen - und Heiji-Unruhen (1156, 1159) bis zur Zeit von Oda Nobunaga und Toyotomi Hideyoshi (2. Hälfte des 16. Jhd.) und entspricht in etwa den zwei Perioden Kamakura- und Muromachizeit. Über die Abgrenzung des Mittelalters s. Hayashiya T. "chûsei -shi gaisetsu" (=Iwanami kôza Nihon rekishi, vol. V, chûsei 1 p. 3-5) 1962

8) Während der Nara-Buddhismus den Schutz des Staates (chingo kokka) betonte, stellte die Kamakurazeit die Erlösung des Menschen in den Mittelpunkt und unterstrich die volkstümliche Seite des Buddhismus. Die Kluft zwischen dem Klerus (im weitesten Sinn), dem Schwertadel und dem Volk verringerte sich in jener Zeit. Vgl. Wakamori Tarô, Shugendô-shi kenkyû p. 63, 1943. Vgl. a. Anesaki Masaharu, History of Japanese Religion, [2]1963 p. 13

9) Kennzeichnend für jene Epoche ist, daß von Seiten des Volkes wie auch des Schwertadels sich viele dem Leben eines Yamabushi zuwandten.

me Büßer und Asketen sehen.[10] Die mitteralterlichen Yamabushi, die von verschiedenen Schichten des Volkes und aus recht unterschiedlichen Motiven Zustrom erhielten, weisen - wie sich zeigen wird - in ihrem Leben und Handeln eine Vielfalt von Wesenszügen auf, die analysiert werden müssen, bevor man zu einer Gesamtbeurteilung gelangen kann. Es wurde hier daher der Versuch unternommen, die Person der Yamabushi, d. h. ihr religiöses und weltliches Verhalten in den Vordergrund zu stellen, und nicht Fragen der religiösen Tradition der Riten und Doktrin.

Die Arbeit ist in zwei größere Abschnitte geteilt, die sich aus der Fragestellung des Themas ergeben:
a) religiöse Aspekte und
b) nicht-religiöse Aspekte der mittelalterlichen Yamabushi; dabei mag die Kapiteleinteilung wegen der ambivalenten Phänomene, die zur Sprache kommen, mitunter strittig sein.

Um die religiösen Aspekte besser zu verstehen, wurden mit dem Einleitungskapitel allgemeine Ausführungen vorangestellt, welche die Elemente von Shugendô[11], das Aufkommen und die Entwicklung der Yamabushi kurz beleuchten sollen. Damit wird zugleich die religions- und entwicklungsgeschichtliche Grundlage umrissen, auf welcher das klerikale Wirken der Yamabushi im Mittelalter aufbaut und das unter a) ausgeführt wird. Das Schwergewicht der Arbeit liegt somit weniger auf historischer Beschreibung der Veränderungen religiöser und weltlicher Art[12], als vielmehr auf der Darstellung einer bestimmten Epoche - nämlich der Kamakura- und Muromachizeit- und der hierin erfaßbaren Charakteristika der Yamabushi.

Unter b) nicht-religiöse Aspekte wird - als oberste zeitliche Grenze zur Neuzeit- auch die in den Kyôgen-Possen enthaltene Kritik herangezogen, die ein anschauliches Bild der Mißstände im Leben und Handeln von Yamabushi in

---

10) Genauso verfehlt wäre es, sie nur als für den Kaiser und das Wohlergehen des Volkes und den Frieden im Reich streitende nationale Kämpen zu sehen. Diesen Zug überbetont Otomo Shigeru in seinem 1966 erschienenen Werk "Tennô to yamabushi" (Kaiser und Yamabushi).
11) Shugendô, der Weg, durch Üben Wunderkraft zu erlangen, bezeichnet Theorie und Praxis des Yamabushi-Glaubens. S. a. Einleitung, 1. Grundlagen von Shugendô.
12) Diese historische Entwicklung wird ausführ ich dargestellt bei Wakamori, kenkyû.

der ausgehenden Muromachizeit geben.

Der Versuch, Fakten und Vorstellungen einer Epoche, die ihren Niederschlag in der Literatur fanden, zu rekonstruieren, stößt auf zwei Schwierigkeiten; nämlich einmal die Auswahl der Quellen, zum andern den unterschiedlichen Umfang und Aussagegehalt des darin enthaltenen Materials, das von kurzen Bemerkungen, stereotypen Wendungen bis zu längeren Schilderungen (z. B. von Pilgerfahrten) reicht. Abgesehen von der Frage der Greifbarkeit verschiedener Quellen, wie z. B. Tagebücher, Tempel- und Lokalchroniken[13] wurde, dem Rahmen einer Promotion entsprechend, versucht, das Wichtigste an Aufzeichnungen über die Yamabushi aus dem Bereich der 'Kriegsepen'(gunkimonogatari)[14] und der Erzählliteratur(setsuwa)[15] der Kamakura- und Muromachizeit zu berücksichtigen.[16]

---

13) Diese dürften für das Verständnis von Shugendô in den Provinzen von Wert und Interesse sein.

14) Gunkimono(gatari) oder auch senki-monogatari: 'Kriegsepen'. Zu den bekanntesten der Kamakura- und Muromachizeit gehören: Heiji-, Heiki-, Hôgen-monog., Genpei-seisui-ki, Taiheiki, Gikeiki und Soga-monog. Zu Charakteristik und Entwicklung der gunkimono s. Nihon bungaku daijiten vol. IV p. 324, 1953

15) Setsuwa: Erzählsammlungen. Bezeichnet als eine neue literarische Art seit der Heianzeit Erzählungen belehrenden, buddhistischen oder profanen Inhalts.

16) Insbesondere wurden "Gikeiki" und "Taiheiki" herangezogen. "Gikeiki": 8-bändiges gunkimono. Entstehung Anfang bis Mitte Muromachi. Autor unbekannt. Nach Hisamoto Shimazu (in NBGS, chûsei p. 461) aufgrund starker konfuzianischer Prägung ein Mann der Hauptstadt, der die mündlichen Überlieferungen über Yoshitsune gesammelt und niedergeschrieben hat. Nach anderen, da Shugendô-Elemente deutlich, von wandernden Yamabushi (mit) abgefaßt. (ibid. p. 57o) Vgl. a. "Gikeiki", NKBTK vol. 37 p. 20/27, 1959.
"Taiheiki", 39 bzw. 4o-bändiges 'Kriegsepos', das sich gegenüber den anderen gunkimono durch seinen kritischen Geist auszeichnet. Es schildert die Jahre der 'Zwei Dynastien' (nanboku-chô 1331-1392) von den Umsturzplänen des Kaisers Go Daigo, dem Ende der Hôjô-Herrschaft, der Kemmu-Restauration(Kap. 1-12), dem Aufstieg des Ashikaga Takauji und Tod Go Daigos (Kap. 13-21) bis zur Stabilisierung der Ashikaga- Herrschaft unter dem Shogun Yoshimitsu(Kap. 22-40)
Die Autoren-Frage ist noch nicht endgültig geklärt. Als einer unter den möglichen Autoren galt Kojima Hôshi (Vgl. Araki Y. ,Chûsei bungaku jiten 1961 p. 24o). Wakamori vermutet als einen der maßgeblichen Autoren einen Yamabushi der Kojima-Halbinsel (Vgl. Wakamori, kenkyû p. 3o6-321). Ein neues Licht auf die Frage der Autorenschaft des "Taiheiki" wirft Gotô Tanji in seiner Einführung zu "Taiheiki", vol. I NKZS 1961 p. 24.
Neben dem "Gikeiki" erwies sich das "Taiheiki" als am reichsten an Aussagen über Shugendô und die Yamabushi. Dies muß aber nicht unbedingt besagen, daß ein Shugen-Asket als Autor bzw. einer der Autoren anzusehen ist. Vielmehr waren im Mittelalter ja Shugendô und Yamabushi weit im Volk verbrei-

Daneben fanden gelegentlich Hinweise aus der Kurzprosa(otogozôshi)[17] der Muromachizeit und aus den Nô-Stücken Verwendung. Zur Charakterisierung der Yamabushi -Ende des Mittelalters wurden die 8 bekanntesten Yamabushi Kyôgen-Possen[18] herangezogen.[19]

Bei den Zitaten wird nicht unbedingt eine genaue zeitliche Reihenfolge eingehalten, sondern sachliche zusammengehörige Notizen werden im gleichen Kapitel behandelt. Zur Verdeutlichung des Bildes dienen, als Rückblick auf frühere Epochen, gelegentliche Belege aus der Heianzeit, so wie in einigen Fällen ein Vorausblick auf die Neuzeit gegeben wird. Hauptanliegen bleibt die Person der Yamabushi in der Kamakura- und Muromachizeit.

Das Bild, das sich von dorther gewinnen läßt, kann nicht als Standardtyp der Yamabushi angesehen werden, sondern wird vielmehr einen Eindruck von dem vielschichtigen, komplexen Wesen der Yamabushi vermitteln, auf die nicht immer alle der skizzierten Aspekte zutreffen; d.h. es soll keineswegs ein Einheitstyp von 'Yamabushi' vorgestellt werden, sondern das Erscheinungsbild religiöser wie weltlicher Verhaltensweisen dieser Bergasketen in ihrer Gesamtheit umrissen werden.

---

tet und bekannt, und konnten so auch leicht in die 'Kriegsepen' jener Zeit Aufnahme finden.
Die erste Anregung, eine Interpretation des Lebens der Yamabushi im Mittelalter an Hand literarischer Zeugnisse, insbesondere des "Taiheiki" zu unternehmen, verdankt der Verfasser Herrn Prof. Wakamori von der Kyôiku-Universität in Tôkyô.

17) Otogozôshi ist die Gesamtbezeichnung für hauptsächlich in der Muromachizeit entstandene (teils bebilderte) Kurzgeschichten;Entstehungszeit sowie Autor meist unbekannt. Verbreitung vor allem im einfachen Volk;inhaltlich weit gespannt: Märchen, Mönchsgestalten, Urstands(honji) Erzählungen, Gespenster etc.

18) Nämlich: Kaki-Yamabushi, Kani-Y., Negi-Y., Inu-Y., Fukurô, Koshi-inori, Tsuto, Kusabira, Kagyû.

19) Für die Überlassung der in den Kôwaka-Stücken (mittelalterliche Rezitationstexte;inhaltlich meist aus den Kriegsepen stammend) enthaltenen Zitate über die Yamabushi ist der Verfasser der vorliegenden Arbeit seinem Studienfreund R. Schneider dankbar verbunden.

Forschungsgeschichte

Es wird hier keine erschöpfende Aufzählung aller- japanischen und europäisch-sprachigen -Werke gegeben, die sich mit den Yamabushi beschäftigen; im folgenden seien lediglich einige der wichtigsten hierunter herausgegriffen.

Die fruhesten Hinweise westlicher Literatur auf Yamabushi und ihre Riten verdanken wir den Berichten, Briefen und Aufzeichnungen der christlichen Missionare vom Ende des 16. Jahrhhunderts, von denen einige genannt seien. Lancilotti schildert 1548 in einem Bericht[20] nach Mitteilungen des Japaners Hanshiro[21] die Omine-Wallfahrt der Yamabushi, die Reinigungsübungen, eine öffentliche Beichte etc. Als 'Soldaten der Berge' werden die 'Yamabuxi' von dem Missionar Vilela bezeichnet; die beten den Teufel an und verwenden zu Krankenbeschwörungen Medien('gewisse Knaben').[22] Diese Beziehung zum Teufel, der auf Gebet der Yamabushi von den Befallenen weiche, betont auch das "Summarium der Irrtümer, worin die Heiden Japans leben",[23] aus dem Jahre 1557. Gelegentliche Bemerkungen zur Pilgerfahrt dieser Bergasketen, ihrer Kleidung und Ausrüstung gibt der bekannte Jesuiten-Missionar Frois in seinen Briefen[24] und in seiner Geschichte Japans.[25] Die Quellen der Jesuiten-Missionare verarbeitet und ins Deutsche übertragen hat 1586 der Schweizer Renward Cysat;[26] er informiert uns so u. a. über einen Brauch der Yamabushi, sich-in Nachahmung der Amida-Buddhisten- der schnelleren Erlösung willen ins Meer zu stürzen. Die ausführlichste Beschreibung der Omine-Wallfahrt[27] besitzen wir in der Schilderung L. de Guzmans (1601 veröffentlicht).[28]

2o) Zit. bei Schurhammer, Yamabushis p. 225, sowie Haas, Geschichte des Christentums in Japan, vol. I, Anhang III p. 291, Suppl. d. Mitteilungen der Deutschen Ges. f. Natur- und Völkerkunde Ostasiens.

21) Auch Anjiro(Yashiro, Yajiro) genannt. Er was Gewährsmann und Dolmetscher Franz Xaviers in Japan. Vgl. Haas, Geschichte vol. I p. 95

22) S. Vilelas Brief vom 15. 9. 1565 in: Cartas de Japao, zit. bei Schurhammer, Yamabushis p. 227

23) In: Handschriftenband, Relationes, documenta, dubia 1577-173o, zit. bei Schurhammer, Yamabushis p. 227

24) Zit. bei Schurhammer, Yamabushis p. 211 Anm. 2, p. 228

25) P. L. Frois, Geschichte Japans (1549-1578) Nach der Handschrift der Ajuda-Bibliothek in Lissabon, übers. u. komm. von G. Schurhammer und E. A. Voretzsch Leipzig 1926

26) Renward Cysat, Warhafftiger Bericht von den Newerfundnen Japponischen Inseln und Königreichen auch von anderen zuvor unbekandten Indianischen Landen Darinn der heilig Christliche Glaub wunderbarlich zunimpt und auffwächst, Abraham Gemperlin, Freyburg 1586, p. 52, vgl. a. NOAG No. 98, 1965 p. 45-

Zusammenfassend läßt sich an Hand der Aufzeichnungen christlicher Missionare sagen, daß diese nur eine ungenaue, äußerliche Kenntnis der Yamabushi hatten; sie wußten von der Jahres-Wallfahrt den Bußübungen und der Beichte, sowie vom Ursprüng der Sekte, der Verehrung des Dainichi und der Bedeutung einiger heiliger Berge; sie hielten die Yamabushi richtig teils als der Shingon-Sekte[29], teils- wie im "Summarium der Irrtümer " als dem Shintoismus (' der Sekte der Camis') zugehörig.[3o] Die Einstellung der Missionare zu den Yamabushi war nicht so sehr durch einen doktrinären Gegensatz als vielmehr eine emotional bedingte Ablehnung bestimmt.[31] Die häufige Kennzeichnung der Yamabushi als 'Diener des Teufels'[32] ist wohl weniger auf den missionarischen Auschließlichkeitsanspruch, mit dem die Jesuiten den katholischen Glauben propagierten, zurückzuführen[33], als vielmehr von dem Eindruck des unter den Yamabushi verehrten Fudô Myôô her zu verstehen: diese Gottheit ist von einem Flammenkranz umgeben und durch ein Furcht-erregendes Äussere charakterisiert.

Auf gedruckte und ungedruckte Berichte , hauptsächlich der Jesuiten-Missionare, stützt sich P. G. Schurhammers Artikel "Die Yamabushis",[34] worin

---

-56.

27) Vgl. Schurhammer, Yamabushis p. 2o6
28) Zit. bei Schurhammer, Yamabushis p. 212-214, vgl. a. ibid. p. 210
29) Vgl. ibid. p. 2o6
30) Vgl. Schurhammmer, Shintô, der Weg der Götter in Japan p. 159, Bonn und Leipzig 1923
31) Vgl. Ebizawa Arimichi, Yasokai-shi to shugendôto no kôshô, in: Shi-en, vol. 12 No. 1 p. 121-145, Rikkyô daigaku shigaku-kai, vgl. p. 126
32) S. Pagès, Dictionnaire Japonais-Francais p. 894, Paris 1868, Nachdruck Tôkyô 1958
33) Dies deutet Ebizawa, Yasokai-shi p. 126 an.
34)Vgl. Anm. 6 Gelegentliche Hinweise auf Yamabushi finden sich auch in dem unter Anm. 3o genannten Werk "Shintô", pp. 43, 99, 122, 168.
Die Mitteilungen des Japaners Anjiro beziehen sich wohl auf die Yamabushi des Hiko-san in Kyûshû, (S. Wakamori, Yamabushi p. 13o, Chûkô shinsho 48, 1964) und werden zitiert bei Haas, Geschichte vol. I p. 28o, welcher zwei gekürzte, auf die italienischen und portugiesischen Originale (1548, 1549) zurückgehende spätere Fassungen heranzieht. Vgl. Schurhammer, Yamabushis p, 225 Anm. 1
Mit den vershhiedenen Beobachtungen und Interpretationen von Shugendô und den Yamabushi, so wie sie die christlichen Missionare geben, setzt sich kritisch auseinander der schon erwähnte Artikel von Ebizawa, Yasokai-shi.

nach Stichworten geordnet und dargelegt wird, was die Missionare über die Yamabushi mitzuteilen wußten.

Von diesen Bergasketen im ausgehenden 17. Jahrhundert berichtet der deutsche Arzt Engelbert Kaempfer, der von 1690 an drei Jahre in Nagasaki lebte und währenddessen zwei Reisen nach Edo unternahm, in seinem berühmt gewordenen Buch "The History of Japan".[35] Im Vergleich zu den Aufzeichnungen der Jesuiten, die nur sporadisch das Thema Yamabushi berühren, kann man Kaempfers Informationen über die 'Jamabos'[36] als erste größere, umfassende Nachricht in einer westlichen Sprache bezeichnen. Wir erfahren hierin, der 'Gründer' der Sekte, 'Gienno Giossa' (=En no Gyôja) habe vor 1100 Jahren gelebt, sich als erster das Einsiedlerdasein erwählt, habe neue Wege durch vormals unerschlossene Gegenden gebahnt usw. Kaempfer nennt die zwei Schulen der Yamabushi[37], die einmal im Jahr auf den Omine zum Grab des Gründers pilgern. Zu den wichtigsten Kleidungsstücken gibt er kurze Erläuterungen[38] und weist auch auf die Unterschiede in der Haartracht hin.[39]

---

35) Kaempfer, history p. 232/237 "Of the Jammabos or Mountain Priest and other Religious Orders".

36) "Jammabos... a certain religious order of Hermits..." (Kaempfer, history p. 232)

37) Nämlich a) Honzan-ha und b) Tôzan-ha. Honzan-ha ist die Bezeichnung für die Tendai-Richtung im Shugendô, zentraler Tempel ist der Shôgoin in Kyôto. Als 1090 der Ex-Kaiser Shirakawa nach Kumano pilgerte, war der bekannte Mönch des Onjôji, Zôyo, sein Pilgerführer; und in der Folgezeit dienten Mönche der Jimon-ha(=Onjôji-Zweig der Tendai-Sekte) als Pilgerführer, sodaß die Beziehungen Kumano: Onjôji immmr enger wurden; der Abt des Shôgoin wurde zum Kontrolleur(kengyô) der drei Kumano-Berge bestellt.
In Kyôto bestand seit der Inseizeit als Zweigtempel des Onjôji der Shôgoin. Die Beziehungen dieses Tempels zu Kumano gehen auf einen ordinierten Prinzen zurück, der in der Gegend von Kumano Besitzungen hatte. (Vgl. Wakamori, Yamabushi p. 1o6) So gruppierten sich seit der Muromachizeit nach Kumano pilgernde Yamabushi um diesen Tempel Shôgoin als Zentrum.

Honzan war- wie Wakamori(Yamabushi p. 1o7) ausführt- wohl eine Bezeichnung für die drei Kumano-Berge.

Tôzan-ha: der vom Shingon - Mönch Shôbô (=Rigen Daishi) gegründete Daigoji-Sambôin war Ort der Klausur für die von Yoshino in den Omine pilgernden Yamabushi und stand in engem Kontakt zu den Yoshino-Bergen. Shôbô selbst verbrachte lange Jahre auf Pilgerfahrt, soll auf dem Kimpu-sen geübt, dort buddhistische Statuen errichtet, Wege geebnet haben. Zu irgendeinem Zeitpunkt, der nicht genau zu bestimmen ist, wurde bei den von Yoshino aus in den Omine pilgernden Yamabushi dieser Shôbô als Vorläufer und Ahn angesehen, aus welcher Beziehung dann der Daigoji-Sambôin zu einem religiösen Mittelpunkt für solche Yamabushi wurde, die ebenfalls von Yoshino aus in den Omine aufbrachen. Vgl. ausführlich Wakamori, kenkyû p. 194/2o3, sowie Yamabushi p. 112/117

Ein'schwieriges und unnützes Leben' führen die Yamabushi nach Ansicht Thunbergs, der in seinem Reisebericht[40] aus den Jahren 1770-1779 einige Bemerkungen zu ihrer äußeren Erscheinung macht und sie wegen ihrer Krankenheilungen und Wahrsagerei mit den Zigeunern[41] der nördlichen Gegenden Europas vergleicht.[42]

Vorstehend skizzierte Notizen stellen zwar keine durchgliederten wissenschaftlichen Abhandlungen dar, sind uns aber als Quellenmaterial beim Studium der Yamabushi vom ausgehenden Mittelalter bis in die Neuzeit von Nutzen.

Drei der bekanntesten Werke in westlichen Sprachen über japanische Religionsgeschichte, Anesaki Masaharus "History of Japanese Religion"(1928), Charles Eliots "Japanese Buddhism"(1935) und Wilhelm Gunderts "Japanische Religionsgeschichte"(1943) behandeln Shugendô und die Ursprünge der Yamabushi in Anknüpfung an die Laien-Asketen der Nara-Buddhismus und die Verschmelzung von Buddhismus und Shintoismus in der folgenden Heianzeit.[43] Das Leben Enno Gyôjas, Askesepraktiken der Yamabushi in den Bergen, Sek-

---

38) Vgl. Kaempfer, history p. 234

39)"The most eminent of them have their hair cut off short behind their heads. Others let it grow and bind it together. Many shave themselves close, as do in particular the Novices upon their entering the order, in imitation of the butsdo Priests; of whom they have borrowed this custom."(Kaempfer, history p. 234) S. hierzu Kap. A II 1 d.

4o) C.P. Thunberg, Resa uti Europa, Afrika, Asia förrättad aren 1770-1779, Paris 1796, Bibl. Nat. Dem Verfasser dieser Arbeit lag der Japan betreffende Teil von Thunbergs Bericht nur in einer jap. Übersetzung vor, nämlich Thunberg Nihon Kikô, komm. Yamada Tamaki, 1928. S. pp. 263/264 Der Ursprung der Yamabushi reicht nach Thunberg über 1200 Jahre zurück; ein Oberer wohnt in der Hauptstadt und verleiht je nach der in Übungen gewonnenen Qualifikation den Yamabushi Ränge, ablesbar an einer um die Schulter getragenen Stola. Bei der einmal im Jahr stattfindenden Pilgerfahrt auf einen sehr hohen Berg (Omine ?) ist Reinheit die wichtigste Voraussetzung, die durch Baden in kaltem Wasser erreicht wird. Während der Zeit im Berg nähren sie sich von Baumwurzeln und Gras.

41) Thunberg, Kikô p. 264

42) In die Reihe bekannter westlicher Berichte der Vor-Meijizeit, die u. a. auch auf die Yamabushi Bezug nehmen, muß auch gerechnet werden Ph. Fr. von Siebolds bekanntes Buch "Nippon, Archiv zur Beschreibung von Japan", ersch. Würzburg u. Leipzig 1897, das auf S. 81 (vol. I 2. Aufl.) einige Beobachtungen über Yamabushi gibt.

43) Selbst in japanisch-sprachigen Religionsgeschichten finden sich oft nur knappe Angaben. Vgl. Hiyane Antei, Nihon shûkyô-shi p. 105/106, 140/141, 1962. Koike T., Nihon no shûkyô-shi (=Gakugei shinsho 3) p. 90-94, 1963 u. a. Et-

tenbildung und Glaubensinhalt werden in oben genannten Werken nur knapp und stichwortartig skizziert.[44]

Erst 1965 wurde von G. Renondeau mit "Shugendô" eine wissenschaftliche Arbeit in westlicher Sprache über die Yamabushi vorgelegt.[45] Das Buch stellt einen Abriß der Geschichte von Shugendô dar und gibt eine Übersicht über die Grundzüge der Doktrin und einiger Riten.[46]

Das bisher genaueste, umfangreichste und ausführlichste Werk zum Thema 'Shugendô' hat im gleichen Jahre 1965 H. Byron Earhart abgeschlossen mit seiner Arbeit "A religious study of the Mount Haguro sect of Shugendô". Hauptverdienst dieser Studie ist es, ausführlich die Grundlagen von Shugendô im

---

was ausführlicher ist Tsuji Zen no suke, Nihon Bukkyô-shi vol I p. 7o6-717, 1944. - Einen übersichtlichen Abriß der Entwicklung von Shugendô gibt Tamamuro Teisei, Nihon Bukkyô-shi gaisetsu p. 153-165 (= Gendai bukkyô meichô zenshû vol. 8, Nihon no bukkyô 3, Nakamura Hajime u. a. ed. 1966)

44) Anesaki rechnet in seinem Buch "History of Japanese Religion" En no Ozunu, den legendären Ahn der Yamabushi, richtig zu den Laien-Buddhisten der Narazeit(vgl. p. 81) Die Yamabushi, deren Leben als eine Form des Wegs der Laienbrüder (ubasoku-dô) charakterisiert wird, " were men of lower caste representing the crude side of religion, they execute a great influence upon the people by appealing directly to vulgar ideas and superstitions. "(ibid. p. 139)
Eliot, (Japanese Buddhism, London , 1959) führt die Biographie des En no Gyôja im "Shoku Nihongi" an. (p. 213) Er sieht die Yamabushi als aktive Kraft bei der Verschmelzung von Buddhismus und Shintoismus.
Gundert (Japanische Religionsgeschichte, Stuttgart 1943) weist auf die taoistischen Züge im Nara-Buddhismus hin, die sich auch in der Legende des En no Ozunu (=Gyôja) widerspiegeln. (p. 37) Shugendô sei - richtig - durch den Mönch Shôbô gefördert worden und habe die gesamte Magie und Beschwörungspraxis von Shingon und Tendai übernommen. (p. 78)
In einem 1966 erschienenen Buch "Religion in Japanese History " (Columbia U. P. New York, London 1966) widmet J. M. Kitagawa einige wenige Seiten den Yamabushi, ihrer Stellung im Volk, ihren Übungsstätten. (p. 107/109)

45) Renondeau, der zu seiner Arbeit in großem Umfang das Buch von Murakami Toshio, Shugendô no hattatsu , 1943 heranzog, gliedert seine Abhandlung in zwei Teile, deren erster - ausgehend von der Bedeutung der Berge im Buddhismus, der dort geübten Magie und dem sagenhaften Ahn En no Gyôja - die Ausbildung von Shugendô und Geschichte der Yamabushi in großen Zügen bis zur Meijizeit umfaßt; der zweite skizziert die Lehren von Shugendô als die des esoterischen Buddhismus, stellt einige Gottheiten vor, erörtert Pilgerfahrt und Kleidung der Yamabushi, sowie einige der Riten im Berg.

46) Unberücksichtigt bleiben bei Renondeau die soziale Rolle der Yamabushi im Volk, ihre Aufgaben als Exorzisten oder etwa die Frage ihres politischen Engagements im Mittelalter.

Bergglauben[47], sowie z. B. die Rolle des esoterischen Buddhismus bei der Bildung von Shugendô vorgestellt zu haben.[48] Earhart versucht, am Beispiel dieser Glaubensform das Wesen japanischer Religion, die wenig mit der westlichen Konzeption von ' Religion' gemein hat, zu klären; der Schwerpunkt der Arbeit liegt auf der Erforschung des Haguro-Shugendô[49], der in seinen religiösen und volkskundlichen Aspekten erschöpfend erörtert wird.

Als früheste japanische Zeugnisse einer Beschäftigung mit Shugendô sind die doktrinären Schriften zu nennen, die bis auf einige wenige aus der Muromachizeit[50], während der Edozeit abgefaßt wurden; sie sind meist nicht genau datierbar und werden in vielen Fällen En no Gyôja oder dem Mönch Shôbô zugesprochen.[51] Vom Inhalt her gesehen, sind es häufig Gebrauchsanweisungen zu den einzelnen Riten, Erklärungen und Interpretationen zu Ursprung und Sinn von Shugendô und Yamabushi[52], ihren Zeremonien, ihrer Kleidung, Ausrüstung usw.; es sind oft lediglich nachträgliche Symboldeutungen im Rahmen des esoterischen Buddhismus, seiner Terminologie und Lehren, weshalb sie für unser Anliegen hier nur in ganz beschränktem Umfang brauchbar sind.

Unter den ersten frühen Versuchen, das Leben des Ahns En no Gyôja, die Charakteristika der Yamabushi, sowie ihre Kleidung kritisch darzustellen, sei eine Schrift Gyôchis "Ko no hagoromo"('Gewand von Baumblättern') aus dem Jahre 1832 erwähnt.[53] Im ersten Teil erörtert der Autor Leben und Legende

---

47) Earhart diskutiert an Hand neuester volkskundlicher Forschungsergebnisse in Japan(Untersuchungen von Hori, Yanagita u. a.) und archäologisch greifbarer Zeugnisse des japanischen Bergglaubens das komplexe Problem des 'Berg-schreins'(yamamiya) und der Berg-Gottheit (yama no kami).
48) Mit dem Rüstzeug des Religionswissenschaftlers zieht Earhart zu seiner Darstellung in breitem Umfang japanisch-sprachige Sekundärliteratur heran unter weitgehendem Verzicht auf literarische Belege. Akzent und Blickpunkt der Arbeit liegen auf dem religiösen Aspekt von Shugendô und den religionsgeschichtlichen Grundlagen der Yamabushi. Die Problematik der Legende des En no Gyôja wird detailliert behandelt. Diese Fragen werden deshalb in der vorliegenden Arbeit nur kurz umrissen. Der Verfasser ist seinem Freund Dr. H.B. Earhart (Western Michigan University) für die Möglichkeit der Einsichtnahme in das Manuskript "A religious study " dankbar verpflichtet.
49) Haguro ist der Hauptberg der 'Drei Berge von Dewa', Haguro, Yudono und Gassan. Vgl. a. A I 1
5o) Z. B. das "Kinpu-sen himitsu-den" (Geheime Überlieferung des Kimpu-sen) aus dem Jahre 1337. Vgl. "Kokusho sômoku-roku" 1964 vol. II p. 616. Um die Zeit 1521/27 (S. ibid. vol. IV p. 3o3) entstand das "Shugen shuyô hiketsu-shû "(Sammlung geheimer Bestimmungen über die Übung im Shugendô).
51) Vgl. Inhaltsverzeichnis des "Nihon dai zôkyô Shugendô shôso vol. I 1916

des sagenhaften Gründers von Shugendô, En no Ozunu, diskutiert die Begriffe 'kyaku-sô'(Gastmönch) und 'shugen' (Wundererweis durch Übung); zu allen seinen Ausführungen zieht er Belege aus der Literatur heran. Im zweiten Teil werden Kleidungstücke und Ausrüstungsgegenstände beschrieben.

Von den Arbeiten seit Ende der Meijizeit ist zunächst die Studie "Yamabushi-kô"(Gedankenüber Yamabushi) eines unbekannten Autors, 1903 publiziert, zu nennen.[54] Sie gliedert sich in eine geschichtliche Darstellung von den Anfängen bis zur Edozeit, sowie eine Erörterung der Herkunft, Namen, Übungsstätten und Sitten der Bergasketen. Charakteristisch für die Methode des Verfassers ist, daß er weitgehend außerdoktrinäre Schriften als Belege heranzieht.

In Form einer Einführung und eines Lehrbuchs geschrieben ist "Shugendô" von Mitsui Hôkô, das 1919 erschien und eine Umarbeitung exegetischer Schriften der Edozeit ist.[55] Daneben wurde, besonders in der Zeit bis zum 2. Weltkrieg, eine Anzahl für Gläubige von Shugendô bestimmter Schriften veröffentlicht, als deren Autoren z.B. Omiwa Shin'ai und Miyagi Nobumasa genannt seien.[56] Zu solchen am Shugendô-Glauben orientierten Werken zählen auch

52) Vgl. "Yamabushi ni ji gi"(Bedeutung der 2 Zeichen Yamabushi), worin z. B. die drei vertikalen Striche des Zeichens'yama' mit den drei Körpern des Buddha in Beziehung gesetzt werden. Vgl. NDZK vol. III p. 29 ff

53) Gyôchi, Shugendô - Mönch aus dem Kaku-unin, Asakusa Tôkyô. Sein Werk ist enthalten in NDZK vol. III p.167-224

54) Yamabushi-kô , in: Kokugaku-in zasshi vol. 9 No. 1, 2, 3, 4, 5, 6, 10, 11, 1903

55)Vgl. Miyake Hitoshi, Shugendô kenkyû kaiko to tenbô in: Shûkyôgaku zasshi No. 3 p. 30 1964. Zu den ausgesprochen Lehrbuch-ähnlichen Schriften zu rechnen sind auch"Shugendo taikô" (Abriß von Shugendô) von Yamada K. und Takai, Kyôto 1933 sowie die vom Kimpu-sen Tempel 1940 und 1942 herausgegebenen "Tendai-shû shugendô shotô kyôka-sho " (Anfänger Lehrbuch des Tendai Shugendô) bzw. "Shugen kyôgaku taikô" (Abriß der Shugendô Doktrin)

56) Artikel dieser beiden Autoren finden sich in der vom Shôgoin, Kyôto herausgegbenen Zeitschrift "Shugen". S. No. 61 (1933), 62, 63, 77,84 u.a. Inhaltlich ist gelegentlich ein betont nationalistischer Zug unverkennbar. Vgl. z.B. No. 89 p. 1-4 "Nihon seishin to shugendô "(Jap. Geist und Shugendô) Seit Juli 1963 wird die Zeitschrift als "Honzan Shugen" neu herausgegeben. Vgl. hierzu a. Wakamori, kenkyû p. 13

die Schriften Otomo Shigerus, der vor allem die Kaisertreue und das nationale Engagement der Yamabushi betont.[57]

Das erste objetivere Werk schreibt Uno Enkû mit "Shugendô no hassei to soshiki" (Entwicklung und Aufbau von Shugendô) und "Shugendô ".[58] Uno behandelt in letzterem zum ersten Mal Fragen wie den Kimpu-sen Glauben, religionsgeschichtliche Charakteristika von Shugendô, die Omine-Übung sowie den sozialen Einfluß der Yamabushi, analysiert ihren Glauben und ihre Bedeutung für das religiöse Leben des einfachen Volkes.

1942 erschienen zwei Arbeiten, die bis heute als Standardwerke unentbehrlich geblieben sind: Wakamori Tarô, Shugendô- shi kenkyû (Forschungen zur Geschichte von Shugendô)[59] und Murakami Toshio, Shugendô no hattatsu (Entwicklung von Shugendô)[60]. Wakamoris Buch ist historisch gegliedert und behandelt Shugendô von den Anfängen bis in die Moderne. Murakamis Arbeit gliedert sich in einen ersten Teil, die Entwicklung der Yamabushi bis zum Sektenshintoismus der Neuzeit, und einen zweiten Teil, der einen Abriß der Doktrin und Riten gibt.[61]

Neben diesen religionskundlich orientierten Arbeiten von Uno, Murakami sowie auch Kishimoto Hideo[62] und der geschichtlich ausgerichteten Studie von Wakamori, wurden unter volkskundlichem Gesichtspunkt Shugendô aus dem japanischen Volksglauben interpretiert von Yanagita Kunio, Orikuchi Shinobu und Hori Ichirô.[63]

---

57) Otomo Shigeru, Yamabushi to sonnô (Yamabushi und die Loyalität zum Kaiserhaus) 1940. Auf der gleichen Ebene liegt "Tennô to yamabushi", dessen Diktion und Inhalt gleichermaßen im Shugendô-Glauben wurzeln.
58) Uno Enkû, Shugendô, in: Nihon shûkyô dai kôza, vol. III 193o
59) Wakamori Tarô, Shugendô-shi kenkyû, 1943
6o) Murakami Toshio, Shugendô no hattatsu, 1943
61) Als systematische Übersicht über Lehre und Zeremonien von Shugendô gegenwärtig das einzig greifbare Werk. S. Miyake, shugendô kenkyû p. 3o
62) Kishimoto Hideo, Honpô ni okeru sangaku shugyô ni tsuite (Über die Bergübung in Japan), in: Shûkyô kenkyû 2. Jg. No. 1, 189 - 194.
63) Orikuchi Shinobu, Kodai kenkyû (=Orikuchi Shinobu zenshû vol. II, III) 1965
Hori Ichirô, Waga kuni minkan shinkô-shi no kenkyû, 2 vol. 196o.
Yanagita Kunio shû, vol. IV, IX, 1962 (Die vorstehenden Werke zitiert Miyake shugendô kenkyû p. 31, 32)
Den Grund für die umfassende Aufnahme der Yamabushi im Volk sieht Yanagita in dem Umstand, daß die Yamabushi, wie auch frühere Shamanen, sich ihre Kräfte in jenen Bergen erübten, die traditionelle Wohnstätte der in der Welt Unruhe stiftenden Geister sind, und daß sie diese Geister (reikon) nach Belieben beherrschten.

In den letzten Jahren erschien eine Reihe von Artikeln über Leben und Organisation von Shugendô von Miyake Hitoshi , der methodologisch volkskundlich-religionswissenschaftliche Feldforschung verbindet mit Quellenanalyse der doktrinären Schriften.[64]

Hauptsächlich dem Komplex des Haguro-Shugendô gelten die zahlreichen Arbeiten von Togawa Anshô, der darin vor allem die noch heute am Haguro ausgeübten Riten untersucht.[65]

Überblickt man die letzten zwei, drei Jahre, so verdient - einmal abgesehen von den zwei schon genannten westlichen Arbeiten - als wichtigste japanische Veröffentlichung ein Buch Wakamoris Erwähnung, "Yamabushi", das auch für die vorliegende Arbeit mit Nutzen herangezogen wurde.[66]

Orikuchis Forschungen bringen die Yamabushi mit der marebito-Besucher Gottheit aus dem Jenseits in Zusammenhang; letztere Vorstellung kam auf, als mit dem Wechsel der Wohnstätte von den Küstengebieten ins Landesinnere, die Jenseitswelt nicht mehr über dem Meer, sondern in den Bergen gesucht wurde. Hori sieht Yamabushi als eine der vier Arten von Laien-Asketen(zoku-hijiri), als Magier, die ihre Kräfte im Kontakt mit den Totengeistern in der Jenseitswelt der Berge erhalten. Vgl. Miyake, shugendô kenkyû p. 31/32

64) Miyake Hitoshi ist Sohn des General-Oberen(dai sendatsu) des Goryû Sonryûin , Kojima, Okayama. Um das Wesen von Shugendô, seine Bedeutung und Funktion im Leben des Einzelnen wie der Gesellschaft zu klären, versucht Miyake, in der Untersuchung der modernen Gläubigen und ihrer religiösen Führer von Shugendô das Wesen dieser Religion in den Griff zu bekommen. Hierbei gilt für ihn, sich zunächst den andersartigen Riten (girei) und den religiösen Organisationsformen zuzuwenden, die von Tradition und Doktrin bestimmt sind, gleichzeitig aber auch durch den Glauben des einfachen Volkes geprägt wurden. S. Miyake, shugendô kenkyû p. 34

65)Auch Togawa ist von Haus aus mit Shugendô verbunden als Sohn des Generaloberen vom Haguro. Neben zahlreichen Artikeln und Beiträgen, die hier nicht im einzelnen aufgeführt werden, sei vor allem hingewiesen auf "Haguro yamabushi to minkan shinkô" (Haguro Yamabushi und Volksglaube), Tsuruoka, Yamagata 195o.

66) Wakamori Tarô, Yamabushi, Chûkô shinsho 48, 1964.

Einleitung

1. Grundlagen von Shugendô

Um das religiöse Verhalten der Yamabushi, ihre enge Beziehung zu den Bergen zu verstehen, ist es zunächstangezeigt, jene einheimischen und fremden Elemente kurz zu erörtern, die entscheidend zur Glaubensform von Shugendô beitrugen und deren Vermischung und wechselseitige Beeinflussung den komplexen und spezifischen Charakter dieses Volksglaubens[1] mitbestimmten.

Bei Shugendô handelt es sich nicht um eine gegründete Religion, sondern um eine natürlich entwickelte, synkretistische Glaubensform. Zu deren Entwicklung trug als Kernstück Naturverehrung prä-shintoistischer Art bei[2], die unter dem Zustrom und Einfluß des esoterischen Buddhismus und des chinesischen Taoismus eine einzigartige Ausprägung von Glaubensvorstellungen, religiösen Übungen und Gebräuchen erfuhr[3], vom Mittelalter an mit dem Begriff 'shugendô' bezeichnet wurde und als eine volkstümliche Form des Buddhismus angesehen werden kann.[4]

Die Bezeichnung für diese Glaubensform, 'shugendô' bedeutet, semantisch analysiert: Der Weg (dô), sich durch die Übung (shu) magisch-religiöser Riten in den Bergen[5] übernatürliche Kräfte zu erwerben und Wunderwirkungen

---

1)Unter Volksglauben (minkan-shinkô) verstehen wir hier im Gegensatz zum doktrinären, philosophischen Aspekt eines Glaubenskomplexes, den vom einfachen Volk aufgenommenen, verstandenen und praktizierten Glauben, der in wohl allen Religionen auch durch Vorstellungen von Geistern und Dämonen sowie den dazu in Beziehung stehenden positiven und negativen Verhaltensweisen (Magie und tabu) geprägt und angereichert ist. Am Beispiel des Taoismus gesprochen: Im Gegensatz zum philosophischen Taoismus eines Laotse und eines Chuangtse, der wohl hauptsächlich nur von den höheren Schcichten von Kulturträgern aufgenommen und verstanden wurde(vgl. a. Maspéro, Les religions chinoises p. 56, Paris 1950) ist der Taoismus des Volkes eine Vulgärreligion, die sich schon viel früher vorhandene magische und andere Praktiken zu eigen machte und mit dem philosophischen Taoismus nur mehr sehr wenig gemein hat. Volksglaube ist also magisch-religiöser Glaube der breiten Volksschichten, ohne Organisation und Doktrin;Hauptstrom ist die Naturverehrung. Vgl. a. Nihon minzoku gakkai(ed.), Minzoku gaku jiten p. 575, 1962.

2) Unter Shintoismus verstehen wir die erst später entwickelte Systematisierung eines Glaubens an verschiedene Natur- und Stammesgottheiten.

3) Shugendô als religiöses Phänomen gibt es nur in Japan.

4)"Shugendô ist die Volksausgabe des als Religion der Adelsschichten blühenden Buddhismus. "(Hisaki, Nihon noshûkyô p. 84) Im gleichen Sinn spricht Renondeau (Shugendô p. XI) von dieser Glaubensform als "secte de Shingon pour petits gens".

(gen) zu manifestieren.[6]

Das Zeichen 'shu'(chin. hsiu, jap. osamu) bedeutet: beherrschen, regulieren, sowie ausführen, praktizieren, üben.[7] Shu ist in der buddhistischen Terminologie Bestandteil zahlreicher Begriffe, jedesmal in der Bedeutung 'pflegen, trainieren, ausüben' gebraucht.[8] Die zweite Komponente gen (chin. yen, jap. shirushi, akashi) bedeutet) soviel wie 'Zeichen, offensichtlicher Beweis, Wunderwirkung '.[9] Gen (shirushi) findet sich in der Bedeutung 'Wunderkrafterweis' z. B. im "Shô Mudô-kyô" und im "Dharani-shû-kyô".[10]
Als literarischer Beweis diene eine Notiz aus dem "Shoku Nihongi"(797):[11]

---

5) Zusolchen Übungen zählen neben dem Sprechen von Mantras(shingon) und dem Kräfteerwerb durch Studium der Riten der Buddhas, auch körperliche Stählung, Reinigungsübungen u. a. Vgl. Uno, Shugendô p. 3

6) Vgl. a. BDJT vol. III p. 2452, sowie Uno, Shugendô p. 2. Nicht ganz zutreffend sind Bestimmungen wie z. B. bei Ueda Kazutoshi, der sagt, Shugendô sei die Lehre, die von En no Gyôja ins Leben gerufen wurde. Vgl. Ueda, Dai Nihon Kokugo jiten vol. III p. 262, 194o

7) S. DKJT vol. I p. 805 mit Beispielen aus dem "Li-chi". S. a. Ruiju-myôgi shô vol. I p. 25, sowie Sotthill, A dictionary of Chinese Buddhist Terms, p. 320, London 1937

8) Ein anderes bekanntes Kompositum ist shugyô, die fromme Handlung, Übung pflegen, auch einfach gyô genannt. Shu in der Bedeutung 'üben' findet sich z. B. in dem um die Zeitenwende entstandenen (S. Nakamura H., Shin Bukkyô jiten p. 506, 1962) Lotus-Sutra Kap. 5. S. Hokke-kyô dai kôza vol. V p. 28, 1963, sowie Kern (tr.), Saddharma-Pundarika or the Lotus of the True Law (= The Sacr. Books of the East vol. XXI, Nachdruck Dover Pub. N. Y. 1963 p. 121).
Shudô : den Weg praktizieren. Vgl. Soothill, Dictionary p. 321
Der Begriff shugyô, von früher Zeit an in Japan bekannt, hat dann auch die Bedeutung'zuda-kugyô' : Pilgerübung erhalten. Vgl. BDJT vol. III p. 2438
Literarische Belege für shu in der Bedeutung 'ausüben' finden sich auch in der Erzählsammlung "Nihon Ryôiki", p. 292, 294, 312, NKZS.

9) Wie z. B. im Wort 'genriki' (Wunderkräfte) Wundererweiskraft eines Exorzisten. Sie resultieren einmal aus den Beschwörungen, der magischen Handlung, zum andern aus den Kräften desjenigen, der eine solche Beschwörung vornimmt. Vgl. a. "Genji-monogatari", Kap. Kashiwagi p. 1233 , GMTS vol. II, Agemaki p. 1661 u. a.

10) S. "Shugen seiten" p. 31, Kyôto Daigoji-Sambôin 1927, sowie Zitat im Ko no hagoromo p. 178 NDZK vol. III

11) Shoku Nihongi 38 (Enryaku 4-5) p. 434 (=Rikkokushi, gekan, 1929), s. a. BDJT vol. I p. 924, sowie Lewin (übers. u. komm.), Rikkoku-shi, Die amtlichen Reichsannalen Japans (Hg. H. Hammitzsch), MOAG vol. 43, 1962

> Einige aber geben in betrügerischer Weise vor, die Wunderkräfte eines eines Buddha (butsugen) zu besitzen und verwirren so das dumme Volk.[12]

Die Frage, ob sich 'shugen'(Trainieren von Wunderkräften) als Binom (aus 'osamu': trainieren, pflegen, und 'shirushi': Erweis, Zeichen, Wunder) in einem Sutrentext findet, muß offengelassen werden;[13] möglicherwiese handelt es sich bei dieser Kombination um eine Verkürzung aus: shu (osamu)=pflegen, trainieren, ju (majinai)= Magie und gen (shirushi)= Zeichen, Erweis. Auf den Inhalt dieses Begriffs könnte ein Zitat aus dem "Shô Mudô-kyô" einen Hinweis liefern, das die Verdienste aufzählt, die aus der Übung des Fudô-Mantras resultieren:[14]

> Falls es unter den Menge (taishû)Leute gibt, die solcherlei Riten (hô)durchführen wollen und sich (deswegen) in stille und einsame Berge und Wälder begeben, nach einem reinen Übungsplatz sichen, sich in ihren Übungen konzentrieren und Sutren lesen, dann werden sie der Gottheit Fudô ansichtig und das Ziel ihrer Übungen erreichen; oder aber sie lesen Sutren im Wasser der Flüsse oder unter Bäumen auf Berggipfeln, oder in Tempeln, und beten dort, dann werden sie schnell Erfolg haben... Wenn man so Übungen (gyô) macht, dann sind die Verdienste unermeßlich; wenn man so (richtig) des Fudô Sutren und dharani intoniert, dann erlangt man die große Vollkommenheit. Wenn die Asketen rauhe Übungen (kugyô) betreiben(shu) und drei laksa(= 3ooooo)[15] erfüllt haben, dann werden sie beständig der Sicht des Fudô (honzon) teilhaftig sein. Wer die Wirkungen aus den Riten testen will, der läßt einen Berg sich bewegen, Wasser gegen die Strömung fliessen und macht alles nach seinem Willen.

Aus dieser Interpretation von shu und gen als durch Üben kraft magischer Formeln übernatürliche Kräfte erwerben, erhellt, daß gen (shirushi) im Sinn von ju(majinai)[16]-gen zu sehen ist, also magische Kräfte bedeutet, so wie z.B. im "Dharani-shû-kyô" belegt:[17]

---

12)Literarische Belege für gen: Wunderkräfte s. NRK p. 314, 348 u. a.
13) Buddhistische Lexika geben hierzu keine befriedigende Auskunft. Vgl. z. B. BDJT vol. III p. 2456
14)S. "Shugen seiten" p. 31
15) S. Hackmann, Erklärendes Wörterbuch zum Chin. Buddhismus (Nobel ed) p. 324, Leiden.
16)majinau, mit den sino-japanischen Lesungen shû, shu, ju .
17) S. (Bussetsu) Dharani-shû-kyô, TDZK 18 mikkyô-bu 1 (4) p. 871

Die dieses Mantra (ju) beten, erlangen schnell sämtliche magischen Wunderkräfte...[18]

Weiter heißt es im "Dharani-shû-kyô":

Falls es jemanden geben sollte, der diesen Ritus bewahrt, das Mantra (ju) praktiziert (shûshû), dem Bonten opfert und so Wunderkräfte (gen) zu erlangen hofft...[19]

Shugen kann also prägnanter übersetzt werden als: jugen wo shu(su): Magische Kräfte pflegen[20], d.h. mit einem Terminus der Religionswissenschaft bezeichnet, Magie betreiben.[21]

Die Vorstellung, durch Üben (shu) buddhistischer Riten Verdienste ansammeln und zu Wunderkräften (gen) kommen, ist an Hand vorstehender Sutrenzitate aus dem esoterischen Buddhismus verdeutlicht. Wann sich der Begriff 'shugen' als Kompositum festigte, ist schwer zu sagen. Das "Nihon Ryôiki"(822) überschreibt die Biographie des En no Gyôja mit den Worten:[22]

Den Ritus (hô) des Pfauenkönig-Mantras(ju) ausübend, außergewöhnliche Wunderkräfte (i genriki) erlangen.

Und im Text der Biographie heißt es: Er übte den Ritus des Pfauen-König-Mantras und manifestierte außergewöhnliche zauberische Fähigkeiten (genjutsu), d.h. shugen bedeutet soviel wie: shu ju toku gen, nämlich Mantra üben und Wunderkräfte erlangen.[23]

Das Binom shugen könnte aber auch schon die Bedeutung von magischer Wunderkraft gehabt haben, wie eine Stelle im "Sandai jitsuroku"(901) belegt:

Der Kaiser hörte, (dieser Mönch) habe Wunderkräfte (shugen)[24]

---

18)Vgl. a. (Bussetsu) Hinaya-kyô No. 898 TDZK 18 mikkyô-bu 1(3) p. 773
19)(Bussetsu) Dharani-shû-kyô 11, TDZK 18, mikkyô-bu 1(4) p. 877. Vgl. a. (Bussetsu) Hinaya-kyô p. 773, sowie "Sandai jitsuroku " p. 376/377.
20) Gen hier als aus einem Ritus resultierende Kraft, belegt im (Bussetsu) Hinya-kyô, TDZK 18, mikkyô-bu 1(3) p. 775
21) S. Wakamori, kenkyû p. 9
22) S. NRK Kap. 28 p. 294
23) Im "Sandai jitsuroku" (p. 448, gekan) ist unter dem Datum vom 14. Tag des 3. Monats 887 eine Eintragung, die das Binom ju(majinai)gen belegt . In der gleichen Schrift heißt es: Er hatte magische Erweiskraft(jugen) und besaß die

Um Riten des esoterischen Buddhismus auszuüben, harte Übungen durchzu - führen und so Verdienste zu gewinnen, waren Berge der geeignete Ort. Im "Konjaku-monogatari"(1077) findet sich hierzu folgende Notiz:

Seiner Natur nach liebte er shugen, überschritt sämtliche heiligen Berge[25]

Leute, die sich in den Bergen Wunderkräfte erübten, wurden in der Heianzeit "wundertätige Mönche" oder "Wunderasketen"(genja) genannt.[26] die hierunter ganz besonders fähigen hießen " die der Wunderkraft Teilhaftigen"(ugen no hito).[27]

Als nächstes stellt sich die Frage, wann, aus welchen Gründen die 'Übung zum Zwecke der Wunderkräfte' als Weg(dô)[28] bezeichnet wurde. Der Weg (tao) hat im Taoismus die Bedeutung eines Weltgesetzes,[29] eines kosmischen Ordnungsprinzips.[30] Zu diesem Weg des Universums, dem Gang der Natur... suchten die taoistischen Mystiker zurückzukehren.[31]

Außer diesem kosmischen Ordnungsprinzip nahm tao in der Volksreligion des Taoismus[32] die Bedeutung eines Wegs, einer Methode zum langen, ewigen Leben (wie Himmel und Erde) an.[33]

---

die Fähigkeit des Regenmachens". (Sandai jitsuroku p. 104).
Wakamori (kenkyû p. 10) führte weiter aus, daß es sich bei shugen unter den magischen Riten des esoterischen Buddhismus um eine besonders mit körperlichen Gebärden verbundene Magie handele. Vgl. a. Erklärungen im "Ko no hagoromo" p. 178

24) S. "Sandai jitsuroku" p. 376/77 jokan.

25) S. "Konjaku-monogatari-shû" vol. III p. 526 (= vol. 24 NKBTK)

26) Vgl. "Makura no sôshi"p. 29, Kaneko(ed.) 1955, "O Kagami" p. 126(=vol. 21 NKBTK), "Utsuho-monogatari" vol. III p. 177 (=vol. 12 NKBTK) u. a.

27)S. "Kokon-chômon-shû" p. 85 (=vol. 84 NKBTK)

28) Dô(michi) hat ganz allgemein drei Bedeutungen: a)Weg (Verkehrsverbindung), b) Lehre z. B. Konfuzianismus (judô), c) stellvertretend für Taoismus.

29) Vgl. Nölle, Wörterbuch der Religionen (=Goldmanns Gelbe Taschenbücher 642/643) p. 388/9.

30) Nach Granet, La pensée chinoise, Paris 195o p. 316: "signification de pouvoir régulateur et ordre efficace". Vgl. a. de Bary(ed.), Sources of Chinese tradition, N. Y. 1960 p. 52

31)Vgl. "Tao-Te-King"(=Reclam No. 6798/98a) p. 4 ff.

32) Seine religiöse Form gewann der Taoismus in der Han-Zeit unter dem rivalisierenden Impetus von Konfuzianismus und neu eindringendem Buddhismus; an beiden orientiert, nahmen alter Volksglaube und magisches Brauchtum die organisierte Form einer Religion an. Vgl. Kubo N. in "Nihon Hyakka dai jiten" vol. X p. 187, 1964

33) Hierzu entwickelte man verschiedene Hilfsmittel wie Atemtechniken, Massage, Sexualpraktiken, Einnahme von Heilkräutern etc.

Der Konfuzianismus kennt tao in der Bedeutung: Weg der früheren Könige, weisen Herrscher, Weg (=Norm) des rechten, vorbildlichen Verhaltens.[34]

Im Buddhismus kann 'Weg'[35] im Sinn einer Methode rituelle Verhaltens - vorschriften, die zum Nirvana führen, beinhalten;[36] des weiteren eine stufenförmige Methode zum Heil, wie z. B. im 'achtfachen Pfad' (hachi shôdô), der letzten der 'vier edlen Wahrheiten'.

Auf konfuzianistische, taoistische Einflüsse wird im allgemeinen die Bildung des Begriffs 'Shintô'[37]: Weg der Kami zurückgeführt.[38] Weg der Kami kann einmal religiöse Verhaltensweisen und Praktiken bezüglich der Vereh - rung der Gottheiten beinhalten; andererseits wurde der Ausdruck als Ideologie gebraucht,[39] welche normative ethische Verhaltensregeln im individuellen wie auch öffentlichen Leben liefert.[40]

Auf dem Gebiet der Kunst bedeutet Weg die Tradition, ohne welche sie (die Kunst) nicht lebensfähig ist.[41] Ihre Ausprägung erfuhren die Wege in der Heianzeit[42], während welcher sie sich so entwickelten, daß eine jede Kunst eine

34) Vgl. "Lun-Yü" Kap. 1 p. 28 (=Shinshaku kanbun taikei vol. 1) 1963
35) Sansk. marga: "The right path, principal truth... way of transmigration by which one arrives at a good or bad existence..." (Soothill, Dic. p. 415)
36) Vgl. BDJT vol. IV p. 3839/3840 mit Beispielen aus dem "Daichi do ron".
37) Shintô ist die Kan'on-Lesung, wie sie aus Opposition zum Buddhismus und zu den Buddhisten von nationalistischen Konfuzianern zu Beginn der Tokugawazeit zur Bezeichnung der einheimischen Religion gefordert und bis heute hierfür als allgemein übliche beibehalten wurde. Vgl. Gundert, Religionsgeschichte p. 122
38) Vgl. a. Anesaki, history p. 2o
39) S. Kitagawa, Religion p. 11
40) Der Weg als ethisches Konzept liegt auch den Begriffen 'Königsweg' (ôdô) und 'Weg der Krieger' (bushidô) zugrunde; letzterer beinhaltet nicht nur Moralvorschriften und Tüchtigkeit im Kampf, sondern fordert auch die Pflege der schönen Künste. Vgl. hierzu "Sources of Japanese traditions" p. 308, 395)
41) Vgl. Hammitzsch, Zum Begriff "Weg" im Rahmen der japanischen Künste, in: NOAG 82 p. 5
Weg ist der zentrale Begriff im kulturellen und geistigen Schaffen Japans (ibid. p. 5)
Als 'Wege' bekannt sind u. a. sadô (Teeweg), shodô (Weg der Schreibkunst), kadô (Weg der Dichtkunst) u. a.
42) Als sich unter den Adelsgeschlechtern gewisse Ämter traditionell hielten, wirkte sich solches Traditionsbewußtsein auch auf die Künste aus. Vgl. Hammitzsch, Weg p. 8

Methode, einen (Lehr-)Weg antrebte, der für das "Praktizieren der jeweiligen Kunst wie auch für das Theoretisieren über diese gilt."[43]

Diese charakteristische Eigenschaft des Begriffs 'Weg' in der japanischen Kulturgeschichte, nämlich eine spezielle Methode und ein Wissen auf einem Gebiet,[44] kann zumindest als eine Komponente im Wort 'shugendô' angesehen werden. Neben dieser Bedeutung des Wegs als eines speziellen Könnens,[45] die Shugendô mit den Wegen des Mittelalters teilt, beinhaltet der 'Weg von shugen' aber auch alle Vorschriften hinsichtlich des körperlichen, geistigen und doktrinären Trainings, das zur Erreichung der angestrebten Kräfte nötig ist; damit kommt er der oben zitierten buddhistischen Konnotation - Weg zur Erleuchtung - nahe.

Dô wurde dem Wort shugen hinzugefügt, als sich unter den Yamabushi des beginnenden Mittelalters allmählich die Übungen vereinheitlichten und als eine selbständige religiöse Form hervortraten, als Gemeinsamkeiten sich zeigten, Yamabushi einem bestimmten Übungs-Weg folgten und sich verbandsmäßig zu Gruppen zusammenschlossen;[46] d.h. als Methode und Tradition der 'shugen'-Übung zu Tage traten.[47]

---

43) S. Hammitzsch, Weg p. 8 In der Kamakurazeit erfolgte Festigung und Vertiefung; Weg wurde zur Richtschnur für die, die ihm folgten. Interessant ist in diesem Zusammenhang, daß im "Kojiki" michi mit den Zeichen jutsu, gyô, waza: Kunstfertigkeit wiedergegeben wird, was die frühe Bedeutung einer handwerklichen oder geistigen Kunstfertigkeit belegt. Vgl. Hammitzsch, Weg p. 6
44) "Der Weg war zunächst also eine Kunstfertigkeit, die man durch Praktizieren unter einem Meister erlernen konnte." (ibid. p. 9)
45) Nämlich die Erzielung magischer Kräfte mittels Übung, Lektüre von Sutren etc. Inhalt des Wortes shugen ist Magie. Vgl. Wakamori, kenkyû p. 10
46) Frühe Belegstellen für den Ausdruck 'shugendô' zitiert Wakamori, kenkyû p. 11.
47) Im Mittelalter scheint aber nicht unbedingt mit Shugendô die Vorstellung einer bestimmten Sekte verbunden gewesen zu sein; erst in der Neuzeit kam die Benennung 'shugen-shû' auf, (auch wegen ihres synkretistischen Charakters zôshu genannt) wie aus den Tokugawa-Dekreten ersichtlich. Vgl. "Tokugawa kinrei-kô" vol. V p. 104
Neben Shugendô ist - wenn auch seltener - der Begriff yamabushi-dô belegt, wie z.B. im Nô-Stück "Settai":

> Auf dem Yamabushi-Weg der buddhistischen Übung, welchen Feind sollte es da geben?

(YKTK vol. III p. 1666, 1931)

Wichtigste Komponente bei der Ausbildung dieser Glaubensform von Shugendô war der Bergglaube (sangaku shinkô)[48], dessen Ursprünge in die Prähistorie zurücktreichen.

Bergglaube als religiöses Phänomen ist keineswegs nur auf Japan beschränkt, sondern in der ganzen Welt anzutreffen, und umfaßt Bergverehrung, Askese , Tempelbau in den Bergen usw. Berge waren, ähnlich den hl. Steinen[49], bei den meisten Völkern Mittelpunkt religiösen Denkens, religiöser Vorstellungen[50] und daraus resultierender kultischer Handlungen;[51] sie wurden als Bezirk des Göttlichen[52] und zugleich Jenseitsland gesehen; aus ihrem naturgegebenen Charakter des Numinosen[53] erwuchsen Verehrung und Kult. Dabei wurden Berge

---

48) Über die Grundlagen von Shugendô informiert ausführlich Earhart, A religious study, Kap. V-XIII. Ikegami Hiromasa gibt in seinem Aufsatz, sangaku shinkô no sho keitai (Formen des Bergglaubens), in: Jinrui kagaku XII, 1959 p. 163-173 eine Übersicht über die verschiedenen Erscheinungsweisen des Bergglaubens. Sein Ansatzpunkt ist die Frage, in welcher Form der augenblicklich geübte sangaku shinkô seine glaubensmäßige Funktion in der heutigen Gesellschaft erfüllt. Ikegami analysiert die jeweils stärkste Komponente des Bergglaubens.

49) Berge haben mit den Steinen das Unwandelbare, Beständige gemein, besitzen naturgewaltige Kräfte, wie z.B. im Fall von Vulkanen. Die Litholatrie ist Teil der Naturverehrung und am Anfang aller menschlichen religiösen Verehrung zu beobachten. Vgl. Oba, Shintô kôkogaku ronkô p. 158 ff, 1943. Bedeutung der Steine und Ausdruck der ihnen zugesprochenen Kraft verdeutlicht in Japan z.B. der Mythos von der Flucht Izanagis aus der Unterwelt, als er seinen Verfolgern den Weg mit einem Stein versperrt, den das "Kojiki" chigaeshi no o-kami nennt. Weitere Beispiele aus den "Fudoki" bei Oba, kôkogaku p. 160 166. Vgl. a. NMTK vol. 8 p. 155, 1962

50) Berge sind in der ganzen Welt heilig, "soit qu'on leur attribue simplement la potentialité soit qu'on donne à cette puissance la forme d'un démon ou d'un dieu. "(G. van der Leeuw, La religion dans son essence et ses manifestations, phénoménologie de la religion, Paris 1955 p. 43)

51) So beispielsweise in Indien der Himalaya, in China T'ai-shan, Japan Fuji, Israel Sinai, Tibet Kanchenjunga. Vgl. a. Hori, yama to shinkô, in : Kokugakuin daigaku, Nihon bunka kenkyû-sho kiyô No. 12 p. 11 mit zahlreichen Beispielen von Festen, die sich um Berge als kultische Stätte entwickelten.

52) Die ursprüngliche Vorstellung sah in der Naturerscheinung der Berge das Göttliche, während sie später lediglich als Sitz der Gottheiten aufgefaßt wurden. Vgl. Glasenapp, Glaube und Ritus der Hochreligionen (=Fischer Bücherei No. 346) 1950, p. 27

52) Zum Begriff des Numinosen vgl. R. Otto, Das Heilige p. 5-28, Gotha 1929

teils selbst mit der Gottheit identifiziert,[54] teils waren sie(zeitweiliger)Aufenthaltsort der Gottheiten und wurden als solche verehrt.[55] Als Sitz der Gottheiten wurden Berge zu Pilgerzielen und zur Stätte religiöser Übungen.[56]

Bevor wir uns der Stellung der Berge im japanischen Volksglauben zuwenden, zunächst ein Blick auf die Bedeutung der Berge in Indien und China.

Im brahmanistischen Indien war der Aufenthalt in Bergen die vierte Station im Leben eines Asketen;[57] Berge galten, wie auch Flüsse, als Sünden reinigend.[58] Kosmologischer Berg[59] und Weltachse war der sagenhafte Meru oder Sumeru.[60]Die im Brahmanismus gepflegte Sitte des asketisch-kontemplativen

---

54)Bei den Indern z.B. hat sich die Identifikation eines Berges mit der dort wohnenden Gottheit noch in der klassischen Zeit erhalten. Vgl. Glasenapp, Glaube p. 29. Im japanischen Shintoismus werden als Gottheit selbst verehrt z.B. Miwa no yama. Was hier mit Shintoismus bezeichnet wird, trifft mehr den populären shintoistischen Glauben des Volkes und nicht so sehr die im "Kojiki" und "Nihongi" literarisch fixierte, organisierte und von Konfuzianismus und Buddhismus beeinflußte Mythologie. Auf einen solchen Unterschied weist richtig auch Earhart, Areligious study Kap. V hin. Die allerorts in den Schreinen verehrten Gotthieten und die in den Mythen erwähnten sind nicht immer identisch. Vgl. a. Harada T., The origin of community worship, in "Religious studies in Japan ", 1959 p. 213 ff.

55)Literarische Belege finden sich vor allem im "Manyôshû" No. 1753, 1759 (NKBTK vol. II), 567 (NKBTK vol. I) u. a.

56)Der Aufstieg auf einen Berg symbolisierte beispielsweise in Indonesien (im Fall des Borobodur) den Übergang von der niederen Menschenwelt zur erlösenden Stufe der reinen Welt des Göttlichen. Vgl. Hori, yama to shinkô p. 10

57)Vgl. "Sources of Indian tradition"(de Bary ed.) vol. I p. 229, New York 1964

58) In Indien galt schon die Meditation über einen Berg als Verdienste bringend. Vgl. Hori, yama to shinkô p. 8

59)Kosmologische Berge gehören zu den Symbolen, die eine Verbindung zwischen Himmel und Erde darstellen. Man unterscheidet mythische und reale Berge. Vgl. M. Eliade, Das Heilige und das Profane (=Rowohlts Deutsche Enzyklopädie Bd. 31) Hamburg 1957 p. 23

60) Das frühe kosmologische Weltbild in Indien sah die Erde -ähnlich der Vorstellung in China- als eine nach vier Richtungen orientierte Scheibe. Zentrum war zunächst der Himavat (Himalaya), später der Sumeru. Vgl. W. Kirfel, Symbolik des Buddhismus (=Symbolik der Religionen vol. V)p. 21, Stuttgart 1959. Dieser Berg wurde in der buddhistischen Meru-These(sumi-sen-setsu) von der ihn umgebenden Erdscheibe gelöst und mit 7, durch Meere getrennte Felsringe umgeben. Vgl. a. Kirfel, Symbolik p. 22/24 Sumeru wird inmitten des Universums gedacht, zugleich aber auch als das Universum selbst. Er wird in 33 Welten aufgeteilt. Noch in der Meijizeit wurde die Sumi-These von Gelehrten (wie z.B. Satô Sukeishi) gegen eine naturwissenschaftliche Weltanschauung vertreten. Vgl. Hori, yama to shinkô p. 7

Zu den bekannten Bergen in China zählt der T'ai-shan[61] aus der Gruppe der fünf hl. Berge;[62] auf ihm wurden vom Kaiser für Himmel-und Erdgottheiten Opferriten vollzogen;[63] schon vor dem Eindringen des Buddhismus war dieser Berg mit dem offiziellen Kult verbunden. Bereits im 5. Jahrhundert waren in China einige Berge unter dem (buddhistischen) Namen 'Geierberg' bekannt;[64] Buddhisten wählten sich im Volke bekannte heilige Berge des Taoismus[65] als Stätte ihrer Klöster, näherten sich in Askese und Bergübung taoistischen Vorbildern und Praktiken.[66] Zu den berühmtesten, mit taoistischen Genien-Vorstellungen verknüpften sagenhaften Bergen zählt der P'eng -lai-shan (jap. Hô-rai-san).[67]

---

61) T'ai-shan ist die höchste Erhebung in Nordchina. (Auf ihm(wie auch auf einigen anderen Bergen) wurden vom Kaiser die sog. feng- und shan-Opfer vollzogen. Feng bezeichnet das vom Kaiser selbst auf einem Berggipfel gefeierte Himmelopfer, dem das Opfer an die Erde (shan) vorausging. Beide dienten dazu, das Prestige der herrschenden Dynastie zu stärken. "Il s'agit d'une cérémonie double où le sacrifice au Ciel (feng) fait au sommet d'un pic par l'empereur en personne est précedé par le sacrifice shan. Le mot chan est d'après la tradition chinoise l'equivalent du mot jang (expulser et ceder)... Ce dernier terme designe l'acte par lequel un souverain avant d'assumer à lui seul le pouvoir commence par le céder à un heraut dynastique..."(Granet, La civilisation chinoise, p. 451 ff, Paris 1948) Diese Opfer werden einerseits politisch interpretiert(Friede im Reich, Mandat des Himmels, Dynastiebeginn), zum andern quasi-religiös (Unsterblichkeit für den Kaiser) Vgl. hierzu Yü Ying-shih, Life and immortality in the mind of Han China, in: HJAS vol. XXV 1964/65 p. 80-122, ins. p. 110, sowie Fitzgerald, China, a short cultural history, London 1961 p. 222/3. Vgl. a. Chavannes, Le T'ai-chan essai de monographie d'un culte chinois, p. 158 ff, Paris 191o

62) T'ai-shan in Shantung, Heng-shan in Hunan, Hua-shan in Shenhsi, Heng-shan in Hopei und Song-shan in Honan. Alle 5 werden als die wu-yo (5 Gipfel) bezeichnet. Diese sind seit Urzeiten in China bekannt. Außer den Taoisten kamen dorthin auch die Buddhisten, wobei diese buddhistische Expansion oft von Sagen begleitet war, hier und da auf Bergen hätten sich Buddhas oder Bodhisattvas niedergelassen. Vgl. Reichelt, Der chinesische Buddhismus, Basel 1926 p. 2o1

63) S. Anm. 61

64) Vgl. Zürcher, The Buddhist conquest of China, the spread and apparition of Buddhism in early medieval China Leiden 1959 vol. I p. 208

65)Schon der taoistischen Schrift "Pao p'u tzu" werden 27 Berge als besonders gut für die Meditation erwähnt. Vgl. Zürcher, conquest p. 208

66)So übernahmen beispielsweise die Buddhisten die taoistische Vorstellung, daß hsien-Genien fliegen könnten und sprachen sie -als Mittel der Propaganda- auch den mit übernatürlichen Kräften ausgestatteten berühmten Mönchen zu, die so den Genien gleichgestellt wurden. Vgl. a. Zürcher, conquest p. 146

67) P'eng -lai-shan, mystischer Berg im Ostmeer und Sitz der Genien; auf

Auf eine Bergverehrung in Japan weisen neben den archäologischen Funden (Spiegel und Juwel z. B.) Tongefäße u. a. andere in der Nähe von 'Steinsitzen' (iwakura) in Bergen gefundene Ritualgeräte,[68] sowie auch literarische Belege hin. Im "Kojiki" (712) und "Nihongi" (720) finden wir unter den Schöpfungsmythen viele Sagen über die Unterwerfung von Berg-Gottheiten; auch dies weist auf einen frühen Bergkult hin.[69]

Je nach ihrer äußeren Beschaffenheit sowie der kultischen Stellung werden Berge im japanischen Volksglauben[70] in verschiedene Typen unterteilt.[71]

1. Vulkane, wie z. B. Fuji, Iwaki-san, Dai-sen u. a. Bei dieser Art von Bergen kam unter dem Einfluß des Buddhismus die Vorstellung von Höllentälern (jigoku-dani) auf.[72]

---

ihm wächst das Gras des Nicht-Alterns und Nicht-Sterbens; erscheint teils in Wolken liegend, teils unter dem Meer.

68) Vgl. die Ausführungen über archäologische Hinweise auf Shugendô im Kantô-Gebiet bei Oba, kôkogaku p. 649-663

69) Im Japanischen bezeichnet yama nicht unbedingt einen hohen Berg, sondern kann auch einfach einen Wald, eine bewaldete Anhöhe bedeuten. Vgl. a. Haguenauer, Origines de la civilisation Japonaise, Paris 1956 p. 299. Weiterhin steht yama auch für Grabhügel (s. u.)

70) Hier sei Shintô im weitesten Sinn mit einbegriffen.

71) Wir folgen der Unterteilung wie sie Hori in yama to shinkô vornimmt. (p. 14) Kishimoto, sangaku shugyô, teilt die Berge in solche, die man während einer bestimmten Periode besteigt, dort Klausur hält und Übungen macht (sangaku rengyô) und andere, die man möglichst oft besteigt, wobei die Gipfelbesteigung an sich eine Übung ist, ausgeführt im allgemeinen als Teil der Jahresriten. (Diese Art nennt Kishimoto sangaku-tôhai: Verehrung durch Bergbesteigung) Diese Klassifizierung stellt also auf das religiöse Verhalten der Gläubigen ab. Ikegami (sangaku shinkô) führt folgende bisherige Unterscheidungen auf:
a) archäologischer Standpunkt der Betrachtung (wie z. B. bei Oba) stellt auf die Form der Berge ab; Vulkane, konide und kaminabi-Berge, d. h. hl. Orte, Berge, Hügel, Wälder, wo Gottheiten leben; vgl. Oba, kôkogaku 142.
b) Shintô-geschichtlicher Standpunkt (Miyaji N.) Berge als Ort der Geister, zeitweiliges Verweilen, Ort des Kults.
c) der im Text angeführte volkskundliche Standpunkt von Hori Ichirô.
Yanagita Kunio beschäftigte sich besonders mit dem Verhältnis Ahnengeister: Berg. Ikegami selbst unterscheidet nach der stärksten Komponente im Glauben: a) buddhistische Berge (mairu-yama) mit Konnotation zu Totengeistern. Beispiel: Osore-yama. b) Schrein-shintoistische Berge (Typ ogami) d. h. der Berg selbst ist 'Verkörperung der Gottheit' (shintai). Typisch ist hierfür der Miwa-Schrein (bzw. Berg) in Yamato. Menschen steigen nicht auf solche Berge, sondern verehren sie durch die 'Verehrungshalle' (haiden). c) Sekten-shintoistische Berge des Typs 'nobori'. Ziel der Besteigung ist die Vereinigung mit der Gottheit auf dem Gipfel. Beispiel: Ontake, Fuji. d) Berge im Volksglauben: vielerlei Funktionen, Wohnstätte der Ahnengeister, Clangottheit (uji-

2. Berge als Sitz Wasser verteilender Gottheiten (mikumari no kami). Volksglaube und Volksgebräuche waren in Japan von früher Zeit an eng mit der Landwirtschaft, den jahreszeitlichen Festen, Toten-und Geistervorstellungen verbunden. Vom Ackerbau her gesehen ergibt sich eine natürliche religiöse Verbindung der Menschen zu den Naturgewalten wie Regen und Wind. [73] Das für den Reisanbau wichtige Wasser kommt mit den Flüssen vom Berg herab; schon deswegen nahmen Berge im ersten primitiven religiösen Empfinden der Japaner einen prominenten Platz ein. So entwickelten sich die mikumari-Schreine, in denen die Gottheiten, die Regen und Wind beherrschten, verehrt wurden. [74]
3. Berge als Begräbnisstätten. Wie aus einem Gedicht des "Manyôshû"(nach 759) erhellt, [75] wurden Berge als Ort der Toten, Begräbnisplatz bzw. Durchgangsweg zum Aufenthaltsort der Toten im Jenseits gesehen. [76] Den uji-gami und yama-miya-Riten [77] liegt die Vorstellung zugrunde, daß die Seelen der Ver-

---

gami), Berg-Gottheit (yama no kami). e) Shugendô -Berge, deren Charakteristikum es ist, Ort der Übungen zu sein. (shugyô no yama)

72) Bekannt z.B. das Berggebiet von Hakone. Die gleichzeitige Vorstellung vom Paradies auf demselben Berg ist ein Charakteristikum des japanischen Volksglaubens. Vgl. Hori, yama to shinkô p. 14

73) "To the people of Japan nature meant especially mountains, water, wind and earth."(Ikegami, The sigificance of mountains in the popular beliefs in Japan, in "Religious studies" p. 155)

74)Kumari, kumaru leitet sich vom gleichbedeutenden Wort kubaru: austeilen, verteilen her. In solchen mikumari-Schreinen wird 'mikumari no kami' verehrt. Nach dem "Engishiki"(927) sind in Yamato vier solcher Schreine, deren bekannteste in Yoshino sowie auf dem Katsuragi. Vgl. "Engishiki" jôkan p. 220/231 sowie p. 7o, 1929. Weitere Beispiele s. bei Hori, yama to shinkô p. 16 Aus der lautlichen Affinität von kumari zu komori soll es schließlich - nach dem"Shintô dai jiten" (vol. III p. 288, 1941)-im Buddhismus an diesen Schreinen zu einem Kult des Komori Myôjin gekommen sein.

75) Manyôshû II No. 165. In diesem Gedicht trauert die Schwester des Prinzen Otsu no miko über dessen Tod und will den Berg Futagami-san - wo der Bruder begraben liegt- als ihren Bruder ansehen. Hieraus erhellen, wie Hori (yama to shinkô p. 17) darlegt, zwei Fakten: a) man begrub in alter Zeit die (Toten (von Adligen ?) in den Bergen, b)eine kaiserliche Grabstätte wurde vornehmlich yama genannt. Für yama-Begräbnisplatz finden sich auch auf den Ryûkyû-Inseln einige Beispiele. Vgl. Hori, ibid. p. 18 Des weiteren sei allgemein auf die häufige Verwendung des Wortes yama im Volksglauben bei Tätigkeiten wie Begräbnissen etc. hingewiesen. (Vgl. a. Wakamori, Yamabushi p. 30) Auf den andersartigen Charakter der Berge als Reich der Toten, die Atmosphäre einer anderen Welt, deutet auch der Gebrauch von Sondersprachen hin, wie sie unter denen, die im Berg arbeiten und leben, üblich sind.

76)Hierzu zit. Ikegami (significance p. 158) den Brauch des tama-yobai-Seelenrufens: Ist eine Person krank und dem Sterben nahe, so geht man auf Berg und ruft den Namen des Kranken, was zur Folge hat, daß die sich schon entstorbenen in den Bergen lebten und zu bestimmten Zieten in die Dörfer herabstiegen.[78]

Unter den verschiedenene Klassen japanischer 'kami'[79] nimmt 'yama no kami', die Berggottheit, einen hervorragenden Platz ein. Ihr Kult ist ein wichtiger Aspekt von sangaku-shinkô. Es gibt verschiedene 'yama no kami'[80] die einmal orts- und sippengebunden, zum andern in ihrem Charakter je nach Art der sie verehrenden Berufsgruppen unterschiedlich sind. So kennen z. B.

---

fernende Seele in den Körper zurückkehrt. Beim Bon-Fest rief man die Seelen mit Fackeln, die auf einem Berg entzündet waren.

77) Yama-miya (Berg-Schrein) ist ein bestimmter Bezirk (im Berg), wo der Vorfahr eines Stammes verehrt wurde. Man errichtete keinen Schrein, sondern eine zeitweilige Hütte; oft dienten auch Steine als Aufenthaltsort für den zum Kami gewordenen Ahn. (Über diese Frage ausführlich bei Earhart, A religious study Kap. VIII) Diese Clan-gebundenen yama-miya-Plätze gab es als hl. Stätten schon vor der Ausbildung einer offiziellen Staatsmythologie sowie eines Schreinkults. Uji-gami sind die in einem Clan verehrten Ahnen-Gottheiten.

78) Vgl. a. Hori, minkan-shinkô p. 207/8(=Iwanami zensho 151) 1961

79) Regionale Kami als unbenannte Schutzgottheiten, die in einem Felsen oder auf Feldern verehrt wurden. (ubusuna-gami) Kommunale Kami - Clan-liiert- deren Kult unter chinesischem Einfluß zur Ahnenverehrung führte. Kami des kaiserlichen Clans, die allmählich auch auf die mit dem Kaiserhaus in Bezeihung tretenden Clans ausgedehnt und nationalisiert wurden. Vgl. Kitagawa, Religion p. 15/16. Im "Nihongi" finden sich gelegentliche Hinwiese auf die Deifizierung der kaiserlichen Ahnen. Vgl. Aston, Nihongi II p. 351, Nihongi I p. 134.

80) Die Berg-Gottheit, von deren Zeugung durch Izanagi und Izanami das "Kojiki" berichtet(Vgl. Florenz, Quellen p. 18), tritt manchherorts in Form einer Schlange auf. (Vgl. a. Aston, Shinto p. 147) Yama no kami kann nicht auf ein einheitliches Wesen festgelegt werden. Teils wird sie als weiblich, teils als männliches Gottheit, oft aber als häßlich (einäugig, einbeinig) vorgestellt. Die Bezeichnung des Tengu als yama no kami ist im ganzen Land verbreitet. (Vgl. Minzoku-gaku jiten p. 634) Oft wird die Berg-Gottheit als böse dargestellt, wofür die alten "Fudoki"-Lokalchroniken Zeugnis geben. Im "Harima Fudoki" (vor 715) heißt es:

> Immer wenn es in dieser Ebene menschliche Siedlungen gab, kamen die Bewohner nicht zur Ruhe. /Erst als dann am Fuß des Berges ein Schrein errichtet und dort die Gottheit verehrt wird, kehrt Ruhe ein/.

(Harima Fudoki, Iito no kori p. 291 NKBTK vol. 2) Vgl. a. ibid. p. 293, sowie "Hitachi Fudoki"(p. 85/86 NKBTK vol. 2)
Auf den sexuellen Wesenszug der Berg-Gottheit deutet u. a. ein in der Tôhoku-Gegend tradierter Brauch hin, einem Stein als Yama no kami hölzerne Phalli (yôbutsu)zu opfern. Vgl. hierzu a. Earhart, A religious study Kap. X, sowie ausführlich über die verschiedenen Aspekte des yama no kami N. Naumann, Yama no kami- die japanische Berggottheit, in: Asien Folklore Studies, vol. XXII, XXIII

Holzfäller und Jäger einen eigenen 'yama no kami'[81]; für die Dorfgemeinschaft hinwiederum ist'yama no kami' die Gottheit, die im Zyklus der Jahreszeiten vom Berg herab in die Ebene steigt[82] und zur Feldgottheit wird;[83] um die Zeit des Reissetzens ging man der Berg-Gottheit entgegen;[84] diese Sitte, wie auch der Brauch, bei Erreichung der Volljährigkeit[85] in einer Art Initiationsrite die jungen Knaben in den Berg zu senden, trug mit zur Entwicklung des mine-iri (Bergeinstiegs) derShugen-Asketen im Frühjahr bei.

Ohne den vielschichtigen und komplexen Bergglauben Japans, von dem nur einige wichtige Aspekte berührt werden konnten, wäre eine Entwicklung von Shugendô nicht möglich gewesen. Für diese Glaubensform wurden Berge - in ihrer Funktion als Sitz der Gottheiten und Ahnengeister, Ort ritueller Besteigung (s. O.)- zum heiligen Bezirk asketischer Übungen; d. h. Besteigen der Berge, Übung und Klausur dortselbst, wurden zum Kernstück von Shugendô.

Zu dieser Entwicklung trug in großem Maße der esoterische Buddhismus bei, der als zweite wichtige Komponente in der Ausbildung von Shugendô zu nennen ist.

---

81)Vor und nach der Jagd wurden Gebete und Zeremonien verrichtet und Teile der Beute der Berggottheit geopfert. Vgl. Minzoku-gaku jiten p. 642 Vgl. a. Hori, shokugyô no kami (=NMTK vol. 8 p. 91)

82) Die Vorstellung der aus der Jenseitswelt der Berge kommenden, Segenspendenden Gottheit gewann über die ältere Idee der über das Meer kommenden Gottheit die Oberhand, als sich die Japaner in ihren Siedlungen vom Küstengebiet weg ins Landesinnere verlegten.

83) Diese Berggottheit tritt besonders bei Reispflanz-Zeremonien in Erscheinung, während der sie auf den Feldern bewirtet und Gebete um eine gute Ernte gesprochen werden. Bis zur Reifezeit bleibt die Gottheit dann als ta no kami Feldgottheit, die eine gute Ernte sichert, in der Ebene und kehrt im Herbst wieder auf den Berg zurück.

84) Auf einem bestimmten Weg unter Verehrung (der Gottheit) an bestimmten Plätzen (Wasserfall, Felsen, Baumgruppen)

85) Eine der zahlreichen, örtlich verschiedenen Riten zur Feier der Volljährigkeit besteht darin, auf einen hohen Berg in der Nähe des heimatlichen Dorfes zu steigen; erst nach Vollendung dieser Übung war der Knabe vollwertiges Mitlgied der Gesellschaft. Vor dieser Bergbesteigung mußten sich die Initianden einer siebentägigen Fasten- und Reinigungs-Übung unterziehen. Neben dem Glauben an die Berggottheit, die auf dem Gipfel verehrt wurde, spielte das Moment der körperlichen Abhärtung und der Trennung von den gewohnten Gemeinschaft bei Entwicklung dieses Brauches sicherlich eine Rolle. Vgl. NMTK vol. 4 p. 236/237
In der Präfektur Nara gingen die Kandidaten unter Führung eines Pilgerführers(sendatsu) auf den Omine, wo sie verschiedenen Mutproben unterworfen wurden. Vgl. Minzoku-gaku jiten p. 312

Schon bei der Ausbreitung des Buddhismus in Indien nahm diese neue Religion Vulgärgottheiten des Brahmanismus sowie bestehende religiöse Anschauungen in sich auf,[86] lebte als Volksbuddhismus bis ins 10. Jahrhundert.[87]

In China, wo durch die Übersetzung von esoterischen Sutren im 2. bis 4. Jahrhundert[88] indische magische Praktiken mit einheimischen Genien-Künsten (shinsen-jutsu) verknüpft wurden, entfernte sich der Buddhismus in dem Masse vom Volksglauben, als durch gelehrte Mönche[89] ein doktrinäres System ausgearbeitet und der (vulgäre) Taoismus abgelehnt wurden;[90] daß sich trotzdem aber der Buddhismus dem einheimischen Glauben nähern und sich aus missionarischen Gründen den religiösen Bedürfnissen des Volkes, das nicht mit philosophischen Traktaten allein befriedigt war, anpassen mußte, zeigt sich in der Niederschrift von 'falschen Sutren'.[91]

Bei seiner Einführung nach Japan im 8. und 9. Jahrhundert[92] ging der esoterische Buddhismus zunächst eine Verbindung mit den religiösen Anliegen des Adels ein;[93] an den Volksglauben und die religiösen Ansprüche des Volkes aber schloß er sich insofern an, als Opfern, Kopieren und 'Überlesen'(tendoku) von Sutren mit dem Ziel erfolgten, bei Regenbitten, Krankenheilungen, Abwendung von Unheil zu helfen, kurz Segenswirkungen sowie Schutz und Sicherung des Lebens zu erlangen.[94]

---

86) Auf diese Weise kamen Bonten, Yasha, Taishaku, Shû-kongô und der Glaube an die 4 Himmelskönige (shi tennô) in den Buddhismus. Vgl. Gorai, bukkyô to minzoku (=NMTK vol. 8) p. 325

87)Eine gewisse Entfremdung trat eigentlich erst mit der Ausbildung eines hochphilosophischen Systems der Zwei Welten ein, was die theologische Spekulation gebildeter Mönche förderte.

88) Z. B. Srimitra, Dharmaksema u. a. S. Gorai, bukkyô p. 325

89) Chih-I, Fa-tsang u. a. S. ibid.

90) Eine Ausnahme ist in dieser Hinsicht die T'angzeit, eine Blütezeit des esoterischen Buddhismus. S. ibid.

91) Im "Ta T'ang nei tien lu" Kap. 10 werden 163 Titel aufgeführt, einige weitere im 18. Kapitel des "K'ai yüan shih ching lu". S. Gorai, bukkyô p. 326

92) Schon während des 7. und 8. Jahrhunderts allein wurden über 137 esoterische Schriften importiert. Vgl. Nakamura H., Tôyôjin no shii hôhô , vol. II p. 293, 1959

93) Von ihnen wurden auch die ersten Tempel errichtet.

94) So z. B. die Sutren Ninnô kyô (S. der gütigen Könige), Hannya-kyô (S. der transzendentalen Weisheit), Konkômyô-kyô (Goldglanz-S.) Als buddhistische Riten zur Regengewinnung sind bekannt: amegoi-dai-hannya, amegoi-nenbutsu u. a. Vgl. Gorai, bukkyô p. 330 Der magische Gebrauch von Sutren (vgl. a. Nakamura, hôhô p. 293) ist auch im Mittelalter noch allgemein üblich; so wurde das Sutra der transzendentalen Weisheit zur Unterdrückung von bösen Geistern

Da ja seit früher Zeit die Berge mit dem Buddhismus verbunden waren[95], gab es auch Mönche, die in den Bergen übten. Jedoch konzentrierte sich allgemein der Buddhismus der Vor-Heianzeit auf die Klöster von Nara, wo er, staatlich gefördert, von einer privilegierten Schicht gebildeter Mönche stuidert wurde. Der Hof unterstützte diese Klöster durch Schenkungen, sodaß die wirtschaftliche Macht des Klerus mit Zahl und Umfang der steuerfreien Ländereien immer mehr stieg. Gleichzeitig aber trat ein Niedergang in Disziplin und Mönchsleben ein; die Klöster und der Mönchsstand, in den auch Adlige und Angehörige des Hofes eintraten, wurden(so) aristokratisiert und in ihrer Funktion als staatliche Organe zur Sicherung von Frieden und Wohlergehen in ihren Riten immer stärker formalisiert. Auf der anderen Seite waren die Bemühungen (um) und die Berührungspunkte zum einfachen Volk auf die Missionstätigkeit einiger populärer Prediger-Asketen beschränkt, deren bekanntester Gyôgi war.[96]

So wie sich der Buddhismus sozial auf die höheren Kreise konzentrierte, war er geographisch vor der Heianzeit auf die Ebene in Yamato beschränkt. (heichi-bukkyô) Jedoch gab es schon damals einzelne Asketen, die in individueller Heilsübung oder als Magier shamanistischer Tradition in den Bergen lebten, übten und sich Kräfte erwarben.[97] Das zu Beginn der Heianzeit übliche Askeseleben einzelner Mönche in den Bergen belegt die Erzählsammlung "(Honchô)Hokke-genki".[98] Dieses Leben in den Bergen wird als bedeutsamer Teil mönchischer Ausbildung in dem durch Dengyô Daishi und Kôbô Daishi eingeführten esoterischen Buddhismus stark akzentuiert.[99]

Berge werden als einer der drei (für mönchisches, kontemplatives Leben) geeigneten Plätze in der Tendai-Schrift "Maka-shikan"(594) wie folgt erör -

---

("Taiheiki" Kap. 23 p. 399 NKBTK vol. 35), das Medizin-Lehrer-Sutra (yakushi-kyô) bei Krankenheilungen gelesen ("Taiheiki" p. 3o4) Auch die Lektüre des Lotus-Sutras- darunter wieder besonders die Kapitel dharani-bon und fumon-bon - galt als Verdienste bringend. Vgl. Tsuda S., En no Gyôja densetsu-kô, in: Shichô 1931, 10 p. 1-31, s.p. 7. Sutren-lesen trat dann auf dem Gebiet der Pönitenzriten neben die alten shintoistischen Mittel des misogi und harai.

95) Vgl. Abschnitt sangaku-shinkô.

96) Gyôgi: Mönch der Narazeit. Vom Volk wegen seines segensreichen Wirkens Gyôgi Bosatsu genannt. Führte erst ein ubasoku-Leben, gewann später die Gunst des Kaisers Shômu und wurde von diesem zum ersten 'Erz-Bischof' (dai-sôjô) befördert. Vgl. a. Hori, kenkyû p. 256/93

97) Typische Vertreter dieses Berg-Buddhismus sind En no Ozunu, Taichô u. a., die wohl mit dazu beitrugen, den Buddhismus im Volk zu verbreiten.

tert:[100]

> An geeigneten Plätzen gibt es drei: Erstens in tiefen Bergen und abgelegenen Tälern, zweitens auf dem Weg des Pilgerns, drittens in Tempeln. Bei einem Platz in tiefen Bergen und abgelegenen Tälern ist der Weg bis dorthin schwierig und steil, und auf ewig ist man von den Spuren der Menschen (die vorbeikommen) abgeschnitten. Was würde da stören? In Ruhe kann man sich der Versenkung hingeben und beständig auf dem Weg Buddhas sein. Lob und Tadel werden überwunden; dies ist der geeignetste Ort.

Eine Ausbildungszeit von 12 Jahren in den Bergen[101] propagiert der Gründer der japanischen Tendai-Schule in seiner Streit-und Verteidigungsschrift "Kenkairon"(820)[102]:

> Den Hunger vergessend, erfreuen sich die Asketen des esoterischen Buddhismus in den Bergen; die Kälte ertragend, leben sie in den Tälern; falls man nicht die Kräfte aus buddhistischem Streben (shôjin) von 12 Jahren und den Verdiensten von 90 Tagen Meditation während zahlreicher Jahre anhäufte, wie sollte man die sieben Übel aus dieser schlechten Welt vertreiben und die drei Unglücke vom Land fernhalten können!... Wenn man nicht nach Reinheit strebt, gibt es keine Möglichkeit, Unglück abzuwenden. Deswegen beläßt man bei den 5 Tempeln des Wu-tai-shan[103] die Mönche lange Zeit in den Bergen, und in den zwei Tempeln des Hsing-shan-ssu[104] hat man als Regel aufgestellt, beständig für das Land Sutren zu lesen. Wieso sollte es nicht zur Reinheit gereichen, wenn man vor der Ordination, in den Bergen lebend, Sutren auswendig lernte und sich (auf dem Weg Buddhas) übte, und nach der Ordination 12 Jahre lang in den Bergen wohnte![105]

Kûkais Ansicht über den Berg-Buddhismus[106] kommt in seiner Petition um

---

Stammbereich dieses Berg-Buddhismus war das Gebiet von Yamato, insbesondere Yoshino und Kumano. Dem Beispiel En no Ozunus, Gyôgis u. a. folgend, gab es während der Heianzeit im ganzen Land Laienbrüder(ubasoku)und 'Heilige'(hijiri).

98) Vgl. Hori, kenkyû p. 100/101

99) Vor der Einführung des esoterischen Buddhismus durch die Gründer der Tendai- und Shingon.-Schulen, war er Teil der Lehren und Studien in anderen Sekten gewesen, später dann verselbständigt und zur Entfaltung gebracht worden. Dengyô Daishi wie Kôbô Daishi hatten bei ihren Studienaufenthalten in China Bergklöster besucht; es ist aber anzunehmen, daß schon vorher japanische Mönche bei ihren Besuchen in China den Anstoß zum Bergpilgern mitbrachten. Berg-Buddhismus war zwar schon vor der Zeit Dengyô Daishis vorhanden, jedoch nur ein Aspekt des Buddhismus, der jetzt besonders betont wurde.

100) Maka shikan (chin. Mo ho chih kuan)"Traktat über die große Ruhe und Einsicht", TDZK 46, shoshû-bu 3(1) p. 42. Von Kuan Ting (Kanjô 561-632), Schüler des chin. Tendai-Begründers Chih-I(538-597) aufgezeichnete Lehren seines Meisters. Shikan bezeichnet die in der Tendai-Sekte systematisierte Übungshaltung, durch Ausschluß äußerer Einflüsse und durch Konzentration auf einen bestimmten Gegenstand den Geist zur Ruhe zu bringen und daraus folgend die rechte Einsicht (kuan) zu gewinnen.

101) Die in der Tendai-Sekte üblichen 12 Jahre Bergaskese beruhen auf dem

um Gewährung des Klosterbaus auf dem Kôya-san zum Ausdruck:[107]

> Shakyamunis Spuren vergingen nicht auf dem steilen Gipfel des Grdhrakuta. Auf dem Wundergipfel des Potalaka nehmen die Spuren der (Wunder - wirkungen der)Kannon kein Ende... In den 5 Tempeln des Wu-tai-shan reihen die meditierenden Mönche ihre Schultern aneinander... Jedoch in Japan sind die hohen und tiefen Berge von Mönchen verlassen und in den dichten Wäldern sind Meditierende eine Seltenheit... Ich(Kûkai) bin in meinen jungen Jahren gerne über Berge und Wälder gegangen. Von Yoshino aus 1 Tag zu Fuß nach Süden, dann 2 Tage nach Westen, dort gibt es einen menschen-verlassenen Berg, namens Kôya

Dieser neue Berg-Buddhismus (sanrin-bukkyô), der dem - wohl auch politisch motivierten Wechsel der Hauptstadt von Nara nach Kyôto folgte und mit der Gründung der beiden bedeutenden Klosteranlagen auf dem Hiei-san und Kôya-san sichtbaren Ausdruck fand, sollte dem breiten Volk die Ideen und Glaubensinhalte des Mahayana nahebringen;hierbei kam ihm der magische Charakter , wie er ja vor allem im esoterischen Buddhismus vorlag, zustatten.

Schon von früher Zeit her waren Magie, Wahrsagerei[108] etc. im Volk verbreitet gewesen, und nicht vom Buddhismus überwunden, sondern vielmehr buddhistisch gefärbt worden.[109] Der esoterische Buddhismus stellte mit Hilfe von Mudras und Mantras ein System von Zauberpraktiken, geheimen Riten und gegen allerlei Schäden und Übel des täglichen Lebens gerichteten Zeremonien auf.[110] Praktiziert wurden solche Riten und magischen Handlungen

---

Susiddhikara-Sutra (Soshitsu-ji-kyô) TDZK No. 893. Vgl. Hori, kenkyû p. 70

102)"Kenkai-ron" , Streitschrift zur Klärung der in den Sutren verankerten Berechtigung zur Errichtung einer mahayanistischen Ordinationsbühne. TDZK 74, zoku shoshû-bu 5 (4) p. 609, 619.

103) Wu-t'ai-shan, aus 5 Gipfeln bestehender Bergkomplex in der Provinz Shenhsi;zahlreiche Tempelanlagen.

104)Hsing-shan-ssu, jap. Kôzenji auch Dai Kôzenji genannt. 582 von Kaiser Wu-ti im SO von Chang-an errichtet;auch während der folgenden T'angzeit als berühmtestes Kloster von Chang-an bekannt. Zentrum des esoterischen Buddhismus; Enchin und Ennin haben dort studiert. Vgl. Shin Bukkyô jiten p. 342

105) Vgl. a. "Nihon-ki-ryaku"(1036) 822, 6. Monat 3. Tag, zit. bei Wakamori kenkyû p. 51

106)Kûkai selbst hat in seiner Jugend einige Zeit auf Bergen in Shikoku zugebracht. Vgl. hierzu Hori, On the concept of the Hijiri(Holy Man), in: Numen, vol. V 1958 p. 128-160, 199-232, ins. p. 152 Vgl. a. Gorai, Kôya-hijiri p. 78 (=Kadokawa shinsho) 1965, mit Zitat aus dem "Sango-shiki".

107) S. "Shôryô-shû"(827/29) p. 397/98 (=NKBTK vol. 71)Vgl. a. Hori, concept p. 152

108)Vgl. "Hou-Han-shu" über die Orakelpraktiken der Japaner, zit. in Sources of Jap. Tradition p. 9.

109)Vgl. Wakamori, Shomin seishin-shi(=Nihon no minzoku vol. 10) p. 82, 1965.

von Mönchen- ordinierten wie auch'freien' (shido-sô), Laienbrüdern(ubasoku), wandernden 'Heiligen'(hijiri), Wundermönchen (genja) und den Yamabushi. Vor allem letztere trugen durch ihre Pilgerfahrt von Berg zu Berg den buddhistischen Glauben in seiner esoterischen Form unter das Volk und in die Provinzen.[111] Freilich war der so verbreitete Buddhismus längst kein reiner Buddhismus mehr, sondern war durch die Sitte des Bergpilgern(zum Zweck der Übung) - sanrin-tosô - mit den einheimischen Berggottheiten, der Bergverehrung und volkstümlichen shintoistischen Glaubensvorstellungen in Berührung gekommen.

Eine Annäherung der beiden Religionen begann schon im 6/7. Jahrhundert. Der Buddhismus, der als Teil der chinesischen Kultur tradiert wurde und in Japan politische Unterstützung erfuhr, wurde seit der Zeit des Prinzen Shôtoku[112] durch die Herrscher gefördert und verbreitet. Hier liegt ein erster Ansatzpunkt für die Vermischung und gegenseitige Beeinflussung der beiden Religionen, insofern, als die den Buddhismus wohlwollend unterstützenden Kaiser zugleich oberste Priester der Nationalreligion des Shintoismus waren.[113]

---

110) Vgl. Gundert, Religionsgeschichte p. 71
111)Als buddhistishhes Erbe im Shugendô ist beispielweise zu nennen die Verehrung der Gottheiten des esoterischen Buddhismus, wie Dainichi(in der Erscheinungsform des Fudô), Kannon, der 8 Kongô-dôji , der Gebrauch von dharani bei Beschwörungen (z.B. "Taiheiki" p. 110), die Reueriten ("Gikeiki"p. 3ol, 312), kultische Geräte wie Schellenstab(shakujô), Diamantkeil(kongôrei) u.a.
112) Artikel 2 seiner bekannten 17-Punkte Verfassung lautet: "Sincerely reverence the three treasures. The three treasures ... are the final refuge of the four generated beings, and are the supreme objects of faith in all countries... (Sources of Jap. Trad. p. 50)
Am 27. Tag des 3. Monats im 14. Jahre der Regierung Temmu(685) erging folgende Order: "...in every house a Buddhist shrine should be provided, and an image of Buddha with Buddhist scriptures placed there. Worship was to be paid and offerings of food made at these shrines. "(Aston, Nihongi II p. 369)
Zur gleichen Zeit, als Prinz Shôtoku aktiv für die Verbreitung der neuen Religion eintrat, wurde keineswegs die Verehrung der einheimischen Gottheiten plötzlich vernachlässigt. Vgl. ein Edikt, zit. bei Aston, Nihongi II p.135
113) Zur Unterscheidung gegenüber der neuen Religion des Buddhismus wurde wohl zum 1. Mal im 6. Jh d. der Begriff Shintô :Weg der Götter geprägt; Im "Nihongi" z.B. heißt es vom Kaiser Yômei: Der Kaiser hörte auf die erhabene Lehre des Buddha und verehrte den'Weg der Götter'". (Nihongi Kap. 21 p. 154 NKBTK vol. 68)

Weiterhin erwies sich der Umstand als vorteilhaft und fördernd, daß der Shintoismus keine Statuen kannte, was die Auf- und Übernahme buddhistischer Kunstwerke erleichterte.[114] Die Eingliederung der Naturgotthieten des Shintoismus, der ungleich dem Buddhismus kein ausgeprägtes philosophisches und ethisches Konzept besaß, wurde besonders leicht in der Lehre des Shin gon-Esoterismus vollzogen.[115]

Vom Gesichtspunkt der Riten aus hatte der Buddhismus große Anziehungskraft;bei seiner Einführung nach Japan war er von einem Diesseitscharakter geprägt und in der Form des esoterischen Buddhismus[116] reich an exorzistischen Praktiken, die sich leicht mit einheimischer Magie - wie sie z. B. bei Regenbitten u. ä. betrieben wurde - verbanden.[117]

---

114)Gleichzeitig mit diesen Kunstwerken wurden der mit ihnen verknüpfte religiöse Sinngehalt, Zeremonien und Kulte übernommen. Vgl. a. Takezono, The syncretism of Buddhism and Shintoism - the unique characteristic of the Japanese religious history p. 384, Rel. Studies. Vgl. a. Eliot, Buddhism p. 241

115) Dieser lehrte, daß das ganze Universum eine Manifestation des Buddha (Vairocana) sei. "Buddhism was regarded as the basic principle, Shintô as its phenomenal manifestation in Japan. "(Kishimoto H., The meaning of Religion to the Japanese people, Religious studies in Japan p. 24) Das speziell von Shingon entwickelte System des vermischten Shintoismus ist unter der Bezeichnung 'Ryôbu-Shintô' bekannt. Das von Tendai entwickelte ist 'Sannô' oder 'Sannô ichijitsu-Shintô .

116) Der Dieseitscharakter fand auch in der Doktrin von der 'Buddhawerdung im gegenwärtigen leiblihhen Zustand'(sokushin jôbutsu) des esoterischen Buddhismus seinen Ausdruck.

117)Gegenüber den Kami bzw. den durch diese symbolisierten übermenschlichen Naturkräften hatte man ursprünglich ein Gefühl der Ehrfurcht und Scheu. Als sich diese Ehrfurcht im Laufe der Zeit zu festen Formen einer Verehrung konkretisierte, erstand gleichzeitig die Vorstellung, sich dieser übernatürlichen Kräfte zu versichern und sie zu nutzen. Vgl. Murayama, Shinbutsu shûgo shichô (=Sara sôsho 6), Kyôto 1964 p. 7 ff. Zu diesem Zweck wurden verschiedene Praktiken entwickelt, Aufgaben, die dann von(später staatlich organisierten) Shamaninnen(miko) wahrgenommen wurden. Mit Magie versuchte man Regen zu erflehen bzw. zu beenden, oder man betete um Ruhe und Frieden im Reich, Wohlergehen des Kaisers etc. Kräfte, wie sie Shamanen bei ihren Aufgaben benötigten, wurden durch harte Askese in Bergen , Abhärtung und Purifikation in Wasserfällen gewonnen. Anesaki schreibt hierzu: "Besides the public ceremonies and the private praywrs, spells and charms were much in vogue and divination and augury were practised. The divine and the magical efficacy of objects connected with the ceremonies were believed in and made use of, mostly against evil spirits... Certain austerities were practised with the intention of expelling evils and purifying oneself, such as bathing in cold streams hard mountain climbing or abstaining from sexual intercourse. Magicm exorcism and other occult practises were performed by persons, who had passed certain stages of ascetic training. These practises were later combin-

Bald wurde es zu einer allgemeinen Sitte, vor den Gottheiten Sutren zu lesen.[118] Die Annäherung des Buddhismus an den einheimischen Shintoismus wurde aber auch durch geographische Nähe oder Identität der Kultstätten gefördert;nicht zu übersehen sind hierbei auch wirtschaftliche Gründe.[119] Sichtbarer Ausdruck der Durchdringung shintoistischer Gottheiten, Kultstätten und Glaubenspraxis mit dem neuen Buddhismus ist die Errichtung von sog. Schrein-Tempeln(jingûji).[120]

Die offene Haltung des Buddhismus[121] gegenüber den japanischen Gottheiten war schließlich mitbestimmend dafür, daß man - ausgehend von der Vorstellung der Kami als Schutzgottheiten des Gesetzes Buddhas (gohô zenshin)[122] - das Sutren-Opfern und -lesen vor den Kami als für diese Freude und Heilbringend ansah.[123]

-ed with and elaborated by Buddhist occultism... "(Anesaki, History p. 46)
118)Vgl. Takezono, syncretism p. 383. Allgemein gesehen stellte die neue Richtung des Tendai-Shingon-Esoterismus die Sutren an prominente Stelle(bzw. den Gebrauch der hierin enthaltenen magischen Wunderkräfte), im Gegensatz zum Nara-Buddhismus, der mehr die Dialektik(ron) betonte.
119) Zur Festigung der ökonomischen Lage der Temepl waren eine Annäherung an einheimische Kulte und Kontakt mit solchen Heiligtümern notwendig. Bis zum Aufkommen der Vorstellung vom'verfallenen Gesetz '(mappô) war der Buddhismus nur Sache des Adels gewesen, die Religion in den Provinzen, unter der einfachen Bevölkerung war der Shintoismus. Die ausgedehnten Besitztümer der Tempel erstreckten sich bis in ferne Provinzen, wo der alte shintoistische Glaube auch unter den Menschen, die auf buddhistischen Gütern arbeiteten und lebten, vorherrschend war. Um diese Besitzungen zu wahren, zu schützen, suchte man die Unterstützung der Lokalgottheiten, die als Schutzgötter der Tempel verehrt wurden. Vgl. Takezono, syncretism. Der erste Fall einer solchen Einsetzung als Schutzgottheit erfolgte, als die Gottheit Hachiman von Usa bei Errichtung des Großen Buddha in die Hauptstadt Nara verlegt wurde, wohl in der politischen Absicht, nicht nur die Erregung des Volkes(über das Erstarken des Buddhismus) zu dämpfen, sondern auch aktiv die Verschmelzung beider Religionen zu fördern. Vgl. Murayama , shinbutsu p. 11. Als Rechtfertigung eines neuen Tempelbaus wurde oft eine Sage bemüht , nach welcher ein alter Mann - die verhüllte Lokalgottheit - erschienen sei und darum gebeten habe.
120) Jingûji sind - im Gegensatz zu den innerhalb von Tempeln für die shintoistischen Schutzgottheiten errichteten Schreine (Hachiman im Tôdaiji) - buddhistische Annexe zu Shintô-Heiligtümern, vor denen man Sutren las und buddhistische Zeremonien vollzog. Vgl. Anesaki, History p. 137 Als erstes Beispiel ist der im Jahre 715 in Echizen erbaute Kei-jingû bekannt. Vgl. Wakamori, Nihon minzoku-shi (=Green belt series 31) p. 155, 1963
121)Dieser sah bei seiner Einführung nach Japan bereits auf eine tausend-jährige Geschichte zurück, nahm stets gegenüber anderen Religionen eine positive Haltung ein und rezipierte sie in sein Lehrgebäude.

Nächster Schritt in der Entwicklung war, den durch Buddhas Gesetz der Erlösung teilhaftigen Kami, nun im Stande von Bodhisattvas, folgerichtig auch Bodhisattva Titel zu geben.[124] Von dieser Stellung als Bodhisattva aus wurden die Kami noch eine weitere Stufe, nämlich zu Buddhas erhoben, also mit diesen gleichgestellt; sie sind aber lediglich deren Erscheinungsformen (gongen), unter welcher Bezeichnung sie von buddhistischer Seite verehrt werden; sie sind die 'herabgelassene Spur'(suijaku) der Buddhas, die'Urstand'(honji) der Kami sind.[125]

Inwieweit Shugen-Asketen zu dieser Entwicklung beitrugen, ist schwer abzugrenzen. Jedoch kann angenommen werden, daß die Yamabushi in gewissem Grad durch ihre buddhistischen Übungen in den Bergen mit dortigen Shintôkulten, mit dem Volksglauben in Berührung kamen, die Integration dieser verschiedenen religiösen Strömungen aktiv in ihren Riten und Gebräuchen förderten[126] und diesen so modifizierten Buddhismus auf ihren Pilgerwanderungen verbreiteten.

---

122) Ähnlich den ind. deva

123) Dieser Umstand geht auf die während der Narazeit populäre Idee zurück, nach welcher die Kami zu den Erlösungs-bedürftigen Wesen gerechnet werden, die -wie die Menshhen in der ephemären Welt verhaftet -durch das Gesetz Buddhas aus Leiden und Illusion finden. Vgl. Tsuji, bukkyô-shi vol. I p. 442 Diese Geisteshaltung spiegelt sich in zahlreichen Erzählungen wider, wie z. B. im "Nihon Ryôiki" (Kap. 24, p. 381/2 gekan NKZS), in dem ein Kami der Erlösung halber um Rezitation von Sutren bittet.

124) Erstes Beispiel ist hier die Belegung der Gottheit Hachiman mit dem Titel 'Groß Bodhisattva'(dai bosatsu) im Jahre 798. Vgl. Tsuji, bukkyô-shi vol. I p. 444

125) " The reality behind the phenomenal appearance"(Hori, concept p. 233) Die These von ' Urstand und Spur' (honji-suijaku) sieht die Kami als temporäre Manifestationen der in ihrer wahren Gestalt für die Menschen nicht faßbaren Buddhas. In China hatte die honji-suijaku-Lehre bei ihrer Propagierung dem Buddhismus gedient, dessen Überlegenheit gegenüber Konfuzianismus u. Taoismus zu demonstrieren. Vgl. Murayama, shinbutsu p. 42 In Japan kam keine Religion geistig und strukturell in die Nähe des Buddhismus; Ziel war hier, das Wesen der traditionellen Gottheiten gemäß buddhistischen Ideen zu klären. (ibid. p. 42) Von einer ausgesprochenen Vermischung der Gottheiten beider Systeme kann während der Narazeit noch nicht die Rede sein. Seit Mitte der Heianzeit entwickelte sich der honji-suijaku-Gedanke, ohne daß aber zunächst jeder Gottheit ein bestimmter Buddha als Urstand zugeordnet wurde; vielmehr wurden Kami und Buddha einfach als gleich geglaubt. Vgl. Miyaji N. Jingi-shi taikei p. 64, 1942. Eine solche Systematisierung bahnte sich erst seit dem 11./12. Jd. an und wurde dann in den honji-Erzählungen der Muromachizeit popularisiert.

126) Im Jahre 1923 wurden durch Ausgrabungen in der Umgebung des Kimpu-

In diesem später so typischen Pilgern der Yamabushi verband sich die Sitte, zu den Kami zu wallfahrten mit der buddhistishhen Übung der Bergklausur (dhuta);[127] beide wurden als eins betrachtet und erhielten durch den aus China bekannten Brauch des 'Rundpilgerns'(junrei)[128] Impulse.

In den Quellen des Mittelalters zeigen sich bei der Untersuchung des Glaubens der Yamabushi Züge und Hinweise, die den synkretistishhen Glauben der Shugen-Asketen verdeutlichen. So ist aus der Kamakurazeit belegt, daß Yamabushi zusammen mit wandernden Shamaninnen (miko) durch die Berge pilgerten.[129] Diese Bergasketen opferten auf ihrer Pilgerfahrt gleicherweise an Schreinen und Tempeln,[130] verehrten die gongen;[131] ihre Gebete galten ebenso buddhistishhen wie auch shintoistischen Gottheiten.[132]

Nbben dem einheimischen Bergglauben (sangaku shinkô) und dem fremden esoterischen Buddhismus (mikkyô), die beide als bedeutsame Faktoren bei der Ausbildung von Shugendô zu beachten sind,[133] sei als dritte Komponente auf mögliche Einflüsse seitens des Taoismus hingewiesen.

Taoismus bezeichnet in unserem Zusammenhang nicht jenes auf Chuang-tse und Lao-tse zurückgehende philosophische System vom 'Weg'(tao); der

---

sen-Tempels bei einem Felsen, aus welchem nach dem "Kimpu-sen himitsuden"(NDZK vol. I p. 437) Kongô Zaô dem En no Gyôja erschienen sein soll, vajra-Keile u. a. zu Tage gefördert. Dieser Felsen war von alter Zeit an Gegenstand der Verehrung;bei der Vermischung von Shintoismus und Buddhismus(shinbutsu-konkô) wurden von Shugen-Asketen solche Geschichten (s. o.) erfunden. Vgl. Oba, kôkogaku p. 228

127) Dhuta ('den Staub wegwischen'), jap. zuda od. tosô(no gyô) bezeichnet religiöses Askese-Leben in Bergen und Wäldern. Man kannte 12 Übungshaltungen und Vorschriften hinsichtlich Kleidung, Nahrung, Aufenthaltsort und Sitzhaltung, mittels derer man sich von den Bindungen des Lebens lösen und die Erleuchtung erlangen sollte. Direkt greifbare Einflüsse und Verbindungslinien zu dieser indischen Askesehaltung sind in Lehre und Übung der Yamabushi allerdings schwer nachzuweisen.

128) Vgl. Murakami, hattatsu p. 32 In China war vor allem das Wu-t'ai-shan Pilgern in Mode gewesen.

129)Vgl. "Saseki-shû" p. 110 gekan, Iwanami Bunkô 1943, sowie p. 494 in NKBTK, Anhang.

130)Vgl. "Taiheiki" p. 110 Für diese synkretistische Haltung der Yamabushi ist der'umgekehrte Einstieg'(gyaku no mine-iri) von Yoshino nach Kumano ein Beispiel. Hierbei pilgerten die Yamabushi über Yoshino Kimpu-sen-ji, Mikumari-jinja, Sanjô ga take (1719m), Bukkyô-ga-take(1915m), Shaka-ga-take(1800m), Tamaki-jinja, Omori-san, Kumano-gawa nach Hongû . Vgl. Karte bei Otomo, Tennô p.164 Hierunter sind eindeutig shintoistischer Herkunft Mikumari- und Tamaki-jinja. Vgl. Shintô dai jiten vol. II p. 452

131) Vgl. "Gikeiki" p. 353

Begriff wird vielmehr im Sinne eines Volks-oder Vulgär-Taoismus[134] verstanden, einer chinesischen Naturreligion ohne eigentlichen Gründer, die - auf früheren populären magischen Praktiken fußend - später Doktrin, Aufbau und Organisation des Buddhismus übernahm,[135] ihrerseits diese neue Religion aber auch beeinflußte.[136]

Zentrale Figur im Taoismus ist der in den Bergen lebende und mit außergewöhnlichen Kräften ausgestattete Eremit.[137] Der Ausdruck für Eremiten taoistischen Stils, hsien, weist in seiner Zusammensetzung aus Berg und aus

---

132) Vgl. "Gikeiki" p. 324 Eine representative synkretistische Shugendô-Gottheit ist Zaô Gongen.

133)Vor allem in doktrinärer Hinsicht war der Einfluß des esoterischen B. von Tendai und Shingon auf Shugendô groß.

134) Kubo Noritada (Dôkyô to shugendô p. 34/35 in: Shûkyô kenkyû 173, 1962) teilt den Taoismus vom Inhalt her in 2 Gruppen: a) Der Taoismus, der eine verbandsmäßige Gliederung angenommen hat (seiritsu-dôkyô), philos. Aspekt, Wahrsagerei, Sternkunde, Medizin usw. b) die auf a) beruhenden und im Volk verbreiteten Glaubenspraktiken und religiösen Handlungen; dies wird als Volks-Taoismus (minshû-dôkyô) bezeichnet. Im Folgenden auch mit ommyô-dô benannt. Vgl. a. Fukui K., Fundamental problems regarding the schools of religious taoism, in Religious studies in Japan p. 451 ff.

135) Der Buddhismus begann sich seit der Zeitenwende, zuerst wohl durch Händler eingeführt, dann auch von Missionaren propagiert, in China auszubreiten. Der Taosimus hatte sich die äußere Form einer gegründeten Religion gegeben, hatte sich als Hauptziel gesetzt die vom Volk erhofften säkularen Profite wie Glück, Geld, langes Leben, Praktiken des Nicht-Alterns etc... Vgl. Kubo, Dôkyô p. 34 Daß der Taoismus am Kaiserhof in China hohes Ansehen genoß und oft über den neugekommenen, rivalisierenden Buddhismus triumphierte, belegt das Tagebuch des jap. Mönchs Ennin. Vgl. Reischauer (tr.) Ennin's Diary, the record of a pilgrimage to China p. 341, 342, 348, N. Y. 1955

136)Unter den Taoisten fand der Buddhismus seine ersten Schüler und Anhänger. Vgl. Maspêro, religions p. 66 Im"Ryôgon-Sutra" werden 10 Arten von hsien aufgeführt, was auf das Eindringen von taoistischem Gedankengut und taoistischer Terminologie in den Buddhismus hinweisen könnte. "Le Bouddhisme chinois doit au Taoisme plus d'idées qu'il ne lui en a apportées, mais dès le moment où le Bouddhisme s'est introduit en Chine, la tendance syncretiste était dans le Taoisme suffisamment puissante pour lui permettre de s'inféoder nombre d'idées à demi nouvelles pour lui. "(Granet, pensée p. 551). Einsiedler und buddhistishhe Mönche lebten oft friedlich neben- und miteinander. Vgl. Li Chi, The changing concept of the recluse in Chinese literature, in: HJAS vol. XXIV 1962/63 p. 234-247, s. p. 241 Bekannt ist z. B. die Weiße Lotus Gesellschaft des Berges Lu; hierbei fanden sich Buddhisten, Konfuzianer und Taoisten zusammen. Vgl. ibid.

137) Taoistische Asketen treten besonders stark in der Literatur der Han-Zeit auf; ihr Leben und Handeln ist mit Fantasie umgeben, birgt aber wohl auch Elemente einer Tradition. Vgl. de Groot, religion p. 129 Während der Han-

Mensch auf den Aufenthaltsort solcher Eremiten hin. Die hierunter besondere Fähigkeiten entwickelten, sammelten als Genien (shen hsien, jap. shinsen) Schüler um sich;ihre Einsiedeleien wurden zu Keimzellen späterer Klöster. Den Genien wurde als hervorstechendste Eigenschaft die Fähigkeit zu fliegen zugesprochen.[138]

Stätte des Askese-Lebens der Eremiten, der Zurückgezogenheit von der Welt waren im Taoismus die Berge : hier suchte man auch nach Arzneimitteln sowie nach dem Lebenselixier.[139]

---

zeit ist ein starker Trend zum Einsiedlerleben zu beobachten. "When the country had been laid waste by a series of natural calamities and wars... men were driven to seek refuge in the mountains. Often people moved as a group under the protection of a leader. "(Li Chi, changing concept p. 239) Der Konfuzianismus hatte das Recht auf Zurückgezogenheit von der Welt vom politischen un und ethischen Standpunkt aus gebilligt; nach der Hanzeit kam der metaphysische sche Blickpunkt der Taoisten auf. (vgl. ibid. p. 238). Ausgangspunkt taoistischer, mystischer Tendenzen war "de préserver la vie et d'éviter le dommage"(Feng Yeou-Lan, Précis d'histoire de la philosophie chinoise p. 84, Paris 1952)

138) Genien, hsien, sind Supermänner, Asketen, Unsterbliche. "From the beginning Taoist thought was captivated by the idea that it was possible to achieve a material immortality. "(Needham, Science and civilisation in China /= History of scientific thought/vol. II p. 139, Cambridge U. P. 1956). Mittel zur Erreichung dieses Ziels waren Drogen, Abstinenz von Getreide, Atemübungen etc. Vgl. Needham, science p. 143

Über die hsien schreibt M. Kaltenmark in der Einleitung zu seiner Übersetzung des "Lie-sien tchouan "(Biographie der Unsterblichen): "sien exprime l'idée d'un homme devenu capable de s'elever vers les hauteurs. Une des caracteristiques des immortels du Lie sien tchouan est leur caractère essentiellement volage;(Kaltenmark, Le lie-sien tchouan/Biographies légendaires des Immortels taoistes de l'antiquité/p. 10 Peking 1953). Die Vorstellung von fliegenden Genien zeigt sich auch in der Kunst, wo sie- wie zur Hanzeit- im Federkleid dargestellt werden. Vgl. Needham, science p. 141 Des weiteren wird im "Lie sien tchouan" berichtet, die hsien könnten sich selbst verbrennen(Vgl. Kaltenmark, tchouan p. 35), stießen farbigen Rauch aus (ibid. p. 43) und könnten aufgrund der Abstinenz von den 5 Getreidearten "monter et descendre suivant le vent et la pluie"(ibid. p. 49) usw.

Paradies dieser Genien sind einmal Inseln im Ostmeer(wie auch der Berg P'eng lai-shan), zum andern im Westen der Berg K'un-lün . Vgl. Yü Ying shih, Life p. 96, Granet, pensee p. 508, Needhan, science p. 142

139) Vgl. Kubo N., Dōkyō p. 31 Bei der Arzneimittelsuche wurde eine magische Gehweise, die aus dem "Pao-p'u-tzu" stammt, befolgt. Unter den Naturprodukten, die mit dem Ziel der Lebensverlängerung eingenommen wurden, sind Kiefern, Tannen und Zypressennadeln zu nennen. Vgl. de Groot, religion p. 173. Vgl. a. Kaltenmakk, tchouan p. 54, wo von einem hsien berichtet ist, der Kiefernfrüchte ißt, worauf er an seinem Körper Federn bildet...

Schon in Vor-Chin-Zeiten suchte man nach dem Gras der Unsterblichkeit;un-

Japan wurde wohl schon im 7. Jahrhundert mit dem Taoismus bekannt;[140] das amtliche Geschichtswerk "Nihon Shoki"(72o) berichtet von der Ankunft taoi - stischer 'Meister'.[141] Blütezeit taoistischer Praktiken, von Divination, Exorzismus etc. war die Heianzeit mit der Entfaltung des 'Wegs von Yin und Yang' (ommyô-dô)[142] der alle Gebiete des täglichen Lebens dieser Zeit mit einer Menge von Vorschriften und Regeln ausfüllte.[143] Am kaiserlichen Hof wurde ein eigenes 'Amt für Yin und Yang'(ommyô-ryô) eingerichtet, das sich Aufgaben wie Geomantik, Sterndeuterei u. a. widmete.

Zu den bekannten taoistischen Riten zählte der des 'Tai-zan fu-kun', der Lokalgottheit des T'ai-shan.[144] Daß sich Yin-Yang-Meister funktionell und ritenmäßig den Shintoisten und Buddhisten angenähert hatten, belegt die Erzählsammlung "Konjaku-monogatari-(shû)";hierin wird berichtet, Yin-Yang-Meister übten shintoistische Reinigungsriten und ein Teil der Mönche lernte der 'Weg von Yin und Yang'.[145]

---

ter dem Kaiser Chin-shih huang-ti gab es Expeditionen, nach jenem Wundermittel zu suchen. Vgl. a. Yü, Life p. 93. "Les mythes relatifas à l'herbe de vie paraissent fort anciens tout comme les recits sur les Isles ou les Montagnes des Bienheureux. Les 'Pères'du Taoisme connaissaient de nombreux paradis, et ils professaient... que ni l'eau ni le feu... ne pouvaient rien contre les Saints. "(Granet, pensée p. 508)

140) Durch Werke wie das I-li, Chou-li und Li-chi waren die Japaner mit der chinesischen Naturreligion und den Zeremonien bekannt geworden. Vgl. Gundert, Religionsgeschichte p. 24

141) Vgl. Aston, Nihongi vol. II p. 126. Taoistisches Gedankengut spiegelt sich auch in folgender Notiz: "There was one riding on a dragon who resembled a man of T'ang in appearance... He rode fast from one peak of Kazuraki and disappeared on Mount Ikoma. "(Aston, Nihongi vol. II p. 248/249)

142) Ommyô-dô bezeichnet die Gesamtheit von Glaubensvorstellungen, das Amulettwesen und die magischen Praktiken, wie sie von Yin-Yang-Meistern gepflegt wurden. B. Frank, der sich in seiner detaillierten Studie mit dem Problem der Richtungsverbote (kata-imi) in der Heianzeit auseinandersetzt, schreibt über ommyô-dô :"avait ses fondements dans la religon astro-physique de l'antiquité chinoise. Elle s'occupait de problemes de calendrier, d'astronomie, d'astrologie, de geomancie, de divination... Reposant sur l'idée d'interrelation entre la Terre et le Ciel... s'attachant à donner des conseils d'après les signes observées, elle était aussi necessaire à l'Etat qu'aux particuliers. "(Frank, Kata-imi et Kata-tagae, Etude sur les interdits de direction à l'époque Heian, Bull. de la Maison Fr.-Jap. Nouv. Série Tome V No. 2-4 p. 24 Paris/Tôkyô 1958

143) Vgl. Sansom, A history of Japan to 1334 p. 212/214 London 1958

144) Vgl. Kubo, Dôkyô p. 31 Tai-zan fukun ist die Berg-Gottheit des T'ai-shan; sie entscheidet über Länge und Kürze des menschlichen Lebens; ähnliche Züge wie Emma-O

In welcher Weise sich der Taoismus nun mit dem Volksglauben der Heianzeit verband, und hierbei besonders die Frage des Einflusses von Taoismus auf Shugendô, ist ein kompliziertes und in seiner Gesamtheit noch nicht geklär - tes Problem. Wenn im folgenden einige Charakteristika von Shugendô im Lichte einer eventuellen taoistischen Herkunft oder Beeinflussung angeführt wer - den, so sei damit lediglich die Möglichkeit des Eindringens taoistischer Elemente gezeigt und auf jene Punkte hingewiesen, die mehr oder weniger stark solche Einflüsse verraten.

Am leichtesten lassen sich taoistische Spuren in der Legende des sagen - haften Gründers von Shugendô, En no Ozunu, nachweisen. Das Leben und die Gestalt En no Ozunus (=En no Gyôjas) im folgenden noch behandelt werden, seien hier nur einige taoistische Züge bzw. allgemein in China wurzelnde Vor - stellungen, die sich in seiner Biographie spiegeln, herausgegriffen.

1. Die Aussage über En no Gyôja im "Shoku Nihongi"(797), er könne Dämonen beherrschen, läßt sich auf das "Hou Han-shu" zurückführen.[146] Im Titel der Biographie im "Nihon Ryôiki" (822): Mit der Übung des Pfauen-Mantras[147] Wunderkräfte erlangen, im gegenwärtigen Leben zum Genius werden und gen Himmel fliegen,[148] verbinden sich Einflüsse des esoterischen Buddhismus mit dem taoistischen Genienbild.

2. Weiter heißt es von En no Gyôja, er sei jede Nacht auf 5-farbenen Wolken geflogen,[149] oder sei über das Meer gegangen als trete er auf festen Boden;[150] er habe

3. nährende Lüfte geatmet[151] und Kiefernfrüchte gegessen[152] und

4. habe im Alter von über 4o Jahren in einer Felsenhöhle gelebt.[153]

Vgl. "Konjaku-monogatari" vol. IV p. 111(=NKBTK vol. 25), wo einem Yin-Yang-Meister empfohlen wird, den Ritus des Tai-zan fukun auszuführen.

145)Vgl. Noda Kôsaburô, Ommyô-dô no seiritsu, in: Shûkyô kenkyû No. 136, 1953 p. 58

146)Vgl. Tsuda, densetsu p. 8

147)Kujaku-ô-ju

148) "gen ni sen to narite ten ni tobu".

149)Vgl. Kaltenmark, tchouan p. 43

150)Vgl. Murakami, hattatsu p. 47

151) Vgl. a. Kaltenmark, tchouan p. 93, sowie Maspéro, religions p. 61/62

152) Als besonders Kraftspendend werden von den Taoisten Kiefern und andere Nadelbäume angesehen, die ja auch den Winter überdauern. Im Zusammenhang mit dieser Notiz ist wohl auch das sog. mokujiki-gyô, die Übung des Holz-Essens, zu sehen, bei welcher zumindest eine Komponente aus dem Ta-

Die vorstehende Übersicht zeigt, wie sehr die Biographie En no Ozunus von taoistischen Zügen geprägt ist. Mittelalterliche Quellen, wie das "Gempei - seisui-ki"(125o ?) bezeichnen En no Gyôja als 'Shôkaku sennin', Genius Shôkaku.[154]

Die Bezeichnung einer Übungsstätte der Yamabushi im Omine, shinsen, (Götterberg-Genien/Gipfel ?/)[155] deutet möglicherweise auf taoistische Traditionen (der Meditation) hin, ebenso wie die Shô-Felsenhöhle, eine bekannte Stätte der Winterübung der Yamabushi.[156]

An Sternverehrung, die auf taoistisches Ideengut zurückgeht,[157] sei der Kult des Nordsterns (hokuto shichi sei) genannt, der im Buddhismus wie auch im Shugendô beobachtet wurde.[158] Zu Krankenbeschwörungen wurden, zumindest während der Heianzeit, Yin-Yang-Meister, Wundermönche(genja) und Yamabushi gleichermaßen hinzugezogen.[159]

Auf dem Gebiet des Glaubens und der Riten werden gewöhnlich die '9 Zeichen'(kuji) auf den Taoismus zurückgeführt.[160] Mit dem Konjin(Metall-Gottheit)Glauben,[161] der während der Heianzeit das religiöse Leben stark beeinflußte, und mit den Vorkerhungen, sich gegen das schädigende Wirken dieser Gottheit zu schützen, verbanden sich- wie B. Frank bemerkt[162]- zu einem nicht genau bestimmbaren Zeitpunkt Shugendô-Praktiken.

---

oismus, die andere aus buddhistischer Askese-Übung (Yoga) herrührt. Vgl. Hori, Self-mummified Buddhas in Japan, in: History of Religions, vol. I No. 2 1962 p. 240

153) Vgl. hierzu a. Zürcher, conquest p. 45 Den Taoisten diente der Aufenthalt in Höhlen der Meditation, wie auch dem Kontakt mit Gottheiten, die dorthin herabsteigen. Auch im Buddhismus ist Höhlenaskese nichts Ungewöhnliches und keineswegs nur auf Japan beschränkt; allerdings ist hier die Verbindung zu Shugendô eng. Vgl. Yanagita, shû vol. IX, kebôzu-kô p. 403. Reliefs von Gottheiten wie Kannon, Fudô u. a. in Höhlen geben Zeugnis von dem Asketenleben namenloser Yamabushi. Vgl. Sawa Ryûken, mikkyô no bijutsu (=Nihon no bijutsu vol. 8) p. 116, 1964

154) S. "Gempei-seisui-ki"Kap. 28 p. 422, chûkan, Shiseki shûran, 1901

155)S. "Kokon-chômon-shû" p. 87 (=NKBTK vol. 84) Shinsen wird mit den Zeichen für Gottheit und Eremit geschrieben. Die Schreibung mit dem Zeichen für Berg (san, sen) könnte als ateji-Lesung für sen: Eremit angesehen werden. Vgl. a. Wakamori, kenkyû p. 114

156)Vgl. "Taiheiki" p. 741

157)Vgl. a. Renondeau, Shugendô p. 8

158) Vgl. "Taiheiki" Kap. 36 p. 349 NKBTK vol. 36

159) Vgl. GMTS vol. II p. 1087, 1229/3o. Möglich, daß zwischen diesen drei Gruppen eine Art Arbeitsteilung bei Beschwörungen bestand. Yin-Yang-Meister waren für die günstige Lage und Himmelsrichtung (des Kranken)zustän-

Ein weiterer Glaubenskomplex, der nach den Untersuchungen von Kubo Noritada enge Beziehungen zu Shugendô aufweist ist der Kôshin-Kult[163]; dieser kam Ende der Narazeit auf, wurde während der Heianepoche auch am Hofe, und seit dem Mittelalter, vor allem aber in der Neuzeit unter dem Volke als Kôshin-machi (Kôshin-Vigil)[164] ausgeübt.[165] Seit Anfang der Edozeit zogen Yamabushi am Kôshin-Tag Schnecken-Trompete blasend durch die Stras-

---

dig.

160) Auf das "Pao p'u tzu" zurückgehende Anordnung von 9 magischen Zeichen (Vgl. "Shugen seiten" p. 368), die in Japan von Mönchen des esoterischen Buddhismus und von den Yamabushi (während des Bergeinstiegs) gesprochen wurden und Schutz und Hilfe vor Geistern und Dämonen bieten sollen. Während man die 9 Zeichen: rin byô to sha kai chin retsu zai zen ("Implying that armed forces are arrayed against the powers of evil", Soothill, Dictionary p. 17) betet, werden mit der Hand 5 waagrechte und 4 senkrechte Linien in die Luft gezeichnet. Schematische Anordnung dieser Linien s. "Shugen seiten" p. 368. Vgl. a. Erklärung im "Shugen koji binran" NDZK vol. III p. 561/64

161) Aus dem Taoismus kommende, gefürchtete wandernde (Stern-)Gottheit (yugyojin), die je nach Jahr und Tag ihren Standort wechselt. Um ihrem Einfluß zu entgehen, sind bei Ausgang Reisen und dergl. 'Richtungsänderungen' (kata-tagae) nötig. Hierüber, wie auch speziell Konjin-Glauben vgl. Frank, Kata-imi p. 165 ff. Das "Shugen seiten" (p. 37//72) bringt Formeln und Amulette zum Schutz gegen Konjin, wie sie im Shugendô entwickelt wurden.

162) Vgl. Frank, Kata-imi p. 38, 185

163) Kôshin ist der Tag, der durch die Zykluszeichen Metall, jüngerer Bruder (kano e ko) aus der Reihe der '10 Stämme' (jikkan) und Affe (saru, shin) aus den '12 Zweigen' (jûni shi) bestimmt ist. Vgl. a. Frank, Kata-imi, Appendice I p. 215/16. Nach Yanagita, Kubo u. a. handelt es sich beim Kôshin-Kult um einen aus dem chin. Volkstaoismus nach Japan übertragenen Glauben, der mit esoterischem Buddhismus, Shugendô, Shintoismus gemeinsame Elemente hat. (Vgl. NMTK vol. II p. 185) Die Verbindung mit Shugendô soll aus der Nanboku-Zeit stammen (Vgl. Kubo, Koshin shinkô no kenkyû p. 455, 1961) Reichliches Material hierzu finden wir in der Edozeit; bis in die neueste Zeit waren Shugen-Asketen mit dem Kôshin-Glauben liiert. (ibid. p. 455 ff).

164) Kôshin-Vigil ist als allgemine religiöse Übung erst ab Mitte Muromachi zeit belegt. (Vgl. Kubo, Chûkoku no shinkô no eikyû to minzoku p. 368, NMTK vol. 8) Die Sitte der Kôshin-Vigil - am Kôshin-Tag die Nacht durchzuwachen - existiert aber schon seit der Heianzeit und war damals schon von Musik u. Spiel begleitet. Als älteste Halle des Kôshin (Kôshin-dô) nennt Kubo die des Tennôji aus Osaka (Kubo, kenkyû p. 441 ff) Das Durchwachen der Nacht soll verhindern, daß die drei Würmer (sanshi), die nach taoistischer Auffassung im Körper des Menschen sind, diesen am Kôshin-Tag verlassen und zum Himmel aufsteigen, um von den Verfehlungen des Menschen zu berichten. Vgl. Kubo, kenkyû p. 39 ff.

165) Kubo kommt zu der vorläufigen Schlußfolgerung: "The Kôshin belief in Japan is a composition of the theorie of the three worms of Taoism and its

-sen.[166]

Sucht man zusammenfassend nach Gemeinsamkeiten zwischen Taoismus und Shugendô, so zeigt sich, daß beide Glaubensformen von einem ausgesprochenen Diesseitscharakter, der den augenblicklichen Nutzen in dieser Welt anstrebt, geprägt sind und enge Verbindung mit dem Volk und seinen populären Glaubensvorstellungen haben; Shugendô und Taoismus sind mit Bergen verknüpft, beide kennen die Deifikation eines angenommenen Gründers.[167] Nach Japan und in den Shugendô kam taoistisches Gedankengut über den esoterischen Buddhismus.[168] Datum und Umfang dieses Einflusses lassen sich vor der Edozeit, in der er besonders augenfällig zu Tage tritt, nicht eindeutig abstecken;[169] jedenfalls wurde aber, wie aus einer Eintragung im "Keichô Kemmonsho" hervorgeht, Shugendô früherer Zeiten als Genien-Künste (shinsen-jutsu) angesehen.[170]

---

belief, Buddhism, especially esoteric Buddhism, Shugendô, Shintô, magic medicine and popular beliefs and customs of Japan."(Kubo, Introduction of Taoism to Japan p. 459, Religious studies in Japan) Weiterhin waren nach seiner Meinung Shugen-Asketen bei der Abfassung von Schriften des Kôshin-Kults, wie des "Kôshin-in-engi" beteiligt. (Kubo, Chûkoku no shinkô p. 376)

166)Ein weiteres Indiz für eine Verbindung Shugendô und Kôshin-Kult ist die Tatsache, daß in den Kôshin-Hallen neben Shômen Kongô auch Fudô u. En no Gyôja verehrt werden. (Vgl. Kubo, kenkyû p. 445)

167) Vgl. Kubo, Dôkyô p. 42. Shugendô ist nach Kubo die japanische Ausgabe des Taoismus. (ibid. p. 44)

168) Der in der Tendai-Sekte entwickelte magisch-religiöse Kult des Mönchs Ryôgen, der den posthumen Nahem Jie trägt(Jie Daishi), ähnelt auffallend dem chin. Chung-kuei. Jies Todestag ist der 3. Januar... weswegen er auch Gansan Daishi genannt wird; in der Tendai-Sekte unter dem Namen Kijo Daishi 'Großmeister des Gefahren-Bannens' als Schutz gegen böse Geister, Unglück etc. auf Papier gemalt und- amulettartig- an Türen der Tempel geklebt. Vgl. Koike, shûkyô-shi p. 87 Über die Parallelen zur Chung-kuei-Sage vgl. ausführlich, Kubo, Dôkyô p. 27

169) So sind zwar die 8 Zeichen schon im "Pao p'u tzu belegt, populär geworden scheinen sie erst in der Edozeit.

170) Vgl. Kubo, Dôkyô p. 40

2. En no Gyôja und das Aufkommen der Yamabushi

Im religiösen Leben der alt-japanischen Clan-Gesellschaft spielten neben den Ältesten einer Lokalgruppe, der Dorfgemeinschaft, die zugleich den kultischen Handlungen vorstanden, die Shamanen[171] eine bedeutende Rolle.[172] Sie traten bei ungewöhnlichen Ereignissen, Krankheiten wie auch Festen hervor vor und waren blutsmäßig und geographisch mit einem bestimmten Clan verbunden.[173]

Als im 6./7. Jahrhundert eine übergeordnete staatliche Einheit verwirklicht wurde, stellte man die in den einzelnen Clans verehrten Stammesgottheiten hierarchisch und funktional in ein Ordnungssystem; die Shamanen einflußreicher Clans wurden künftig für supralokale, staatliche religiöse Aufgaben eingesetzt.[174]

Der nach Japan einströmende Buddhismus brachte nicht nur neue Ideen über den Staat, Anregungen in Kunst und Schrift; er war, vor allem während der Heianzeit in Form des esoterischen Buddhismus, mit dem Gebrauch von Mantras im Dienste der Sicherung des Friedens im Reich, Verhütung von Schaden, bei Regenzauber etc. von großem Einfluß auf die traditionellen Zauberpraktiken der Shamanen.[175]

---

171)Unter Shamanen seien hier besonders qualifizierte Personen im Dienst einer Gemeinschaft verstanden, die mit übersinnlichen Wesen kraft Trance oder Ekstase in Verbindung treten. Vgl. "Lehrbuch der Völkerkunde", Adam u. Trimborn (ed.) p. 62, Stuttgart 1958

172)Murakami, hattatsu p. 9. Im religiösen Leben spielten die nach einzelnen Clans (uji) geordneten Natur- und Ahnenverehrung sowie der Tierglaube eine bedeutende Rolle. Aufgabe der meist am Fuß von Bergen lebenden Shamanen war, mit den Gottheiten zu verkehren, ihren Willen den Menschen kundzutun, Prognosen zu stellen etc. Vgl. Wakamori, Yamabushi p. 36

173) Vgl. a. Kitagawa, Religion p. 20

174) Die Gruppen der früheren Shamanen wurden im Prozeß der staatlichen und damit parallel gehenden religiösen Einigung Japans aufgeteilt in solche, die bei staatlichen Festen dienten und andere- der größere Teil -die weiterhin im Volk verblieben und den überkommenen religiösen Praktiken nachgingen. Vgl. Murakami, hattatsu p. 11. Vgl. a. Kitagawa, Religion p. 15, 33)

175) Der esoterische Buddhismus von Shingon und Tendai versuchte - abgesehen von den philosophischen Aspekten seiner Lehre - weite Kreise des Volkes zu erfassen, wozu eine Verbindung mit dem einheimischen (vor allem Berg-)Glauben nötig war.

In der Frühzeit des Buddhismus waren das 'Verlassen der Familie'(shukke) die Ordination von Mönchen und Nonnen, der Aufenthalt in den Bergen zu religiösen Übungen gesetzlich geregelt, wie aus den "Sôni-ryô"(718), den Verordnungen für Mönche und Nonnen, hervorgeht. In Artikel 13 dieser Verordnungen heißt es:

> Diejenigen Mönche und Nonnen, die zum Zwecke der Meditation und Übung ruhig und abgetrennt von der Welt, sich in Bergen aufhalten und dort leben wollen, richten ein Gesuch an die drei Oberen (sangô) ihrer Klöster. Falls diese in der Hauptstadt liggen, (geht der Instanzenweg) über die Oberen des jeweiligen Klosters an das Amt für personelle Fragen des Klerus(genba-ryô), falls außerhalb der Hauptstadt, richten sie ihr Gesuhh (über die Vorgesetzten) an die Behörden des Distrikts und der Provinz. Nach Beratung und einem Bericht an die Regierung wird von dieser dann eine Entscheidung gefällt hinsichtlich der Berge, in denen sie leben werden;(Mönche und Nonnen) können sich dann nicht an einen anderen Ort begeben.[176]

Mit dieser Bestimmung haben wir nicht nur einen Beleg dafür, daß in den Anfängen des Buddhismus der Staat die Religion zu lenken und kontrollieren suchte - was als das größte Hindernis einer raschen Verbreitung der neuen Religion im Volk angesehen werden muß[177] - sondern auch einen Hinweis darauf, daß schon im frühen 8. Jahrhundert (und wohl auch vorher) Bergaskese unter den buddhistischen Mönchen üblich war. Diese 'offiziellen' Mönche lebten in staatlichen oder von den Clans unterhaltenen Tempeln, hatten wenig Kontakt zum einfachen Volk; dessen religiöse Ansprüche wurden meist von 'freien' Mönchen(shido-sô)[178] die sich abseits des staatlichen Klerus buddhistischen Übungen, magischen Riten und Kulten im Volksglauben zuwandten, übernommen, oder aber von frommen Laienbrüdern(ubasoku), die durch

176) Text bei Tsuji, bukkyô-shi vol. I p. 107, vgl. a. Übersetzung bei Sansom, Early Japanese Law and Administration, in: TASJ, 2. Serie vol. XI 1934 p. 128, sowie Renondeau, Shugendo p. 21. "Sôni-ryô" bezeichnet die im 2. Abschnitt des Yôrô-Kodex - des im Jahre 718 von der Kaiserin Genshô revidierten Taihô-Kôdex - enthaltenen Bestimmungen zum Leben der Mönche und Nonnen. Vgl. Tsuji, bukkyô-shi vol. I p. 105. Ein großer Teil hiervon besteht aus Verboten.

177) Ziel der Verbote im Taihô/Yôrô-Kodex waren diejenigen Mönche, die (nur) um in den Genuß von Steuerfreiheit zu kommen, ihre 'Familie verliessen'.

178) Shido-sô, 'freie Mönche'. Ein wichtiger Aspekt bei der Aktivität solcher freier Mönche war die Tatsache, daß sie den bislang auf Adelshäuser und staatlich ausgerichtete Tempel konzentrierten Buddhismus unter das einfache Volk, in die Provinzen trugen.

Berge und Wälder zogen, Exorzismus betrieben, Sutren lasen, wahrsagten etc.[179]

Diejenigen, welche ohne das Plazet der Regierung den Weg Buddhas einschlugen, sich religiöser Askese hingaben und Berge als Übungsstätten wählten,[180] kamen mit den dort übenden alten Volksmagiern und Shamanen, die oft aus dem Kreis der 'Bergmenschen'(yamabito) stammten, in Berührung;[181] jene gerieten dann unter den Einfluß des Buddhismus,[182] ebenso wie die Buddhisten ihrerseits sich shamanistischen Aufgaben und Arbeitsbereichen zuwandten[183] und sie später mit größerem Erfolg ausübten, stärkere Anziehungskraft gewannen.[184] Für solche Magier (jujutsu-shi) im Besitz übernatürlicher Kräfte wurde der Aufenthalt in den Bergen, die Übung dortselbst

---

179) Vgl. a. BDJT vol. X p. 1117. Der Ursprung der ubasoku-Laienbrüder die nicht zu den orthodoxen Buddhisten zählten, ist wohl um den Beginn der Narazeit anzusetzen. Zur Bezeichnung ubasoku schreibt Kitagawa: "It is safe to state that many rustic magician healers and shamanistic diviners of the mountain districts and the country-side who came under the nominal influence of Buddhism during the 7th and 8th century were known by this general designation"(Kitagawa, Religion p. 39)

180)Übungen in den Bergen waren schon im Brahmanismus üblich und kamen von dort in den Buddhismus.

181)Die Menschen in der Ebene empfanden gegenüber denen, die täglich im geheiligten Bezirk des Bergs lebten oder auch dort arbeiteten eine besondere Scheu, ein Furchtgefühl, bei welchem die Ehrfurcht gegenüber dem Berg mitschwang. Die dort lebenden Menschen wurden als irgendwie anders geartet angesehen, waren wohl auch - als Reste einer Urbevölkerung ? -physiologisch wie in Sprache und Sitten verschieden; es sind jene Schichten, von denen bei der Ausbreitung des Yamato-Clans einiger Widerstand berichtet wird. Vgl. Wakamori, Nihon minzoku-shi p. 148. Aus diesem Gefühl der Andersartigkeit und der Scheu heraus, sprach man diesen Bergbewohnern dann besondere Kräfte zu; aus den Reihen solcher 'Bergmenschen' stammten sehr oft - wie Wakamori schreibt - die Shamanen. Vgl. ibid. p. 148

182)Über die Bergmagie vor Ankunft des Buddhismus ist mangels schriftlicher Quellen nur sehr wenig zu sagen. Sicher aber läßt sich feststellen, daß nach Eindringen des Buddhismus, dieser auf die Bergmagier einen großen Einfluß ausgeübt haben dürfte.

183) In der Annäherung und dem aufgabenmäßigen Zusammenschluß von Shamanen und einem Teil der Anhänger des Buddhismus sieht Murakami (hattatsu p. 13) Ursprung und Ausgangspunkt der Entwicklung von Shugendō. Was diese Entwicklung getragen und gefördert hat, war der Volksglaube gegenüber der Kraft von Magiern und Shamanen. Die Nachfrage nach Magie shamanistisch, taoistischer Provenienz war stets groß, sodaß der Buddhismus indem er sich diesem religiösen Bereich näherte, leicht an Boden gewann, umso eher, als ja in einem Dekret aus dem Jahre 729 (S. "Shoku Nihongi" p. 215, jōkan) nicht-orhtodoxe Magie und Riten in den Bergen unter Verbot

bald als Voraussetzung erfolgreicher shamanistischer Tätigkeit angesehen.

Einer der frühen shamanistischen Magier[185] vom Typ 'Bergmensch', der wegen seiner Kräfte bekannt wurde, mit seinen Prophezeiungen und mit seiner Magie Aufsehen erregte, schließlich verleumdet und verbannt wurde,[186] war En no Ozunu, der legendäre Gründer von Shugendô. Ozunu ist eine sagenumwobene, synkretistische Gestalt, deren Wesenszüge und Komponenten für die Entwicklung der Yamabushi allgemeine Hinweise liefern können.

Über den geschichtlichen Aspekt von En no Ozunu unterrichtet uns das "Shoku Nihongi"(797):[187]

> E no Kimi Ozunu wurde auf die Halbinsel Izu verbannt. Anfangs hatte er auf dem Katsuragi-Berg gelebt und war wegen seiner magischen Kräfte berühmt gewesen. Der Koreaner Hirotari, muraji des äußeren folgenden 5. Ranges B,[188] hatte ihn zum Lehrer. Später hat Hirotari, eifersüchtig auf Ozunus Kräfte, diesen wegen Zauberei verleumdet, weshalb En an einen fernen Ort verbannt wurde.

Bis hierher dürfen dem Bericht historische Vorgänge zugrundeliegen. Aber schon im folgenden Absatz treten uns eindeutig legendäre Züge entgegen:

> Die Menschen sagen von Ozunu, er könne Dämonen zur Arbeit zwingen sie Wasser schöpfen und Holz sammeln lassen. Falls diese seinem Befehl nicht gehorchten, binde er sie mit seinen magischen Kräften.

En no Ozunu war also ein Magier aus der Gegend des Katsuragi-Berges, wie sie es wohl an allen Bergen gegeben haben mag.[189] Um sein Leben und seine Übungen, die wohl auch von den seinerzeit populären Genien-Künsten des Taoismus beeinflußt waren,[190] rankten sich bald Legenden aller Art.[191]

---

gestellt worden waren.

184)Der Buddhismus in Japan mußte sich jenen Schichten von Shamanen nähern, deren Aufgaben und Funktionen teilen oder übernehmen; durch diese gemeinsame Wirksamkeit im Bereich des Volksglaubens hatte die neue Religion ja erst die Möglichkeit beim breiten Volk 'anzukommen', nach dem der staatlich unterstützte Buddhismus zunächst ja Privileg des Hofes und Adels, sowie Studienobjekt in den Klöstern Naras war.

185)Die Zuordnung En no Ozunus ist nicht einwandfrei zu klären, da sich sowohl taoistische, wie auch shamanistisch-buddhistische Züge in seiner Biographie spiegeln. Vgl. Anesaki, History p. 81

186)Vgl. Wakamori, minzoku-shi p. 149. In der Verleumdung durch den naturalisierten Koreaner Hirotari sieht Wakamori einen Zusammenstoß zwischen alter und neu hinzugekommener fremder Magie, die, wie auch Kunst und Handwerk, in großem Umfang von Korea nach Japan eingeführt wurde.

187) S. "Shoku Nihongi" , jôkan p. 9

188) Ge-jû go-i-ge. Vgl. a. "Nihon-shi jiten" p. 542, Kyôto 1958

189)Man vermutet, daß En no Ozunu durchaus eine geschichtliche Gestalt in jenern Zeit war, als Bergglaube und Magie eine große Rolle spielten. Vgl.

Die Entwicklung En no Ozunus vom Bergshamanen zu einem von starken buddhistischen und taoistischen Zügen geprägten Kaienmönch (ubasoku) der Heianzeit wird an der Biographie Ozunus im "Nihon Ryôiki" deutlich:

> E no Ubasoku... stammte aus dem Dorf Chihara im oberen Bezirk Katsuragi, Yamato. Von Natur aus eifrig, studierte er und erlangte überragende Kenntnisse. Er lebte in der Verehrung der drei Kleinodien. Abend für Abend bestieg er eine fünf-farbene Wolke, flog durch die Lüfte und gesellte sich zu den Genien; vergnügte sich im Garten der 100 Millionen (Lebens-)Jahre, ruhte auf Blütenbeeten und atmete nährende Lüfte. ..Mit über 4o Jahren lebte er in einer Felsenhöhle, kleidete sich in Ranken, aß Kiefernfrüchte...[192] Er übte das Kujaku-Mantra[193] und zeigte geheimnisvoll wirksame Magie. Nach seinem Willen befehligte er Dämonen-Gottheiten... /Während der Verbannung/... zu jener Zeit nun ging er über das Meer, gleich als trete er auf festes Land... flog gleich einem Phönix[194].../Begnadigung/... schließlich ward er zum Genius und flog gen Himmel.[195]

Wakamori, kenkyû p. 31

190)Vgl. Orikuchi, zenshû vol. I p. 188

191)"Shoku Nihongi" und "Nihon Ryôiki" enthalten bereits zahlreiche legendäre Elemente.

192)Vgl. Einleitung Abschnitt Taoismus

193)Auf einen Widerspruch zeitlicher Art, daß nämlich zu den vermutlichen Lebzeiten En no Ozunus (704 Verbannung) das Kujaku-Mantra bzw. das Kujaku-Myôô-Sutra noch nicht verbreitet gewesen sein kann, weist Murakami (hattatsu p. 29 ff)hin. Vgl. a. KHG p. 173, NDZK vol. III

194) Hier zeigt sich die Tendenz, wie schon in Biographien des "Kao seng chuan", berühmte buddhistische Mönche mit Genein-Eigenschaften auszustatten. Vgl. Abschnitt Taoismus. So auch im"Honchô shinsen-den" des Oe Masafusa. In der Biographie von Taichô z.B. heißt es "ohne Schwingen flog er"(Bohner, übers. "Honchô shinsen-den", in: MN vol. XIII No. 1-2 p. 142) Ob allerdings das Fliegen En no Ozunus 'gleich einem Phönix' allein im Lichte taoistischer Genien-Künste gesehen werden kann, muß an Hand folgende der Überlegung gepräft werden. En no Ozunus Wunderkräfte, mit denen er zum Himmel auffliegen kann, verdankt er der Übung des Pfauen-Mantras (kujaku-ô-Mantra), welches ursprünglich die Variante einer Formel zum Schutz vor Schlangen darstellt. (Vgl. Waddell, The'Dharani'cult in Buddhism, its origin, deified literature and images, in: Ostasiatische Zeitschrift 1. Jg. 1912/13 p. 167) Der Pfau ist nach Waddell im Zusammenhang mit dem indischen Sonnenvogel zu sehen, dessen Beute die Schlangen sind. Die Idee dieses Sonnenvogels entwickelte sich weiter zum Bild des Garuda. So wäre En no Ozunu also über das Mantra des Pfauenkönigs mit der Idee des Sonnenvogels in Indien verbunden. Die Vorstellung des garuda, die vielleicht ursprünglich aus der iranischen Mythologie kam(Vgl. Eliot, Hinduism and Buddhism vol. III p. 452, London 1962, repr.) beeinflußte, wie de Visser zeigte, das Bild des japanischen Tengu. (Vgl. de Visser, The Tengu in China and Japan p. 87 ff, in: TASJ vol. XXXVI 2, 1908 repr. Yûhôdô, Tôkyô) Vgl. a. Bild eines garuda bei Waddell, cult p. 191. (Die vorstehend skizzierten Entwicklungslinien und Deutung erläutert Earhart, Shugendô the traditions of En no Gyôja and mikkyô influence)

Was läßt sich an Hand dieser Notizen über Leben und Gestalt des En no Ozunu nu über seine Entwicklung zum Gründer von Shugendô[196] und damit indirekt über das religionsgeschichtliche Milieu, aus welchem die ersten Yamabu - shi-ähnlichen Asketen erwuchsen, aussagen?

Die Frage, wann und warum En no Ozunu zum Gründer von Shugendô u. Ahn der Yamabushi anvancierte, stellt eine Menge Probleme, die keineswegs alle gelöst sind und hier nicht ausführlich diskutiert werden können. Für unseren Zusammenhang von Bedeutung ist die Frage, aufgrund welcher Ent - wicklung die Übungen En no Ozunus als vorbildhaft von den Bergasketen der Heianzeit angesehen wurden. Hierzu nur ein paar kurze Hinweise, die Richtung und Werdegang verstehen helfen könnten.

Der Katsuragi-Berg, den als Stammsitz der Übungen Ozunus das "Shoku Nihongi" erwähnt, zählt zu den frühen heiligen Stätten der Bergverehrung; er nahm in einer Zeit, da das Leben der Menschen als vom göttlichen Wil - len gesteuert betrachtet wurde, als Sitz der Orakel-Gottheit Hitokoto-nushi ('Ein-Wort-Herr') eine besondere Stellung ein und erfuhr Verehrung seitens des Hofes.[197] Unter den Menschen, die bei diesem Berg lebten, waren solche, die im Dienste dieser Gottheit Beschwörungen, Divination etc. ausführten, zugleich verehrt und gefürchtet.[198]

---

195) S. NRK p. 294, NKZS, sowie p. 135 NKBTK vol. 70

196) Seit dem Mittelalter, als sich in den Berg-Übungen von Magiern unter buddhistischem Einfluß die wunderkräftigen Asketen (genja) und nachfolgend die Yamabushi entwickelten, wurde im Shugendô Ozunu als der'Asket En ' (En no Gyôja) und Begründer der Übungen betrachtet und verehrt. Daß er Gründer von Shugend ô sei, ist eine nachträgliche Behaupttung der Yamabushi es gibt für diese Annahme keinen zwingenden Grund. Die Übungen Ozunus könnten lediglich in gewisser Hinsicht denen der späteren Yamabushi ähn - lich gewesen sein. Er wurde wohl hauptsächlich deshalb im späteren eso - terischen Buddhismus als Begründer von Shugendô angesehen, da er während der ganzen Narazeit als außergewöhnlicher Magier bekannt gewesen war. Vgl. Wakamori, shomin p. 86

197) Vgl. Wakamori, kenkyû p. 26/27

198) Vgl. ibid. p. 26

Es ist anzunehmen, daß En no Ozunu ein Shamane war, der, dem Clan Kamo aus der Gegend des Katsuragi-Bergs angehörig, insbesondere mit divinatorischen Aufgaben betraut war.[199] Daß er Schüler um sich scharte, darf aus dem Hinweis auf den Koreaner Hirotari, der ihn zum Lehrer nahm, geschlossen werden; vermutlich existierte sogar am Katsuragi eine Art von Magier- oder Geheimverband.[200]

Die Zeit Ende des 7. und Anfang des 8. Jahrhunderts war vom Glauben an allerlei magische Praktiken und geheimnisvolle Riten geprägt, wie sich schon einigen, in den "Verordnungen für Mönche und Nonnen" enthaltenen Verboten entnehmen läßt.[201] Die Gefolgschaft, die En no Ozunu kraft seines Wirkens und seiner Macht als Magier um sich scharte, könnte einerseits seine Übungen und rituellen Handlungen im Kontakt mit jenen buddhistischen Gruppen, die die Berge aufsuchten, weitertradiert und andererseits als Schüler dieses Bergmagiers dessen Erinnerung unter den Asketen wachgehalten haben. Schon in der Narazeit jedenfalls muß En no Ozunu als außerordentlicher Magier bekannt gewesen sein, da schon seine Biographie im "Shoku Nihongi" legendäre Züge aufweist.

Möglicherweise blieben Leben und Wirken Ozunus unter den Bergasketen und Magiern der Gegend des Katsuragi und später des Kimpu-sen in Yoshino lebendig. Da seit der 2. Hälfte der Narazeit dieser Kimpu-sen als Stätte der Askese in den Vordergrund trat[202] und an Popularität den Katsuragi übertraf, wurde En no Ozunu, wie aus der Biographie im "Nihon Ryôiki" ersichtlich, mit diesem Berg in Verbindung gebracht. An Hand der Ausweitung der Ozunu-Vorstellung, die aus einem Bergmagier einen buddhistischen Laienbruder (ubasoku) machte, weiterhin die Gottheit des Katsuragi, Hitokoto-nushi, in eine Reihe mit den Dämonen-Gottheiten, denen Ozunu kraft seiner Übung des Kujaku-Mantras befehligt, stellt und somit die Überlegenheit buddhistischer Magie über die Kami betont,[203] ist ersichtlich, daß die Biographie Ozunus - nun schon weit von der wohl geschichtlichen Gestalt im "Shoku Nihongi" entfernt - unter neuen Vorzeichen von Buddhisten bzw. Bergaske-

---

199) Ibid. p. 28
200) Ibid. p. 28
201) En no Ozunus Verbannung als Strafe für Häresie ?
202) Vgl. Wakamori, kenkyû p.43, 49.
203) Ibid. p. 43

ten buddhistischer Tradition übernommen worden war.[204] Dies wird auch in der Anekdote des Brückenbaus zum Kimpu-sen deutlich, was als typische soziale Arbeit bekannter Mönche der Narazeit im "Shoku Nihongi" des öfteren ren belegt ist.[205]

Im "Sanbô-e-kotoba" (984), das die gleichen Vorgänge wie im "Nihon Ryôiki" berichtet, wird Ozunu zum ersten Mal als buddhistischer Asket(gyôja) gesehen, welche Bezeichnung für ihn um die 2. Hälfte des 10. Jahrhunderts aufgekommen zu sein.[206] Ozunu ist damit gänzlich zu einem Buddhisten geworden, dessen Wunderkräfte im Gebet, wie das "Konjaku-monogatari" berichtet, den Zaô Bosatsu auf dem Kimpu-sen zum Erscheinen bringen.[207]

Vor dem Hintergrund der Bedeutung des Kimpu-sen als Stätte der Bergaskese, des Brückenbaus durch Ozunu dorthin, sowie der Erscheinung des Zaô Bosatsu auf diesem Gipfel, läßt sich unschwer ersehen, daß von der Zeit des "Nihon Ryoiki" an die En no Ozunu-Legende unter den buddhistischen Bergasketen, 'freien Mönchen', Laienbrüdern und ursprünglichen Magiern, besonders in der Gegend von Yoshino, bekannt war, tradiert und ausgeschmückt wurde. Mit der Pilgerfahrt von Asketen zu anderen Gegenden dürfte sich die Legende dann in geographisch weiterem Rahmen, im gleichen Milieu von Bergübung und magischen Praktiken, weiter verbreitet haben. Die Verbindung von Stätten, an denen später Yamabushi lebten und übten, mit dem Wirken von En no Ozunu, besonders die ihm zugesprochenen Gipfelbesteigungen im ganzen Land, sind reine Legende,[208] die geographisch schwerlich auf Tatsachen beruhen kann, aus der wir aber auf eine rege Wandertätigkeit der Yamabushi (besonders im Mittelalter) schließen dürfen.[209]

Mit der Organisation der Yamabushi seit der Kamakurazeit und der Ausbildung zweier Shugendô -Zentren -Shôgoin und Sanbôin - wurde En no Gyô-

---

204)Dieser Umstand, sowie die starke taoistische Färbung der Erzählung veranlassen Tsuda zu der Annahme, die Legende von En no Ozunu, wie sie im NRK überliefert ist, sei unter Buddhisten, die mit chin. taoistischen Vorstellungen vertraut waren, erzählt worden. Vgl. Tsuda, densetsu p. 17
205)Vgl. "Shoku Nihongi" jôkan p. 13, 303, zit. a. bei Wakamori, kenkyû p. 43
206)Vgl. Wakamori, kenkyû p. 63
207)Vgl. "Konjaku-monogatari" vol. III NKBTK vol. 24 p. 62
208)Vgl. Wakamori, Yamabushi p. 36
209)Vgl. Rotermund, Die Legende des En no Gy ôja, in: OE 12 No. 2, 1965 p. 229

ja als Vorbild und Ideal der Yamabushi zum Gründerahn erhoben; in den Lehrschriften des ausgehenden Mittelalters und der Edozeit wird er als Verkörperung des Fudô Myôô gesehen[210] und 1799 vom Kaiser Kôkaku mit dem Titel 'jinben dai bosatsu'(Gott-verwandelter Groß-Bodhisattva) ausgezeichnet.[211]

Wir dürfen En no Gyôja als einen jener Asketen ansehen, die den Bestrebungen des Staates, die Religion zu beherrschen, auswichen und in der populären Bergaskese eine Widerstandshaltung einnahmen; der Grund für seine Verleumdung ist wohl hier zu suchen.[212]

Die gleiche ablehnende Haltung zeichnet alle jene aus, die-während die Tempel einflußreiche Posten an Adlige abtraten,[213] immer mehr säkularisiert und in ihren religiösen Funktionen formalisiert wurden -den wahren Buddhaweg abseits der Tempel suchten; sie werden als Nachfolger der Laienbrüder und Volksmagier im Stil eines En no Gyôja, wie auch z.B. eines Gyôgi, mit dem Ausdruck 'hijiri'[214] -heilige Männer bezeichnet;[215] sie waren es, die den "institutionalisierten japanischen Buddhismus[216] reformierten und Führer volkstümlicher Strömungen (im Buddhismus) waren."[217]

---

210)Vgl. "Shugen shuyô hiketsu-shû "p. 400 NDZK vol. II, sowie "Kimpusen sôsô-ki" p. 362 NDZK vol. III

211)"Es ergeht folgendes Dekret: Was den Laien-Buddhisten En no Kimi Shôkaku angeht, so übertriffter in den Verdiensten an Pilgerübung auf dem Meer und in den Bergen, an harten und rauhen Übungen die früheren Zeiten und die Gegenwart... Aus diesem Grunde erweisen wir außergewöhnliche Huld und gewähren einen Ehrennamen: Gott verwandelter Groß-Bodhisattva." Text nach Murakami, hattatsu p. 164

212)Vgl. Wakamori, shomin p. 85

213)Offizielle Mönche wurden gefördert und reich, verloren aber an Macht und Einfluß beim Volk, welcher Umstand das Aufkommen der hijiri-Gruppwn begünstigte.

214)Vgl. a. Hori, kenkyû p. 60/61. Hori definiert hijiri als Mann von grossem Wissen (shiri) gegenüber hi (hi, worunter Sonne, Kalender, Bewegung der Gestirne zu verstehen ist) Vgl. Hori, concept p. 129. Gorai (hijiri p. 33) weist neben der vorstehenden Ableitung auch noch auf ein (mögliches) Kompositum aus Feuer (hi) und beherrschen (osamu, shiru: vgl. "Ruijumyôgi-shô" vol. I p. 500) hin.

215)Die ersten Hijiri-Gruppen waren "always negative to the actual world" (Hori, concept p. 201) Charakteristisch für solche 'heiligen Männer' sind Anti-Säkularismus sowie ubasoku-tum. Vgl. Hori, concept p. 229/232 Sieben hervortretende Eigenschaften der hijiri nennt Gorai: 1. Einsiedlertum 2. Rauhe Übungen 3. Pilgercharakter(durch ausgedehnte Pilgerfahrten wurde ein Teil des mühevollen Wegs vorher abgelaufen, den die Totenseele zurücklegen muß)

Hijiri, die die Tradition der Laienbrüder der Narazeit aufnahmen, beton - ten in der Heianzeit, unter dem Einfluß des esoterischen Buddhismus, Askese-Training in den Bergen.[218] Der Ausdruck 'heilige Männer' bezeichnete auch Einsiedler-Mönche, die aufgrund ihrer Übungen und ihres Wissens einen besonderen Ruf genossen.[219]

Primitiver ursprünglicher Shamanismus, taoistisches Ideengut der Yin-Yang-Meister, sowie der seit der 2. Hälfte der Narazeit populäre esoterische Buddhismus (mantra-yana) vermischten sich in der Aktivität der hijiri zu Beginn der Heianzeit;für diese Vermischung waren drei Faktoren maßgeblich fördernd:

a)Propagierung des esoterischen Buddhismus durch Saichô und Kûkai

b) das Wirken der hijiri selbst

c) der Glaube an Totengeister (goryô)[220]

---

4. Magie 5. Laientum, 6. Gruppencharakter, 7. Funktion des Spenden-Ein - treibens. Vgl. Gorai, hijiri p. 34. Die beiden letzten Eigenschaften charakterisieren wohl die mittelalterlichen hijiri. Bekannte 'hl. Männer' waren Kuya, Shôkû u. a. Vgl. Hori, concept p. 201

216)Buddhistische und shintoistische Priester waren Regierungsbeamte (nur Aristokraten durften Mönch werden) und kümmerten sich wenig um die Bedürfnisse des Volkes. Die frommen Laien (ubasoku), die über das Land zogen, Kranke heilten etc. waren für die Masse des Volkes von großer Bedeutung als "supreme miracle workers"(Kitagawa, Religion p. 40)

217)S. Hori, concept p. 128. In der hijiri-Vorstellung verbinden sich taoistische, konfuzianistische und buddhistische Elemente. Die Bezeichnung im Chinesischen ist hsien, sheng hsien, sheng ren. Eine frühe, im "Kojiki" belegte Nuance von hijiri ist die eines charismatischen Führers, Herrschers; des weiteren kann das Wort die Bewohner des Totenlandes bezeichnen. Vgl. Hori, concept p. 130. Im allgemeinen aber versteht man unter diesem Begriff jene Gruppe, die sich, außerhalb des organisierten buddhistischen Klerus und "disregarding the validity of ordination and transmission of eccle - siastical authority"(Kitagawa, Religion p. 45) einem religiösen Leben zum Nutzen des einfachen Volkes widmeten. Sie leugneten " the orthodox ecclesiastic system and insisted on the establishment of a real religious life and the distribution of the Buddhas gospel and salvation outside of that system." (Hori, concept p. 137)Ihr religiöses Leben umschloß auch soziale Arbeiten wie Wege ebnen, Brückenbau u. a., wie besonders von Gyôgi, "the shamanistic Buddhist par excellence"(Kitagawa, Religion p. 45) berichtet, was als Sünden-tilgende Arbeit gewertet wurde. Vgl. Gorai, hijiri p. 62, vgl. a. Anesaki, History p. 92

218)Vgl. Anesaki, History p. 92

219) Man unterschied solche, die beständig auf einem Berg verweilten und übten, wofür das "Honchô Hokke genki" zahlreiche Beispiele gibt. Vgl. HGK p. 148, 162, ZGS vol. VIII. Vgl. ausführlich Hori, kenkyû p. 100/101

Aus dieser Vermischung entsprangen drei religiöse Strömungen, nämlich nembutsu, ommyôdô und shugendô.[221]

Einsiedler-Asketen in den Bergen nannte man wegen ihrer besonderen Kräfte in der Heianzeit genja (=Wunderwirker).[222]

Neben den im Zuge der Vereinheitlichung des Yamato-Staates arbeits - los gewordenen Magiern, die sich in die Berge schlugen, umherwandernden ukarebito[223] anschlossen[224] und auch mit den'freien Mönchen' in Kontakt kamen, fanden sich die verschiedensten Elemente, von sehr unterschiedlichen Motiven geleitet, zu Übungen ein. Es war so ganz natürlich, daß unter diesen, abseits der buddhistischen Orthodoxie,[225] allerlei sonderbare Praktiken aufkamen, die nicht mehr mit der offiziellen Doktrin im Einklang standen. Schon in der Narazeit waren diejenigen, die (in ihren Kulten)sha - manistische Elemente aufnahmen und aus eigenem Antrieb zum Heil des Volkes wirkten, als 'Abweichler'(sa-dô) verworfen worden.[226]

Dem Niedergang der ursprünglich ernsthaft betriebenen Übung (gyô)bzw. der Auflockerung der vom Staat tolerierten Praktiken, begegnete die Regierung in einem Dekret, das jegliche, außerhalb der offiziellen buddhistischen Lehre stehende religiöse Aktivität (in den Bergen) verbot. Im "Shoku Nihon-

---

Oder im "Ryôjin-hishô" p. 397/8 No. 302/303 NKBTK vol. 73. Auf andere hijiri, die umherzogen, spielt an "Ryôjin-hishô" p. 397 No. 300 ibid. Vgl. Hori, kenkyû p. 103

220) Goryô: Zuerst Bezeichnung für Geister von Adligen, dann auf zornige Totengeister allgemein festgelegt. Krankheiten und Unruhen in der Welt wurden dem Wirken dieser goryô zugeschrieben, ebenso wie 'Gottesflüche'. Der goryô-Glaube - am stärksten ausgeprägt während der Heianzeit -"possibly originated in ancient Shamanism and, under the influence and offensive of Buddhismu, Yin-Yang and Taoism was transformed into the belief in individual and personal evil or malevolent spirits of the dead."(Hori, concept p. 230) Zusammenkünfte zur Versöhnung (u. Abwehr) dieser Geister (goryô-e) vgl. z.B."Sandai jitsuroku " p. 182 jôkan, vgl. a. Hori, kenkyû p. 81

221)Vgl. Hori, concept p. 137

222) Oder auch kenza, keza genannt. Hierbei wurden solche unterschieden, die beständig in Bergen lebten und andere, die wanderten. Beide Übungsstile vereinigt das 'Gipfel-Umwandern'(kaiho-gyô) am Hiei-san.

223) Ruhelos umherwandernde Elemente, halb-religiöse 'Gammler'; in alter Zeit war diese Lebensart Mittel, der Zwangsarbeit zu entgehen.

224)Vgl. Togawa, Haguro Yamabushi p. 16 ff

225) Vgl. Wakamori, kenkyû p. 37

226) Vgl. Wakamori, minzoku-shi p. 147

227)

gi" lesen wir unter dem Datum vom 3. Tag des 4. Monats 729:[227]

> Falls es Leute gibt, die ketzerische Lehren(itan) lernen, schwarze Magie (genjutsu) pflegen, (Menschen) durch Zauberei verwünschen, mittels magischer Handlungen verfluchen und vielerlei Schaden anrichten... oder aber in den Bergen sich aufhalten und betrügerisch buddhistische Lehren verbreiten, auf eigene Faust missionieren, Amulette herstellen, Arzneikräuter sammeln und Gifte mischen, allerlei Schrecken verbreiten und diesen Verboten zuwiderhandeln, so wird der Anführer enthauptet und die ihm folgten werden mit Verbannung bestraft.[228]

Während dieses Dekret sich an die Allgemeinheit zu wenden scheint, vermerkt Artikel 2 der 'Verordnungen für Mönche und Nonnen':

> Mönche und Nonnen, die über Gut und Schlecht wahrsagen oder Krankheiten mittels häretischer Praktiken heilen, werden in den Laienstand zurückversetzt. Nicht unter diese Bestimmung fällt die Heilung von Krankheiten mittels Mantras auf dem Boden des buddhistischen Gesetzes.[229]

Den Verfall des Bergbuddhismus in der beginnenden Heianzeit klagt Saichô in seinem Werk "Kenkai-ron" (820):

> Aber unter den Mönchen sind keineswegs alle rein. Während sie zwar Mönche der Tendai-Sekte (sange)[230] sind, leiben sie nicht die Berge u. Wälder. Um die Wette eifern sie in Begierden und Forderungen (nach weltlichen Dingen)... Sie denken nicht an die letzte Wahrheit und fürchten nicht die Vergeltung im nächsten Leben. Sie streben nach Reichtum und suchen des Ruhmes halber den Verkehr mit den Menschen. Unter solchen Umständen bleibt die vom Tathagata hinterlassene Lehre verborgen und die göttliche Kraft des wahren Gesetzes kommt schwer zum Durchbruch. Falls man diesen Übelständen nicht abhilft, wird der rechte Weg Buddhas vergehen.[231]

Ähnlich klagt Kûkai in seinem "Hizô-hô-yaku"('Schlüssel zu den Schätzen des geheimnisvollen Speichers') über die Zustände unter den Mönchen seiner Zeit:

> Die heutigen Mönche und Nonnen rasieren sich zwar das Haupt, nicht aber ihre Begierden, färben ihre Gewänder, nicht aber ihren Geist. Mönchsgebote halten, Meditation und Weisheit sind so selten wie das Horn des Kirin,[232] Ungesetzlichkeit und Zügellosigkeit sind so dicht (wachsend) wie die Schuppen eines Drachen...[233]

---

227)S. "Shoku Nihongi" jôkan p. 215

228)Vgl. a. Wakamori, kenkyû p. 40, sowie Hori, kenkyû p. 61

229)Text nach Tsuji, bukkyô-shi vol. I p. 106, übers. s. a. Sansom, Law p. 128.

230) Renondeau, der den gleichen Abschnitt in seinem Werk "Shugendô" (p. 36) zitiert, übersetzt mit "appartenant à des temples des montagne". Andererseits ist aber sange gebräuchliche Bezeichnung für Tendai. Vgl. SBJT p. 202

231)S. TDZK, zoku shoshû-bu 5(4) p. 619

232) Kirin, chin. Fabeltier, dessen Erscheinen überaus selten ist und das

Mit dem Wechsel der Hauptstadt nach Heian-kyô (=Kyôto) setzte eine Reformbewegung ein, deren Hauptträger die beiden Vermittler des esoterischen Buddhismus in Japan, Saichô und Kûkai, waren; beide bemühten sich um einen größeren Kontakt des Buddhismus zur breiten Masse des Volkes; beide bauten ihre Klöster auf hohe Berge und nahmen in ihren Übungen[234] bewußt -vor dem Hintergrund des alten Bergglaubens - die Tradition der Magier auf.[235] Mit der Durchdringung des Berg-und Volksglaubens durch den esoterischen Buddhismus und der Betonung der Bergübung durch Saichô u. Kûkai erfuhren die früheren magischen Praktiken eine Rechtfertigung, wurden Askeseübungen in den Bergen immer populärer; "der esoterische Buddhismus hat die vormalige Häresie in Orthodoxie gewandelt."[236]

Die hohe Stellung von Asketen, die dem Beispiel der beiden Mönche folgten, ernsthaft Übungen betrieben[237] und sich Kräfte erwarben,[238] die, in 'offenen' und 'geheimen' Lehren bewandert, auffallende Fähigkeiten als Exorzisten besaßen, erhellt aus einer Notiz im "Sandai jitsuroku" (901), wonach der Kaiser(Seiwa) einem in den Tiefen der Yoshino-Berge übenden Mönch

---

die Regierungsepoche eines Weisen anzeigt.

233) S. TDZK 77 p. 366, sowie Renondeau, Shugendô p. 39

234) Kûkai selbst führte von seinem 18. Lebensjahr an bis zur Fahrt nach T'ang das Leben eines ubasoku-hijiri, verkehrte mit 'freien Mönchen'(shido-sô). Vgl. Gorai, hijiri p. 78/79. Vgl. a. Zitat im "Nihon Kôsô-den yôbun-shô " 1 p. 2 (=DNBZS), zit. a. bei Wakamori, Chûsei shugendô no zenkei to sono seiritsu, in: Shihô 1939, 9 p. 128; vgl. a. "Kûkai sôzu -den" (=ZGS vol. VIII) p. 488

235)Vgl. Wakamori, Yamabushi p. 41. Dieser neue Bergbuddhismus hat aber dabei nicht unbedingt die vorausgegangene Haltung der freien Mönche und Laienbrüder übernommen; vielmehr traten inhaltliche Veränderungen und Verbesserungen auf. Der Verweltlichung der Stadtklöster und dem damit einhergehenden politischen Engagement der Mönche setzten die neuen Berg-Buddhisten als bestes Mittel, zur Erleuchtung zu kommen und Wunderkräfte zu erlangen, eine geläuterte Bergaskese entgegen. Vgl. Hori, kenkyû p. 63

236) S. Wakamori, minzoku-shi p. 149

237) z.B. Gomyô in "Shoku Nihon kôki" p. 48 (834-9-11) Im "Genkô shakushô " (=DNBZS) p. 33 heißt es: Die erste Hälfte des Monats ging er in tiefe Berge und übte den Ritus des Kokûzô (Bosatsu), die 2. Hälfte war er im Stammtempel (Gangôji) und ergründete die Lehre. " Vgl. a. "Genkô shakusho" p. 50, 108.

238) Hori, kenkyû p. 85 gibt eine Liste solcher Mönche

Reis schicken ließ.[239]

Askese in den Bergen mit dem Ziel des Kräftererwerbs nannte man 'shugen': Trainieren, Pflegen von Wundererweiskraft.[240] Asketen, die dies betrieben, wurden zu verschiedenen Anlässen herbeigerufen. Das "Makura no sôshi" (um 1017) berichtet hierzu:[241]

> Wenn seine (des Asketen) Gebete wirksam sind, sich sein Ruf auszubreiten beginnt, dann bittet man ihn von allen Seiten und je tätiger er ist, desto weniger kommt er zur Ruhe.

Hauptsächliches Anwendungsgebiet ihrer Wunderkräfte fanden die Asketen bei Krankenheilungen, Dämonen-Vertreiben sowie bei Zukunftsprognosen. Zu Krankenbeschwörungen zogen sie schon früh besondere Medien hinzu.[242]

Ein Grund für die leichte Aufnahme des Exorzismus, den die Bergasketen dem Volk boten, war die Tatsache, daß schon vor dem esoterischen Buddhismus Mantras im Volk bekannt waren.[243]

Schon bald wurde die Länge der vollzogenen Bergübungen zum Kriterium der daraus resultierenden Kräfte, welche die Voraussetzung zum Erfolg einer Beschwörung bildeten; es galt deshalb nicht nur einen, sondern zahlreiche Berge zu besteigen; aus dieser Vorstellung, dieser Forderung heraus ergab sich naturgemäß eine Ausbreitung solcher Übungen und die Betonung des Pilgerlebens (tosô)[244] vor dem Einsiedlertum. Hierzu das "Makura no sôshi":

> Das Schicksal eines Exorzisten (genja) ist noch härter. Während er zum Kimpu-sen (Mitake) pilgert, nach Kumano und zu allen heiligen Stätten, ohne eine auszulassen, hat er schreckliche Prüfungen zu erdulden...[245]

Zu den Bergen, die schon bald durch die Übungen solcher Asketen bekannt und später zu Zentren des Shugendô wurden, gehört der vorstehend zitierte Yoshino-Kimpu-sen,[246] der - durch die Mitake-Wallfahrt des Adels populär geworden - unter den Asketen-Pilgern eine überragende Stellung ein-

---

239) Vgl. "Sandai jitsuroku" Kap. 15 p. 376/7 9. Tag 7. Monat 868
240) Vgl. a. Wakamori, Yamabushi p. 41
241) S. "Makura no sôshi" p. 29
242) Yorimashi oder monotsuki genannt.
243) Vgl. Wakamori, minzoku-shi p. 150
244) Ab Mitte der Heianzeit wurden in den Provinzen Shugen-Asketen, die auf die vom Volk von alters her verehrten hl. Berge stiegen, immer zahlreicher. Sie trugen die Lehren des esoterischen Buddhismus mit sich u. hatten besonders Verbindung mit den Heiligtümern des Ryôbu-Shintô. Spuren jener Shugen-Asketen, die nichts Schriftliches hinterließen, finden sich

nahm; die dort vollzogenen Übungen wurden zum Ideal der Bergaskese.[247]

Aus dem oben angedeuteten Grund wandelte sich die Haltung der wundertätigen Asketen (genja) von einer einfachen Bergklausur (zum Zweck der Übung) zu einem Bergpilgern,[248] das beim Übergang zum Mittelalter durch das Aufkommen der Kumano-Wallfahrt deutlicher und bekannter und schließlich typisch wird für die von Berg zu Berg ziehenden Yamabushi.[249]

Yamabushi wird meist definiert als:[250]

1. In Bergen und auf Feldern sich niederlegen, schwere Übungen machen
2. Personen, die so leben
3. Bezeichnung für Exorzisten (shugenja)

Das Wort 'yamabushi' findet sich in der japanischen Literatur ab Mitte der Heianzeit,[251] so z. B. im "Ochikubo-monogatari", "Torikaebaya-monogatari" "Hamamatsu-chûnagon-monogatari" und im "Genji-monogatari".[252] Yamabushi scheint in jener Zeit noch eher die Lebensform oder die Person eines Einsiedlers (tonse-sha) in den Bergen zu bezeichnen als die eines rastlosen Wanderasketen.

Im "Hamamatsu-chûnagon-monogatari" (um 1055) heißt es:

---

in der Kunst, die sie tradierten, den Buddha-Bildern, die sie aus Stein schufen. Vgl. Sawa, mikkyô no bijutsu p. 114

245)S. "Makura no sôshi" p. 29

246)Das Gebiet von Yoshino war schon von alters her als rel. Stätte bekannt.

247)Vgl. Wakamori, kenkyû p. 48

248) Von der religiösen Übung des Bergeinstiegs (mit folgender Klausur) - nyûbu-shugyô - zum Bergpilgern -sanrin-tosô. Vgl. Wakamori, kenkyû p. 67

249) Yamabushi ist die allgemein verständliche Bezeichnung für jene Bergasketen, während shugenja als sino-japanisches Wort nicht so populär ist.

250) So in BDJT vol X p. 1117, "Dai Genkai" vol. IV p. 698, "Dai Nihon Kokugo jiten "vol. V p. 688, "Dai jiten" vol. 25 p. 10 u. a. Dort durchwegs die gleichen Beispiele. Gundert (Religionsgeschichte p. 78) spricht von "asketisch-magischen Gebirgsschwärmern". Andere Namen für Yamabushi-Asketen, wie gôriki, gyônin, somikakuda, kariwara stehen mit den Übungen im Zusammenhang. Vgl. "Shugen hiki ryakkai" p. 595 NDZK vol. I. Doktrinäre Unterschiede in der Schreibweise für Yamabushi s. im "Yamabushi ni ji gi" p. 28-41 NDZK vol. III

251) Die Zeichen, mit denen heute das Wort 'yamabushi' geschrieben wird, sind als Binom auch schon in chinesischen Quellen belegt. Das "T'ang shu t'u fan chuan" bringt diese Zeichenverbindung in der Bedeutung 'sich in die Berge zurückziehen, verstecken'. Vgl. "Pei wen yün fu" vol. V p. 3462/1, sowie DKWJT vol. IV p. 3613 mit dem gleichen Zitat. Morohashi liest 'sanpuku'. Bedeutungsmäßig deckt sich der Beleg im "T'ang shu" (Soldaten, die

Das Yamabushi-Sein, bei dem man sich in den Tiefen der Berge von der Welt getrennt und abgewandt hat...[253]

Im gleichen Sinne zu verstehen ist der Ausdruck 'yamabushi' im "Sosei Hôshi-shû" (916).[254] Das heißt: yamabushi bezeichnete zunächst einen Askese-oder Übungstil, der nicht ein Leben lang eingehalten wurde oder an einen bestimmten Personenkreis gebunden war; auch für die Mönche des esoterischen Buddhismus war es die Regel, einige Zeit in den Bergen dieses yamabushi-Leben zu führen und ihre magischen Fähigkeiten zu formen.[255]

Neben dieser ersten Bedeutung eines Einsiedler-Lebens in den Bergen bezeichnet der Begriff aber auch schon, wie aus zahlreichen Quellen im "Genji-monogatari" erhellt, Personen, die ein solches Leben führen.[256] Man kann an Hand dieser Beispiele sagen, daß zu Anfang des 11. Jahrhunderts wohl beide Bedeutungen nebeneinander bestanden; charakteristisch ist damals jedenfalls noch die Betonung der Zurückgezogenheit, der Weltabgeschiedenheit.[257]

Unter denen, die in die Berge zogen,[258] bildeten sich allmählich Gruppen heraus, die in Praktiken, Kleidung und Glauben begannen, einige Ähnlichkeiten, wenn nicht Gemeinsamkeiten zu entwickelten. Ihre Übungen werden aber noch yamabushi-Übungen von Bergasketen und keine ausgesprochenen Bergübungen von Yamabushi-Asketen gewesen sein.[259]

---

sich zurückziehen) mit der Grundbedeutung des japanischen (?) Wortes yamabushi zur Bezeichnung eines zurückgezogenen Einsiedlerlebens. Ob eine Entlehnung aus dem Chinesischen vorliegt, oder ein rein japanisches Wort (etwa in Parallele zu yamabumi) angenommen werden kann, kann hier nicht weiter verfolgt werden.

252) Vgl. Wakamori, kenkyû p. 68

253) S. "Hamamatsu-chûnagon monogatari" p. 271 NKBTK vol. 77

254) Zit. bei Hori, kenkyû p. 94

255) Vgl. Kitagawa, Religion p. 70

256) Vgl. GMTS vol. I p. 454 "Für die dummen Ohren eines Bergeinsiedlers (yamabushi no higamimi) wie ist nur dieses Spiel von dem Rauschen der Kiefern freilich schwer zu unterscheiden" (Benl, Die Geschichte vom Prinzen Genji/=Manesse Bibliothek d. Weltliteratur, Corona Reihe/ vol. I p. 423, 1966) Vgl. GMTS vol. I p. 772, vol. II p. 1094, vol. III p. 1591, 2037

257) Vgl. Wakamori, kenkyû p. 68

258) Nach der Kamakurazeit sind unter den Yamabushi auch shômo(n)ji-Exorzisten und-wahrsager, die kotohogi und misogi aufführen, zu finden. Vgl. Orikuchi, zenshû vol. I p. 107

259) Vgl. Wakamori, kenkyû p. 107

Allmählich wird unter diesen Gruppen dann die Pilgerübung immer mehr betont; man zog zu verschiedenen Bergen oder auch von Tempel zu Tempel.[260]

Neben der Forderung an die Bergasketen, durch zahlreiche Übungen auf vielen Bergen ihre Kräfte zu stählen, dürfte ein weiterer Grund für die Entwicklung des Pilgerns als typischer yamabushi-Übung in der Mode der Ku-mano -Wallfahrt der Adligen gesehen werden;[261] hierbei dienten Yamabushi oft als Führer(sendatsu).

Je mehr ausgedehnte Pilgerfahrten , wie z. B. in den Omine,[262] - im Bewußtsein eigenständiger, besonderer Übung, dem yamabushi-shugyô --[263] an Bedeutung gewannen, desto schneller setzte sich für solche Asketen an Stelle der Bezeichnung genja (Wundermönch), in Betonung des Pilgercharakters in den Bergen, der Name Yamabushi durch.[264]

Die Bedeutungsverschiebung des Wortes 'yamabushi' von Einsiedler zu Pilger veranschaulicht das "Shin Saru-gakki"(1059). Dort findet sich zum 1. Male der Ausdruck 'yamabushi-shugyô-ja' : jemand in der Art von Asketen, die yamabushi-Übungen machen:

> Jirô ist ein großer Asket (genja), der sein Leben lang keine Untat be - ging; ein Mantra-Meister, dessen Denken, Sprechen und Handeln übereinstimmen. Lange Jahre hindurch machte er ununterbrochen Übungen, und häufte die Tage, an denen der die Gebote hielt und Reinigungsübungen (shôji) nachging... Bei seinen frommen Handlungen verbrannte er Senfkörner und hatte Wunderkräfte... Wiederholte Male ging er über den Omine, Katsuragi... Jahraus, jahrein wetteiferte er in den Übungen in Kumano, auf dem Kimpu-sen, dem Tateyama in Etchû... In alter Zeit

---

260) Yamabushi als Ausdruck für Pilgern von Temepl zu Tempel belegt das "Gosen-waka-shû " (Kap. 15) zit. bei Hori, kenkyû p. 94

261) "The vogue of the yamabushi coincided with the rise of an obsessive concern for the Pure Land during the middle of the Heian period. Many ex-emperors, members of the Fujiwara clan, and other aristocrats then aspired to have a foretaste of the life to come by making pilgrimage to the sacred mountains of Kumano and Yoshino"(Kitagawa, Religon p. 71)

262) Dieser Berg hatte in dem Maße an Bedeutung gewonnen, als Kumano immer populärer und damit weniger geheimnisvoll geworden war.

263) Vgl. Wakamori, kenkyû p. 107

264) Diese Bezeichnung setzte sich dann auch für genja, die zu verschiedenenen Bergen in den Provinzen pilgerten und fromme Praktiken betrieben, durch.

gab es an Yamabushi-Asketen (yamabushi-shugyô-ja) En no Gyôja, Jôzô Kisho, (beide) 'Ein-Dharani-Asketen'(ichi darani no genja)[265] Jetzt aber lebt in der Person Yueimon Jirô ein mit Weisheit und verdienstvoller Übung reich ausgestatteter lebender Buddha (ikibotoke)...[266]

Vorstehender Bericht des "Shin Saru-gakki" bietet einige interessante Hinweise auf die Entwicklung des Wortes 'yamabushi'. Wie aus der Aufzählung von Bergen und Übungsstätten des fiktiven Asketen Jirô ersichtlich, war Mitte der Heianzeit das Umherpilgern als typische yamabushi-Übung angesehen worden. Jedoch ist unter den Trägern dieser Übung noch kein Gemeinschaftsgefühl hinsichtlich Tradition, eines gemeinsamen Ahns etc. entwikkelt. En no Gyôja wird noch als Magier verstanden, worauf der Ausdruck Ein-Dharani-Asket ' hindeutet; er besitzt noch nicht den später für Yamabushi typischen Pilgeraspekt.[267] Das Wort yamabushi-shugyô(ja) ist ambivalent und läßt zwei Auslegungen zu:

1. es handelt sich noch um den primären Begriff des Wortes 'yamabushi' als Lebens-und Übungshaltung
2. mit diesem Wort ist schon der Pilgercharakter, ein Kriterium der Yamabushi angesprochen, da als Übungsstätten eine große Zahl heiliger Berge aufgezählt werden.

Seit Ende der Heianzeit sind die Yamabushi eine allgemeine Erscheinung, deren Äußeres bereits eine typische Ausprägung erfuhr.[268]

Wollte man die komplexe Gestalt der Yamabushi in ihrer Entwicklung bis zum Mittelalter zusammenfassend definieren, so ließe sich Yamabushi

---

265) Ichi dharani no genja =Bezeichnung für Yamabushi (ab Mittelalter ?)
Im GSK (Kap. 4o p. 273, SSS) heißt es von den Shugen-Asketen in Nachi :
Die zum ersten Mal kommenden Neulinge (shingyaku) erlangen die Verdienste der ersten unendlich langen Zeitspanne (shosôgi; sôgi =undenkbare Zahlengröße;vgl. BDJT vol. I p. 36) Die Alten (koshû), die dreimal hierher kamen, haben damit die drei (von Bodhisattvas bis zur Erleuchtung, der Buddhaschaft geübten) Kalpa-Zeiträume erfüllt. Wahrlich! Die Ein-Dharani-Asketen stehen an der Spitze aller Weisen...
Vgl. a. NMTK vol. 8 p. 352, sowie Shimazu D., Haguro Shugendô teiyô p. 52, Hagura -san Kôtakuji 1937
266) S. "Shin Saru-gakki" GS vol. 9 bunpitsu-bu p. 348
267)Vgl. Wakamori, kenkyû p. 68
268) Vgl. "Ujishûi-monogatari"p. 60 NKBTK vol. 27

bestimmen als eine Berufs-[269] oder Personenbezeichnung für die manch - mal auch shugenja, genja, gyōja, hōin (Gesetzes-Siegel) etc. genannten magisch-religiösen Berg-Exorzisten, die sich aus den die Tradition der Laien-Mönche (shami, ubasoku) der Narazeit fortsetzenden Asketen und Wunder - mönchen (genja) des esoterischen Buddhismus heraus entwickelten; zur grösseren Wirksamkeit ihrer Kräfte und Gebete führten sie ein stetes Pilger - und Übungsleben in den Bergen, nahmen Gemeinsamkeiten in Riten, religiösen Praktiken, Kleidung u. a. an und wurden an der Schwelle zum Mittelalter neben den nembutsu-Asketen zu einer prominenten Gestalt im japanischen Volks-Buddhismus.

---

269) So z. B. im BDJT vol. X p. 1117 als Berufsbezeichnung (shokumei) aufgeführt.

A. RELIGIÖSE ASPEKTE DER YAMABUSHI

I. Glaubenswelt

1. Berge

Nachdem im Einleitungskapitel auf die Bedeutung der Berge im Shugendô hingewiesen worden war, stellt sich nun die Frage, welche Berge im Mittelalter von den Yamabushi zu Übungen aufgesucht[1] und später zu Zentren des Shugendô wurden.

Im folgenden ein kurzer, nach Landesteilen gegliederter Überblick über einige der bekannten Yamabushi-Berge bzw. -Übungsstätten, wie sie sich aus dem untersuchten Material erschließen lassen.

Kyûshû	: Anrakuji[2], Hiko-san[3]
Chûgoku	: Daisen[4], Wanibuchi[5], Kojima-Halbinsel[6]
Shikoku	: Shosha-san[7]
Kinai	: Kimpu-sen, Hiei Sannô[8], Katsuragi[9], Omine[10], Kurama[11],

---

1) Die bekanntesten hl. Berge in der Nara-und Heianzeit s. Anhang

2) S. "Saseki-shû " p. 75, gekan, Iwanami Bunkô . In der Oita-Präfektur liegt ein Tempel gleichen Namens, heute der Sôtô-Schule zugehörig. Vgl. "Dai jiten "vol. II p. 60. Es ist aber nicht klar, ob in dem Zitat aus dem "Saseki-shû" überhaupt ein bestimmter Tempel angesprochen ist.

3) Hiko-san, Grenze Präfektur Fukuoka und Präf. Oita. 1200m. Auf dem mittleren der drei Gipfel des Berges der Hiko-jinja. Seit Heianzeit Shugendô - zentrum. In der Meijizeit Verfall.

4) S. "Ujishûi-monogatari" p. 123. Daisen in der Provinz Tottori, 1713m. Auch der' Fuji von Izumo ' genannt. (Vgl. NHDJT vol. 9 p. 21)Schon in der Heianzeit als Askeseplatz bekannt, wie aus dem "Shin Saru-gakki" ersichtlich.

5) Ibid. p. 123. Wanibuchiji, Präfektur Shimane, Hirata-shi.

6) Der Überlieferung nach auf 5 Schüler des En no Gyôja zurückgehendes Shugendôzentrum in der Provinz Okayama. Dortige Yamabushi waren für ohre Kräfte berühmt. (Vgl. Wakamori, Yamabushi p. 125). Sie dienten in Kumano als sendatsu. Das Gebiet der Kojima-Halbinsel war altes Schreingebiet von Kumano. Von Sakurai no Miya(Kakunin Hô-shinnô), Sohn des Kaisers Go Toba, 1220 ein Tempel Sonryû-in erbaut. Auch Yorihito shinnô , ein weitere Sohn des Kaisers Go Toba, kam hierher. Nachfahren aus diesen Familien bildeten die Äbte der sog. '5 Klöster' (go-ryû), dessen bekanntestes der Sonryû-in . Vgl. ausführlich Wakamori, Yamabushi p. 125-128.
Ein Abkömmling aus kaiserlichem Geblüt ist Kojima Takanori, der sich- wie das "Taiheiki" belegt - durch seine Treue zum Südhof auszeichnete. Problem, ob der von einigen als einer der mutmaßlichen Autoren des "Taiheiki" angesehene Kojima Hôshi mit K. Takanori in Verbindung gebracht werden

: Utsuyama[12], Kongô-san[13], Miidera[14], Tennôji[15], Kumano.

Chûbu und Kantô : Atago[16], Haku-san[17], Keijinja(Echizen)[18], Ashikura, Iwakura[19] Takao-san[20]

Tôhoku : Dewa san-zan (insb. Haguro-san)[21]

Unter den in vorstehender Liste[22] - die keineswegs erschöpfend ist- aufgeführten Bergen haben im Shugendô drei eine überragende Stellung eingenommen: Omine, Kimpu-sen und Kumano.[23]

---

kann. Vgl. Wakamori, Yamabushi p. 128, sowie Renondeau, Shugendô p. 72
7) S. G p. 109, Shosha-san in Harima (Hyôgo) 363 m Nähe der Stadt Himeji.
8) S. G p. 301. Hiei-Sannô = Hiei-jinja in Otsu (Pr. Shiga), Sakamoto Honmachi; an der Ostflanke des Hiei-san gelegen. Nach dem Bau des Enryakuji wurden die Lokalgottheiten des Hiei-san am Fuß des Berges verehrt. Enge Verbindung zum Enryakuji, dessen Mönchsheere mit den mikoshi des Hiei-Sannô in der Hauptstadt aufzumarschieren pflegten. Vgl. Tsuji, bukkyô-shi vol. I p. 794
9) S. G p. 3o1. Name einer Bergkette in der Präfektur Nara, im Distrikt Süd-Katsuragi. Höchste Erhebung ist der Kongô-san (1125m). Heute zwei Berge unterschieden, Katsuragi (960) und Kongô-san, früher als eins betrachtet. (Vgl. SBJT vol. I p. 449)Stam, gegen des legendären Gründers von Shugendô Gehörte zu den '7 hohen Bergen' Yamatos. Vgl. Hori, concept p. 220. Zu unterscheiden ein weiter südlich liegender Berg Katsuragi in der Izumi-Kette (857m), die früher unter dem Begriff Katsuragi mitverstanden wurde. (Vgl. SBJT p. 86)
10) Als einen der bekannten Gipfel in dem Gebirgszug nennt das G (p. 301) den Shaka-ga-take.
11) S. G p. 301 Kurama nördlich von Kyôto 570m.
12) S. "Izayoi nikki" p. 23, Utsu no yama, Pr. Shizuoka, Distrikt Abe.
13) s. T p. 153, Kongô-san 1125 m.
14) S. G p. 301, T p. 391 Miidera od. Onjôji (Pr. Shiga), Otsu. Hauptkloster der Jimon-ha in der Tendai-Sekte. Gründungsanlagen im 7. Jahrhundert, als Onjôji 859. Häufige bewaffnete Auseinandersetzung mit Sanmon-ha(=Enryakuji).
15) S. GSK Kap. 18 p. 5 Tennôji, Abk. für Shi-tennô-ji in Osaka; von Shôtoku Taishi gegründet.
16) S. G p. 284, T p. 776. Atago-san 924 m, Nähe Kyôto.
17) S. "Ujishûi-monogatari" p. 60, G p. 301, Haku-san (2702m) auch Shirayama genannt, an der Grenze Pr. Gifu und Ishikawa.
18) S. G p. 301 Kei-jinja, Pr. Fukui, Tsuruga.
19) S. G p. 301, zwei Tempel am Fuß des Tateyama in Pr. Toyama.
20) S. GSK Kap. 18 p. 6, Nähe Tôkyô, Minami Tama, 600m.
21) S. G p. 312, 324, T p. 776 Haguro (419m), Yudono (1504m) Gassan(1980m). Ursprünglich Shingon-Richtung, wechselten unter dem bettô Tenyû Anfang des 17. Jahrhunderts zu Tendai. Die 'drei Berge von Dewa' waren ab Mitte der Heianzeit als Shugendô-Übungsstätten bekannt, ihre Blütezeit lag in der

a) Omine

Dies ist die Bezeichnung für eine Bergkette, die östlich des Totsugawa-Flusses, Yoshino, in der Präfektur Nara liegt und bis zum Tamaki-san, Kumano im Süden reicht.

Als Übung der Yamabushi ist die Pilgerfahrt über den Omine[24] seit der Heianzeit bekannt.[25] Dieser Gebirgszug gewann als Stätte rauher Übungen, bei denen man immer weiter, tiefer in die Berge eindrang, in dem Maße an Bedeutung, als sich durch die modisch-populäre Wallfahrt zum Kimpu-sen (Yoshino) und nach Kumano der anfängliche mysteriöse Charakter dieser Berge etwas abschwächte.[26] Parallel hierzu und durch diese Entwicklung bedingt, ging eine Aufwertung derjenigen Asketen, die nun im Omine übten; sie wurden als ganz besonders wunderkräftig angesehen.[27] Aus dieser prominenten Stellung des Omine im Shugendô erklärt sich auch das Verbot für Frauen, in dieses Gebirge einzusteigen.[28]

Esoterischer Buddhismus und Shugendô sahen im Omine ein Symbol des Mandalas der 'Zwei Welten' (Kimpu-sen repräsentiert die Diamantwelt, die Kumano-Berge symbolisieren die Mutterschoßwelt, Omine vereinigt beide)[29], wie auch aus einer Notiz des "Gempei-seisui-ki " (1250 ?) erhellt:

Epoche Kamakura unter Hôjô Tokiyori. Zum Einflußbereich des Haguro-Shugendô gehörten Mutsu, Echigo, Etchû, Shinano, Sado.

22)Eine umfangreiche Liste von Shugendô-Bergen und Übungsstätten bringt der Aufsatz "Yamabushi-kô" (p. 62-66)Die Berge sind hierbei nach Provinzen gegliedert. Auch Wakamori, Yamabushi, Anhang p. 177-195 bringt, ebenfalls geographisch gegliedert, eine Übersicht. Vgl. a. Otomo, Tennô p. 157-209

23) Vgl. a. "Owa eikei gunki" 4 p. 109 SSS

24)Eine neuzeitliche Beschreibung des Omine findet sich im Essay "Enpeki-ken-ki"(=Nihon Zuihitsu zenshû vol. 19), 1929 p. 75. Über die Pilgerfahrt in diesem Gebirge berichtet Ende des 16. Jahrhunderts Guzman, zit. bei Schurhammer, Yamabushis . Vgl. Anhang.

25) Von hijiri, die auf dem Omine üben und das Lotus-Sutra beten, berichtet das "Ryojin-hishô"(p. 378 NKBTK) Allerdings dürfen diese hijiri nicht ohne weiteres mit shugen-Asketen gleichgestellt werden; hijiri ist hier wohl Typ Einsiedler.

26)Vgl. Wakamori, kenkyû p. 110

27) Vgl. "Gukan-shô" Kap. 4 p. 120 (=KSTK vol. 19)Von Wunderkräften, die in der Omine-Übung erzielt werden, berichtet das "Kojidan" Kap. 3 p. 62 ((=KSTK vol. 18)

28) Wie aus dem "Azuma Kagami" ersichtlich, (6. Tag, 3. Monat 1186) p. 205, KSTK vol. 32 Die Notiz bezieht sich auf den Sanjô-ga-take.

29) Vgl. Tamamuro, gaisetsu p. 162. Zitat aus dem "Keiran shuyô-shû":

Der Omine ist der heilige Ort des Mandalas der 'Zwei Welten', Diamant- und Mutterschoßwelt.[30] Wer in diesen Berg aufsteigt, der geht von diesem Schrein(=Hongû Shôjô-den in Kumano) aus. En no Ubasoku, 33-maliger Pilger auf diesem Berg, traf mit dem Drachenbaum-Bodhisattva (=Nagarjuna) zusammen, erhielt Einweisung in die rettende Lehre von den' 5 Weisheiten'[31] und den '3 Geheimnissen'[32]... Die beiden Großmeister Kôbô und Chishô[33] stiegen bei der Suche nach En no Gyôjas Spuren in den Omine auf...[34]

Das gleiche Werk schildert in der Legende des En no Gyôja, wie dieser der Gottheit Hitokoto-nushi befahl, vom Katsuragi zum Omine eine Steinbrücke zu bauen.[35] Hierin spiegelt sich die steigende Bedeutung des Omine wider, der zu jener Zeit zentrales Gelände der wandernden Yamabushi wurde(die vorher mehr Übung und Meditation an einem Ort betrieben), und folgerichtig auch zum Gründer und Ahn En no Gyôja in Beziehung gesetzt werden mußte.[36]

"Omine ist der Gipfel der 2 Welten (ryôbu) von Shingon, Kumano ist die Mutterschoßwelt, Kimpu-sen ist der Diamantwelt-Gongen. Omine, zwischen beiden, ist Mandala des 'Nicht-Verschieden-Seins der Zwei Welten'. Vgl. a. "Kanjô keihaku" im "Shugen seiten" p. 131

30) Mandala: Graphische Darstellung des Pantheons im Shingon-Esoterismus. Zwei fundamentale Begriffe der Shingon-Lehre sind Wissen (chi)und Vernunft(ri). Vgl. a. Tajima, mandala p. 22

Das Garbadhatu(taizô-kai) -Mandala symbolisiert ri und beinhaltet die Quintessenz der im "Maha Vairocana-Sutra" enthaltenen Lehren. Vgl. hierzu Tajima, mandala p. 48

Das Vajra-dhatu (kongô-kai)-Mandala verdeutlicht die im "Sarvatathagatatattvasamgraha-Sutra" enthaltenen Lehren: Die allen Wesen innewohnende Weisheit, die, richtig angewandt und erkannt, zur Erleuchtung führt, eine Weisheit, die zugleich die des Maha Vairocana ist. Vgl. Tajima, mandalas p. 151. Das Gesamt-Universum wird von Shingon so als Emanation Dai Nichi Nyorais angesehen. Die beiden Mandala definiert Anesaki(History p. 126) als "two aspects of cosmic life, its being and vitality in the ideal or potential entity and in the dynamic manifestations."

Shingon glaubt, daß die den graphisch dargestellten Symbolen zugesprochene Kraft, immanent im Menschen vorhanden, lediglich erkannt werden muß; in dieser Erkenntnis vollzieht sich die Einheit mit dem Universum. Shingon (Mantras), Mudras und Körperstellungen sind "essentially the body, speech or thought of the cosmic Lord."(Anesaki, History p. 128)

31)Fünf Arten von Weisheit, die Attribute Dai Nichi Nyorais sind.

32) Körper, Stimme und Geist des Tathagata, an welchen dreien alle Wesen teilhaben(vgl. Anm. 140), in ihrer Verblendung aber nicht die ihnen inherente Tathagata-Natur erkennen. Bemühung um diese Erkenntnis im Esoterismus durch Versenkung und Mudras.

33) Chishô Daishi (814-891) Unter dem Namen Ennin bekannter Gründer des Miidera und Initiator der Jimon-ha.

34)S. GSK Kap. 40 p. 271

35) Welcher Berg gemeint ist, ist nicht klar. Vielleicht Sanjô-ga-take ?

Die Omine-Übung der Yamabushi[37] wurde in der Neuzeit so bekannt, daß - wie in dem Essay "Enpeki-ken-ki"(1675) vermerkt -unter den Wagen beim Gionfest in Kyôto auch ein Yamabushi-Wagen lief, der den Asketen Jôzô beim Bergeinstieg in den Omine darstellt.[38]

b) Kimpu-sen (Yoshino)

Am Nordende der Omine-Kette liegt das Gebiet der Yoshino-Berge, die von früher Zeit an das religiöse Empfinden der Menschen in der Yamato-Ebene auf sich zogen.[39] Höchst Erhebung der Yoshino-Berge ist der Kimpu-sen (Gold-Gipfel-Berg), auch 'Berg der Erleuchtung'(bodai)[40] genannt, seit der späten Narazeit[41] eine Stätte der Askese und Übung.[42]

In der Literatur der Heianzeit bezeichnet 'Kane no mitake'[43] den Kimpu-sen, meist einfach Mitake genannt, da er zu jener Zeit der bekannte Berg ist. Allerdings kann der Ausdruck 'Mitake' nicht immer einwandfrei bestimmt werden, da überall im Land sog. 'Landesgipfel'(kuni no mitake) in den einzelnen Distrikten benannt worden waren.[44] Wakamori schließt im Falle des Kimpu-sen eine lautliche Assoziation zwischen 'Kuni no mitake' und 'Kane no mitake' nicht aus.[45]

---

36)Noch in der Edozeit war der Omine als Heilsstätte buddhistischer Übung bekannt. Von der Bakufu-Regierung wurden Leute in den Berg geschcickt, Heilkräuter zu sammeln. Vgl. "Shugen" No. 87, 1937, 11 p. 25, Kyôto.

37) Der Pilgerweg von Kumano aus in den Omine führt über 75 Übungsstätten, bei denen jeweils Riten vollzogen wurden. Eine Beschreibung dieser Stätten vgl. Murakami, hattatsu p. 274/89

38) Vgl. "Enpeki-ken-ki" p. 108

39)Im "Manyôshû "(=NKBTK vol. 5) als Mikumari-san bezeichnet (p. 212, M 7 No. 1130) S. a. "Shoku Nihongi", 722(Hôki 3), 3. Monat, 3. Tag. Im Jahre 852, 11. Monat, wurde- wie im "Montoku jitsuroku" berichtet - dem Kimpu-sen (bzw. der dortigen Gottheit) der 'Folgende 3. Rang' verliehen. Vgl. "Montoku jitsuroku" 4 p. 67

40) Vgl. G p. 301

41) Daß in den Yoshino-Bergen schon seit alters Schreine standen, ist im "Engi-shiki" verzeichnet.

42)Vgl. Wakamori, kenkyû p. 57. Auch von Seiten des Kaiserhauses und des Adels genoß dieser Berg große Verehrung. Über Kaiser, die dem Kimpu-sen Ländereien schenkten, auf ihm Tempel errichteten, s. "Kimpu-sen zatsuki" p. 471/9 NDZK vol. I

43) Vgl. "Ryôjin-hishô" p. 390

Weiter von der Hauptstadt entfernt als der Katsuragi, wurde dieser Berg zum idealen Übungsgelände, das auch zahlreiche Mönche aufsuchten;[46] von Yoshino durch den Omine nach Kumano war eine von den Wanderasketen häufig eingeschlagene Wegstrecke.[47]

Schon in der Heianzeit wurde mit dem Kimpu-sen der Glaube an den Kongô Zaô in Beziehung gebracht (s. u.);[48] weiterhin kam zu jener Zeit die Vorstellung vom Kimpu-sen als dem 'Reinen Land' des Miroku Bosatsu auf,[49] sowie die Idee von Zaô als einer Transformation des Miroku.[50] Vor diesem Hintergrund entwickelten sich die schnell populär werdenden Mitake-Wallfahrten (Mitake-môde); vorausging jeweils eine Läuterungszeit, das sog. Mitake-shôji[51], wovon das "Genji-monogatari" ein anschauliches Bild gibt.[52]

Im "Kokon-chômon-shû" (1254) wird über den Kimpu-sen folgendes berichtet:[53]

> Die Alten haben es sich gegenseitig überliefert;in früher Zeit gab es in China einen Gold-Gipfel-Berg, dort wohnte Kongô Zaô Bosatsu; aber er verließ diesen Berg und kam über das weite Meer hierher;der Kimpu-sen ist der Berg, auf welchem er sich niederließ...[54]

Murayama[55] weist auf eine mögliche Assoziation von Kane no Mitake über Kongo-seki zu Shû-kongô-jin[56] und Kôngo Zaô hin. Eine große Menge von

---

44) So z. B. im "Shin Saru-gakki" GS vol. 9 p. 348. Welcher Berg gemeint ist, ist nicht klar.
45) Vgl. Wakamori, Yamabushi p. 50
46) Vgl. z. B. "Nihon Ryôiki" p. 255, chûkan Kap. 26 NKBTK vol. 70, vgl. a. "Kimpu-sen zatsu-ki" p. 471 ff
47) Beispiele solcher Wandermönche z. B. Gyôgi, der seinerseits die Spuren Dôshôs aufnahm. Vgl. "Shoku Nihongi" Mommu T. 4. Jahr, 3. Monat, 10. Tag.
48)Dies erhellt aus einer Notiz im "Fusô ryakki", 1091, 8. Monat, 7. Tag, wo es heißt, durch ein Erdbeben sei die Halle des Kongô Zaô zu Schaden gekommen. (Vgl. "Fusô ryakki" /=SSS Kap. 13 p. 315)
49)Ende Heian trat Kumano als 'Reines Land' des Amida hervor.
50)Vgl. Wakamori, kenkyû p. 60
51)Von unterschiedlicher Dauer, 50, oder 100 Tage. Vgl. a. "Eiga-monogatari"(=NKZS)p. 43/47 Michinaga bei den Vorbereitungen zur Kimpu-sen-Wallfahrt.
52)Vgl. Benl, Genji vol. I p. 106
53)S. KKS p. 79 (=NKBTK vol. 84)
54)Sogar in China wurden Kimpu-sen und Zaô Bosatsu bekannt, wie aus dem "Giso roku chô "(auch "Shakushi roku chô) aus dem Jahre 954 (BDJT vol. III p. 2152) erhellt. Vgl. a. Tamamuro, gaisetsu p. 162
55)Vgl. Murayama, Shinbutsu p. 72
56)Shû-kongô-jin (sansk. vajradhara), den Kongô-rikishi ähnliche, durch

am Kimpu-sen ausgegrabenen Spiegeln mit Darstellungen des Zaô ist Zeugnis für den Zaô-Glauben dieser Gegend; des weiteren werden auf diesem Berg noch die Gottheiten Katte Myôjin und Komori[57] verehrt.[58]

Über die 'halle des Zaô' am Kimpu-sen[59] berichtet das "Gikeiki":

Am Fuße dieses Berges liegt das von Kaiser Kimmei erbaute Heiligtum des Zaô Gongen, ein Schrein von unvergleichlicher Wunderkraft.[60]

c) Kumano

Ein weiteres großes Shugendô-Zentrum par excellence sind die Kumano-Berge. Die dort verehrte Gottheit ist unter dem Namen 'Gongen der drei Stätten von Kumano' (Kumano sansho gongen) bekannt, worunter man die drei Schreine in Hongû, Shingû und Nachi versteht.

Hongû liegt am Oberlauf des Kumanogawa-Flusses, der dort Totsugawa heißt. Die verehrte Gottheit ist Shôjô Dai Bosatsu[61], auch Yuya Gongen genannt;[62] Urstands(honji) Gottheit dieses Schreines ist Amida Nyorai.[63]

Shingû bei der gleichnamigen Stadt, war im Mittelalter wichtiges Verkehrszentrum auf der Kii-Halbinsel und Sitz des Kumano Bettô;[64] Urstand

---

den vajra in der Hand gekennzeichnete, dämonische Schutzgottheit des Buddhismus; aufgefaßt als kriegerisch zornige Transformation des Brahma. Im "Meido-ki", dem Bericht über die Askese-Übungen des Nichizô, geleitet Shû -kongô-jin mit zahlreichen Himmelsknaben zusammen Nichizô zu Kongô Zaô Bosatsu. Das in der Lotus-Halle des Tôdaiji aufbewahrte Standbild hat in Gestik und Ausdruck starke Ähnlichkeit zu Zaô Gongen: In der Rechten den Diamantkeil, Ausdruck des Zorns. Im "Setsu-mugi-kyô"(TDZK vol. 20 mikkyô-bu 3-1) p. 137 heißt es: Sein (körperliches)Aussehen ist von roter Farbe, zornig und im Ausdruck des Dämonen-Unterdrückens, die Linke zur Faust geballt, in die Hüfte gestemmt, die Rechte mit dem Kongô-Stab..."
Die Vermutung liegt nahe, daß die Gestalt des Zaô Gongen von dem Vorbild des Shû-kongô-jin her beeinflußt worden sein könnte. Vgl. Wakamori, Yamabushi p. 52

57) Vgl. Murayama, Shinbutsu p. 71 ff., welcher in Komori eine (dialektische) Verschleifung von mi-kumari sieht.

58)Vgl. T p. 518

59)Bezeichnung des Hauptgebäudes, der Zaô-Halle in Yoshino am Fuß des Kimpu-sen, im Gegensatz zu dem ebenfalls Zaô gewidmeten inneren Tempel (oku no in) auf dem Berg! Vgl. de Visser, Ancient Buddhism in Japan vol. II p. 673/4, Leiden 1935

60) S. G p. 201. Vgl. a. "Ryôjin-hishô" p. 390 NKBTK

von Shingû ist Yakushi Nyorai.[65]

Nachi liegt südlich von Shingû; in jenem Gebiet gibt es zahlreiche Wasserfälle, darunter ist am bekanntesten der sog. 'Ichi no taki' oder auch Nachi no taki' (ca. 120-130). Zur Zeit des Ryôbu-Shintô wurde ihm die Bezeichnung Hiryû Gongen[66] zugelegt; Urstand ist die 1000-händige Kannon.[67]

Die Erhabenheit und Schönheit Nachis preist das "Heike-monogatari" (Enkei-bon 1309) mit folgenden Worten:

> Der Anblick der heiligen Stätte war unbeschreiblich. Juwelen-Hallen reihten ihre Dächer aneinander, 7-Perlen-Verzierungen funkelten in den Himmel... Spiegel aus feinem Metall erstrahlten in der Sonne... Das Gnadenbild der Kannon über dem Felsen und im Nebel unten, kaum vernehmbar, Stimmen (von Pilgern), die das Lotus-Sutra beten...[68]

Wallfahrten nach Nachi erfreuten sich seit der Inseizeit (1087-1221) bei Adel und Hof großer Beliebtheit;[69] diese Wallfahrten, auch zu Schiff unternommen, wurden so populär, daß man bildhaft von der 'Ameisen Kumano-Wallfahrt' (ari no Kumano-môde) sprach.[70] Im "Heike-monogatari" heißt es:

> Seit jener Zeit, da der Gongen auf dem Berg seine Spur hinterlassen hat, haben in unserem Reich Adel und Volk, Hoch und Niedrig, ihre Schiffe dorthin gelenkt; sie haben den Kopf geneigt und sich ausnahmslos der Gnade des Gongen anheimgestellt. Die Ziegeldächer der Hütten, die sich Mönche bauten, reihen sich aneinander, und Laien und Mönche verbin-

---

61) Vgl. G p. 101

62) Vgl. "Ataka" YKTK vol. I p. 91

63) Vgl. HK p. 147, GSK Kap. 40 p. 274

64) Bettô entspricht funktional etwa einem Abt bzw. Verwalter eines Klosters, die auch Laien sein konnten (zoku bettô) und an allen großen Tempeln und Schreinen ernannt wurden. Der erste Fall ist Ryôben im Tôdaiji. Vgl. SBJT p. 463

65) Vgl. HK p. 150 : "Honji ist der Lehrmeister der östlichen Richtung, der Herr des Reinen Landes jôruri".

66) Vgl. HK p. 146, GSK Kap. 40 p. 274

67) Der Schrein am Fuß des Wasserfalls hat kein Allerheiligstes, sondern nur eine Halle der Verehrung (haiden), da der Wasserfall selbst die Verkörperung (shintai) der Gottheit ist.

68) S. HK p. 830

69) Schon zur Zeit der Anfänge des Pachtlandsystems (shôen), wandte der Hof seine Gunst Kumano zu. Vgl. Kodama, Kumano sanzan keizai-shi p. 42, 1941. Während des 13. Jahrhunderts standen besonders die Taira dem Kumano-Glauben sehr nahe: "Daß die Macht des Kiyomori aufblühte, beruht auf der Gnadenzuwendung des Kumano Gongen" (HK p. 14)

70) Vgl. Wakamori, minzoku-shi p. 162

den ihre Ärmel(in gemeinsamen Übungen). Im Sommer der Ära Kanna (985-986)hat der Kaiser Kazan den Thron verlassen und ist auf den 9-fachen Buddhaweg gegangen.[71] Auf den Ruinen seiner kaiserlichen Einsiedelei blühten - als gedachten sie sehnsüchtig vergangener Zeiten - alte Kirschbäume.[72]

Die bis Ende der Heianzeit aus wirtschaftlichen Gründen - wie auch verkehrstechnischen -mehr auf den Adel der Kinai-Provinzen beschränkte Kumano-Wallfahrt war seit der Kamakurazeit zu einer allgemeinen Übung auch grösserer Schichten des Volkes geworden. Pilger von allen Landesteilen strömten herbei; als eine Folge hiervon entwickelte sich der Stand des Pilgerführers(sendatsu) und der des 'Lehrmeisters'(oshi).

Zur Popularität verholfen hat der Kumano-Wallfahrt die Vorstellung vom 'Reinen Land ' der Kannon, dessen geographische Lage man in Parallele zu dem südindischen Fudaraku-sen[73] in der Küstengegend von Kii sah. Nachi wurde Nummer Eins der 33 Stätten der Kannon.[74]

Wie populär unter den abgedankten Kaisers die Wallfahrt nach Kumano war, läßt sich dem "Gempei-seisui-ki" entnehmen:[75]

An Pilgerfahrten zu den drei heiligen Stätten unternahmen die Kaiser Heiji, Kazan, Shirakawa 5, Horikawa 1, Toba 8. Go Shirakawa wallte 34 mal nach Hongû, 15 mal nach Shingû und Nachi.

Auf dem Weg von Kyôto nach Hongû, Shingû und Nachi wurden Zweigschreine von Kumano, sog. 'Prinzen-Schreine'(ôji-sha) errichtet, deren erster in Fujishiro liegt.[76]

Welche Wunderkräfte und-wirkungen man sich von der Gnade des Gongen der drei Berge von Kumano, der an "Wunderkraft groß und in Japan der erhabenste"[77], dessen "erhabenes Gelübde der Gnadenzuwendung für die leidende Welt überragend" ist[78], erwartete, kann hier nicht im einzelnen erörtert werden.[79]

---

71)Übungen mit dem Ziel der Widergeburt im 9-stufigen westlichen Paradies(kuhon jôdo)
72)S. HK p. 278/9 NKBTK vol. 33
73)Vgl. hierzu Wakamori, kenkyû p. 89
74)Vgl. a. Gotô, Kanzeon Bosatsu no kenkyû p. 212/214, 1958
75)S. GSK Kap. 3 p. 116
76)Vgl. HK p. 828
77)S. HK p. 147, vgl. ähnliche Wendungen im "Kumano no honji"(Yokoyama ed., Muromachi jidai monogatari-shû vol. I p. 100)
78) Ibid. p. 100
79) Vgl. z.B. KKS p. 66

Oft wurde eine Wallfahrt in Erfüllung eines während einer Krankheit gegebenen Gelübdes unternommen.[80] Über die hervorragende Stellung und unübertroffenen Gnadenwirkungen des Kumano Gongen schreibt das "Heike-monogatari", das eine Fülle von Material zur Untersuchung des Kumano-Glaubens bietet, folgendermaßen:

> Der Nebel des großen Erbarmens und Schutzes schwebt über den Kumano-Bergen; die an Wunderkraft unvergleichlichen Gottheiten haben am Otonashigawa-Fluß[81] ihre Spur hinterlassen; am Ufer der Ekayana-Übung[82] steht der Mond der göttlichen Gnadenwirksamkeit ohne Wolken; im Garten des Bereuens der 6 Wurzeln[83] vergeht leicht der Tau illusionärer Gedanken...[84]

Die Kumano-Berge sind als Stammsitz der Honzan-Yamabushi[85] bekannt, die von dort aus in den Omine einsteigen[86] und nach Yoshino wandern.[87]

d) zenjô- eine Bezeichnung für Shugendô-Berge ?

Zenjô bedeutet im allgemeinen (Meditations-)Übungen auf einem Berg bzw. die Bergbesteigung zu diesem Zweck. Vergleicht man die in der Literatur zitierten Bergnamen bekannter buddhistischer Kultstätten, so zeigt sich eine auffallend häufige Benennung von berühmten Shugendô-Bergen als zenjô.[88] Die Bedeutung dieses Wortes könnte sich so von Übungen auf Bergen zu einer Ortsangabe d.h. Kennzeichnung solcher Berge selbst entwickelt haben.[89] Im "Taiheiki" heißt es:

> Gleicherweise am 7. Tag um die Stunde des Hahns[90] gab es ein Erdbe-

---

80)Vgl. G p. 101
81)Bezeichnung für den Oberlauf des Kumano-Flusses in der Nähe von Hongû.
82) Lesung des Lotus-Sutras ?
83)Rokkon sange: Ritus bei dem man die Sünden aus den 6 Sinnerorganen bereut.
84)S. HK p. 829
85)Vgl. "Hiun" YKTK vol. IV p. 2614: "Ich bin ein Honzan (Mii) Kumano Yamabushi".
86)Ein mine-iri der Neuzeit schildert das "Zai-kyô nikki" unter dem Datum vom 7. Monat 1757 (Vgl. Kojirui-en, shûkyô-bu I p. 1105) Vgl. a. "Kiraki zuihitsu"(=Nihon Zuihitsu taikei vol. XI) p. 202. Im HGK (jôkan p. 123) heißt es: "Der Mönch Giei wanderte zu allen Bergen und übte sich im Gesetz Buddhas. Von Kumano aus stieg er in den Omine ein und ging zum Kimpu-sen..."
87)Im Gegensatz hierzu die Tôzan-ha Yamabushi von Yoshino aus durch den

ben, wobei der Gipfel des Fuji (Fuji no zenjô) um mehrere hundert jô(1 jô ca. 3 m) zusammensank.[91]

An anderer Stelle des gleichen Werkes : "Der Gipfel des Haku-san -Haku-san zenjô".[92]

Das "Gikeiki" spricht im Zusammenhang mit dem Arachiyama von zenjô.[93] Gleicherweise auch, als Yoshitsune auf der Fahrt nach Shikoku vor dem Shosha-Berg vorbeifährt.[94] Um ein letztes Beispiel zu notieren: "(Der Kiyokawa) fließt vom Gipfel des Gassan (Gassan no zenjô) zum Nordhang."[95]

Da der Ausdruck zenjô- wie an obigen Beispielen gezeigt- jeweils als Attribut zu Bergen, die als Übungsstätten der Yamabushi bekannt geworden sind, gebraucht wurde, ist die Vermutung nicht unbegründet, daß zenjô möglicherweise eine typische Bezeichnung für solche Berge ist, die im Shugendô zu Übungen aufgesucht wurden.[96]

Omine nach Kumano.
88)Nach dem "Wakun shiori"(1777) ist zenjô eine Verschleifung von zetchô. Vgl. p. 258
89) Vgl. a. BDJT vol. IX p. 528
90)Abends zwischen 18-20 Uhr. Jede japanische Stunde entsprach nach der alten, bis in die Edozeit gültigen Rechnung, zwei europäischen Stunden und wurde in der Reihenfolge 9, 8, 7, jeweils beginnend von Mitternacht bzw. Mittag gezählt.
91)S. T p. 42
92)Ibid. p. 555
93)Vgl. G p. 319
94)Vgl. G p. 174
95)S. G p. 353
96) Hierauf weist auch Okami Masao in einer Anmerkung zu G p. 353 hin.

2. Gottheiten

Bei der Betrachtung der Grundlagen von Shugendô hatte sich gezeigt, daß diese Glaubensform zu Recht als eine synkretistische angesehen werden kann. Die verschiedenen religiösen Ströme, die zu Shugendô verschmolzen, spiegeln sich besonders augenfällig im Pantheon der von den Yamabushi verehrten Gottheiten.

Um hiervon einen Eindruck zu vermitteln, seien zwei Gebete, aus dem "Taiheiki" und "Gikeiki", zitiert. Im ersteren betet ein Yamabushi:

> Gepriesen seien die Lichtkönige (myôô) Gundari Yasha, Kongô Yasha Kongô Zaô, Dai-i-toku, gepriesen sei der in der Mitte thronende Dai Shô Fudô... Die zwei Dôji, Kongara und Seitaka... Sollte das Gelübde der Lichtkönige nichtig sein? Gongen Kongô Dôji, Himmel(ten), Drachen(ryû) und Yasha, Ihr 8 großen Drachenkönige...[97]

Dem als Yamabushi verkleideten Benkei legt das "Gikeiki" folgende Worte in den Mund:

> Ihr Verkörperungen (gongen) der in Japan an Gnaden stärksten drei hl. Stätten von Kumano, Ihr 8 großen Kongô Dôji vom Omine, Ihr 10 mal 10000 den ganzen Berg ausfüllenden Schutzgottheiten(gohô) vom Katsuragi; Nara, mit seinen großen Tempeln von 7 Hallen, die elfgesichtige Kannon von Hase, Inari, Gion, Sumiyoshi, Kaga, Großer Lichtgott von Kasuga, Ihr Schreine des Hiei Sannô...[98]

Während das erste Gebet belegt, wie Shugendô in weitem Umfang buddhistische Gottheiten (Lichtkönige, Dôji, Himmel, nebst den älteren indischen Naturgottheiten wie den Yashas und Nagas) übernimmt, werden im zweiten sowohl buddhistische (Dôji, gohô, Kannon) wie auch shintoistische (Inari, Gion, Kasuga, Hiei Sannô) angerufen.

Stellt man einmal einige der wichtigen Gottheiten der Yamabushi aufgrund der untersuchten Quellen zusammen, so ergibt sich folgendes Bild:

1. Shintoistische Gottheiten: Inari, Hiei Sannô, Gion, Sumiyoshi, Kaga, Kasuga, Weggottheiten (dôsojin), Katte und Komori.
2. Buddhistische Gottheiten: die 4 Lichtkönige, Fudô Myôô, gohô, Drachen, Himmel, Yasha, Kannon, Kongô Dôji, Daikoku.
3. Ryôbu-Gottheiten: drei Stätten von Kumano, Haguro Gongen, Zaô Gongen
4. Taoistische Gottheiten: Nordstern, Konjin, Kôshin.

Aus diesem synkretistischen Pantheon werden im folgenden als wichtigste Mitglieder Fudô, Zaô Gongen, Kongô Dôji und gohô vorgestellt.[99]

---

97) S. T p. 38
98) S. G p. 328
99) Ende des 16. Jahrhunderts berichtet Giram in einem Brief von Yamabu-

a) Fudô Myôô (Acalanâtha)

Als Hauptgottheit verehrt Shugendô, dessen Doktrin eng der des esoterischen Buddhismus folgt, Dai Nichi Nyorai (Maha Vairocana) unter dessen Gestalt des Zorns, nämlich in Fudô Myôô.[100] Dieser wird als Transformation des Dai Nichi auch als 'Dai Nichi Dai Shô Fudô Myôô' bezeichnet.[101] Er ist die zentrale Figur der sog. 'fünf großen Lichtkönige'[102], welche die zornigen Erscheinugsformen(sô) der 5 Buddhas[103] sind und auch als die '5 großen Verehrungswürdigen'(go dai zon) bezeichnet werden.[104]

Auf Bildern[105] und in Statuen ist Fudo durch ein grimmiges Aussehen[106]

---

shis, die den Neumond anbeteten. Zit. bei Schurhammer, Shintô p. 43 Einen Eindruck der Vielzahl der von den Yamabushi verehrten Gottheiten gibt für die Neuzeit Nakai Chikuzan in seinem Werk "Sôbô kigen" Kap. 4 (zit. bei Otomo, Sonnô p. 237):
außerdem intonieren sie(die Yamabushi) geheimnisvoll Sonderbares, wie die Namen SanukiKompira, Omine in Yamato... beten weiterhin zu Inari, Fudô, Jizô... zu Ebisu und Daikoku und gründen auf sie ihre Habgier und Korruption; sie machen (die Gottheit des) Tenmangû zum Mittler ihrer Ausschweifungen; scheinen weiterhin dummes Gerede von Füchsen und Dachs, Lügen über die Tengus anzuführen, und jedemkleinen Wegegott und Weg-Buddha verschiedenerlei Wunderkräfte zuzusprechen. Sie vertrauen auf Traumerscheinungen von Kannon und Buddha..."

In einem für die noch heute tätigen Yamabushi gültigen Shugendô-Gebetbuch (Shugendô gongyô shiki) finden sich Anrufungen an: Fudô, Dai Nichi, Bonten, Taishaku, Shaka, Amida, Yakushi. Monju, Fugen, Jizô, Kannon Seishi, Kongô Dôji (buddh.), Kumano, Komori, Katte, große und kleine Gottheiten von Himmel und Erde, Berg-ausfüllende Gesetzeshüter (massan gohô) Hachiman, Zaô, sowie die Gongenzahlreicher Berge (shintô. und ryôbush.), En no Gyôja als Jinben Dai Bosatsu, Nagarjuna als Ryôju Bosatsu (sonst.)

100)Fudô ist nach dem "Butsuzô zuten" ein anderer Name für Shiva, der, in den Buddhismus übernommen, dort zum Gefolgsmann und Boten des Dai Nichi wurde. Vgl. Sawa, Butsuzô zuten p. 103, 1962. Vgl. a. Watanabe, Butsuzô hyaku-tai p. 53, 1964
Der Glaube an Fudô, von dem sich in seinem Ursprungsland Indien kaum noch Spuren erhalten haben, hat in Japan die größte Entfaltung erfahren. Im Shugendô wird Fudô bis in die Neuzeit als Verkörperung des Dai Nichi verehrt. Eine Frage eines neuzeitlichen mondô-Dialogs lautet: "Wem gilt in Shugendô die höchste Verehrung?- Allgemein gesagt ist es das Mandala der Diamant-und Mutterschoßwelt, im besonderen ist es Fudô, die Zorngestalt (kyô-ryô-rin-shin) des Dai Nichi.

101)So in "Adachi-ga-hara" YKTK vol. I p. 119

102)Go dai myôô

103)Go butsu bezeichnet 5 dhyani-Buddhas aus dem Mandala der Zwei Welten. Vgl. a. Soothill, Dictionary p. 113

104) Vgl. hierzu Tajima, Mandalas p. 86

charakterisiert: In der rechten Hand hält er ein Schwert, in der linken ein Seil; sein Haar fällt auf die linke Schulter, die Augen sind weit aufgerissen; von einem Flammenmeer umgeben, sitzt Fudô auf einem großen Felsen(banjaku)[107] oder einem Stoß von Holzstücken.[108] Dieses Bild des Fudô fand auch weithin in die Literatur Eingang. So dichtet das "Ryôjin-hishô":

> Der Fudô Myôô ist schrecklich in seiner Erscheinungsform des Zorns; er hält das Schwert, hat ein Seil in der Hand, hinter ihm lodern Flammen empor...[109]

Das Schwert des Fudô ist das 'Schwert der wunderbaren Weisheit'(myôchiken)[110], symbolisiert den Sieg der Erkenntnis über die illusionäre Welt, ist natürliche Waffe im Kampf gegen das Böse und zugleich Symbol von Fudôs Gelübde,[111] worauf im folgenden noch einzugehen ist.[112] Mit dem Seil in der Linken binde er, so heißt es, Dämonen und Übles in der Welt; möglich scheint aber auch eine Deutung dieses Seils ähnlich dem der Fuku kensaku Kannon;[113] ihr dient das Seil dazu, die Gläubigen zum Heil zu führen.[114]

---

105)Berühmte Fudô-Gemälde sind die des 'Gelben Fudô'(Ki Fudô) im Onjô-ji, des 'Blauen Fudô'(Ao Fudô) im Shôren-in (Kyôto) und des 'Roten Fudô' (Aka Fudô) auf dem Kôya-san(Myôô-in). Über Fudô im allgemeinen und besonders den 'Blauen Fudô 'im Shôren-in vgl. Sh. F. Moran, The blue Fudô, in: Contemporary Religions in Japan, vol. VI No. 3 p. 243-94, 1965. Vgl. a. Abbildungen in "Sekai bijutsu zenshû" vol. 4, Nihon 4 Heian 1, Platte 4, 16, sow sowie p. 30/31.

106)Der grimmige Ausdruck im Gesicht ist typisch für die darstellende Kunst des Shingon-Esoterismus, der in der frühen Heianzeit auf die jap. Kunst einen großen Einfluß ausübte. Die ihrem Wesen nach mild-barmherzigen Gottheiten zeigen sich zur Unterdrückung und Abwehr von Dämonen in einem Furchterregenden Äußeren.

107)Vgl. Sawa, zuten p. 103. Das Aussehen Fudôs findet sich im "Dai Nichi -Sutra" erklärt und wurde zur Norm für alle folgenden Fudô-Darstellungen. (ibid. p. 104)
Der Felsen steht symbolisch für einen Berg, was darauf hindeuten könnte, daß Fudô als Berg-Gottheit verstanden wurde. Vgl. Watanabe, hyaku-tai p. 53

108)Diese Form des Thrones ist charakteristisch für die Lichtkönige. Vgl. Saunders, Mudra p. 132, London 1960

109)S. "Ryôjin-hishô" p. 394 No. 284 NKBTK vol. 73

110) Das G (p. 204) berichtet hierüber: " Als En no Ubasoku am Kimpu-sen Übungen nachging, stand in den Wellen eines Sturzbaches der keibhaftige Fudô den man wegen seines Schwertes der wunderbaren Weisheit verehrt. "

111)So wie z. B. Yakushi Nyorai und seine Gnadenwirkung d. h. das ihm eigene Wirkfeld durch die Medizinschale gekennzeichnet sind.

112)Manchmal hält Fudô statt des Schwertes auch einen Diamant-Keil.

113)Fuku kensaku Kannon (Amogha-pâśa) Mit dem Seil (kensaku) des gros-

Schwert und Seil, vor allem aber das grimmige Aussehen im Gesicht weisen auf die Fudô im allgemeinen zugesprochene Funktion hin, böse Geister und Dämonen zu unterdrücken.[115] Im "Ryôjin-hishô" heißt es:[116]

...In seinem Gesicht trägt er den Ausdruck des Dämonen-Unterwerfens

Das "Gempei-seisui-ki" nennt ihn:

Eine Ehrfurcht-gebietende Gottheit, die lobt und straft, sich in Gestalt des Zorns zeigt und böse Dämonen unterwirft.[117]

Zusammen mit den 4 (manchmal auch 8) großen Lichtkönigen gilt Fudô den Mönchen des esoterischen Buddhismus wie auch den Yamabushi-Asketen als Schutzgott ihrer Übungen, hilft ihnen zur Erleuchtung zu kommen.[118] Gebete und Anrufungen richten sich oft an die fünf Lichtkönige zusammen,[119] deren jeder eine Himmelsrichtung vertritt und beschützt.[120] In Verehrung und im Glauben beim Volk aber setzte sich lediglich Fudô Myôô (Fudô-sama!)[121] durch, dessen Schutzfunktionen und rettendes Eingreifen bei Gefahr oft belegt sind.

Das "Taiheiki" schildert, wie drei Mönche unter dem Verdacht, an den Umsturzplänen des Kaisers Go Daigo[122] beteiligt gewesen zu sein, nach Kamakura zur Folter gebracht werden:

Chûen, ein Schüler des Chishô vom Jôdoji...Monkan, seit seinen jungen Jahren im Daigoji[123], war ein Shingon Groß-Ajari[124] geworden; seine Ämter waren die eines Abts vom Tôji und Daigoji...Er war ein Stützpfeiler der '4 Arten und 3 Geheimnisse'[125]...Enkan, überragend in den 'offenen und geheimen' Lehren...[126]
/Einem Wächter erscheint die Silhouette Enkans, dessen Folter man aufgrund einer Traumerscheinung ausgesetzt hatte/" wie die Gestalt des Fudô Myôô. "/Dem Mönch bleibt daraufhin das peinliche Verhör erspart; alle drei werden in ferne Provinzen verbannt/[127]

---

sen Erbarmens die Wesen retten und sämtliche Bitten und Gelübde nicht unerhört(nicht nichtig, umsonst: fukû=munashikarazu) lassen. Vgl. Sawa, zuten p. 59, Gotô, kenkyû p. 158 ff

114)Die erste Interpretation würde auch aus einer Stelle im T deutlich, da der als Yamabushi verkleidete 'Prinz der Groén Pagode' eine Krankenheilung vornimmt. Auf sein Gebet hin beginnt die Kranke wie von selbst allerlei daherzureden und sieht aus, als sei sie (d.h. in ihr der böse Geist) vom Seil des Fudô gebunden. Vgl. T p. 112

115)Eine Aufgabe, die allen Lichtkönigen eigen ist.

116)S. "Ryôjin-hishô" p. 394 NKBTK

117)S. GSK Kap. 4o p. 171

118)Vgl. Sawa, zuten p. 103/106

119)Vgl. T p. 38

120)Vgl. z.B. "Adachi-ga-hara" YKTK vol. I p. 119

Chishô Daishi[128], der Gründer des Onjôji und ein bekannter Shugendô-Mönch, war bei der Überfahrt nach China in Seenot gekommen und durch das Erscheinen Fudôs gerettet worden.[129]

Vom Tode erweckt wird Mongaku[130], ein außerordentlicher Asket rauher Übungen (aragyô-ja), der gelobt hatte, sich im Winter sieben Tage lang im Wasserfall zu Nachi zu stählen.[131]

Aus der Tradition des esoterischen Buddhismus heraus nahm Fudô in Glaube und im Kult der Yamabushi eine prominente Stellung ein. An ihn wandte man sich in drohender Gefahr, wie z. B. in dem Nô-Stück "Ataka" geschildert:

> /Yoshitsune und Benkei werden von dem Grenzwächter Togashi aufgehalten und bereiten sich vor, mit den Gefährten zusammen das gleiche Los zu teilen wie vor ihnen schon mehrere verdächtige Yamabushi an dieser Grenzbarriere -nämlich nach dem Befehl Yoritomos getötet zu werden. Die Gruppe beschließt ihr letztes Gebet mit der Warnung/:
> "Der gnadenreiche Blick des Fudô wird schwer zu täuschen sein"(d. h. er wird alles sehen und unseren Tod rächen)[132]

Oder auch in reuevollem Anruf nach einer Verfehlung:

> Verehrung dem großen heiligen Lichtkönig Fudô, der die bösen Geister unterdrückt.[133]

---

121)Der als höchste Gottheit des Shingon-Esoterismus verehrte pantheistische Dai Nichi wurde vor allem im einfachen Volk unter der Gestalt von Fudô oder auch der Kannon gesehen. (Vgl. Miyake, Gendai shugen kyô-dan kenkyû josetsu, in: Shûkyô-gaku zasshi 1962 p. 19/20.) Auch heute noch populär ist die seit der Edozeit bekannte Herbst-Wallfahrt zum Narita-Fudô.
122)Vgl. T p. 9 ff
123)Monkan(1277-1357 ?), Shingon-Mönch, aktiv für die Süd-Dynastie gewirkt.
124)Ajari: In der buddh. Hierarchie Spezialisten für mystische Riten. Vgl. Coates/Ishizuka(tr.), Honen, the Buddhist Saint, His Life and Teaching, Kyôto 1949, p. 126
125)Shishu: Vier Arten von Mandalas im esoterischen Buddhismus von Shingon. Sanmitsu: Drei Geheimnisse von Körper (mit den HändenMudra formen), Mund (Mantras intonieren) und Geist (Kontemplation üben).
126)Offene Lehren (kengyô)bezeichnet alle buddh. Lehren außer denen des esoterischen Buddhismus(mikkyô: geheime Lehren) von Tendai und Shingon.
127)S. T p. 28
128)Vgl. Anm. 33
129)Vgl. T p. 391
130)Mongaku(1120- ?), Shingon-Mönch, stark politisch engagiert. Verbindung zu Go Shirakawa und Yoritomo. Starb in Verbannung auf Sado.
131)Der Versuch mißlingt, Mongaku sinkt bewußtlos zusammen. Seine Retter sind die Boten des Fudô, zwei Dôji Vgl. HK p. 393. Erscheint Fudô nicht

Aus einem Zitat im "Taiheiki" geht hervor, daß Yamabushi sich in ihren - Beschwörungen an Fudô um Erfolg wandten: [134]

> Verehrung den Lichtkönigen Gundari Yasha... (usw.)Ein Asket(gyôja)genießt den Schutz und Beistand des Fudô aufgrund seines Sutrenlesens und dharani-Betens und ist, wenn er übt und opfert, gleich einem Buddha[135]... Sollten nichtig sein die Wunderwirkungen aus geheimen Übungen und aus dem Rezitieren von Mantras, die langen Perioden(kalpas), während derer ich mir in Übungen die Weihe der Buddhaschaft[136] holte? Sollten die Gelübde der großen Lichtkönige trügerisch sein?...

Grundlage der Gebete und Bitten an Fudô ist also ein Gelübde der großen Lichtkönige, wobei es sich wohl um das Gelübde der Fudô handelt; einmal sind die 5 Lichtkönige funktional sehr nahe verwandt, [137] zum anderen könnte ein Vergleich unseres Textes mit dem rufu-bon des "Taiheiki" und einem Druckbuch aus dem Jahre 1603[138] die Annahme stützen, daß das Gelübde des Fudô angesprochen ist: Beide Texte bringen eine Variante zu obigem Gebet,[139] wobei die betreffende Stelle lautet 'myôô no honsei', womit mit Fudô angerufen ist; er als der bekannteste und wichtigste Lichtkönig ist durch den einfachen Titel 'myôô' hinreichend gekennzeichnet.

In seinem Gelübde heißt es:

> Wer meinen Körper sieht, der entwickelt eine Gesinnung zur Erleuchtung; wer meinen Namen hört, der schneidet das Böse ab und praktiziert das Gute; wer meine Lehre vernimmt, der erlangt die Große Weisheit; wer mein Herz kennt, der wird mit diesem seinem Körper Buddha(soku shin jô butsu)[140]

---

selbst oder schickt seine Boten, so wirkt er durch die Kraft seines Schutz und Hilfe gewährenden Mantras. Vgl. "Ujishûi-monogatari" p. 76

132)'Myôô no shôran hakarigatô (YKTK vol. I p. 91)

133)S. "Saseki-shû", gekan p. 38 Iwanami Bunkô. Mit diesen Worten betet ein Yamabushi, um sich von der Sünde des verbotenen Verkehrs mit einer wandernden miko-Shamanin zu reinigen.

134)S. T p. 38

135) Bakyabon (bhagavat): Ehrende Bezeichnung für Buddha.

136)Matchô inka ist gleich dem Ausdruck matchô kanjô: Buddhas berühren den Kopf von Shingon-Asketen, was auf deren künftige Buddhaschaft hindeutet. Vgl. BDJT vol. I p. 813

137)Alle sind Transformationen des Dai Nichi

138) Vgl. NKBTK vol. 31 p. 78, sowie Ausgabe Yûhôdô jôkan p. 43

139)Ichiji himitsu ju shosho ni kago buji shugyô ja yunyo bagabon: Wer auch nur einmal das geheime Mantra(des Fudô) spricht, der wird in diesem, seinem Leben Schutz empfangen; wer dient und buddh. Übungen betreibt, ist dadurch gleich einem Buddha.

140)S. "Hiun" YKTK vol. IV p. 2620, sowie vol. I p. 120, 167, "Shugen seiten" p. 359

Auf die zentrale Stellung Fudôs im Kult von Shugendô weist ein Ritus der 'Identität zwischen Fudô und dem Ego'(Shugen Fudô soku ga hô)hin:[141]

> Fudô (honzon) thront im Mandala und auch ich throne im Mandala; Fudô ist ich, ich bin Fudô; der Geist Fudôs dringt in meinen Körper ein, Fudô und ich sind nicht verschieden, nicht zwei, sondern eins.

Als rituelle Handlung der Yamabushi wird das 'Fudô-Feuer(goma)[142] im "Kokon-chômon-shû" erwähnt.[143] Fudôs Bedeutung im Shugendô ist einmal aus der engen Verwandtschaft der Riten und Doktrin zum esoterischen Buddhismus zu sehen; zum andern dienten den Yamabushi, die in den Bergen, den traditionellen Wohnstätten von Geistern und Dämonen, wanderten und übten, Statuen solcher zorniger Gottheiten (wie Fudô und Zaô) als Art Amulette. Seit wann Shugendô Fudô als Hauptgottheit verehrte, ist schwer zu sagen; daß aber schon in der Heianzeit ein solcher Kult verbreitet gewesen sein muß, zeigen u. a. Skulpturen, die von wandernden Shugen-Asketen angefertigt wurden.[144] In der Muromachizeit wurde dann der 'Gründer' En no Gyôja mit Fudô in Verbindung gebracht; nach dem "Shugen shuyô hiketsu-shû "(1521/28) wird er als 'Teilkörper'(Doppelgänger: bunshin) des Fudô interpretiert,[145] das "Kimpu-sen sôsô ki" nennt im Kapitel über den Urstand verschiedener Gottheiten Fudô als Urstand (honji) des En no Gyôja.[146]

---

141)S. "shugen seiten" p. 359
142)Goma, vom hinduistischen homa herkommend, ist im Esoterismus"la première phase de la contemplation. C'est la destruction par le feu de nos passions et celui de la sagesse et de la compassion du Tathagata. Le bois et les offrandes qui l'aliment ne sont que les symboles de nos passions... (Tajima, Mandalas p. 9/10)
143)Vgl. KKS p. 87 NKBTK
144)Vgl. Sawa, zuten p. 116
145)"Shugen shuyô hiketsu-shû" p. 4oo NDZK vol. II
146)Vgl. "Kimpu-sen sôsô-ki" p. 362 NDZK vol. III.

b)Dôji, Kongô Dôji , gohô

Die Boten des Fudô Myôô gehören zur Klasse der Dôji(Knaben)[147], Gefolgsleute und Diener, wie sie in unterschiedlicher Anzahl sowohl buddhistischen wie auch shintoistischen Gottheiten als Begleiter zugesellt werden.[148]

Im Shugendô galt die Verehrung insbesondere sog. Kongô Dôji ('Diamant-Knaben')[149], die Gottheiten (wie z. B. Zaô) und auch Bergen zugeordnet werden und im Ritus von Shugendô einen festen Platz einnehmen.[150] Zahl und Benennung solcher Begleit-Gottheiten als Dôji, oder Kongô Dôji sind nicht immer klar. Während Fudô meist mit 8 großen Doji verbunden wird, begleiten den Zaô 8 große Kongô Dôji. Letztere sind die personifizierte Kraft des Diamantkeils (kongô-shô), sind die zornige Erscheinungsform des Kongô Satta. Über ihr Aussehen liegen uns aus den untersuchten Quellen keine näheren Angaben vor; jedoch ähneln sie - wie aus bildlichen Darstellungen ersichtlich -dem zornigen Zaô, in ihrer Beinstellung den Lichtkönigen.[151]

Dôji sind alle von jugendlichem Aussehen. Über das Erscheinen eines solchen Dôji als Bote des Fudô gibt uns das "Kokon-chômon-shû" Auskunft:

> Zur Zeit als er (Gyôson) im Haupttempel lebte, und zum ersten Male den Feuer-Ritus des Fudô ausführte, zeigte sich im Traum ein Bote der Gottheit; ein ca. 3-4 shaku (=90-120 cm) großer 'Knabe' in blauen und violett-farbenen Gewändern. In der Linken hielt er Schwert und Seil, mit der Rechten formte er das Schwert-Mudra...[152]

Diese Beschreibung entspricht offensichtlich ganz dem Aussehen des Fudô Myôô.

Gemein ist diesen Dôji und Kongô Dôji die Aufgabe des Schutzes der Asketen des esoterischen Buddhismus sowie auch der Yamabushi-Pilger.

---

147)Dôji bezeichnet einen noch nicht ordinierten Knaben, älter als 4 und jünger als 20. (Vgl. BDJT vol. IV p. 3871 mit Zitat aus dem "Daichi-do-ron") Weiterhin wurden Diener und Gefolgsleute von Buddhas und Bodhisattvas so genannt.

148)Vgl. Miyaji, kenkyû p. 379. Benzai Ten mit 15 Dôji , Zaô 8 große Kongô Dôji, Fudô 8 große Dôji.

149)S. Anm. 150

150)In der Gebetssammlung "Shugendô gongyô-shû"(Goryû Sonryû-in, Okayama) oder auch im "Shugendô gongyô shiki"findet sich unter dem Abschnitt 'Schatznamen'(hôgô) nächst dem Kongô Zaô eine Anrufung der Kongô Dôji: "Gepriesen seien die 8 großen Kongo Dôji vom Omine!" Weiterhin werden 8 große Dôji, 36 Dôji, als Begleiter des Fudô angerufen. Die Bezeichnung Kongô Dôji für die mit dem Omine verbundenen Gottheiten ist allerdings nicht ausschließlich auf diese gemünzt. Gelegentlich findet sich auch die

Daneben erscheinen sie übenden Mönchen und Asketen, um sie zu ermahnen oder zu preisen.[153] Die Funktion der Kongô Dôji als Schutzgottheiten der Yamabushi belegt das "Gikeiki":

> Falls es sich aber um echte Yamabushi handeln sollte, ziehen wir uns (wenn wir sie gefangen setzen) den Schrecken der Kongô Dôji zu ...[154]

Im "Gempei-seisui-ki" heißt es von den Kumano-Pilgern(die durch den Omine gehen):

> Sie sind aufgrund des Schutzes der Gongen Kongô Dôji wohlbehalten, unversehrt; wie ehrfurcht-erregend![155]

Im "Dôjôji-engi" (1400)[156] wird die Frau des Wirts Kiyotsugu von Masago[157] durch einen vorübergehenden Pilgerführer(sendatsu) aufgeklärt, daß der Yamabushi, dessen Rückkehr sie so sehnsüchtig erwartete, einen anderen Weg gegangen sei. Ihre Liebe schlägt in blinden Haß um;in Form einer Drachenschlange setzt sie dem Mönch nach. Dieser - von der Kumano-Übung zurück -wirft in drohender Gefahr seinen Schulterkorb (oi) weg und flieht mit dem Stoßgebet: "Verehrung den Kongô Dôji! Rettet mich!" Worunter wohl eine Anrufung der Kongô Dôji von Kumano zu verstehen ist.[158]

Im "Taiheiki" wählt der Kumano Gongen die Gestalt eines (Kongô ?)Dôji, um den' Prinzen der Großen Pagode' auf der Flucht zu warnen.[159] Ein Gebet in der gleichen Schrift spricht von 80000 Kongô Dôji und 100000 Gefolgsleuten (kenzoku):

---

bloße Benennung als 8 große Dôji vom Omine. Vgl. a. "Ryôjin-hishô' p. 397 NKBTK

151)Vgl. Abbildungen bei Sawa, zuten p. 121

152)S. KKS p. 87 NKBTK. Aussehen dieses Dôji entspricht ganz dem des Fudô.

153)So heißt es von Chôen im "Konjaku. monogatari"(=KSTK vol. XVIII)p. 161: "Er diente dem Fudô und machte rauhe Übungen; er stieg in den Katsuragi und fastete. Während 27 Tagen betete er das Lotus-Sutra. Da erschienen ihm im Traum 8 Dôji... und priesen Chôen mit gefalteten Händen." Im gleichen Stück weist ein Dôji ihm den Weg, als er von Kumano aus in den Omine einstieg und sich unterwegs verirrte...

154)S. G p. 312 Überlegung, ob man verdächtige Yamabushi festnehmen solle oder nicht. Vgl. a. Kôwaka "Oisagashi" p. 377 ff

155)S. GSK Kap. 40 p. 273

156)"Dôjôji-engi" Kokuhô emaki-mono series, Kyôto.

157)Ort in der Nähe von Nakaeji, Distrikt Nishimuro, Pr. Wakayama

158)Im T betet ein Yamabushi in Kumano:"Gongen Kongô Dôji!" Welcher Gongen gemeint ist, ist nicht klar, ob Kumano oder vielleicht Zaô. Es liegt jedoch die Vermutung nahe, daß es sich um den Kumano Gongen handelt, und

Ehrerbietig werfe ich mich zu Boden vor dem Gongen der drei Schreine zu Kumano, vor den 'Gesetzes-Hütern'(go-hô)dieser Berge, vor den 100 000 Scharen von Gefolgsgottheiten, vor den 80000 Kongô Dôji...[160]

Die in diesem Gebet verehrten Gottheiten dürften jenen 10000 Gefolgschaften und 100000 Kongô Dôji des Kumano Glaubens entsprechen.[161] Urstand sind Fugen bzw. Monju-Bosatsu. Die Bezeichnung 'zehntausend', 'hunderttausend' ist - wie Miyaji bemerkt- ein Wortspiel;bedeutungsmäßig seien 'kenzoku' und 'Kongô Dôji ' gleich.[162] Ein weiteres Indiz für die enge Beziehung zwischen beiden Termini liefern die Urstandgottheiten Fugen und Monju Bosatsu, denen verwandte Funktionen zukommen.

Der Ausdruck'100000 Kongô Dôji'(jû man Kongô Dôji) wurde mit verschiedenen Bergen, bekannt für esoterische bzw. Shugendô-nahe Übungen, in Verbindung gebracht,[163] so beispielsweise auch dem Hiko-san in Kyûshû.

Nach Miyaji ist die Vorstellung von 10000 Gefolgschaften und 100000 Kongô Dôji von Kumano ausgegangen und hat sich auch auf andere Schreine ausgeweitet.[164]

In dem vorstehend zitierten Gebet des 'Prinzen der Großen Pagode' vor den Kumano Gottheiten werden auch 'Gesetzes-Hüter'(gohô)[165] angerufen. Gohô bedeutet 'das Gesetz Buddhas schützen' und ist zunächst eine Bezeichnung für die 4 Himmelskönige(shi tennô).[166] Dann wurde sie auf die Rolle von Boten und Gefolgsleuten von Gottheiten ausgeweitet; man sprach von'gohô-dôji, gohô-tendô' oder, einfach abgekürzt, von gohô.[167] Diese werden als junge, kindergestaltige Wesen gedacht, wofür auch einige Namen in der Literatur einen Hinweis liefern. Das "Genkô shakusho"(1322) erwähnt Diener eines Heiligen, "zwei himmlische Knaben, deren einer Oto (otsu)[168], der andere Waka hieß; sie dienten ihm zur Rechten und zur Linken".[169]

---

daß, ähnlich dem Omine, auch den Kumano-Bergen Kongô Dôji zugesprochen werden.

159)Vgl. T p. 111

160)S. T p. 110 'Namu kimmyô chôrai sansho gongen'. Kimmyô: sein Leben wegwerfen und gläubig verehrend dem Leben Buddhas nachfolgen. Chôrai : Ausdruck ehrfürchtiger Begrüßung, indem man mit dem Kopf die Erde berührt.

161)Vgl. Miyaji, kenkyû p. 368 ff, vgl. a. HK p. 150

162)Ibid. p. 379

163)Vgl. GKS 13, p. 222 (DNBZS)

164)Vgl. Miyaji, kenkyû p. 381

Schon sehr früh ist der Glaube an die das Gesetz beschützende Diener berühmter Mönche belegt. Das "Nihon Ryôiki" erzählt von einem Mönch, der - zu Unrecht geschlagen - ausruft: "Warum ist denn kein Behüter des Gesetzes zur Stelle ?"[170] Aus einer Notiz im "Makura no sôshi" [171] erhellt, daß daß den gohô die Kraft zugesprochen wurde, die für eine Krankheit verantwortlichen Geister bei einer Beschwörung auf die yorimashi-Medien [172] übergehen zu lassen.

Gohô, die in Gestalt von Knaben berühmten Mönchen zu Diensten sind, belegt des öfteren das "Ujishûi-monogatari". [173] Dem Mönch Butsuzen dienen, wie das "Konjaku-monogatari" berichtet, zwei Dôji, die nach seinem Tod spurlos verschwinden: "Man nahm an, daß es sich um dienende Behüter des Gesetzes gehandelt hatte, so wird überliefert. [174]

Von Jôzô[175] berichtet das "Kokon-chômon-shu", [176] er habe in Yokawa auf dem Hiei-san[177] drei Jahre in Klausur zugebracht:

> Jeden Tag las er 6 Kopien des Lotussutras zum Heile aller (erlösungsbedürftigen)Wesen, übte zu den drei Tageszeiten[178], machte 6000 Verbeigungen und übertrug die Verdienste aus seinen Übungen auf die Welt. Zu dieser Zeit nun zeigten sich die Behüter des Gesetzes, pflückten Blumen, schöpften Wasser[179] und dienten ihm...

Diese Hüter des buddhistischen Gesetzes fungieren sogar als Stellvertreter

---

165)Manzan oder. massan: den ganzen Berg ausfüllend(e Gottheiten)In einem Gebet im HK heißt es: "Prinzen (ôji) und Gefolgsschaften der 7 Schreine des Berg-Königs(sannô), Ihr Scharen von Beschützern des Gesetzes(gohô), die Ihr West und Ost ausfüllt... "(HK p. 91 NKBTK vol. 33)

166)Jikoku Ten (Osten), Zôjô Ten (Süden), Kômoku Ten(Westen), Tamon Ten (Norden).

167)Vgl. BDJT vol. II p. 1293, vgl. a. G p. 328

168)Oto als Präfix weist auf jugendliches Alter hin. (Vgl. Nakada N., Kokugo jiten p. 188)

169)S. GSK 11 p. 136

170)S. Nihon Ryôiki" p. 346

171)Vgl. "Makura no sôshi" p. 116

172)Yorimashi: Trägerperson, an der die Beschwörung vorgenommen wird.

173)Vgl. "Ujishûi-monogatari" p. 67, 241 NKBTK

174)S. "Konjaku-monogatari"(=KSTK vol. XVII) p. 163

175)Mönch der Tendai-Sekte (892-964), Sohn des bekannten Ministers aus der Epoche Engi(901-922), Miyoshi Kiyotsura.

176)S. KKS p. 82 NKBTK

177)Yokawa, nördlich des Konpon-chû-dô gelegener Klosterkomplex auf dem Hiei-san.

178)Sanji: Die drei Zeiten religiöser Übung am Tag(morgends, untertags, und abends), an denen nembutsu gebetet oder zazen geübt wird.

179)Vgl. A II 2 b

von Mönchen, wie im "Ujishûi-monogatari" belegt ist.[180]

Es ist naheliegend, daß, wie den Mönchen des esoterischen Buddhismus, auch den Yamabushi solche Schutz-Gottheiten zugesellt wurden. Bekanntes Bespiel hierfür ist der Yamabushi Keitô-bô im"Ujishûi-monogatari":

> Behüter des Gesetzes!, ruft das Schiff zurück! Falls Ihr es nicht zurückruft, werde ich mich auf ewig von den drei Kleinodien trennen![181]

An Hand dieses Beispiels können die gohô als personifizierter Ausdruck der Kräfte eines Asketen abgesehen werden;sie verhelfen seinen Beschwörungen zum Erfolg;andererseits übernehmen sie auch den Schutz von Shugen-Asketen, wie das "Gikeiki" belegt:[182]

> Großer Bodhisattva Hachiman! Wir bitten Dich, werde zu wegbebleitenden und empfangenden Gesetzes-Hütern und bring uns ohne Zwischenfälle nach Nord-Japan!

Auf Berge als den Aufenthaltsorit dieser Schutzgottheiten deutet eine Notiz im "Taiheiki" hin:[183] "Der Lärm bei der Jagd erschreckte die Ohren der Behüter des Gesetzes." Daß gohô auch als Berggottheiten interpretiert wurden, ist an dem Ausdruck sanjin-gohô im "Gikeiki" ersichtlich:[184]

> Einen(der mochi-Klöße) der Gottheit des Ekayana(_Bergs:Katsuragi), einen der Gottheit des Bodhi(_Berges:Kimpu-sen), einen den Weg-Göttern und einen den schützenden Berg-Gottheiten(sanjin-gohô).

Die im "Taiheiki" vom' Prinzen der Großen Pagode' angerufenen massan gohô sind mit den Kumano-Schreinen verbundene Gottheiten, denen seit der Kamakurazeit eine eigene Verehrung zuteil wurde;man setzte sie zu speziellen honji in Verbindung und verehrte sie in besonderen Schreinen.[185] Folgerichtig sah man dann die gohô als selbständige schützende Berg-Gottheiten, die nach und nach - unter dem Einfluß wandernder Yamabushi ? -auch anderen Schreinen und Bergen zugeordnet wurden.

Der Mönch Myôren wird zum Kaiser Daigo zitiert, um eine Beschwörung vorzunehmen, schickt aber an seiner Stelle die Schwert-Gottheit 'Ken no gohô'. Vgl. "Ujishûi-monogatari" p. 241. Vgl. a. Armbruster, Das Shigisan-Engi Emaki, ein japanisches Rollbild aus dem 12. Jahrhundert, MOAG, Hamburg 1959. Manchmal folgen diese Hüter des Gesetzes den Asketen in verborgener Gestalt und wirken insgeheim, wie aus dem"Konjaku-monogatari" hervorgeht. (Vgl. NKBTK vol. 24 p. 215)

181)S. "Ujishûi-monogatari" p. 123

182)S. G p. 328, so möglicherweise auch KKS p. 468(NKBTK vol. 84)zu verstehen?

183)S. T p. 424 NKBTK vol. 34

184)S. G p. 328 Der gleiche Ausdruck auch im "Kumano-honji : "In den

Zusammenfassend läßt sich sagen, daß die (Knaben-gestaltigen)Gesetzes-Hüter(gohô) von persönlichen Dienern un d Schutzgottheiten wundertätiger Mönche- besonders im Zuge der Entwicklung des Kumano-Glaubens -zu einer Art von Berg-(Schutz)Gottheiten sich weiterentwickelten und auf diese Weise wohl auch ein enges Verhältnis zu Shugendô und den Yamabushi fanden.[186]

c) Zaô Gongen

Schon seit der Heianzeit gab es Bilder und Statuen von Gottheiten, die nicht in den Sutren erwähnt werden. Eine der bekanntesten hierunter und zugleich eine repräsentative Shugendô-Gottheit[187] ist Zaô Gongen.[188]

Die Herkunft dieser Gottheit ist nicht recht klar. Möglicherweise hängt sie mit dem Kongô Zô Bosatsu zusammen, der im "Kegon und Enkaku-Sutra" Erwähnung findet und im chinesischen Taoismus zusammen mit der Kanon als Begleiter der Gottheit "Genshi Tenson"[189] fungiert.[190] Kongô Zaô Bosatsu - die Lesung Zaô ist gebräuchlicher als Zô(ô) - ist eine Gottheit im Mutterschoß-Mandala, im Bereich des Kokûzô Bosatsu.[191] Dieser Kongô Zaô Bosatsu allerdings hat 108 Arme und 16 Gesichter,[192] und unterscheidet sich so erheblich von der Form des (Kongô) Zaô) Gongen , wie er uns auf Statuen und am Kimpu-sen ausgegrabenen Spiegeln entgegentritt,[193] weshalb es schwerlich angeht, beide ohne weiteres in Zusammenhang zu setzen.

Die starke Ähnlichkeit, die Zaô Gongen mit dem Shû-kongô-jin[194] hat- in der Rechten den Diamantkeil(vajra), das Gesicht im Ausdruck des Zorns-

---

Bergen die schützenden Berg-Gottheiten, im Fluß der Wassergott, im Meer die Drachengottheiten..."(Muromachi-jidai monogatari-shû vol. I p. 61)

185)Vgl. Anm. 175, vgl. Miyaji, kenkyû p. 388

186)Carmen Blacker(The Divine Boy in Japanese Buddhism, in: Asian Folklore Studies vol. XXII, 1963 p. 83) vermerkt, daß von Glauben und Kult der gohô sich lediglich die Sitte des'gohô-Betens' (gohô-inori) über das Mittelalter in die Neuzeit tradiert habe.

187)Während die Hauptgottheit Fudô über den esoterischen Buddhismus, der die Doktrin von Shugendô stark beeinflußte, ganz natürlich ins Pantheon der Yamabushi aufgenommen wurde, ist Zaô Gongen, ohne Beleg in den Sutren, eine aus Shugendô - in der Gegend am Kimpu-sen - geborene synkretistische Gottheit, deren Glauben mit der Entwicklung von Shugendô im ganzen Land verbreitet wurde. Fudô ist als Form des Dai Nichi die in der Doktrin verankerte, offizielle Gottheit;in der Glaubenspraxis von Shugendô scheint Zaô Gongen eine ebenso bedeutsame Rolle gespielt zu haben. Die Verehrung des Fudô teilt Shugendô mit dem esoterischen Buddhismus, der

läßt Wakamori vermuten, daß der (Kongô) Zaô Gongen in seiner Gestalt nach dem Vorbild des Shû-kongô-jin vom Kimpu-sen konzipiert wurde.[195] Zur Gleichsetzung Kongô Zaô: Shaka, eine Vorstellung, die beispielsweise in der Inschrift eines von Michinaga am Kimpu-sen geopferten Sutren-Behälters ihren Ausdruck fand,[196] kam es in den tantrischen Schulen, die Kongô Zaô wie auch Shakyamuni als Transformationen des Kongô Satta ansehen.[197] Zaô als Transformation von Shaka[198], ist dessen 'Lehr-Befehls-Körper'(kyô-ryô-rin-shin).[199] Das Aussehen des Zaô wird im "Taiheiki" wie folgt geschildert:

> ...Danach erschien Zaô im Aussehen der großen Gewalt und des Zorns, in seiner Rechten den Dreizack(-Vajra), den Arm zornig ausgestreckt, die 5 Finger der linken Hand in die Hüfte gestemmt. In seinem Blick von großem Zorn, drückte er den Aspekt (sô) des Überwindens von Dämonen und Hindernissen(auf dem Weg zum Heil) aus; von den zwei Beinen eines hoch erhoben, das andere tief auf die Erde gestemmt, symbolisiert er die Wirkkraft, Himmel und Erde zu lenken.[200]

Die obige Beinhaltung als Symbol der Unterwerfung von Dämonen ist allen Statuen der Lichtkönige eigen.[201]

Zaô wird bereits in einer Erzählung des "Konjaku-monogatari" mit En no Gyôja in Beziehung gebracht, der durch sein Beten und Üben den 'Mitake no Zaô Bosatsu'[202] zum Erscheinen bringt.[203] Diese Überlieferung, nach welcher der legendäre Gründer von Shugendô auf dem Kimpu-sen den Zaô 'erkennt'(kantoku), schildert das "Taiheiki".[204] Zaô Gongen als zornige Gestalt, deren Bild (Statue) nach dem Bericht im "Taiheiki" von En no Gyôja und dem Kaiser Murakami (Tenryaku no Mikado)[205] zusammen mit zwei Seitenstatuen (Miroku und Kannon ?)[206] auf dem Kimpu-sen eingeschreint wurde, ist zum Schutzgott für die Shugendô-Übungen geworden; mit ihrer raschen Entwicklung seit der Heianzeit hat sich die Zaô-Verehrung im ganzen Land ausgebreitet. Im "Taiheiki" heißt es:

Kult des Zaô Gongen ist hauptsächlich shugendô-eigener Kult.

188)Andere Namen sind Kimpu-sen Gongen, Kimpu. Bosatsu u. a.

189)Genshi-Tenson:Der 'Urgrund Himmels-Erhabene'.

190)Vgl. Wakamori, Yamabushi p. 51

191)Vgl. Tajima, Mandalas p. 117

192)Ibid. p. 121

193)Vgl. Sawa, mikkyô p. 121. Spiegel, die bei diesem Berg ausgegraben und in die frühe Heianzeit datiert werden. Sawa nennt als früheste Darstellung eine Gravur um 1001.

Zaô zeigt seine von Haß und Liebe zugleich geprägte Erscheinung in den über 60 Landen Japans, stellt Gut und Böse klar, zeigt sich den 3000 Welten[207] in der Erscheinung von Strafe und Belohnung. Entweder quält er die Menschen, oder er wendet ihnen Heilsnutzen zu.[208]

Mittelpunkt der Verehrung ist die Zaô-Halle am Kimpu-sen.[209] Für den Bau dieses Tempels dürfte mitbestimmend gewesen sein die Legende von En no Gyôja und Zaô. Mönche, die shugendô-artige, esoterische Übungen betrieben, könnten einen solchen Tempel errichtet haben. Wann diese Verbindung des Zaô-Gongen-Kults mit dem Kimpu-sen bzw. wann der Bau der Zaô-Halle erfolgte, ist nicht bekannt. Es wird aber vermutet, daß schon während der Narazeit Gebäude des späteren Kimpu-sen-ji erbaut worden waren.[210]

Das "Yoshino-shûi" (1358)[211] schreibt über diesen Tempel:

Der (Tempel des) Zaô Gongen ist seit der Zeit, als En no Ubasoku hier buddhistische Übungen machte, bis auf den heutigen Tag wegen seiner Wunderwirkungen berühmt... Im Süden erhebt sich das zwei-stöckige Tor, in dem die Kongô Rikishi stehen,[212] im Osten die Halle der Kuse Kannon;[213] das Heiligtum des Amida Nyorai steht im Westen.[214]

---

194)Vgl. Anm. 55
195)Vgl. Wakamori, Yamabushi p. 52
196)Die Inschrift lautet: "Namu Kyôshu Shaka Zaô Gongen" (Verehrung dem Lehrmeister Shaka Zaô Gongen) Vgl. Wakamori, kenkyû p. 61
197)Vgl. de Visser, Buddhism vol. II p. 674
198)Vgl. hierzu a. GKS 9 p. 113(DNBZS)
199)Zornige Erscheinungsform der Buddhas
200)S. T p. 742
201)Aussehen und Deutung des Zaô-Standbilds auf dem Kimpu-sen vgl. "Kimpu-sen himitsu-den" p. 437, NDZK vol. I
202)Vgl. A I 1 b
203)Vgl. "Konjaku-monogatari" p. 62 NKBTK vol. 34
204)S. T p. 742. Die gleiche Erzählung findet sich im "Saseki-shû" p. 27/28 jôkan, Iwanami Bunkô.
205) Zeitlicher Widerspruch. En no Gyôja lebte der Tradition nach zur Zeit des Kaisers Mommu (Ende des 7. und Anfang des 8. Jahrhunderts), Kaiser Murakami aber Mitte des 10. Jahrhunderts.
206)Nach dem "Kimpu-sen sôsô-ki")NDZK vol. III p. 362) verkörpert Zaô: In der Vergangehheit Shaka, in der Gegenwart die 1000-händige Kannon, in der Zukunft Miroku, Dai Nichi oder Jizô. Die doktrinäre Schrift "Ryôbu-mondo-shô" antwortet auf die Frage nach den drei Urständen von Zaô: Zaô der Mitte ist Shaka, des Ostens die 1000-händige Kannon, des Westens Miroku... (NDZK vol. II p. 616)
207)Sanzen sekai: Unendlich großer Bereich(Sumi-sen als Mittelpunkt) in dem ein Buddha predigt.
208)S. T p. 742
209)Zaô-dô, Zaô Gongen-dô: Hauptgebäude des heutigen Kimpu-sen-ji am Fuß dieses Berges. Auf dem Gipfel liegt 'oku no in', wo die Gottheit als

Dieser Zao-Tempel stand, wie dem "Taiheiki" zu entnehmen, in besonderem Ansehen:

> Was nun alle über 7000 Heiligtümer angeht, in denen Gottheiten als temporäre Manifestationen der Buddhas ihre Spur herabließen, so ist, spricht man vom Ruhm aufgrund der Gnadenwirkung, dieses hier eines, das an Wunderkraft nicht seinesgleichen hat.[215]

Einige Anhaltspunkte über den Kult des Zaô Gongen im Mittelalter, besonders in der Muromachizeit, gewinnen wir aus dem "Gikeiki":[216]

> /Shizuka vor der Zaô-Halle/ Da drängten sich die Pilger im großen Tor. Shizuka fragte, welche Stätte dies sei; da sagten die Leute: Der Mitake von Yoshino!

Unklar ist ein Hinweis darauf, daß am 17. Tag des Monats[217] der Gedenktag der Zaô-Halle sei.[218] An einem solchen Tag jedenfalls wird- nach dem "Gikeiki" - der Tempel von zahlreichen Pilgern besucht, die allerlei Schaustücke und Tänze aufführen und dadruch die Gottheit erfreuen:[219]

> Dieser Gongen ist unvergleichlich an Wunderkraft; wenn Ihr irgendetwas vortragen würdet, so gereichte das auch zur Reue für Sünden und Hindernisse. Diese 'Spur'(suijaku) ist über die Maßen traurig, wenn vor ihm Leute mit besonderen Fähigkeiten auf dem Gebiet des Tanzens und Singens, nichts aufführen. Auch wenn es nichts besonders Großartiges sein sollte, falls Ihr nur macht, soweit es in Euren Kräften steht, so wird der Gongen sich daran schon erfreuen.[220]

Kongô Zaô verehrt wird. Vgl. a. T p. 617 über den Begräbnisplatz des Kaisers Go Daigo bei der Zaô-Halle am Fuße der Yoshino-Berge.

210)Vgl. Uno, hassei p. 8 . Das "Kumano Gongen Kongô Zaô hôden zôkô nikki" (ZGS vol. III p. 579) berichtet unter dem Datum vom 2. Tag des 6. Monats 734 (Tempyô 6) von einem Brand der Zaô-Halle. Aber ob schon um diese Zeit gestanden, fraglich.

211)Erzähl-Sammlung unbekannten Autors, Entstehung um 1358

212)Vgl. T Kap. 26 p. 30 NKBTK vol. 36

213)Anderer Name für Shô Kannon

214)S. "Yoshino-shûi" p. 527 GS

215)S. T p. 742

216)S. G p. 197

217)17. Tag des 12. Monats 1185 (Bunji gan-nen)

218)Nach dem "Kii meisho zue" (vol. I p. 413, 1932) sind die Feiertage des Zaô vom Kimpu-sen jedes Jahr am 12.6., 14.9., 16.11.

219)S. G p. 197

220) Mit diesen Worten fordern die Mönche auch Shizuka auf, irgendeinen Gesang oder Tanz darzubringen. Diese Art der Verehrung eines Gongen wurde nicht nur dem Zaô Gongen zuteil, sondern scheint - wie ähnliche Hinweise an anderen Stellen vermuten lassen -Bestandteil des mittelalterlichen Gongen-Kults gewesen zu sein. Vgl. A II 1c

3. Sutren und Gebete

Die Frage, welche Sutren von den mittelalterlichen Yamabushi gebetet und zu Riten herangezogen wurden, kann an Hand des untersuchten Materials nur teilweise beantwortet werden. Immerhin finden wir in den Quellen vereinzelte Hinweise auf Sutren, die, häufig genannt, wohl zu den repräsentativen jener Zeit zu rechnen sind. Auf die komplexen Fragen der doktrinären und rituellen Anleihen aus dem esoterischen Buddhismus von Shingon und Tendai wird hier nicht näher eingegangen; es kann aber als sicher gelten, daß die im Mittelalter entwickelte und teils in der Muromachi- teils in der Edozeit schriftlich fixierte Lehre von Shugendô wie auch die verschiedenen Riten (hô) und Sutren aus dem Bereich des esoterischen Buddhismus kommen.

Zwei Sutren nehmen im Kult der Yamabushi einen prominenten Platz ein: Lotus- und Amida-Sutra: Im "Gikeiki" heißt es:[221]

> Bei den Riten der Yamabushi habe ich ganz selbstverständlich den(Lotus-Sutra-)Reueritus und das Amida-Sutra ausfürhlich gebetet...[222]

Auf diesen 'Reueritus', womit wohl der Lotus(-Sutra-)Reueritus angesprochen ist,[223] wird im folgenden noch eingegangen.

Das Lotus-Sutra beten Einsiedler auf dem Omine;[224] die als chigo-Page die 'Yamabushi' begleitende Frau Yoshitsunes trägt einen Sutren-Behälter mit dem 5. Kapitel des Lotus-Sutras;[225] während einer Schau in die Hölle[226] beten ein Yamabushi und ein Mönch der Ritsu-Schule aus dem Lotus-Sutra[227] usw., um hiermit nur einige Beispiele zu nennen.

Daneben gehörte, wie im "Gikeiki" des öfteren belegt, das Amida-Sutra zum festen Bestand der buddhistischen Dienste der Yamabushi.[227] In der doktrinären Schrift "Shugendô nichiyô kenmon-shô"(gedr. 1687) ist hierzu

---

221) S. G p. 301
222) Vgl. a. G p. 312
223) Wahrscheinlich bezeichnet senbô-Reueritus hier den bekanntesten der zahlreichen Reueriten, nämlich den auf dem Lotus-Sutra basierenden 'Lotus-Reueritus (hokke-senbô) Vgl. BDJT vol. III p. 3003
224) Vgl. "Ryôjin-hishô" No. 189 p. 378 NKBTK
225) Vgl. G p. 309
226) "Großer Tempel des ausströmenden Feuers" vgl. T p. 606
227) Vgl. T Kap. 20 p. 331 NKBTK, T p. 600: Personen vertauscht.
228) Vgl. G p. 301, 312, sowie p. 338 Yamabushi(Yoshitsune und Benkei) beten das Amida-Sutra zur Erlösung der Totenseelen gefallener Heike-Krieger.

verzeichnet:

> Man studiere das Lotus-Sutra und bete beständig den Lotus(Sutra)Reueritus und das Amida-Sutra.[229]

Indirekte Hinweise auf Sutren, deren Rezitation wohl unter den Yamabushi üblich war, liefern uns dharani-Formeln in der Literatur. Im "Utsuho-monogatari" (983) heißt es, ein Yamabushi habe das Mantra (dharani) der 1000-händigen Kannon gebetet, welches aus dem Sutra "Senju (sen gan kanze on bosatsu kôdai enman mugai dai hishin) dharani-kyô "stammt.[230] Ein Yamabushi aus dem "Ujishûi-monogatari" gibt vor, sich das dharani des Suigu-Bosatsu (aus dem "Suigu-dharaani-kyô ") in die Stirn gebrannt zu haben.[231] Beim Kräftemessen (gen-kurabe) mit dem Mönch Shunyû zitiert der Asket Jôzô eine Stelle aus dem "Nehan-gyô".[2323]

Der Gebrauch des '1000-Hand-dharanis' sowie das häufige Intonieren des Amida-Sutras dürften aus dem Zusammenhang Hongu-Urstandsgottheit Amida bzw. Nachi: Urstandsgottheit Kannon zu sehen sein.

Eine bedeutende Rolle spielte weiterhin das "Shô Mudô(zon dai ennô hi mitsu dharani)kyô", aus welchem vor allem bei Beschwörungen zitiert wurde. -Im "Taiheiki" zwingt ein Yamabushi ein Schiff mit folgenden Worten an den Strand zurück:

> Wer auch nur einmal das geheime Mantra (des Fudô) gläubig festhält, der hat in seinem gegenwärtigen Leben den Schutz Buddhas; wer opfert und übt, der wird gleich dem Buddha Tathâgata (bakabon).[233]

Auch im "Nô-Stück "Aoi no ue", sowie in "Tanikô" beten Yamabushi heilige Formeln des Fudô.[234]

Vorstehend genannte Sutren gehören alle dem Bereich des Mahayana-Buddhismus an und sind zum Teil auch in dem Werk "Shugen seiten" sowie in noch heute gebräuchlichen Shugendô-Missalen ("Shugendô gongyô-shû") enthalten.[235]

---

229)S. "Shugendô nichiyô kenmon-shô" zit. nach Wakamori, Yamabushi p. 95 Vgl. a. Otomo, Tennô p. 135

230)Vgl. "Utsuho-monogatari" p. 143 NKBTK vol. 10, vgl. a. "Ryôjin-hishô" p. 461 NKBTK, T p. 110

231)Vgl. "Ujishûi-monogatari" p. 60 NKBTK

232)Vgl. KKS p. 83 NKBTK

233)S. T Kap. 2 p. 78 NKBTK. Im Saigen-in-bon T findet sich eine Variante hierzu. Vgl. a. "Masu Kagami" p. 490(Yûhôdô) 1923 , sowie "Shugen sei-

Der oben zitierte Reueritus wird als Gebetsübung der Yamabushi in der Literatur häufig belegt. Senbô[236] ist allgemein die Bezeichnung für Reueriten, wie sie auf der Grundlage verschiedener Sutren entwickelt wurden; am bekanntesten sind Hokke- und Amida-senbô.[237]

Ein wesentliches Indiz, daß es sich bei dem im "Gikeiki"(s. o.) genannten Reueritus um den aus dem "Lotus-Sutra" handelt, könnte darin gesehen werden, daß ja Benkei, wie das "Gikeiki" vermerkt, in der 'Westlichen Halle'(sai-tô) Mönch war;[238] diese Tatsache legt die Wahrscheinlichkeit nahe, daß es sich um den in der Tendai-Sekte überlieferten Lotus-(Sutra)Reueritus handelt. Dieser diente der Reinigung von Schulden aus den '6 Wurzeln' und Hindernissen. Im "Ryôjin-hishô" findet sich hierzu folgender Gesang:[239]

> Die Stimmen (der Beter)'Von ganzem Herzen verehren wir untertänigst (isshin keirei) verhallen und dringen bis in die 'Reinen Lande' der Buddhas der 10 Richtungen... Wenn man so zwei-dreimal betet, werden die Sündenhindernisse aus den' 6 Wurzeln' getilgt.[240]

Dieser Reueritus wurde spät nachts bzw. am frühen Morgen gebetet, wie aus dem "Gikeiki" hervorgeht:

> Tief in der Nacht beteten sie gemeinsam den Lotus-Reueritus und das Amida-Sutra.[241]

Oder an anderer Stelle:

> Als die Nacht der Morgendämmerung wich, beteten sie den Reueritus (dieser Nacht).[242]

---

ten" p. 34: hito tabi himitsu ju wo jisureba shosho ni kago shi...
234) Vgl. YKTK vol. I p. 166
235)Das "Shugen seiten" zählt unter dem Titel 'Wichtige Sammlung verschiedener Sutren' u. a. auf: Dai Nichi -, Shô Mudô, Lotus (Fumon-bon), Kegon Kongô-, Hannya-. In den modernen Shugendô-Gebetbüchern sind meist aufgenommen: Hannya-shin-gyô, Shô Fudô-kyô und Shô Mudô son himitsu dharani-kyô.
236)Hinsichtlich der Aussprache von senbô oder senpô herrscht keine genaue Unterscheidung. Das SBJT (p. 326) liest 'senbô', aber 'Hokke-senpô' (p. 481); BDJT vol. III p. 3002 hat 'senbô'. Ebenso Pagès, Dictionnaire p. 132 mit 'chenbo', während das G senpô notiert. (p. 301)
237)Der Brauch des Amida-senbô soll über den Mönch der Hossô -Sekte Shôkai nach Japan gekommen)Vgl. de Visser, Buddhism vol. II p. 343) und auf dem Hiei-san unter Jikaku Daishi als Kult mit der Bezeichnung 'reijisahô' eingerichtet worden sein. Vgl. SBJT p. 544. Das Hokke-senbô wurde ebenfalls auf dem Tendaiberg Hiei entwickelt und fand in die offiziellen Feiern bei Hofe Eingang. Über Hokke-senbô ausführlich de Visser, Buddhism vol. I p. 355 ff
238)Vgl. G p. 301
239)S. "Ryôjin-hishô" No. 171 p. 374 NKBTK

In Übereinstimmung mit der von der Tendai-Sekte geübten Sitte, morgens einen Reueritus zu beten, abends die 'üblichen Riten zur festgesetzten Zeit' (reiji sahô)[243] - nämlich das Amida-Sutra zu intonieren, dichtet das "Ryôjin-hishô ":

Am Morgen den Reueritus beten und (dabei) die ' 6 Wurzeln' bereuen, am Abend das Amida-Sutra lesen und die Hinübergeburt in das 9-fältige 'Reine Land' im Westen erbitten...[244]

Das "Kokon-chômon-shû" rechnet zu den zahlreichen Pflichten der Yamabushi beim zeremoniellen Bergeinstieg (mine-iri) auch

in der Morgendämmerung den Reueritus beten und dadurch die Sündenhindernisse beseitigen.[245]

Ein letztes Beispiel aus dem "Gempei-seisui-ki" zeigt uns, daß in Kumano vor dem Hongû-Schrein die

ständig dort lebenden Zenmönche und die wandernden Yamabushi zusammenkamen und den Reueritus beteten.[246]

Zusammenfassend läßt sich sagen, daß unter den Sutren, die bei den Yamabushi von Bedeutung waren, vor allem Amida- und Lotus-Sutra gebetet sowie die jeweiligen Reueriten gepflegt wurden. Während sich die Betonung des Amida-Glaubens aus der Verbindung der Yamabushi mit Kumano und dem dort als Urstand verehrten Amida erklären könnte, liefert die starke Betonung des Lotus-Sutras (bzw. - Reueritus) möglicherweise einen Hinweis auf eine im Shugendô starke doktrinäre Traditionslinie, die von Tendai herrührt.

Nicht nur bei Krankenbeschwörungen und ähnlichen exorzistischen Handlungen griffen die Yamabushi zum Rosenkranz und murmelten unter heftigem Drehen der Perlen Gebete, sondern auch um z. B. ihre Kräfte mit Hilfe der angerufenen Gottheiten zu demonstrieren. Auf Inhalt und Art der Gebete der Yamabushi sei im folgenden ein kurzer Blick geworfen.

---

240)Vgl. "Hokke-senpô"(od. Shugen senpô) im "Honzan shugen gongyô-shû" p. 83 ff NDZK vol. II. Zu Beginn dieses Ritus heißt es: "Isshin keirei jûhô ...ich verehre untertänigst in den 10 Richtungen sämtliche dort beständig wohnenden Buddhas...Dharmas(hô)...Mönche(sô) "/Es folgt Anrufung aller Buddhas/.
241)S. G p. 312
242)Ibid. p. 334
243)Vgl. hierzu Hori, kenkyû p. 256
244)S. "Ryôjin-hishô" p. 453 NKBTK
245)S. KKS p. 94 NKBTK

Ähnlich wie beim Betteln und Quartierbitten, wozu sich die Yamabushi selber vorstellten und ihre Bitte vortrugen,[247] erschien es auch bei Anrufungen Gebeten und Beschwörungen üblich gewesen zu sein, die eigenen Verdeinste aus den Übungen, die Zahl der bestiegenen Berge usw. zu zitieren, um so dem Gebet größere Stoßkraft oder - wie beim Kräftemessen - den eignen Wunderfähigkeiten sicherer zum Erfolg zu verhelfen.

Im "Taiheiki" lesen wir in einem Yamabushi-Gebet:

> Siebenmal bin ich in den Omine eingestiegen, habe die harten Übungen der Reinigugg (misogi) erfüllt, ließ mich dreimal im Wasserfall zu Nachi schlagen...[248]

In dem Nô-Stück "Danpû" heißt es:

> In Berge aufsteigend, die die Wolken durchstoßen, habe ich die Verdienste aus über 1000 Tagen Übung angehäuft und habe dabei manchmal ' mein Leben weggeworfen'. (shimmyô wo sute...) Da ich mich gläubig dem Kumano Gongen anvertraute, wieso sollte (mein Beten) keine Wirkung haben!...[249]

Ein anschauliches Beispiel liefert das "Kokon-chômon-shû":[250]

> Jôzô sprach: Vom siebten Lebensjahr an bin ich aus der Obhut von Vater und Mutter weggegangen und habe Berge und Wälder zu meiner Heimat gemacht, habe Wolken und Neben gewählt, mich darauf zu betten. Tag um Tag habe ich meinen Körper geschlagen, Nacht für Nacht mein Herz(Geist) erschöpft; habe im Eifer mich abgemüht und mein Leben nicht geschont...

Zählte man nicht namentlich auf, welch außerordentlichen Prüfungen man sich unterzogen hatte, so genügte auch ein allgemeine Hinweis auf die Härte des durchstandenen Askese-Trainings, oder auf die Besonderheit der Yamabushi-Übungen, so wie in den Kyôgen-Possen parodiert.[251]

Neben dieser starken Betonung der eigenen, in Übungen und Askese erworbenen Verdienste sind Gebete und Anrufungen der Yamabushi oft durch eine ausgesprochen drohende Diktion[252] charakterisiert; d.h. die Wirkung

---

246)S. GSK Kap. 40 p. 271 Honji des Hongû-Schreins ist Amida, was die Vermutung nahelegen könnte, es handle sich um einen Amida-(Sutra)Reueritus.

247)Vgl. A II 1 c 5

248)S. T p. 38

249)S. YKTK vol. III p. 2025/26

250)S. KKS p. 82 NKBTK

251)Vgl. z.B. "Kani-Yamabushi" p. 475, "Negi-Y." p. 460, "Koshi-inori" p. 487, Iwanami Bunkô.

252)Über die Drohung im Gebet vgl. a. Fr. Heiler, Das Gebet p. 83, München 1921

eines Gebets wird durch die Überlegenheit über die angerufenen Gottheiten sichergestellt. So wie in der Magie des esoterishhen Buddhismus durch Mudra und Mantra zwingend eine Wirkung erreicht werden soll, wenden sich die Yamabushi drohend an die angerufenen Gottheiten.[253]

Im"Ujishûi-monogatari" findet sich eine Notiz über den Yamabushi Keitô-bô, der ein Schiff zurückbetet:

> Als der Schiffer immer weiter wegfuhr, nahm Keitô-bô seine Stola (kesa) und den Rosenkranz, ging nahe ans Meer heran und rief: 'Ihr Beschützer des buddhistischen Gesetzes(gohô)! Ruft das Schiff zurück! Falls Ihr es nicht zurück-bringt, will ich mich auf ewig von den drei Kleinodien trennen!' Mit diesen Worten schickte er sich an, das Gewand ins Meer zu werfen. Die versammelten Leute wurden bei diesem Anblick bleich und standen wie versteinert.[254]

Ein zweites Beispiel sei dem "Taiheiki" entnommen, worin - bei gleicher Situation des Schiff-Zurückbetens -die Drohung direkt auf die angerufenen Mächte bezogen wird :

> Himmel(ten), Drachen, Yaksha, Ihr 8 großen Drachen-Könige! Blast in einem stürmischen Wind das Schiff zu mir zurück;(andernfalls) sich mein Gelübde und meine Übung (gangyô) als Asket umgehend ins Wasser begeben, zu einem giftigen Drachen werden und sich rächen...[255]

Relativ wenig bekannt ist über die exakte Ausführung der Gebete bzw. Anrufungen. Ein kleines Indiz liefert wieder jener Yamabushi aus dem "Taiheiki"(s. o.):

> Unter diesen Worten mühte er sich nach Leibeskräften, stieß schwarzen Rauch hervor[256] und sprang umher...[257]

Interessant ist der Hinweis, er sei umhergesprungen (hane-odori), was möglicherweise eine zwingend Kraft vermittelnde Beinstellung eindeuten könnte;[258] allerdings ist es mangels anderer ausführlicher Angaben zu dieser Frage nicht möglich, eine definitive Aussage zu treffen.[259]

In den vorstehend erwähnten Gebeten könnten Bemerkungen wie'er stieß schawarzen Rauch aus', 'sprang umher' (Taiheiki) oder 'mit rot unterlaufenen Augen'(Ujishûi-mg) die Frage aufwerfen, ob nicht Yamabushi bei beschwärenden Anrufungen in eine Art Ekstase verfielen und dabei Anzeichen

---

253)"La prière exerce unpouvoir à la foi sur les hommes, sur les puissances et sur les dieux" (Leeuw, Phénoménologie p. 415)
254)S. "Ujishûi-monogatari" p. 123
255)S. T p. 38
256)Vgl. a. Kaltenmark, tchouan p. 43

shamanistischer Besessenheit aufwiesen; weiterführende Hinweise jedoch, die zur Klärung einer solchen Frage nötig wären, stehen uns auch hier nicht zur Verfügung.

Neben den schon erwähnten Schutzgottheiten, Lichtkönigen, dem Zaô Gongen u. a. an die sich Gebete und Beschwörungen richten, war als meahanisches Mittel die Rezitation von dharani-Formeln häufig. Dharani sind magische Formeln[260] stereotyper Art, denen Schutzfunktion zugesprochen wird.[261] Ihr Ursprung liegt in vorvedischen, vorbuddhistischen Glaubensvorstellunhen;[262] Kult und Gebrauch fanden in buddhistischen Schulen aller Richtungen Eingang, insbesondere aber bei Shingon(und Tendai).[263] In Japan gab es wahrscheinlich schon vor dem Eindringen des Buddhismus magische Worte (jugen), die bei Gefahr oder Anrufungen vor Gottheiten gebraucht wurden.[264]

Eine besondere Kraft hatten die aus Einsilbern bestehenden Formeln, wie z. B. das bekannte, dem Dai Nichi zugeordnete Mantra: A BI RA UN KEN (oder ON A BI RA UN KEN),[265] was den Sanskritsilben a vi ra hum kham -welche für die 5 Elemente stehen - entspricht.[266]

---

257)S. T p. 39, "Ujishûi-monogatari" p. 123
258)Ähnlich die Abbildungen von Zaô Gongen und den Lichtkönigen.
259)Vgl. B II 4
260)Die rituelle Formel ist eine besondere Form des hl. Wortes; sie wird stets im gleichen Wortlaut gesprochen, stellt kein Gbbet im eigentlichen Sinn dar, sondern ist in hl. Silben Nachvollzug numinoser Wirklichkeit. Aus genauer Rezitation ergibt sich Wirkung mit zwingender Notwendigkeit. Vgl. Mensching, Religion p. 216. Vgl. a. Leeuw, Phén. p. 398
261)"Stereotyped formulas an exoteric device of animistic origin, adapted by the Buddhists for the purpose of primarily protecting superstitious humanity..."(Waddell, cult p. 156)Wie von solchen Worten oder Silbenfolgen hat man auch von dem Lesen von Sutren - die inhaltlich sicherlich nicht von allen Mönchen verstanden worden sein dürften - eine magische Kraftwirkung allein aufgrund des mechanischen Lesens abgeleitet. Vgl. Watanabe, Nihon no bukkyô (=Iwanami Shinsho 299)p. 98
262)Waddell schreibt über die Entwicklung der Dharani: "An amulett loving primitive people (the Indian aborigins) in the animistic stage of conception of Nature, supplemented their fetich charms by charmed spoken words... and in contact with a higher theism(Vedic Brahmanism) and a nihilistic idealism(Buddhism) materialized their spelled charm-words into anthropomorphic deities who form a large section of the Buddhist pantheon..."(cult, p. 156)
263)Die Lehre und der Gebracuh von dharanis wurde im 6. Jahrhundert im sog. Mantra-yana(Vajra-yana)systematisiert und weiterentwickelt.
264)Vgl. Wakamori, minzoku-shi p. 150

Das Nô-Stück "Adachi-ga-hara" gibt ein Beispiel für ein Yamabushi-Gebet, worin zunächst die 4 Lichtkönige angerufen, sodann dharani intoniert werden:[267]

On koro koro sendari matogi on a bi ra un ken sowaka[268]
un tara tara kan man...

welche der Reihenfolge nach für Yakushi Nyorai, Dai Nichi und Fudô stehen.[269]

---

265)Vgl. z.B. "Ataka" YKTK vol. I p. 92

266)Die Rezitation eines solchen dharani parodiert das G in einem Gebet des Benkei: "Mutsu mutsu kan kan ran ran sowaka...on koro koro hannya-shingyô."(G p. 347)

267)S. "Adachi-ga-hara" p. 119 YKTK vol. I

268)Sowaka (svâhâ), übliche Schlußformel eines Mantras.

269)Vgl. 'Verschiedene Shingon" im "Shugen gongyô-shû", Goryû Sonryû-in, Okayama.

II. Übungen

1. Pilgern

Formen religiöser Übung(shugyô) sind z. B. Meditation, (deklamatorische)Anrufung[1], Fasten, Bergübung oder auch Pilgern zu heiligen Stätten.[2] Die beiden letzteren sind im Shugendô als Übung der Yamabushi von besonderer Bedeutung.[3]

Pilgern zu Stätten des Glaubens als verdienstvolle Übung ist wohl in den meisten Religionen verbreitet,[4] wofür nachstehend nur einige Beispiele genannt seien. Einmal im Leben nach Mekka pilgern, zählt der Islam zu den "5 Säulen"[5] im religiösen Leben eines Moslems.[6] Der Jainismus kannte Pilgerfahrten zu den Stätten der Heilsverkünder, der sog. Tirthankaras;[7] in den Puranas[8] des Brahmanismus werden heilige Schreine genannt, zu denen die Gläubigen pilgern; es gab Wallfahrten zu heiligen Wassern (tirthas), wie auch zu den Tempeln, die Könige den verschiedenen Gottheiten geweiht hatten.[9]

Zu den hl. Stätten des Buddhismus pilgern war in Indien seit alters Brauch. Orte, die eine enge Beziehung zum Leben und Wirken Buddhas, der Bodhisatt-

---

1) Wie z. B. bei der Anrufung Amidas, 'Namu Amida butsu' oder der den Nichiren-Schulen eigenen Formel 'Namu myô hô renge kyô', welche eine Anrufung des Lotus-Sutras darstellt.
2) Vgl. a. Kishimoto, sangaku shugyô p. 189
3) Wir unterscheiden im folgenden zwischen dem eigentlichen Pilgern als religiöser Übung einerseits und der Berg-Übung andererseits, die während einer solchen Pilgerfahrt oder am Ende derselben stattfindet. Beide Formen verbindet als zentrales Element der Berg, der nicht nur als Ort meditativer Klausur, asketischer Abhärtung geeignet war, sondern auch für das Gehen zu heiligen Stätten dortselbst. (z. B. kaiho-gyô) Vgl. Kishimoto, shûkyô-teki shugyô p. 306
4) Heilige Stätten haben Kraft-Charakter; "il n'est pas surprenant que de tout temps les hommes aient entrepris des pelerinages aux lieux reconnus saints où la puissance du monde se renouvelait..."(Leeuw, Phénoménol. p. 393)
5) Dies sind: Glaubensbekenntnis, Ritualgebet, Zahlen der Armensteuer, Fasten während des Monats Ramadan, Wallfahrt nach Mekka. Vgl. Glasenapp, Religionen p. 186
6) Vgl. Glasenapp ibid. 186
7) ibid. p. 119 Tirthankaras =Furtbereiter d. h. Kirchengründer und Heilsverkünder. Vgl. Glasenapp , Religonen p. 115, 119, sowie ders., Die Religionen Indiens (=Kröners Taschenausgabe vol. 190) p. 204, 1963
8) Puranas sind Texte der hinduistischen Mythologie; inhaltlich reichen sie von Weltschöpfung, Götterkämpfen bis zum Leben der Patriarchen und geben ausführliche Angaben über den Kult. Vgl. Glasenapp, Indien p. 141

9) Vgl."Sources of Indian Tradition " p. 323 Der Hinduismus hält die Pilger-

-vas oder auch der Kirchenväter hatten,[10] waren das Ziel frommer Wallfahrer; einer der bekanntesten unter ihnen war König Ashoka, Förderer des Buddhismus in seiner Zeit.[11] Berühmt als Wallfahrtsorte wurden besonders die '4 Stupas'[12], d.h. die Stätte von Buddhas Geburt, der Erleuchtung, der ersten Predigt und dem Übergang ins Nirvana.[13] Aus dem Glauben und der Verehrung Buddhas entwickelte sich allmählich eine Heilserwartung, die Hoffnung auf besondere Gnaden- und Verdienstwirkung,[14] die aus der Durchführung einer solchen Pilgerfahrt resultierte.[15]

Seit Beginn des 5. Jahrhunderts waren zu den Heilsstätten im Ursprungsland des im 1. Jahrhundert nach China eingedrungenen Buddhismus[16] chinesische Mönche gepilgert, wie etwa Fa Hsien, Sung Yün, Hsüan Tsang u. a.[17]

---

fahrt für sehr verdienstvoll: Berge, Wasser, Seen, Tempel etc. galten als Sünden-reinigend. Vgl. Bharati, Pilgrimage p. 136

10) Mit dem Tod Buddhas, der Verteilung seiner Religiquien und dem folgenden Bau von Stupas dürfte eine buddhistishhe Pilgertätigkeit eingesetzt haben. In dieser Verehrung und dem Pilgern zu Stätten, an denen der Buddha gelebt hatte, liegt zum Teil eine Nachahmung älterer Hindu-Praktiken. Ein weiteres Moment ist das Gebot der Heimatlosigkeit der Mönche. Vgl. Hastings (ed.), Encyclopedia of Religon and Ethics, Edinburgh 1918 vol. X p. 13 ff. Buddha selbst "neither encouraged nor forbade any outward observances, and it appears evident, that he tolerated all the customs that were prevalent among his contemporaries..."(Bharati, Pilgrimage p. 159)

11) Er besuchte 1o Jahre nach seiner Krönung die Stätte von Buddhas Erleuchtung und noch 10 Jahre später die Stätte der Geburt, und errichtete Gedenksäulen dort. Vgl. Schlingloff, Buddhismus vol. II p. 6o

12) Vgl. hierzu BDJT vol. III p. 2529

13) Die 4 hl. Stätten sind: Kapilavastu (Geburt), Magadha(Erleuchtung), Benares (1. Predigt), Kuśinagara (Tod). "Schon in den kanonischen Texten werden Mönchen diese Stätten als Wallfahrtsorte empfohlen und die entsprechenden Ereignisse von wunderbaren Begebenheiten umrankt."(Schlingloff, Buddhismus vol. II p. 61)

14)Die Begründung einer aus solchen Pilgerfahrten resultierenden Verdienstwirkung bleibt - wie Schlingloff ausführt - insofern problematisch, als man sich fragen muß, wieso denn eine Pilgerfahrt zu den Stätten Buddhas, der ja nun im Nirvana gänzlich von dieser Welt erlöst und getrennt ist, Verdienste bringen kann. Der 'Nutzen' einer solchen Pilgerreise ist die eigne Läuterung, die Konzentration auf Buddha;hieraus die Kraft, seinem Beispiel nachzueifern. Vgl. Schlingloff, Buddhismus vol. II p. 63

15)Vgl. BDJT vol. III p. 2529 mit Zitat aus dem"Daijō-honshō shinji kangyō "

16)Die apokryphe Erklärung, wonach die Einführung des Buddhismus in China auf einen Traum des Kaisers Ming-ti (im J. 64) zurückgehe, zeigt immerhin, daß um die Mitte des 1. Jahrhunderts Buddhisten in China auch am Kaiserhof waren. Vgl. a. Reischauer/Fairbank, East Asia,the Great Tradition p. 145

17) Fa Hsien von 399-414 in Indien, Hsüan Tsang 629-645, Sung Yün 518-521

In China selbst waren im taoistischen Volksglauben Pilgerfahrten zu den sog. '5 Bergen'[18] üblich, deren bekanntester der T'ai-shan(in Shantung)ist.[19] Unter den buddhistischen Pilgerbergen nimmt der Wu-t'ai-shan[20] einen hervorragenden Platz ein.[21]

Japanische Mönche, die zum Studium des Gesetzes Buddhas in das T'ang-Reich fuhren[22] - der bekannteste ist Ennin[23] - besuchten auch diesen Wu-t'ai-shan[24] und brachten aus China den Brauch des Pilgerns zu mehreren hl. Stätten mit;[25] diese Übung wurde in der Heianzeit unter dem Namen 'verehrendes Umherpilgern'(junrei)[26] bekannt. In der Gegend von Kyôto und Osaka entstanden um diese Zeit die '33 Stätten des Westbezirks'(saikoku sanjûsan sho), welche der Kannon geweiht sind.[27] Das Umherpilgern konnte sich aber auch im engeren Bereich eines einzelnen Berges vollziehen, wie im Fall des 'Drei Stupa Rundpilgerns' am Hiei-san.[28]

In der Heianzeit jedenfalls war solches Pilgern nicht nur unter den Mönchen üblich,[29] sondern auch Herrscher[30] und abgedankte Kaiser, die die Ton-

---

18) Vgl. Einleitung Anm. 65
19) Vgl. " " 64
20) Vgl. " " 108
21) Neben den Bergen O-mei (Szechwan) und Pu-t'uo eines der bekanntesten buddhistischen Zentren Chinas.
22) So z. B. Jishô, Enchin, Jôchin. Vgl. a. BDJT vol. III p. 2530
23) Ennin war in China von 838-847
24) Vgl. hierzu E. O. Reischauer, Ennin's Diary p. 211 ff.
25) Vgl. a. "Fûzoku jiten" p. 329, 1961
26) Junrei, auch junreki, tera-mawari u. a. Bezeichnungen. Daneben auch auf die Pilger selbst angewandt.
27) Im Mittelalter verehrte man 88 Stätten des Kôbô Daishi auf Shikoku. Nach dem Vorbild der Kannon-Wallfahrten wurden besonders in der Muromachizeit und Edoperiode eine große Anzahl von hl. Stätten bestimmt; diese konnten auch in einer Stadt liegen, so z. B. die "7 Großen Tempel der südlichen Hauptstadt" oder die "7 Glücksgötter von Edo". Die Festlegung der 33 Wallfahrtsorte der Kannon weist auf die im Lotus-Sutra dargestellten 33 Verwandlungskörper dieser Gottheit hin, welche Ausdruck des alles umfassenden, alle Wesen erreichenden Barmherzigkeit der Kannon sind. Als älteste Dokumente über die 33 Stätten gelten das vom Tendai-Abt Gyôson(1055-1135) verfaßte "Sanjûsan sho junrei techû-ki", sowie die Schrift "Jimon kôsô-ki". Vgl. Gotô, kenkyû p. 212 Reihenfolge und einzelne Stationen dieses Pilgerwegs variierten. Vgl. Gotô, kenkyû p. 212
28) Santô junrei, nämlich über Tô-tô (Östliche Pagode), Sai tô (Westl. P.) und Yokawa. Diese Übung auch kaiho-gyô genannt. Der Tradition nach auf Sôô Wajô, einen Schüler des Jikaku Daishi, zurückgehende Übung, während 1000 Tagen den Hiei-san zu umwandern, Sutren zu lesen, verschiedene Riten aus-

sur nahmen, begaben sich häufig auf den Pilgerweg.[31] Zweck der Übung war nicht so sehr - oder nicht aussschließlich -der Erwerb von Wunderkräften, als vielmehr auch die Ti lgung von Sünden zu erlangen, Verdienste für das künftige Leben zu sammeln,[32] und weiter aufgrund solcher Verdienste die Erfüllung verschiedener(diesseitiger) Wünsche zu sichern. Pilgerfahrt zur Einlösung eines Gelübdes wurde mit Beginn des Mittelalters populär. Da in der Feudalzeit lediglich das Gewand eines frommen Pilgers relativ sicheres Reisen auch über Provinzgrenzen hinaus versprach, war zu jener Zeit die Pilger(ver)kleidung der übliche Reiseaufzug.[33]

Die Übung des Pilgerns,[34] sowie die Bergaskese(s. Einleitung), deren eine Grundströmung ja die aus dem Brahmanismus kommende und 'ihrem Geist nach' in den Buddhismus eingedrungene dhuta-Übung[35] darstellt,[36] erfuhren eine besondere Betonung in Shugendô.

In dem Maße, als die Länge der vollzogenen Bergübung unter den Shugen-Asketen zum Kriterium der hierbei gewonnenen Kräfte wurde, kam die Gewohnheit auf, nicht nur eine bestimmte Zeit lang auf einem Berg religiösen Übungen nachzugehen, sondern - in dem Bestreben möglichst viele Berge zu besteigen - zu den lokalen Schwerpunkten der Bergaskese im ganzen Land zu pilgern.[37]

---

zuführen, Fasten zu beobachten etc. Charakteristische Kleidung solcher Pilger ist das weiße Gewand(byaku-e).

29)Vgl. Hori, kenkyû p. 105. Vgl. "Konjaku-monogatari" p. 287 vol. III, NKBTK : " In der Übung des Wegs Buddhas alle heiligen Stätten abpilgern und rauhe und schwere Übungen machen. "

30)So z. B. Kaiser Seiwa. Vgl. "Sandai jitsuroku", gekan p. 222, zit. a. in BDJT vol. III p. 2530

31)Vgl. GSK Kap. 3 p. 116. Im Yamabushi-Aufzug pilgern auch die Kaiser Toba und Sutoku nach Kumano (1143), wie im "Honchô seki" (=KSTK vol. IX) p. 422 vermerkt. Vgl. a. Kodama, keizai-shi p. 50

32)Vgl. Hori, kenkyû p. 106

33)Vgl. B I 3 Über Pilgerfahrten im modernen Japan vgl. Chamberlain, Allerlei Japanisches, Berlin 1912 p. 564/67

34)Vgl. a. Anm. 3 Das Pilgern selbst war schon Übung, wie aus dem "Ryôjin -hishô"(p. 390 No. 258 NKBTK) hervorgeht: "Ich möchte zwar gerne nach Kumano pilgern, aber wenn ich zu Fuß gehe, so ist der Weg weit und die Berge sind steil; wenn ich mit dem Pferd reite, so ist es kein hartes Training ; ich würde (am liebsten) aus der Luft kommen; gib mir Flügel, Nyaku-ichi-ôji! "

35)Vgl. Anm. 133 Einl.

36)Vgl. Murakami, hattatsu p. 28

Im "Taiheiki" wird von einem Yamabushi Unkei berichtet:

> Auf dem Haguro im Lande Dewa gab es einen Yamabushi namens Unkei ... Dieser hatte das Verlangen, durch sämtliche Lande zu pilgern(shokoku ikken)... Ging nach Kyôto, quartierte sich in Nii Kumano[38] ein u. verehrte der Reihe nach (junrei) die bekanntesten Stätten und Ruinen der Blumenhauptstadt...[39]

Yamabushi, die zu verschiedenen hl. Stätten und durch die Provinzen pilgerten, wurden in der Regel 'Gastmönche'(kyaku-sô) genannt,[40] wohl aus dem Umstand heraus, daß sie, von einem Stammberg kommend, andere Berge bestiegen und dort an Übungen teilnahmen. 'Kyaku-sô' bezeichnet im weiteren Sinn wandernde Mönche, im engeren Sinn Yamabushi auf Pilgerfahrt.

> 'Kyaku-sô' hat die Bedeutung von 'gehendem Gast'(angyaku). Früher gab es unter den durch alle Lande pilgernden Mönchen zahlreiche... die den Spuren En no Gyôjas nachfolgten und sich ständigem Pilgern widmeten. Diese Art von Mönchen hat man 'kyaku-sô' genannt.[41]

Die Yamabushi werden nicht nur von anderen als 'kyaku-sô' bezeichnet - wie oft in der Literatur belegt[42] - sondern dieser Begriff diente auch zur Eigenbezeichnung, wie zum Beispiel in "Fuan-bashi" belegt:

> Ich bin ein Gastmönch (kyaku-sô), der von den drei Kumano-Bergen herkommt...[43]

Die Sitte der Shugen-Asketen, auf anderen Bergen an Riten als 'Gast' teilzunehmen, wird auch in einem rezenten Ausdruck des Haguro-Shugendô deutlich, der für 'kyaku-sô' den Begriff 'kyaku-bu': Gast-Gipfel kennt.[44]

---

37)Bei diesem Wechsel von der einsiedlerischen Askesehaltung zum Pilgern gilt ferner zu beachten, daß - wie unter Anm. 34 (s. o.) gezeigt - ja auch das Pilgern eine religiöse Übung darstellte. -Ein Grund für die seit der Kamakurazeit ständig anwachsende allgemeine Pilgertätigkeit ist in dem Strukturwandel der Gesellschaft zu sehen. Die Tempel verloren den Schutz reicher Adliger-deren Einfluß gänzlich von dem aufstrebenden Rittertum zurückgedrängt wurde - und müssen sich deshalb an das Volk bzw. die neuen Herrschaftsschichten des Schwertadels wenden; hieraus erwächst eine lebhafte Wandertätigkeit von sog. 'Spendenlisten-Heiligen'(Kanjin-hijiri)

38)Nii Kumano oder Ima Kumano, Zweigstelle von Kumano in der Nähe Kyôtos.

39)S. T p. 776

40)Vgl. z. B. T p. 777

41)S. KHG p. 180, NDZK vol. III

42)So z. B. G p. 351, T p. 777, "Shuten Dôji" p. 372(Otogizôshi NKBTK), "Adachi-ga-hara" YKTK vol. I p. 114 u. a.

43)S. YKTK vol. IV p. 2755 sowie YKTK vol. II p. 949

44)Vgl. Togawa, Shugendô Haguro-ha goi ryakkai, in: Kokugaku in zasshi 1940, 11 p. 150/151

a)Über die zeitliche Ausdehnung der Pilgerfahrten besitzen wir im Rahmen des untersuchten Materials nur sehr wenige und keineswegs ersbhöpfende Angaben. Sicher ist, daß Pilgerwanderungen durch die Lande, entsprechend dem individuellen Chaaakter der religiösen Praktiken, in ihrer zeitlichen Ausdehnung unterschiedlich waren.[45]

Die Yamabushi der verschiedenen Shugendô-Zentren pflegten durch die Provinzen zu oder in ganz bestimmte Gebiete zu pilgern. Während für die Mönche des Hiei-san der Berg selbst Übungsgelände war, hatte z. B. der Onjôji kein eigenes, weshalb man die Kii-Halbinsel mit dem Gebiet von Kumano erwählte. Den Weg von Kumano aus in den Omine nannte man in dem honzan-Zweig des Tendai-Shugendô den 'geraden Bergeinstieg'(jun no mine-iri), von Yoshino aus in den Omine in der tôzan-Richtung des Shingon-Shugendô den 'umgekehrten Bergeinstigg '(gyaku no mine-iri). In dem Maße, als sich die Pilgerwanderungen der Yamabushi aus dem ganzen Land zu bekannten hl. Stätten, wie nach Kumano, in den Omine oder zum Haguro immer mehr ausbreiteten, dürften sich wohl auch bald bestimmte Routen ergeben haben, bestimmte Wege, auf denen die Yamabushi gewöhnlich verkehrten. Welches waren diese Wege? Wenn hierüber auch keine sicheren Angaben gemacht werden können, so haben wir doch in der Beschreibung der Flucht Yoshitsunes - wie im "Gikeiki" notiert -Anhaltspunkte, die den ungefähren Verlauf einer der im Mittelalter bekanntesten (Yamabuhsi -)Pilgerroute, nämlich von Kumano über die Hauptstadt zum Haguro erkennen lassen.

Die Diskussion über den sichersten Fluchtweg nach Norden schildert das "Gikeiki" wie folgt:

> Auf welchem Weg sollten wir am besten gehen? Da brachte ein jeder seine Meinung vor: Der Ostmeer-Weg (tôkai-dô)[46] ist zu bekannt; auf

---

45) Im "Sarashina nikki" (1020) ist verzeichnet: "Dadurch, daß ich aufschrieb wie 2, 3, 4, 5 Jahre die Zeit verstrich und ohne Angabe von Zeit und Monat einfach drauflos geschrieben habe, bin ich ganz einem Pilger ähnlich geworden, der in einem fort seinen Weg geht. "(NKBTK vol. 20 p. 525). Im"Ryô - jin-hishô" heißt es(p. 395 No. 291 NKBTK): "Mit dem Ziel, das Lotus-Sutra zu suchen, mit dem Mönchsgewand auf den Schultern, sind die Jahre ver - gangen. Auf die Gipfel steigend habe ich Bäume gefällt, im Tal Wasser geschöpft und im Teich Pflanzen gelesen. " Im"Ujishûi-monogatari" haben wir eine Notiz über 2000 Tage Übungen (p. 60 NKBTK), von Gyôson lesen wir im KKS (p. 74 NKBTK), er sei mit 17 zu Übungen aufgebrochen und 18

> dem Ostberg-Weg(tôsen-dô)[47] sind Engpässe, sodaß wir im Notfall keine Möglichkeit zur Flucht haben. Der Nordland-Weg (hokuroku-dô)[48] aber läuft zum Hafen Tsuruga in Echizen, wo wir günstigerweise ein Schiff nach Dewa besteigen.[49]

Im "Gikeiki" werden folgende Stationen auf einer Route nach Norden genannt:

> Von dem Tag an, da wir die Hauptstadt verlassen, treffen wir zuerst auf den Hiei Sannô, folgend im Land Echizen auf Kei-jinja, im Lande Kaga den Heizen-ji, den Shirayama-jinja in Etchû, Ashikura-dera, Iwakura-dera, im Lande Echigo den Kumagiji[50], im Lande Dewa den Haguro; dies ist also ein Weg mit sehr vielen Berg-Schreinen; wenn wir deshalb auf Yamabushi stoßen...[51]

Betrachtet man diese Wegangaben, so wird deutlich, daß die Yamabushi hierbei- wenigstens streckenweise -dem Nordland-Weg folgten, über den das "Gikeiki" berichtet:

> Da Naoe-no-tsu[52] im Land Echigo gerade in der Mitte des Nordland-Wegs liegt, müssen wir vor diesem Ort sagen: Wir sind Yamabushi vom Haguro, die nach Kumano pilgerten und nun auf dem Heimweg sind. Nach diesem Naoe-no-tsu aber: Kumano Yamabushi, die zum Haguro pilgern.[53]

Diese Vorsichtmaßregel wird leicht verständlich, wenn man bedenkt, daß sich der Einflußbereich des Haguro bis nach Etchû und sogar Echizen erstreckte; so könnte leicht der Kontakt mit Menschen, die mit den Verhältnissen am Haguro vertraut sind, solchen'falschen Pilgern' verhängnisvoll werden.[54]

Der "71-Stände Gedicht-Wettstreit"[55] porträtiert unter dem Stand 'Yamabushi' einen Kumano Yamabushi, der zum Haguro pilgert.[56]

Jahre lang nicht in die Hauptstadt zurückgekehrt. - Unter den bekannteren Übungen der Yamabushi sind vor allem die 1000 Tage (Klausur) in Nachi zu nennen. Vgl. T p. 110

46)Tôkai-dô: Führt seit der Edozeit von Edo Nihon-bashi über 500 km nach Kyôto sanjô ô-hashi.

47)Tôsan-dô) 13 Provinzen durchlaufender Weg aus dem Kinai-Gebiet bis in die Pr. Yamagata, Akita.

48)Hokuroku-dô: 7 Provinzen durchlaufender Weg von Shiga bis zur Noto-Halbinsel.

49)S. G p. 301

50)Shingon-Tempel Niigata, Distrikt Nishi Kanbara.

51)S. G p. 301. Aus der genauen Kenntnis geographischer Details im "Gikeiki" schließt Kadokawa M., daß das "Gikeiki" von Shugen-Asketen der Haguro bzw. Kumano-Linie tradiert worden ist. (Vgl. Kadokawa, Gikeiki no seiritsu, in : Chûsei bungei to minzoku /= Minzoku bun'gaku kôza vol. V/ 1960 p. 34)

52)Im Mittelalter bedeutender Hafen in der Provinz (heute)Niigata, Distrikt Naka Kubiki, Nähe der Stadt Takada.

Nicht nur Yamabushi vom Haguro pilgerten - wie im "Gikeiki"(s. o.) angedeutet- nach Kumano und in den Omine, sondern aus dem ganzen Land kamen Asketen, sahen hier ihr wichtigstes Übungsgebiet[57], zu dem verschiedene Wege führten. Im "Ryôjin-hishô" werden uns Pilgerrouten aus dem Kinai-Gebiet[58] nach Kumano genannt, auf denen in der Heianzeit die Adligen, wohl unter Leitung eines Yamabushi-Pilgerführers (sendatsu) ihre Wallfahrten zum Kumano Gongen machten:

> Für die Pilgerfahrt nach Kumano, welche von den zwei Routen, dem Ki-Weg und dem Ise-Weg, ist näher, welcher weiter? Als Wege des grossen und weiten Mitleids (des Gongen) sind sowohl Ki-Weg wie auch Ise-Weg nicht weit.[59]

In der poetischen Sprache einer michi-yuki-Wegbeschreibung[60] schildert das "Taiheiki" die Flucht des 'Prinzen der Großen Pagode' als Yamabushi vom Hannyaji[61] nach Kumano. Wir finden in dieser Notiz ein paar geographische Hinweise, welche Orte wohl Yamabushi auf dem Weg von Nara in die Kumano-Berge gestreift haben können:

---

53)Vgl. G p. 301/2
54)Vgl. A II 1 c 3
55)Vgl. GS zatsu-bu vol. 28 p. 585
56)Kumano-Yamabushi waren im Mittelalter repräsentativ für Shugen-Asketen überhaupt und wurden wohl deshalb auch in den "Gedicht-Wettstreit" aufgenommen. Sie pilgerten zu den im ganzen Land erschlossenen 'Landesgipfeln'(kuni mitake). Vgl. a. "Adachi-ga-hara" YKTK vol. I p. 107
Wie aus dem "Gikeiki" hervorgeht, waren die Kräfte der Kumano -Yamabushi besonders geschätzt(G p. 350), sie hatten eine Sonderstellung gegenüber den anderen Yamabushi. Damit verbunden die Entwicklung, die dem Kumano Shugendô auch religiös-doktrinär eine beherrschende Stellung innerhalb von Shugendô sicherte.
57)Vgl. T p. 110 "Sie schienen wie Provinzen Yamabushi auf einer Kumano-Wallfahrt". Das "Kii meisho-zue" (vol. IV p. 596) zitiert ein "Kumano yû-ki" in dem es heißt: In alter Zeit waren unter den nach Kumano pilgernden Asketen (shugenja) die Yamabushi vom Haguro besonders zahlreich."
58)Die Provinzen: Yamashiro, Yamato, Kawachi, Settsu(und Izumi).
59)S. "Ryôjin-hishô" p. 389 No. 256. Konishi Sh. (Ryôjin-hishô-kô p. 189, 1942) vermutet im Kii-Weg eine Route, die von Oni-no-naka yama an der Grenze zwischen Izumi und Kii nach Kumano führt. Ise-Weg eventuell von Ise mit dem Schiff nach Shingû. Vgl. a. Gedichte No. 257, 258 im "Ryôjin-hishô".
60) Häufig in Nô-Stücke und Kriegsepen eingeflochtene 'Reiseberichte'.
61)Hannyaji, Tempel der Shingon-Risshû-Sekte in Nara. Gründung zur Zeit des Kaisers Kôtoku ? (Mitte des 7. Jahrhunderts)

Als der Prinz auf den Hafen von Yura[62] hinüberschaute, da trieb auf offener See ein Schiff; dessen Ruderleine war gerissen; und über den Wellen, unzählig dicht wie die Blätter des Tausendgrases in der Bucht schreit ein Regenpfeifer;in unendlicher Ferne ziehen sich die Berge des KiiWegs dahin; Strandwellen, die an die Kiefern von Fujishiro[63] schlagen. In der Ferne sah er Waka und Fukiage[64], sah auf das im Mondlicht erstrahlende Tamatsushima;[65]und doch schien das magische Gnadenlicht nicht so wie früher zu scheinen. War es doch sowieso schon Anlaß genug, das Herz trüb zu stimmen, wenn man so den sich windenden und schlängelnden Weg an der Küste entlanggeht, so weckten vollends die Regennassen Bäume eines abgelegenen Dorfes und die den Abend kündenden Glocken eins fernen Tempels noch mehr Melancholie; zu diesem Zeitpunkt nun kam der Prinz in Kirime-no-ôji[66] an.[67]

Im Laufe der Muromachizeit wurde die religiöse Wanderung über den Omine zur wichtigsten Übung der Yamabushi von Kumano und Yoshino bzw. aus solchen Gegenden, wohin der Kumano Gongen 'übetragen'(kanjô) worden war. Um zu ihrer Omine-Übung zu fahren, legten die Yamabushi oft weite Strekken zurück.[68]

An anderen Zielen und Wegen, die von den Berg-Asketen aufgesucht wurden, nennt z. B. das Kôwaka-Stück "Eboshi-ori" Matsushima im Norden Japans;[69]von einem wandernden Yamabushi auf dem Ostmeer-Weg (tôkai-dô) spricht das "Izayoi nikki" (1280).[70]Im "Kokon-chômon-shû" pilgert ein Yamabushi vom Tennôji über Imazu[71] zur Hauptstadt,[72]im "Taiheiki" findet sich eine Notiz von einem wandernden Yamabushi zwischen Musashi und Shimôsa.[73]

---

62)Yura no minato, Pr. Wakayama, Distrikt Hidaka
63)Kainan, Wakayama (Vgl. T p. 168 NKBTK)
64)Waka: Strand bei Kainan; Fukiage: Teil der Stadt Wakayama (vgl. T ibid.)
65)Insel in der Bucht von Wakayama
66)Schrein im Dorf Kirimegawa, Wakayama, Hidaka (vgl. T ibid.)
67)S. T Kap. 5 p. 168 NKBTK , T p. 110
68)Von einer solchen Wallfahrt (von Yamabushi aus Satsuma) nach Kumano in den Omine berichtet der Jesuiten-Missionar Figueiredo in einem Brief aus dem Jahre 1585, zit. bei Schurhammer, Yamabushis p. 52 MOAG 46
69)Vgl. Kôwaka p. 296
70)Vgl."Izayoi nikki" p. 23
71)Genaue Lage nicht bekannt. KKS (NKBTK vol. 84 p. 347)vermutet Stadtteil von Nishi-no-miya, Pr. Hyôgo.
72)Vgl. KKS p. 431, vgl. a. HK p. 153
73)Vgl. T p. 606

Während ihrer Pilgerwanderungen waren die Yamabushi den Gefahren einer Reise im Mittelalter ausgesetzt,[74] irrten vom Weg ab,[75] und lebten von der Barmherzigkeit der Menschen.

Von unwirtlich rauhen Gebirgswegen, wie z. B. in der Gegend von Kumano und dem Omine, gibt das "Taiheiki" einen Eindruck:

/Aufgrund einer Traumdeutung[76] wendet sich der' Prinz der Großen Pagode' auf seiner Flucht nach Kumano von Kirime-no-ôji aus zunächst nach Totsugawa/Während mehr als 3o Meilen war auf diesem Weg keine menschliche Siedlung;deshalb legte sich der Prinz zwischen die Wolken hoher Gipfel und breitete seine Ärmel auf den Moospolstern aus;seinen Durst stillte er am Wasser, das aus den Felsen hervorquoll; ängstlich setzte er über morsche Brücken... Schaute er nach oben, so sah er 10000 Fuß hohe grüne Felsen; schaute er nach unten, so sah er 1000 Fuß unter sich Wasser, blau als ob es mit Indigo gefärbt wäre; etliche Tage lang überquerte er solcherlei gefährliche Stellen;sein Körper war ermüdet und der Schweiß rann ihm wie Wasser; die Füße waren wund gelaufen, und seine Strohsandalen alle mit Blut getränkt...[77]

Yamabushi waren nicht nur mit der Geographie ihrer Heimatgegend vertraut, sondern erschlossen auf ihren Pilgerreisen wohl auch besondere Wege,[78] die- oft nur ihnen bekannt- als Yamabushi-Wege in der Literatur belegt sind. So schreibt der "Azuma Kagami" (1266)[79]:

(Hôjô Tokimasa)ging auf Yamabushi-Wegen in Begleitung eines Mönchs nach Kai ...[80]

Auf den Laien nicht immer vertrauten Wegen 'zogen die Yamabushi über die Gipfel'[81], wußten nicht nur von geheimen Plätzen und Verstecken, sondern hatten auch, wie eine Notiz im "Taiheiki" zeigt, Kenntnis von verborgenen Quellen. Als Kusunoki[82] die Festung Chihaya am Kongô-Berg[83] verteidigte,

---

74)Von einem Überfall durch Seeräuber berichtet das "Kii meisho-zue" unter dem Titel 'Yamabushi-Gräber'(yamabushi-zuka) vol. IV p. 596

75)Vgl. T p. 111, sowie YKTK vol. I p. 689

76)Während einer Rast in Kirime-no-ôji , Distrikt Hidaka, Wakayama. Im Dorf ein Unterschrein von Kumano.

77)S. T p. 111

78)Dies wird auch En no Gyôja zugesprochen, wie z. B. noch Kaempfer (History p. 233) schreibt: "(er) discovered the situation and nature of such places which nobody before him ventured to view... found out new easier and shorter roads from places to places".

79)"Azuma Kagami", Chronik des Kamakura Bakufu, in 51 Kapiteln. Autor unbekannt. Zeit von 1180-1266.

80)"Azuma Kagami" 1180, 8. Monat 25. Tag, KSTK vol. 32 p. 40

81)Vgl. T p. 153,"Yoshino-shûi" p. 545

82)Kusunoki Masahige (1294-1336), Prototyp des Kaiser-treuen Vasallen. Kämpfte für die Süd-Dynastie und Go Daigo.

wollte der Feind die Wasserversorgung unterbinden und so die Burg zu Fall bringen:

> Aber Kusunoki war ein Mann, der seinem Wesen nach mutig und dazu von unvergleichlicher Weisheit und von Bedacht war. Als er beim Bau dieser Burg das Problem der Wasserversorgung untersuchte, da stellte sich heraus, daß es in diesem Gebiet an fünf Stellen Geheimquellen gab, von denen die Yamabushi bei ihren Gipfelwanderungen heimlich Wasser schöpften...[84]

Können vorstehende sporadische Notizen auch keine umfassende Auskunft geben über die Wege und Pilgerrouten von Yamabushi, so zeigen sie doch, daß spätestens mit Beginn der Muromachizeit diese wandernden Berg-Asketen überall im Land anzutreffen waren.[85] Schwerpunkte ihres Pilgerlebens waren die Route zwischen Haguor und den Kumano-Bergen, sowie verschiedene Wege aus den Kinai-Distrikten in das Kumano- Omine-Gebiet.[86] Während sich einerseits im Verkehrsbild bekannter Straßen wie tôkai-dô, tôsen-dô, hokuroku-dô[87] nicht besonders auffielen, benutzten sie andererseits auch versteckte Pfade über die Berge; diese Tatsache sollte während der Kriegswirren der Nanbokuzeit bedeutsam werden.

Leben und religiöses Wirken der Yamabushi während einer Pilgerreise seien im folgenden Kapitel dargestellt.

b) Mit der Aufteilung und Spezifizierung der Aufgaben, Tätigkeiten und Verpflichtungen während der rituell durchgeführten Übungen, deren Ablauf genau fixiert und seit Ende der Muromachizeit und in der folgenden Edozeit niedergeschrieben wurde, erhielten die Yamabushi verschiedene Ränge und Funktionsbezeichnungen. Kriterium hierfür waren die Anzahl der Bergübungen sowie die Schwierigkeit der dort vollzogenen Askese;[88] äußerlich wur -

---

83)Kongô-san (1125 m) in der Kongô-Kette bei Osaka.
84)S. T p. 153
85)Vgl. a. Abschnitt A I 1
86)Über Yamabushi in Kyûshû fanden sich in der Literatur wenig Anhaltspunkte.
87)Vgl. G p. 300
88)Für die Haguro-Yamabushi z. B. ist heute noch- wie Earhart schreibt (ritual periods p. 109)- die Teilnahme am Herbstgipfel (aki no mine), auch shusse no mine ("promotion peak") genannt, Voraussetzung für eine höhere Rangstufe in der Shugendô -Hierarchie. Über eine ähnliche Erscheinung im Bereich des Hinduismus berichtet Bharati(Pilgrimage p. 137/8); in Ab-

den diese Rangstufen z.T. durch verschieden-farbige Kleidung gekennzeichnet.[89]

In dem hier behandelten Zeitabschnitt jedoch sowie in den untersuchten Quellen fehlt noch diese spätere, detaillierte Unterscheidung; es sind lediglich einige wenige Differenzierungen unter den Yamabushi zu erkennen. -

Schon in der Heianzeit gab es den Stand des Pilgerführers(sendatsu), eines in Übungen erfahrenen, mit den Riten und Gegebenheiten auf dem Pilgerweg vertrauten Berg-Asketen; aufgrund seiner Kenntnis bei Bergbesteigungen sowie den kultischen Handlungen leitete er Pilgerfahrten. Sendatsu hat zwei Bedeutungen:[90] a) in Studien erfahren, in einer Disziplin anderen voraus sein, b)Amt, die Yamabushi-Pilger in die Berge zu führen.
Die erste Bedeutung als die eines Vorläufers, Pioniers auf dem Gebiet der Künste und Wissenschaften ist allgemein in China und Japan bekannt.[91]

---

ständen von 6 oder 12 Jahren (dem Jupiter-Zyklus folgend) an bestimmten Plätzen Versammlungen(kumbhamelas) von Laien und Mönchen aller Sekten. "The seniority of a monk belonging to any order is counted by the number of kumbhamelas which he has attended."

89)Vgl. BDJT vol. III p. 2453 Vgl. a."Shugen-jûni kajô"p. 125, 132. 138 NDZK NDZK vol. III, sowie Wakamori, Yamabushi p. 87 mit Zitat aus dem "Shugendô -ka shobutsu mei gen ruiji", Wakamori, kenkyû p. 211 und Murakami, hattatsu p. 135/136. In dem Werk "Shuren hi-yôgi" p. 607 NDZK vol. I findet sich eine Hierarchie der Tôzan-ha-Yamabushi.
Kaempfer berichtet, daß die Yamabushi nach Abschluß ihrer Omine-Wall - fahrt zu dem General-Oberen ihrer Sekte in Kyôto gingen, ein vorgeschriebebenes Geschenk mitbrächten und von ihm dann einen höheren Titel erhielten;dies bedingte auch eine Änderung in der Kleidung. Vgl. Kaempfer, history p. 233

90) S z.B. im "Dai Genkai "(vol. III p. 87) und bei Ueda K, Kokugo jiten vol. III p. 657

91)Vgl. BDJT vol. III p. 2986 In der Heianzeit wurde es zu einem speziellen Wort des Shugendô und bezeichnete gegenüber den zum ersten Mal in einen Berg Aufsteigenden (Neulinge: shingyaku) Yamabushi mit Verdiensten aus zahlreichen Bergübungen.
"Unter den Yamabushi, die in Kumano Askese betrieben, erhielten diejenigen mit besonderen Verdiensten die Bezeichnung sendatsu verliehen ".(Shinjô, shaji p. 39)
Wakamori, kenkyû vermerkt (p. 99), daß besonders häufig in Aufzeichnungen im Zusammenhang mit Kumano das Wort sendatsu auftauche.

Die zweite, zeitlich spätere kam auf, als in der Heianzeit, zuerst bei Adel und Hof, später dann auch beim einfachen Volk Pilgerfahrten in die Berge, besodders nach Kumano und zum Mitake,[92] populär geworden waren. Hierzu waren Personen nötig, die den Weg wiesen und über die Sicherheit der Pilgernden wachten. Man vermutet,[93] daß sich dieser, später eigene spezialisierte Stand von 'Führern' anfangs aus Gefolgsleuten und geistlichen Begleitern der Adligen entwickelte; auf den langen Wegen bis Kumano sorgten sie nicht nur für die körperliche Sicherheit, griffen bei Krankheit mit Exorzismus ein, sondern übernahmen auch die Reinigungszeremonien und die Durchführung der komplizierten Riten und Opfer unterwegs.[94]

Sendatsu als Berg-Wallfahrtsführer[95] waren ursprünglich auf Kumano als dem ältesten Gebiet der Bergaskese beschränkt, anders ausgedrückt, nahmen von Kumano ihren Ausgang.[96] Da die Kumano-Omine-Übung weitaus schwieriger als andere Bergübungen war, genossen die dortigen sendatsu den größten Ruhm; ja in der Heianzeit rief man alle Shugen-Asketen von Kumano sendatsu.[97]

Yamabushi, welche solche Führerfunktionen innehatten, werden in der Literatur 'sendatsu no yamabushi' oder einfach 'sendatsu' genannt.[98] Ihre Tätigkeit bestand darin, Yamabushi in weit entfernt liegenden Gebieten zu bestimmten Zielen ihrer Wallfahrt, wie z. B. nach Kumano und in den Omine zu führen.[99]

Wie im "Gikeiki" berichtet, zogen vom Haguro Yamabushi unter Leitung

---

92)Im "Ryôjin-hishô" steht über die Kumano-Wallfahrt des Kaisers Go Shirakawa: "Wir begannen am 17. Tag des 10 Monats 1160 die 'Reinigung'(shôji) und brachen am 23, Tag mit Kakusan Hôin als sendatsu auf..."(p. 460 NKBTK vol. 73) Auc die Kumano-Wallfahrt Kiyomoris auf dem Ise-Weg begleitet ein sendatsu. (Vgl. HK p. 14) Vgl. a. Kaiser Toba im "Kumano gyo-gyô-ki" p. 419-30 GS vol. 18 . nikki.
93)Vgl. Hori, kenkyû p. 113
94)Wakamori nimmt folgende Entwicklung an: In den Studien erfahren - in diesem Wissen Zeremonien der Berg-Pilger leiten - die Pilger schützen u. betreuen- Bergführer. Im übertragenen Sinn gebrauchte man diesen Begriff sendatsu unter den Yamabushi für solche Asketen, die besonders viele Berg-Übungen gemacht hatten und erfahren waren in Kenntnissen hinsichtlich der buddhistischen Übungen und Riten. Vgl. a. Wakamori, kenkyû p. 119. Zur doktrinären Interpretation der Zeichen sen und tatsu vgl. "Sambu sôshô hôsoku mikki" p. 459 NDZK vol. II
95)In diesem Sinn ab 2. Hälfte Heian belegt. Vgl. Wakamori, Yamabushi p. 53

eines sendatsu zu Übungen nach Kumano:

> Wo doch, wie es Brauch ist, ein Pilgerführer (sendatsu) dabei ist, hat es keinen Sinn, sich über das, was jene einfachen Mönche sagen, aufzuhalten...[100]

Als wandernde Provinz-Yamabushi unter Führung eines sendatsu fliehen der 'Prinz der Großen Pagode' und seine Getreuen nach Yoshino:

> Sie versäumten nicht, in den Unterkünften jeweils die Riten (der Yamabushi) auszuführen, opferten an allen Schreinen, sodaß die Leute, denen sie auf dem Weg begegneten, wie auch die in buddhistischen Zeremonien eifrigen sendatsu nichts Tadelnswertes an ihnen fanden.[101]

Bei der bekannten Flucht Yoshitsunes nach Norden fungiert Benkei als Pilgerführer.[102] Zu den Aufgaben eines solchen Führers gehörte neben der allgemeinen Leitung auch die Überwachung der Riten unterwegs und besonders während der Bergübung. Die Zeremonien, den einfachen Mönchen und Yamabushi nicht ohne weiteres geläufig, mußten peinlich genau durchgeführt werden. Im "Kokon-chômon-shû" heißt es von dem Pilgerführer Shûnan-bô, der den bekannten Dichter und Wandermönch Saigyô Hôshi mit auf die Omine-Wallfahrt nimmt,

> er war besonders in Zeremonien und Doktrin streng genau, machte ihm (Saigyô) Vorwürfe und peinigte ihn...[103]

Auch unter den Pilgerführern gab es Rangunterschiede. Aus dem "Gikeiki" erfahren wir, Benkei sei der dai sendatsu (Groß-Pilgerführer) gewesen.[104] Wohl nicht nur aufgrund der Anzahl der Bergübungen kannte man unter den sendatsu Rangstufen, sondern auch unter funktionalem Aspekt bei den Riten und Aufgaben während der Übung im Berg.[105]

In Zusammenarbeit mit dem Bergführer (sendatsu), dessen Aufgabenbereich die Leitung auf dem Weg bis zum Zielort, die Riten unterwegs und während des Bergeinstiegs waren, standen die sog. 'Meister' (oshi), eine

---

96) Bei Wallfahrten zum Kimpu-sen und auf den Kôya-san haben sich keine speziellen Bezeichnungen für diesen Stand gebildet.
97) Vgl. Hori, kenkyû p. 113. Vgl. a. Wakamori, Yamabushi p. 67
98) Vgl. a. z.B. KKS p. 66 NKBTK. Beide Lesungen, sendatsu und sendachi sind möglich. Vgl. Pagés, Dictionnaire (p. 133): "chendat ou chendatchi. Chef et guide des yamabushi quand ils vont en pelerinage à la montagne." Zur Lesung sendachi vgl. a. "Muromachi jidai monogatari-shû" vol. IV p. 450, G p. 324.
99) In der Moderne als Führer von Pilgerverbänden (kô) bedeutsam.
100) S. G p. 324

Gruppe von Laien und Mönchen, die auf den betreffenden Bergen für Unterkunft und auch geistliche Betreuung der Pilger sorgten.[106] Aus einem Lehrer: Schüler-Verhältnis dieser 'Meister' zu den pilgernden Gläubigen ergaben sich Einflußbereiche, Sprengel(dann-ba), die später unter den 'oshi'erblich wurden.[107] In gleicher Weise gewannen die Yamabushi-Führer Patrone (danna),[108] deren geistliche Belange sie auf Pilgerfahrten vertraten.[109]

Die Sitte, daß sendatsu pilgernde Yamabushi aus den Provinzen zu heiligen Bergen wie dem Kimpu-sen und nach Kumano begleiteten und dabei regelmäßig die gleichen Verkehrswege benutzten, begünstigte eine nebenberufliche Spionage-und Botentätigkeit der Yamabushi.

Außer diesem 'Führer', der innerhalb der Ränge der Yamabushi eine besondere Stellung einnimmt, gab es wohl noch weitere Rangstufen, die auch an Hand der Übungen bzw. der darin erworbenen Kräfte und Kenntnisse gemessen wurden, über die wir aber aus den untersuchten Quellen nur sehr wenige Angaben besitzen.[110]

Einer Notiz im "Gikeiki" zufolge waren Yamabushi bei ihren Wallfahrten von Lastenträgern (gôriki) begleitet:

---

101)S. T p. 110
102)Vgl. G p. 301
103)S. KKS p. 93, NKBTK
104)Vgl. G p. 301. Dai sendatsu als Rangbezeichnung kommt heute noch den General-Oberen von Shugendô-Zentren (Haguro, Okayama etc.) zu.
105)Vgl. "Sambu sôshô hôsoku mikki" p. 458 NDZK vol. II z. B. bei den Zeremonien aka und kogi.
106)Im Mittelalter lebten, zuerst in Ise und Kumano- zwei besonders populären Wallfahrts-Zentren- folgend auch an anderen Schreinen, 'oshi'. Aus der Sitte heraus, an Wallfahrtsorten die Nacht zu verbringen (Orakel ??) Notwendigkeit, Übernachtungsmöglichkeiten zu schaffen.
107)Vgl. MJT p. 77
108)Vgl. "Saseki-shû" p. 44 jôkan (Iwanami Bunkô)
109)Eine solche Pilgerfahrt für den Patron nannte man dai-kan, 'stellvertretendes Pilgern'.
110)Es soll hier nicht die in den späteren doktrinären Shugendô-Schriften fixierte Hierarchie der Yamabushi diskutiert werden. (Vgl. "Shugen seiten" p. 586), sondern lediglich auf Rang-Differenzierungen hingewiesen werden, die in den bearbeiteten Texten belegt sind. Einer Notiz im "Gempei-seisuiki" (Kap. 4o p. 273) können wir Ansätze zu einer Terminologie hierfür entnehmen, buddhistische Begriffe, die, leicht variert, später zur Benennung der Shugendô-Hierarchie werwendet wurden. Von den Neulingen -shing(y)aku (auch shinkaku) heißt es, sie erreichten mit der einmaligen Übung in Nachi die Verdienste der ersten unermeßlich langen Zeit, shô-sôgi. Ichi-

Benkei machte den Kisanda zum Lastenträger; an die Füße des oi-Schulterkorbs, den er ihm zu tragen gab, fügte er ein 8 Zoll großes, Herz-förmiges Beil; auf den Korb legte er ein Schwert, vier Ellen u. 5 Zoll lang...[111]

Ob allerdings solche Träger unter die Ränge der Yamabushi zu zählen oder aber als reine Dienerrollen ohne Bezug zu den religiösen Übungen der Asketen aufzufassen sind, ist nicht einwandfrei zu entscheiden. Für die erste Ansicht scheint eine Notiz im "Gikeiki" zu sprechen; hierin heißt es, Benkei habe auf der Flucht Yoshitsunes - um jeden Verdacht von seinem Herrn abzulenken - diesen in einen niederen Yamabushi (gesu yamabushi) verwandelt und ihm zwei Schulterkörbe zum Tragen gegeben.[112]
Ein Indiz, daß auch Lastenträger durch eifriges Üben zu höheren Yamabushi-Chargen aufsteigen konnten, gibt die Kyôgen-Posse "Kani-Yamabushi":

/Ein von der Omine-Übung heimkehrender Asket prahlt seinem Begleiter gegenüber mit den Schwierigkeiten dieser Übung und seinen Kräften, die er darin erwarb/ Wie nennt man (mich aufgrund meiner) Wunderkräfte in der Welt?
Einen lebenden Fudô nennt man Euch !
Genau so ist es ! Streng auch Du Dich an und werde schnell ein sendatsu... ![113]

Den klaren Zusammenhang zwischen den absolvierten Askese-Übungen erfahrener Yamabushi bzw. ihren Kräften einerseits und der Fähigkeit z. B. Kranke zu heilen andererseits, belegt das "Taiheiki":

/Während auf der Flucht nach Yoshino der 'Prinz der Großen Pagode' in einem Tempel ruht, geht einer seiner Begleiter Quartier und Nahrung betteln; dabei wird er um eine Krankenbeschwörung gebeten/
Ich bin nur ein einfacher Yamabushi[114], weswegen es bei mir (d.h. bei meinen Beschwörungen) wohl nichts nützen wird. Aber in den Tempel, den man dort sieht, ruht sich unser sendatsu wegen seiner ermüdeten Beine einige Tage aus; seine Wunderkräfte sind von allererstem Rang![115]

---

sôgi ist das spätere Wort für shingyaku. Wer dreimal die Kumano-Nachi-Übung vollendet, erfüllt die sangika-Übung. Sansôgi bzw. sanka ist Bezeichnung für Shugen-Asketen dreimaliger Berg-Übung. Ausführlich über Ränge der Neuzeit in "Shoshû kaikyû" (ZZGS, shûkyô-bu vol. 12 p. 438)
111)S. G p. 303
112)Vgl. G p. 350
113)S. "Kani-Yamabushi" p. 475, Iwanami Bunkô, chûkan
114)Bu-yamabushi (T Kap. 5 p. 170 NKBTK) Im Saigen-in-bon T p. 112: warera wa fujô no yamabushi bzw. warera wa sore tsune no yamabushi; falls die Zeichen für sore/tsune als ateji aufzufassen sind, mögliche Übersetzung 'unrein'(fujô)? Andere Texte (T p. 220 NKZS) und "Sankô Taiheiki" (p. 135) haben bu-yamabushi im Sinn von niederer, einfacher Yamabushi.

Hinter dieser Bemerkung steht die Vorstellung, daß sich die Wirkkraft eines Yamabushi mit der Zahl der vorhandenen Übungen steigere, also ein sendatsu eher in der Lage sei, zu heilen als ein einfacher Yamabushi.

Nach einer Notiz, die wir dem "Utsuho-monogatari" entnehmen, zogen zu jener Zeit Yamabushi in Begleitung von Schülern und Novizen pilgernd und bettelnd umher:

/Ein Yamabushi/ dessen Haar von den Übungen grau geworden war, in Begleitung von drei Schülern(deshi) und fünf Novizen(dôji)...[116]

Ob solche Schüler die Yamabushi auch in der Folgezeit begleiteten, ist nicht klar. Die Entwicklung scheint aber dahin gegangen zu sein, daß einzelne - wie im "Utsuho-monogatari" porträtierte - Asketen, die vielleicht wie ähnliche Gestalten im alten Indien kraft ihrer Übungen und Wunderwirkungen bekannt geworden waren, Schüler um sich scharten, In den späteren Jahrhunderten wurden in den zwei Schulen der Yamabushi Wander- und Pilger-Übung stark formalisiert, an die Stelle von einzeln ausziehenden Asketen trat mehr und mehr der Verband der Yamabushi, die nun gemeinsam den rituellen Bergeinstieg (mine-iri) durchführten, eine Entwicklung, die spätestens für die Muromachizeit anzusetzen ist.

Es kam dahin, daß Yamabushi in ihrer Stammgegend allmählich die Patronage eines mächtigen 'Herrn '(danna) gewannen, für diesen religiöse Aufgaben übernahmen, stellvertretend für ihn pilgerten (daikan/dai-san), Riten ausführten etc. Vor diesem Hintergrund wird verständlich, daß Yamabushi auf ihren Pilgerfahrten von chigo-Pagen[117], den Söhnen solcher Patrone, begleitet wurden, wie das "Gikeiki" belegt;[118] aus der folgenden Notiz darf geschlossen werden, daß dieser Brauch unter den Yamabushi der beginnenden Muromachizeit keineswegs ungewöhnlich war:

/Die Frau Yoshitsunes begleitet diesen, als chigo verkleidet, auf seiner Flucht nach Nord-Japan/ Als Begleiter von Yamabushi verkleidet Ihr Euch am besten als Page. Falls Ihr Euch entsprechend schminkt, dürfte dies keine Schwierigkeit sein...Nur(was) wichtig ist, daß Ihr Euch

115)S. T p. 112
116)S. "Utsuho-monogatari" vol. I p. 143 NKBTK
117)Vgl. z.B. G p. 312: "Ach, welch lieblicher Yamabushi-Page !" Vgl. a. "Tanikô" und "Dampû" : Yamabushi auf Pilgerreise zusammen mit einem chigo-Knaben als Novizen. YKTK vol. III p. 1935 ff, 2004 ff
118)S. Anhang

> wie ein chigo benehmt. Auf dem Nordland-Weg (hokuroku-dô) gibt es viele Yamabushi; wenn man Euch deshalb Blütenzweige bricht[119] und sagt: 'Dies jenem chigo-Knaben'!, so übt vorher etwas männliche Worte![120]

Oder an anderer Stelle:

> Dieser Knabe hier ist der Sohn des Sakata no Jirô, und am Haguro unter dem Namen Konnô -dono bekannt. Er verbrachte in Kumano die Jahreswende und lebte (mit uns) einige Tage in der Hauptstadt...[121]

Welchen Anblick solche chigo-Pagen zu Beginn der Muromachizeit geboten haben, schildert das "Gikeiki".[122]

c)Unter Leitung eines Pilgerführers(sendatsu), zusammen mit niederen Yamabushi, die Trägerdienste leisteten, begleitet von chigo-Pagen, zogen die Asketen von Shugendô zu hl. Bergen, um dort zu üben. Bevor wir diesen rituellen Bergeinstieg betrachten, ein Blick auf das Leben der Yamabushi unterwegs, auf ihre religiösen Handlungen sowie die sozialen Aufgaben, die sie erfüllten.

1. Fragen wir uns zunächst, wovon sich Yamabushi während der langen Übungen und auf der Pilgerfahrt ernährten. Gab es Fastengebote, waren bestimmte Speisen tabu ?

Fasten als religiöse Übung einer zeitlich begrenzten Enthaltung von Nahrungsmitteln[123] ist in den meisten Religionen bekannt. Ausgehend von der Erkenntnis, daß Enthaltung sowie Unterdrückung (solcher Bedürfnisse) seelische Energien erhöhe bzw. freisetze, ist das Fasten Teil jener Askese-Übungen, die zum Ziel haben, "durch Befreiung von an sich normalen Lebensfunktionen... sowie durch Reduktionen... von Speise und Trank"[124] eine Verbindung mit der Sphäre des Übernatürlichen zu erreichen.[125]

---

119)Werbungszeichen homosexueller Liebe vor dem Hintergrund religiöser chigo-Verehrung? Als Werbungszeichen gegenüber der Angebeteten waren Blütenzweige(mit angeheftetem Brief) schon in der Heianzeit bekannt.
120)S. G p. 307
121)Ibid. p. 324
122)Ibid. p. 308/9
123)Manchmal auch mit geschlechtlicher Enthaltsamkeit gekoppelt.
124)Vgl. Mensching, Religion p. 258
125)Vgl. hierzu a. Nölle, Wörterbuch p. 130

Bei den Naturvölkern gehört Fasten zu den Übungen vor Eintritt in die Totemverbände, ist Teil der Initiation oder auch des Ausbildungsprogrammes eines Shamanen.[126] Im Islam ist Fasten eine der '5 Säulen'[127] und wichtiges Gebot im Monat Ramadan Mehr noch als der Brahmanismus, der Fasten (und Kasteiungen) zur Läuterung und zur Gewinnung eines guten Karma betrieb, verfolgte der Jainismus diese Übung als Mittel der Selbstabtötung,[128] das häufig ins Extrem getrieben wurde, da "Sterbefasten als würdige Todesart eines Heiligen gilt".[129]

Fasten war gleicherweise im Buddhismus bekannt; Buddha selbst lebte einige Zeit der damals populären Methode der Asketen, durch Selbstpeinigungen aller Art zur Erleuchtung zu kommen.[130] Im chinesischen Taoismus wurde vor allem das Fasten an Getreide gepflegt.[131]

Zu einer bestimmten Zeit - besonders vor Festen und Wallfahrten - sich bestimmter Nahrung zu enthalten,[132] ist im japanischen Volksglauben[133] von alters her üblich.[134] Ein Gelübde gegenüber Buddhas oder Kamis war oft Anlaß zue Beachtung der 'Dinge, die man sich versagt'(tachi-mono: wörtlich 'abgeschnittene Dinge),[135] hierunter wohl am bekanntesten die Abstinenz von Getreide (koku-dachi) und von Salz (shio-dachi).[136]

Neben diesem einen Aspekt der frommen Intention, wurde z. B. das Getreidefasten auch - aus einem shamanistischen Askese-Ideal heraus - betrieben, um sich zu läutern und so besondere Kräfte zu gewinnen.

---

126)Vgl. P. Radin, Primitive Religion p. 16, 33, 111/112, N. Y. 1967, sowie Birket-Smith, Illustrierte Kulturgeschichte der Welt, München o. J. p. 303, 344, 417, Jensen, Die getötete Gottheit (=Urban Bücher 90) p. 30
127)Vgl. Anm. 5
128)Vgl. Sources of Indian Tradition p. 47
129)S. Glasenapp, Glaube p. 42
130)Vgl. Schlingloff, Buddhismus, vol. I p. 93 sowie Foucher, La vie du Bouddha, p. 134, 137, Paris 1949
131)Im engeren Sinn als Abstinenz zu bezeichnen.
132)In Japan damit verbunden oft nissan, der tägliche Besuch im Heiligtum.
133)Vgl. Einleitung Anm. 2
134)Vgl. "Fûzoku jiten" p. 443, MJT p. 353
135)Hidachi : Abstinenz von Nahrungsmitteln, die durch Feuer gegangen s. Kokudachi : Getreidefasten, chadachi: Tee-Fasten, shiodachi: Enthaltsamkeit von Salz. Obiges also durchwegs lebensnotwendige Dinge. Den aus dieser Abstinenz entstehenden Unannehmlichkeiten widerstehen und die Verdienste (aus dieser Haltung) den Gottheiten aufopfern, daraus resultierend Schutz und Gunst. Tachimono ins Extrem getrieben ist danjiki, das Einstel-

Im "Jikkin-shô" (1252) [137] heißt es:

> Ich hörte, daß ein Mönch, der in einem Bergtempel Kongôji in Kawachi lebte, sagte, daß Menschen, die Kiefernfrüchte äßen- obwohl sie doch der fünf Getreidearten entbehrten - nicht zu Leide kämen; wenn man kräftig äße, werde man zum Genius und fliege umher; daraufhin nun esse uch gerne Kiefernfrüchte. [138]

Mit dieser Aussage liegt das "Jikkin-shô" ganz auf der Linie taoistischer Anschauungen, die in der Abstinenz von Getreide die Voraussetzung für längeres Leben und die Entwicklung zu einem Genius sehen. [139]

Während in obigem Zitat die Kräfte wohl noch eher auf den Genuß von Kiefernfrüchten zurückgeführt werden, bringt eine Bemerkung im "Gyokuyô" (1164) [140] den Zusammenhang zwischen Fasten an Getreide und den hieraus resultierenden Kräften zum Ausdruck:

> Der Kokudachi-Shônin (Gyôsho-bô) vom Kôya-san kommt. Ich unterhalte mich einige Zeit mit ihm. Dieser Heilige hat erstaunliche Wunder - kräfte... [141]

Inwieweit wurde - unter taoistischem Einfluß oder als eine in Indien wurzelnde, über den Buddhismusm nach Japan gekommene Askese-Praktik- diese Abstinenz an Getreide von den Yamabushi auf ihren Pilgerfahrt und bei der Bergübung beobachtet ?

Das "Utsuho-monogatari" zeigt einen Yamabushi, der wegen der Pilgerfahrt das Essen von Getreide eingestellt hat. [142] Ohne direkt auf das Getreide-Fasten hinzuweisen. spricht das KKS von den Pflicht der Yamabushi, während der Bergübung die tägliche Nahrung zu beschränken und Hunger zu leiden. [143]

---

len jeglicher Nahrungsaufnahme.

136) Vgl. z.B. HGK gekan p. 89 über Kairan Hôshi : "Er unterband das Essen und enthielt sich des Salzes".

137) Drei-bändige Erzählsammlung der Kamakurazeit. Drei mutmaßliche Autoren, darunter der Verfasser des KKS, Tachibana Narisue. Vgl. "Nihon Bungaku dai jiten vol. III p. 409/10

138) S. "Jikkin-shô shôkai" p. 322, 1927

139) "Pour nourrir le principe vitale il faut écarter les causes de la mort; la principale ce sont les céréales, car le souffle des céréales fait naître à l'intérieur de nous même les démons malfaisants, les Trois Vers...Interrompre les céréales est le regime diététique essentiel; il s'accompagne de drogues et d'exercises respiratoirs..." (Maspéro, religons p. 62) Vgl. a. Maspéro, Taoisme p. 20, sowie die Legende des En no Gyôja im NRK p. 134 (NKBTK vol. 70), "Ujishûi-monogatari" p. 97, GMTS vol. III p. 1591, sowie Übers. bei Benl, Genji, vol. II (p. 523/24): "Selbst ein Berg-Asket (yamabushi) der, sich von Kiefernnadeln nährend, seine frommen Übungen betreibt..."

Seit der Muromachizeit wurde dieses Fasten (i. S. von Abstinenz) von Getreide als fixierte rituelle Übung während des Bergeinstiegs eingehalten.[144]

Außerhalb dieses fomalisierten Bergeinstiegs dürfte unter den Shugen-Asketen keine allgemeine Verpflichtung auf ein solches Abstinenzgebot bestanden haben, wie aus zwei Belegen, aus dem "Taiheiki" und dem"Gikeiki" hervorgeht: hier wird pilgernden Yamabushi als Nahrung Kolbenhirse (awa) geboten;Kolbenhirse wird aber unter die fünf (zu meidenden) Sorten von Getreide[145] gerechnet.[146]

Wenn sich auch im Laufe der Muromachizeit als dritte Stufe bei der rituellen Bergübung eine Abstinenz von Wasser ausbildete, so scheinen ursprünglich auch in dieser Hinsicht keine strengen Regeln bestanden zu haben. Während der Pilgerreise jedenfalls war sogar Sake-Trinken nicht ungewöhnlich.[147] Diese Vermutung stützt sich auf eine Bemerkung im "Gikeiki":

> Auf der Hin-und Rückreise (nach) von Kumano trinken wir keinen Sake!
> Seltsame Yamabushi ![148]

Dieser Nachsatz: Seltsame Yamabushi (kyô naru yamabushi)[149] läßt die

---

140) Tagebuch des Fujiwara Kanezane (1149-1207)
141)Zit. nach BDJT vol. II p. 1148
142)Vgl. "Utsuho-monogatari" p. 143 vol. I NKBTK (vol. 10)
143)Vgl. KKS p. 94.
144)Während 7 (oder 17) Tagen, in welcher Zeit man Übungen nachging, eingestellt. Die Übung des Bergeinstiegs(mine-iri) wurde in 1o Phasen gegliedert, die den '10 Welten' entsprachen: Hölle, Hungerteufel, Tiere, Shura-Dämonen, Menschen, Deva(Himmlische), Shômon (Hörer), Pratyeka-Buddha (engaku), Bodhisattva, Buddha. Die 2. Stufe ist gekennzeichnet durch das koku-dachi und entspricht der Welt der Hungergeister (gaki). Sinn ist, sich über die Leiden in der Welt der Hungerteufel zu erheben. Über die näheren Umstände der koku-dachi-Übung vgl. "Buchû jisshû shugyô sahô" p. 267 NDZK vol. I und "Sambu sôshô hôsoku mikki" p. 485 NDZK vol. II
145)Üblicherweise werden zu den 5 Getreide-Arten gerechnet: Reis, Weizen, Kolbenhirse(awa), Hirse(kibi), Hülsenfrüchte (mame). Je nach Zeitepoche, Gegend sowie auch in Japan und China verschiedene Reihen. Vgl. hierzu "Ujishûi-monogatari", Anhang p. 460
146)Vgl. T p. 111, G p. 326
147)Selbst während der Berg-Übung war, in rezenter Zeit, das Sake-Trinken erlaubt.
148)Vgl. G p. 334
149)Nach Nakada N. (kogo jiten) u. a. kyô im Sinn von: nicht üblich, nur selten, erstaunlich, anders als normal, mit Belegtstellen aus der Heianzeit und der Kamakura-Epoche. Ob zur Zeit der mutmaßlichen Entstehung des "Gikeiki" der Ausdruck kyô (naru) schon überwiegend (oder sporadisch u.

Deutung zu, daß es zumindest nicht allgmein unter den Yamabushi üblich war, während der Pilgerfahrt ein strenges Alkoholverbot zu beachten.[150]

Einmal dahingestellt die Frage, ob und wieweit Yamabushi beim Pilgern Abstinenzgebote beobachteten, so gibt uns ein Gedicht aus der 2. Hälfte der Muromachizeit einige interessante Hinweise, wie 'weltlich' Yamabu - shi wahrscheinlich damals lebten und deshalb vom Volksmund in Liedern verspottet wurden.[151] Das Gedicht No. 190 im "Kangin-shû" (1518)[152] lautet:[153]

> Das Rot in meinem Gesicht, daran ist der Sake schuld! Haltet mich bitte nicht für einen Teufel (oni)! Habt keine Angst; falls man mit mir vertraut wird, werde ich als außerordentlicher Freund geschätzt. Als auch ich dann diese Gestalt näher besah, so war es zwar ein erschrecklicher, aber- daran gewöhnt - recht freundlicher Yamabushi !

Freilich wird dieser Beleg insofern nur als ein schwaches Indiz zur Lösung der vorstehenden Fragen zu werten sein, als beide Angaben, im "Gikeiki" und im "Kangin-shû" zeitlich weit auseinanderfallen[154] und vor allem das Gedicht deutlich auf den Ende der Muromachizeit einsetzenden Verfall der Yamabushi-Askese hinweisen dürfte.

Wovon lebten die Yamabushi während einer Pilgerfahrt? Dies ist ein Problem, über welches sehr wenig bekannt ist. Neben der schon erwähnten Kolbenhirse zählten wohl auch Roßkastanien[155] und Reis zur üblichen Nahrung.[156]

Für Ende der Heianzeit geben uns zwei Notizen im "Ryôjin-hishô" Auskunft darüber, was die 'Heiligen' (hijiri) und die 'schrecklichen Yamabushi' gerne essen; das Lied No. 425 lautet:[157]

> Was 'Heilige' (hijiri) mögen: Auf den Hira-Berg gehen und Schüler ausschicken (zu sammeln): Kiefernpilz, Blätterbaumpilz, Nesselpilz,[158] weiterhin (mögen sie) Lotuswurzeln im Teich, Petersilie, Haarnixe[159], Schwarzwurzeln[160], Wasserlilien, Farnkraut, Schachtelhalm.[161]

---

dabei hier im G)positiv im Sinn von herausragend, außergewöhnlich verstanden wurde, kann nicht eindeutig entschieden werden. Die Anmerkung Okamis im G (p. 335 Anm. 13, kawatta yamabushi) deutet auf erstere Interpretation.

150)Sollte wirklich ursprünglich ein solches bestanden haben, so wäre immerhin denkbar, daß anfänglich strenge, ideale Maßstäbe im Laufe der Muromachizeit - zahlreiche Laien aus verschiedenen Schichten stoßen zu den Yamabushi - abgeschwächt und modifiziert wurden.

151)Am deutlichsten stellen Ende der Muromachizeit die Kyôgen-Possen Verweltlichung und Degenerierung (eines Teils) der Yamabushi heraus. Vgl. B II 2

Und im Lied No. 427 heißt es:

> Was die schrecklichen Yamabushi mögen: Armselige gefrorene Bergkartoffeln, Farnkraut, gewaschenen Reis(kashiyone), Wassertropfen, Petersilienwurzeln im Teich u. ä.[162]

Aus diesen beiden Zitaten läßt sich unschwer ersehen, daß Yamabushi ihre Nahrung- soweit sie nicht darum bettelten (s. d.) - aus dem bezogen, was die Natur ihnen bot; dies erwähnt als Regel ihres Berglebens auch noch Kaempfer in seinem Bericht über Japan.[163] Eine strenge Praxis des Fastens an (5) Getreide(arten), wie sie zumindest für den Bergeinstieg doktrinär Ende des Mittelalters schriftlich fixiert wurde, können wir am Beispiel des "Gikeiki" und "Taiheiki" als allgemeine Regel für die Muromachizeit nicht bestätigen.[164]

2. Seit der Kamakurazeit und vor allem in der Muromachizeit herrschte im ganzen Land ein reger Pilgerverkehr, und der Anblick umherziehender Yamabushi war sicherlich nichts Ungewöhnliches.[165]

Kamen diese unterwegs an Tempeln und Schreinen vorbei, so opferten sie und verrichteten die üblichen Riten, wie im "Taiheiki" notiert.[166] Da -

---

152)"Kangin-shû" Gedichtsammlung eines unbekannten Autors (Einsiedler oder Mönch).
153)S. "Kangin-shû" p. 119 NKZS, chûsei kayô-shû.
154)"Gikeiki" vermutlich um 1411, "Kangin-shû" 1518.
155)Vgl. T p. 111 'tochi no kayu' Roßkastanien-Brei.
156)Vgl. a. Kôwaka "Eboshi-ori" p. 296. Im KKS (p. 88 NKBTK) gibt Gyôson Yamabushi weißen Reis. Vgl. a. G p. 346, Yamabushi auf der Pilgerfahrt erbitten als Entlohnung Reis, ungeschälten und schwarzen.
157)S. "Ryôjin-hishô" NKBTK p. 419/420
158)Kiefernpilz (matsutake), Blätterpilz (hiratake); name suzuki nach "Ryôjin-hishô" (p. 419 Anm. 425) "=enoki take oder nameko. Vgl. hierzu a. "Genshoku shokubutsu zu-kan" (= NHDJT bessatsu) Tafel 142.
159)Nunawa od. junsai
160)Schwarzwurzeln: gobô vgl. ibid. Platte 117
161)Wasserlilie (kôhone), ibid. Platte 43
162)S. "Ryôjin-hishô" p. 420 NKBTK
163)Vgl. Kaempfer, history p. 233
164)Reis und Hirse, die als Nahrung der Yamabushi belegt wurden (s. o.), zählen zu den 5 Getreide-Arten.
165)Vgl. Kôwaka "Kiyoshige" p. 413 : "Shokoku ikken no yamabushi no ikahodo ôku...

neben bestand im Mittelalter allgemein unter den Pilgern- zu denen ja auch die Yamabushi zählen - der Brauch, vor den Gottheiten sog. nareko-Tänze (nareko-mai)[167] darzubringen.[168]

Im Abschnitt über Yasuyoris[169] Kumano-Wallfahrt berichtet das "Gem-pei-seisui-ki":[170]

---

166)Vgl. T p. 110
167)Nach einer Definition im "Dai Genkai" (vol. III p. 680) sind nareko-mai "zur Verehrung ausgeführte Tänze, wenn in alter Zeit Reisende vor einem Shintô-Heiligtum oder einem Tempel vorbeikamen". Weitere Bedeutungen bringen Ueda, kokugo jiten (vol. IV p. 504), das "Kotoba no izumi"(vol. IV p. 3355) sowie das "Dai jiten" (vol. XIX p. 580), die übereinstimmend schreiben, es handle sich um Tänze ausgeführt bei Zusammenkünften, mit dem Ziel, sich miteinander vertraut werden zu lassen.
Als reine Geselligkeit definiert Pagés (Dictionnaire p. 594)'narecomai': "Banquet ou repas que donnent ceux qui vont quelque part la premièrefois."
168)Tanz stellt eine "Urform des Handelns im Kultus dar"(Mensching, Religion p. 257; vgl. a. Leeuw, Phén. p. 366) und hat eine doppelte Bedeutung: Einerseits bringt er Macht hervor, hat zwingende Kraft("le rhythme du mouvement possède une force contraignante", Leeuw, Phén. p. 366), zum andern erfolgt er aus der Fülle überschüssiger Kraft heraus, wie die ekstatischen Tänze. Vgl. Birket-Smith, Kulturgeschichte p. 423. Bei der Verehrung von Gottheiten spielen Gesten eine große Rolle, Händefalten, bestimmte Körperhaltungen, Stehen, Knien, Verbeugen. Solche "bedeutungsvolle (n) Handlungen, Gesten und Bewegungen haben zur Entwicklung der Pantomime und des hl. Tanzes ... beigetragen"(Wach, Vergleichende Religionsforschung /=Urban Bücher 52, p. 116)
Funktional kann man bei den religiösen Tänzen solche bei Erntebitten, Regenzauber (Vgl. z.B. G p. 284), Jagd, Fischfang oder solche mit Fruchtbarkeitssymbolik unterscheiden, die pantomimisch den gewünschten Erfolg vorwegnehmen. Mit dem hl. Tanz verbunden ist oft das Wort oder Lied. Vgl. "Ryôjin-hishô" p. 462, 467. Ohne auf die verschiedenen Formen religiösen Tanzes in Japan - wie Kagura, Bugaku, Ennen,-Nembutsu-odori - näher einzugehen, kann ganz allgemein gesagt werden, daß der Ursprung tänzerischer Darstellung (auhh in Japan) nicht Vergnügen (allein), sondern der Glaube war.
Im japanischen Volksglauben wurde das jährliche Esscheinen der vom Berg herabkommenden und Glück bringenden Gottheit von verkleideten jungen Männern getanzt. (Vgl. hierzu a. Blau, Sarugaku und Shushi /=Studien zur Japanologie vol. 6 p. 4, 1966); Segen bringend zeigen sich auch die Gottheiten in den Nô-Stücken (Vgl. a. Minzoku bungaku kôza vol. III p. 44)Diese Glück beschwärende Mimik - Sicherung guter Ernte einerseits - sowie eine sich aus shamanistischer Gott-Besessenheit ableitende, freie, ungezwungene Bewwegung andererseits werden als mögliche Ausgangspunkte des japanischen Tanzes angesehen. Vgl. MJT p. 506

Eng verbunden mit der Idee der magischen Wirkung eines 'getanzten Gebets' darf die Vorstellung gesehenwerden, daß Tänze der Gottheit Freude bringen, so wie es auch bei den genannten nareko-mai der Fall ist.

Da (gohei)[171] -Opfern und Kagura-Tänze nicht ohne (besondere) Fähigkeiten durchgeführt werden können, machten sie lediglich vor den Ôji-Schreinen[172] der Reihe nach nareko-mai; Yasuyori war ein Tänzer, der in der ganzen Hauptstadt nicht seinesgleichen hatte.

Und im "Heike-monogatari" lesen wir:[173]

> Obwohl sie keine gohei- opfern und Kagura tanzen konnten, führten sie vor den einzelnen Ôji-Schreinen nach Leibeskräften nareko-mai auf. Der Laienmönch(nyûdo) Yasuyori war (darin) in der ganzen Hauptstadt unvergleichlich geschickt. Er tanzte so, daß die Bergelfen und Dämonen ihr Herz erweichten und erbarmungsvoll ihr Ohr herabneigten.[174]

Bei diesen 'nareko-mai' handelt es sich also um Tänze vor den Zweigschreinen von Kumano. Sie aber lediglich mit dem Kumano-Glauben zu verbinden, erscheint im Lichte von zwei anderen Texten nicht möglich; vielmehr dürfte es sich um einen Bestandteil des mittelalterlichen Gongen-Kults gehandelt haben; denn von gleichen Tänzen vor der Halle des Zaô Gongen auf dem Kimpu-sen berichtet das "Gikeiki":[175]

> Was unter den nareko-mai-Vorführungen, die jeder nach eigenem Gutdünken darbrachte, interessant war, waren die Aufführungen der sarugaku[176](-Spieler)von Omi der shirabyôshi (-Tänzerinnen) von Ise,[177] die ein Stück darbrachten und sich dann in den Tempel zurückzogen.

Nareko-mai wurden auch vor dem Haguro Gongen getanzt:

> /Bei dem 5-ôji-Schrein /in Kiyokawa[178] verbringen Yoshitsune und Begleiter die Nacht. Sie reinigen sich im Kiyokawa-Fluß und verehren dann den (Haguro)Gongen/ Da auch die Verfehlungen und Hindernisse aus unendlich langer Vorzeit getilgt werden, brachten sie vor den einzelnen 'Prinzen'(ôji) Kagura-Tänze dar sowie allerlei nareko-mai. Währenddessen graute der Morgen.[179]

---

169)Taira no Yasuyori. 1177 Mitverschwörer gegen Kiyomori, verbannt, später begnadigt; der Überlieferung nach Verfasser der Erzählsammlung "Hôbutsu-shû".
170)S. Kap. 9 p. 409
171)Hôhei : den Kami (Seiden-)Stoffe, später Papierstreifen (gohei) opfern; gohei auch zur Reinigung von Gläubigen gebraucht.
172)Auf dem Weg von Kyôto nach Kumano errichtete Zweig-Schreine (der Kumano-Schreine)
173)S. HK p. 147
174)Tanz als Gebet mit zwingender Wirkkraft ? Das GSK (Kap. 9 p. 409) führt noch weiter aus: "Elfen und Dämonen erweichten (ihr Herz), die guten Gottheiten beschützen das Gesetz Buddhas... Äußere Form und Geist sind veränderlich, Tränenströme wie ein Wasserfall sammeln sich zum Teich des 'Lotus vom Wunderbaren Gesetz'. Treib das Boot des weiten Gelübdes an und nimm uns Versinkende auf!' Unter diesen Worten tanzter er und endete in Tränen."
175)S. G p. 197

Was waren nun diese Tänze, die unter der Bezeichnung nareko-mai in den vorstehend zitierten Texten genannt werden? Das Wort -mai weist auf Tänze hin, bei denen man sich im Kreise drehte bzw. deren Chaɑakteristikum drehende, schreitende Bewegung ist.[180] Aus den oben angeführten Texten lassen sich hinsichtlich Inhalt und Funktion der nareko-mai folgende Überlegungen ableiten:

Inhaltlich bestanden diese Darbietungen aus verschiedenen Arten von Tänzen (und Gesangsvorführungen ?), wie aus dem "Gikeiki" erhellt. Pilger aus den Provinzen, sowie professionelle sarugaku-Spieler und shirabyôshi -Tänzerinnen trugen zu diesen Vorführungen bei. Bestimmte Regeln scheinen nicht bestanden zu haben;[181] offenbar waren nareko-mai deshalb leichter zu tanzen als etwa Kagura;[182] es genügte, "gemäß der eigenen Kunstfertigkeit" etwas vorzuführen.[183]

Was war die religiöse oder gesellschaftliche Fubktion der nareko-mai?Mit dieser Fragestellung sind auch schon die zwei denkbaren Interpretationsmöglichkeiten umrissen. Es könnte sich einmal um Tanzdarbietungen handeln, die Pilger vor einem Heiligtum miteinander vertraut machen sollen.[184] Die andere Möglichkeit -und nach unserer Ansicht aufgrund der dargestellten Texte einleuchtendere -ist die, in den nareko-mai Tänze zur Verehrung u. Freude der Gottheiten zu sehen.[185] Neben diesem Element der Freude für

---

176)Sarugaku bezeichnet a)theaterartige, tänzerische Vorführungen (in Verbindung mit Kagura und Sumô) mit Rezitation und Gesang, b)verschiedenerlei Schaustellerkünste. In der Kamkurazeit Entwicklung und Verfeinerung zum sarugaku no nô einerseits und - in Weiterleitung der komischen Züge im alten sarugaku - zu den Kyôgen-Possen andererseits. Sarugaku-Truppen lehnten sich wirtschaftlich an große Tempel und Schreine an. Zu Beginn der Muromachizeit auch Unterstützung durch den Schwertadel.

177)Shirabyôshi: Ursprünglich der Rhythmus eines alten Gesangs. Wurde dann zur Bezeichnung der von yûjo getanzten otoko-mai, schließlich für die Tänzerinnen selbst. Berühmt unter diesen Shizuka Gozen Vgl. G p. 198/9

178)Ort in der Pr. Yamagata, Distrikt Higashi Tagawa, Zusammenfluß von Tachiya-zawa und Mogami.

179)S. G p. 353

180)Hiervon zu unterscheiden die odori, bei denen ein springendes, hüpfendes Element dominiert. Vgl. a. Minzoku bungaku kôza vol. III p. 67. Mai ist die ältere Bezeichnung (Yamato mai) und kennzeichnet mehr einen Einzeltanz, während odori (Aufkommen erst im Mittelalter) meist in Gruppen getanzt wird. Beide Elemente sind in den ältesten geschichtlichen Tänzen, den Kagura, vereint. Vgl. ibid. vol. III p. 69. Nach einer Fußnote im GSK (Yûhôdô, Kap. 9 p. 300) soll es sich bei nareko-mai um mit Handbewegundie Gpttheiten, stellten diese Tänze auch eine intensive Anrufung dar, waren Mittel, Gottheiten gnädig zu stimmen, wie aus dem HK hervorgeht.[186] Weiterhin gereichten solche Aufführungen zur Tilgung von Sündenschulden.[187] Nare könnte vom Verbum naru: gewöhnen, vertraut sein, abgeleitet werden. Ein im "Gikeiki"[188] zitierter Ausdruck aus dem "Shôjin gyorui monogatari kaki-ire"[189] lautet naruko-mai, was als Vulgarismus zu nareko-mai angesehen wird.

Einmal abgesehen von der Frage, ob 'ko-mai' als kleine Tänze oder aber 'mai' als Suffix zu nare-ko (naru-ko) anzusehen ist, könnte die Interpretation' sich gegenseitig vertraut machen, in Kontakt kommen' auch durch Vergleich mit einem z. B. auf Tsushima üblichen Ausdruck nare-ko-mochi (Reisklöße, die bei der Volljährigkeitsfeier alle Eingeladenen als Gabe erhalten) gestützt werden.[190] Ob dieses nareko semantisch verwandt ist mit naruko (oder naru-kô: Zeichen für' werden' und 'Gruppe') ist unklar. In eine solche Richtung weisen aberAusdrücke wie:

naruko-zake: In Gruppen getrunkener Sake (Pr. Tottori)

narukô-mairi : Gruppen-Wallfahrt (junger Leute aus Kyôto) nach Ise.[191]

In allen drei vorstehenden Fällen bezeichnet naruko bzw. nareko als eine Art Präfix zusammen mit dem präfigierten Wort Tätigkeiten, die in Gesellschaft, in der Gruppe, aus frohem oder religiös motiviertem Anlaß vorgenommen werden. Angesichts dieser Tatsache ließe sich eventuell eine Parallele ziehen zu nareko-mai - Tänze, die in Gesellschaft ausgeführt werden.

Wem nun aber das 'Vertrautwerden'(naru, nare) bzw. die Bildung einer Gruppe, Gemeinschaft galten, ist ein Frage, die aufgrund der im "Gikeiki" vorgestellten Beispiele beide angedeuteten Möglichkeiten (s. o.) als Antwort zuließe; es scheint jedoch hierbei die zweite, religiöse Rektion stärker zu sein.

---

gen ausgeführte Tänze handeln.
181)Vgl. a. G p. 198
182)Vgl. HK p. 147, GSK p. 409
183)Vgl. G p. 197
184)Vgl. G in einer Anm. p. 197 (10).
185)Im "Gikeiki" klar zum Ausdruck gebracht; vgl. p. 198
186)Vgl. HK p. 147
187)Vgl. G p. 198, 353

Eine andere Ableitung von nare(ko) wäre die über nari bzw. nariko:[192] Gestalt, Aussehen, Erscheinung, also etwa Tänze mit begleitenden mimischen Darstellungen bzw. kl. Tänze, bei denen irgendwelche Haltungen (Handbewegungen ?)eingenommen wurden.[193]
Das "Dai jiten"[194] gibt naruko-mai als Synonym zu nariko : Gestalt, Aussehen. Des weiteren sie noch auf ein am Haguro gebräuchliches Wort nariko oder narigo verwiesen, das die von Yamabushi ausgeführten Ennen-Tänze bezeichnet.[195]
Obwohl aus dem Wort nareko-mai, dessen semantischer Hintergrund an Hand vorstehender Beispiele und Parallelen auf Tänze in Gruppen bzw. zum Vertrautwerden hinweist, eine religiöse wie auch profane Funktion ableiten ließe,[196] scheint die erste die überwiegende zu sein; denn auch die im "Gikeiki"(p. 197) zitierten Tänze der shirabyôshi und der sarugaku-Spieler vor der Zaô-Halle ließen sich -zumal es sich um den Festtag des Schreins handeln soll[197] -durchaus als der Verehrung und Freude des Gongen dienend interpretieren.[198]

Diese Tänze wurden von begabten Tänzern, von shirabyôshi und anderen Angehörigen des geinô-Standes[199], wahrscheinlich auch von den allgemeinen Pilgern getanzt, und waren kein Privileg der Yamabushi; jedoch wurden sie auch von diesen auf ihren Pilgerfahrten vor Heiligtümern der gongen getanzt, einmal, um die Gottheiten zu erfreuen, gnädig zu stimmen, zum andern auch zur Tilgung von Sünden; nareko-mai können - ohne die Problematik ihrer Etymologie und ihres Inhalts endgültig zu klären - als Bestandteil des mittelalterlichen Gongen-Kults angesehen werden.

---

188)G p. 197 Anm. 10
189)Otogozôshi-Erzählung , Muromachizeit, dem Ichijô Kaneyoshi zugeschrieben.
190)S. "Sôgô Nihon Minzoku goi" vol. III p. 230
191)Ibid. p. 230
192)Vgl. a. Pagés, Dictionnaire p. 595
193)Hierbei müßte ein Vokalwechsel i -e unterstellt werden.
194)S. vol. XIX p. 557
195)Vgl. Togawa, goi p. 147
196)Auf die erste Funktion weist G p. 197, auf die zweite z. B. weisen die Parallelen im zitierten volkskundlichen Vokabular.
197)Vgl. G p. 197
198)Eine genaue Trennungslinie zwischen rein religiös inspiriertem und der Unterhaltung der Pilger dienendem Tanz läßt sich möglicherweise im

3. Begegneten sich Yamabushi unterwegs auf ihren Pilgerfahrten, so trugen sie einen rituellen 'Dialog', sog. mondô, aus, der in einem Austausch von bestimmten Fragen und Antworten bestand.

Dieser Brauch entwickelte sich, als die Zahl der 'falschen Yamabushi', die von der Verkehrsfreiheit und geachteten Stellung der echten Bergasketen profitierten, immer mehr zunahm; mondô lieferten die Möglichkeit, solche 'falsche' von den echten Yamabushi zu unterscheiden. Waren letztere in der Lage, auf die in einem solchen mondô-Dialog gestellten Fragen über Kleidung, Riten, den esoterischen Buddhismus Antwort zu geben, mußten die 'falschen' Asketen in Verlegenheit kommen. Es ist anzunehmen, daß Fragen und Antworten schon bald eine stereotype Form annahmen und von den Yamabushi auswendig gelernt wurden.

Auf das Risiko, sich einem solchen mondô unterziehen zu müssen, weist Yoshitsune- wie im "Gikeiki" berichtet-hin, als bei den Vorbereitungen und Beratungen zur Flucht die geplante Route diskutiert wird:

> Von dem Tag an, da wir die Hauptstadt verlassen, kommen wir zunächst zum Hiei Sannô, (dann) zum Kei-jinja in Echizen... /usw. /ein Weg also, auf dem sehr viele Berg-Heiligtümer liegen;wenn wir deshalb unterwegs Yamabushi begegnen und diese uns dann über den Katsuragi-Gipfel, über den Kimpu-sen, den Shaka-ga-take, über die 8 großen Kongô Dôji, den Fuji oder die Zeremonien der Yamabushi befragten, wer könnte da klar antworten ?[200]

Als Inhalt eines Yamabushi-mondô läßt sich hiernach für die frühe Muromachizeit festlegen: Fragen über die bekanntesten Shugendô-Berge, über Gottheiten und über Riten.

Der Brauch, 'Dialoge' auszutragen, wurde weitertradiert und seit Beginn der Muromachizeit bereits wurden die Yamabushi-mondô in abgewandelter Form als 'Yamabushi-Predigten'(seppô) in ritueller Weise bei Tempelfesten ausgeführt.[201] Hierbei wurde detailliert - wohl in stehenden Wen-

---

vorliegenden Fall gar nicht ziehen.

199)Gewerbliche Schausteller, Thesterspieler, Tänzer, Geschichten-Erzähler, Komiker, Musiker, Tierführer (saru-mawashi) u. a. Vertreter volkstümlicher Unterhaltung werden unter dem nicht scharf abzugrenzenden Begriff geinô (Kunst/fertigkeit/-Vermögen) zusammengefaßt.

200)S. G p. 301

201)Vgl. Wakamori, Yamabushi p. 97

dungen - die Doktrin des Shugendô dargelegt. Um solche Yamabushi-seppô handelt es sich im Nô-Stück "Ataka" und im Kabuki-Stück gleichen Inhalts "Kanjin-chô".[202] Die 'Predigt' in "Ataka " lautet:

> Wir Yamabushi tradieren die Lehre En no Ubasokus; unser Körper ist der erhabenen Gestalt des Fudô; unser Stirnkäppchen (tokin): symbolisiert die Perlkrone der 5 Weisheiten;[203] die 12 Falten (darin): sind die 12 Urverbindungen;[204] das Kakifrucht-farbene Übergewand(suzukake): stellt das 9-fältige Mandala dar;[205] die Beinkleider symbolisieren die Mutterschoßwelt; die 8-maschigen Sandalen an den Füßen:)sind) die 8-blättrige Lotus-Blume; mit unserem ein- und ausströmenden Atem sagen wir Yamabushi a und un...[206]

Die Yamabushi-mondô und die hieraus sich ableitende, bei Festen aufgeführte Form der seppô waren bereits in der Muromachizeit weitgehend fixiert und so bekannt, daß sie schließlich in den Yamabushi-Kyôgen -Possen parodiert wurden.[207] So heißt es z.B. im "Kani-Yamabushi":[208]

> Wohlan denn, ein Yamabushi heißt Yamabushi aufgrund (der Tatsache, daß er) in den Bergen aufsteht und sich niederlegt ... Tokin heißt tokin, weil man dafür ungefähr einen ein Fuß langen Stoffetzen (nimmt u. Falten einpreßt und es so dann auf dem Kopf trägt. Der Rosenkranz (juzu) ist kein irataka-Rosenkranz;[209] sondern man hat einfach wahllos kusa-no-mi -Beeren[210] zusammengebunden und dies dann Rosenkranz genannt.

---

202)Kabuki meisaku-sen vol. 15 p. 157, 1960. Das Kabuki-Stück "Kanjin-chô" bringt eine längere, ausführliche Darstellung der Lehren von Shugendô in Form eines seppô, welches im Anhang übersetzt wird.
203)Go chi: 5 Arten der Weisheit des Dai Nichi Nyorai
204)Jûni innen: Die von Shakyamuni bei seiner Erleuchtung erkannten 12 Ursachen-Ketten, verantwortlich für Unbeständigkeit und Vergänglichkeit des menschlichen Lebens. Vgl. SBJT p. 257
205)Kue-mandala: Ist gleich dem Kongô-kai-Mandala, welches sich aus 9 Mandala zusammensetzt, und dessen Konzeption auf das "Kongô-chô-kyô" zurückgeht. Vgl. ausführlich Tajima, Mandalas p. 145 ff
206)A als erster der Laute, un als letzter. Im esoterischen Buddhismus sind diese Zeichen Symbol des Ursprungs- und Kulminationspunktes aller dharmas; A Ausdruck des Urwesens aller Ideen, aus denen alles entsteht, un die Weisheit, in der alles in eines zurückgeführt wird. Ikonographischer Ausdruck in den Niô-Tempelwächtern und den Koma-inu. Vgl. SBJT p. 3 Der Atem ist ganz allgmein Träger magischer Bedeutung; im Indischen Seele = Hauch, Atem.
207)Vgl. z. B. a. "Negi-Yamabushi" p. 466, Iwanami Bunkô
208)"Kani-Yamabushi " ibid. p. 477/8
209)Vgl. A II 1 d Anm.
210)Kusa-no-mi: Wohl eine Anspielung auf juzu-dama (Coix Lacryma Jobi) Aus Indochina stammende, Gräserart, deren Früchte zu Rosenkränzen aufgezogen wurden. Vgl. "Genshoku shokubutsu zu-kan" (=NHDJT bessatsu) Pl. 12

Die modernen[211] 'Yamabushi-Dialoge ' sind Erweiterungen und Variationen des eingangs zitierten. Ihr Aufbau ist folgender: Ein wandernder Pilgerführer (sendatsu) kommt zu einem Kultplatz, wo gerade eine Zeremobie stattfindet; er bittet, an dem Ritus teilnehmen zu dürfen. Man stellt ihm nun einige Fragen über Yamabushi, Shugendô etc. Schema:
Frage nach der Herkunft des sendatsu und dem Grund seines Kommens
Frage nach Bedeutung der Worte 'Yamabushi' und 'Shugendô'
Fragen hinsichtlich En no Gyôja
Fragen über die einzelnen Kleidungsstücke.[212]
Aus diesen Yamabushi-mondô, die nicht nur zwischen Yamabushi selbst, sondern auch zwischen Shugen-Asketen und Mönchen anderer Sekten ausgetragen wurden,[213] entwickelten sich seit dem Ende des Mittelalters die 'Yamabushi-Balladen' (saimon)[214], die in der Edozeit zu rein unterhaltenden saimon absanken und sich zu den 'Naniwa-Weisen '(Naniwa-bushi)[215] weiterentwickelten.

---

211)Ursprüngliche Form der mondô soll- wie Togawa mutmaßt - in etwa dem im "Kanjin-chô" entsprochen haben. Inwieweit mondô heute noch ausgeübt werden (am Shôgoin und Sambôin) ist nicht klar; in den Provinzen u. am Haguro nicht mehr; dort wurden bis Ende des 18. Jahrhunderts mondô ausgetragen. Hinweis von Togawa in einem Brief vom 1.11.65
212)Vorstehendes Schema an Hand zweier moderner mondô : a)Yamabushi-mondô (=Shugen sho sahô) Yoshida K. (ed) Dai Honzan Shôgoin monzeki Shugendô -jô hakkô 1941 b) Honzan Shugen sho sahô, Sô Honzan Miidera, Shugen Kompon dôjô o. J.
213)Vgl. Wakamori, Yamabushi p. 98. Anklänge hieran in der Kyôgen-Posse "Shûron" Iwanami Bunkô , gekan p. 9 ff
214)Aus den buddhistischen wasan-Hymnen durch Shugen-Asketen (?) transformierte saimon ('Festworte'), auch Elemente 'magischer Lieder ' von Shamaninnen. Über die Sitte, daß Yamabushi mit Trompeten-Schnecke und Kongô-Stab von Tür zu Tür gingen und saimon rezitierten, berichten Schriften wie das "Tôkai-dô meisho-ki" und "Edo meisho-ki" . Vgl. Suwa, Uta-saimon no kenkyû in: Kokugo to koku bun 338 p. 40-57.
Die von Yamabushi vorgetragenen saimon haben inhaltlich eine Dreistufen-Entwicklung durchgemacht: magisch-religiöser Charakter-Stegreifcharakter - Wanderlieder (Vgl. Suwa, uta- saimon p. 43)
Das Aufkommen der populären uta-saimon, die auch von als Yamabushi verkleideten Personen vorgetragen wurden , kann in der 2. Hälfte des 17. Jahrhunderts angesetzt werden. Beim Vortrag wurde shakujô allmählich durch das Shamisen verdrängt.
215)Naniwa-Weisen sind aus saimon und sekkyô entwickelte volkstümliche Lieder (mit Shamisen-Begleitung) der Kansai-Gegend.

4. Auf ihren Pilgerfahrten durch die Provinzen mußten die Yamabushi -wie alle Reisenden im Mittelalter -zahlreiche Grenzsperren überschreiten.[216] Mit den Mönchender Ji-Sekte[217] teilten sie sich dabei das Privileg der Verkehrsfreiheit, d. h. sie hatten das Recht, Grenzen ohne die obligatorische Passage-Gebühr zu überschreiten. Die Kenntnis dieses Privilegs wurden zu einem Kriterium, echte und falsche Yamabushi zu unterscheiden.[218] Im "Gikeiki" findnn wir folgende Notiz:

> Erbitten wir doch einmal die Passage-Gebühr! Von alter Zeit an bis jetzt kam es nicht vor, daß Yamabushi vom Haguro[219] Passage- und Transfer-Gebühren zahlten... Sollte es sich also um echte Yamabushi handeln, werden sie bestimmt nicht zahlten; daran können wir es dann erkennen![220]

Solche Passage-Gebühr wurde gleicherweise auch an Flüssen für Fährdienste erhoben. Auch hierbei genossen die (Haguro?)Yamabushi Freiheit:[221]

> /Als Yoshitsune und Benkei die Furt bei Nyoi[222] überqueren wollen, verlangt der Furtwächter, Heigon no Kami, die Gebühr/ Los, zahlt schnell die Schiffsgebühr!!
> Nach welhher Sitte zahlen denn die Hagiro -Yamabushi Fährgelder?[223]

Die Betonung, daß Haguro-Yamabushi bzw. Yamabushi allgemein dieses Privileg der Gebüheen-Freiheit genossen, verleiht - berücksichtigt man ferner die genauen geographischen Angaben auf Yoshitsunes Fluchtroute nach Norden - der Vermutung Gewicht, daß das "Gikeiki" von pilgernden Shugen-Asketen und Mönchen zwishhen Haguro und Kumano tradiert wurde.

Um ein letztes Beispiel für dieses Privileg der Yamabushi zu zitieren: Im Kôwaka -Stück "Oi-sagashi" heißt es:

> An welchen Sperren und in welchem Land auch immer, bei uns Yamabushi kennt man keine Passage-Gebühr! Laßt uns deshalb gratis durch![224]

---

216)Vgl. B I 3 Solche Sperren waren teils aus Sicherheitsgründen für die Reisenden, teils auch willkürlich errichtet.
217)1276 von Ippen Shônin(1239-89) ins Leben gerufene Sekte. Die Anhänger zeichnen sich - dnn Sputen des Gründers folgend - durch ausgedehnte Wandertätigkeit im ganzen Land aus; dabei Spenden-Sammeln und Missionieren.
218)Vgl. B I 3
219)Vgl. Anm. 51
220)S. G p. 325
221)S. G p. 341
222)Nach dem G (p. 340 Anm. 15) möglicherweise Fehler für Goi no watari an der Mündung des Konade-gawa in den Oyabe-gawa, Pr. Toyama, Distrikt Nishi Tonami.
223)Nach dem "Yoshitsune-monogatari" (zit. in G p. 341 Anm. 4)"Nach wel-

5. Wandernde Yamabushi waren unterwegs weitgehend von der Barmherzigkeit der Mensbhen abhängig sowie auch von den Tempeln, die sie aufsuchten. Gaststätten und Rasthäuser gab es im Mittelalter noch nicht in genügender Zahl[225], weshalb die Suche nach Quartier für einen Yamabushi ein Problem war. Das "Taiheiki" berichtet hierüber:

> Als der Tag sich neigte und der Yamabushi nach einem Ort, wo er Unterkunft finden könne, Ausschau hielt, kam ein Mönch der Ritsu-Schule und sprach: 'Kommt mit! Hier in der Gegend gibt es einen Unterstand (settai-sho)[226] ich will Euch dorthin geleiten![227]

Wie das gleiche Werk weiter belegt, übernachteten Yamabushi auch in Privathäusern.[228]

In Rasthäusern um (kostenloses) Quartier nachsuchen, wird im "Gikeiki" als 'alter Brauch' bezeichnet:[229]

> /Benkei bittet in Otsu im folgenden Worten um Quartier/
> Wir sind Haguro-Yamabushi, die in Kumano ihre Jahres-Schluß-Klausur abhielten[230] und nun auf dem Heimweg sind. Gewährt uns Quarteir! Und weil es von alters her bei den Rasthäusern so Sitte war, erhielten sie ohne Schwierigkeiten Unterkunft.[231]

Möglich wäre auch eine Übersetzung: 'Weil, es Brauch war, sich von Rasthaus zu Rasthaus durchzubetteln.' Für eine solche Auslegung, nämlich: 'Es war Sitte von alters her, daß sich Yamabushi von Rasthaus zu Rasthaus durchbettelten', könnte folgende Notiz aus dem "Gikeiki" als Beleg dienen:[232]

> Wenn der Schnee auf dem Nordland-Weg geschmolzen ist, wollten wir, von Berghütte zu Berghütte weitergehend, Hirsenahrung betteln, Mönchsnahrung[233] zu uns nehmen und so den Weg nach Norden verfolgen...[234]

---

djer Sitte zahlen denn Yamabushi Grenzgelder!"

224)S. Kôwaka "Oi-sagashi" p. 372

225)Als Rasthäuser dienteni in klassischer Zeit Tempel und Schreine; daneben gab es sog. fuse-ya -Hospize, die nach dem "Ruiju sandai kaku"schon um 836 zu finden sind. Auch zahlreiche Ortsnamen mit fushiya (Schlafstelle) in Izumi und Yamato deuten auf solche alten Unterstände hin. Vgl. Shibusawa, ebiki vol. III p. 48 mit Abbildungen von Yamabushi in einer Raststätte, entnommen dem "Saigyô monogatari".
Die Regel dürfte in alter Zeit jedoch das Übernachten in freier Natur gewesen sein. Zu Beginn des Mittelalters entstanden dann zur Unterbringung von Pilgern und Gläubigen Rasthäuser, die oft, wie z. B. in Kumano und Ise, von oshi geleitet wurden. Vgl. A II 1 b. Gewerbsmäßige Gasthäuser in größerer Zahl kamen erst in der Neuzeit (kinsei) auf. Vgl. "Fûzoku jiten" p. 724

226)Wohl kleine Unterstände, die von Gläubigen zum Dank errichtet (vgl. Wakamori, Yamabushi p. 70) oder von Dörflern der Gegend unterhalten wurden. (Vgl. MJT p. 278)Abbildungen bei Shibusawa, ebiki vol. III p. 48

227)S. T p. 606

Die Yamabushi waren, wie hieraus zu enthehmen ist, auf Nahrungsspenden der mitleidigen Bevölkerung angewiesen. So heißt es im "Taiheiki":

Als sie sagten: 'Wir sind Yamabushi auf einer Kumano-Wallfahrt und haben uns verirrt,' da wurden die Menschen im Haus von Mitleid ergriffen, brachten Hirse und Roßkastanienbrei u. ä. und halfen so dem Hunger ab.[235]

Kamen Yamabushi in eine Ortschaft oder zu einem Anwesen und erbaten dort Nahrung oder Unterkunft, so war es üblich, daß sie sich hierzu selbst vorstellten und dabei Herkunftsort, Stammberg, Reiseziel, sowie eventuell die Stationen der bisherigen Strecke nannten. Ein Beippiel aus dem "Ujishûi-monogatari":

Da kam in schrecklich aufschneiderischer Haltung ein unheimlicher Yamabushi... zur Wohnung eines Herrn... / Auf die Frage des Dieners nach seiner Herkunft/ Ich bin eine Zeitlang auf dem Haku-san gewesen, bin auch zum Mitake gepilgert. Wollte schon 2000 Tage Übungen machen; aber da meine Nahrungsmittel zu Ende sind, sagt an, daß ich um eine Gabe bitte...[236]

Um Mitleid zu wecken und durch den Hinweis auf die eigenen besonderen Fähigkeiten zu beeindrucken, die in harten Übungen erworben worden waren, wurde das Nahrungsbetteln oft mit einer Aufzählung der Askese-Übungen eingeleitet, so, wie z. B. im "Taiheiki" geschildert:

Wir sind Yamabushi, die sieben Tage lang von dem dreifachen Wasserfall geschlagen wurden, 1000 Nächte in Nachi meditierend verbrachten; wir sind ausgezogen auf Pilgerfahrt zu den 33 Heiligtümern der Kannon. Da wir und vom Weg verirrt haben, sind wir in dieses Dorf gekommen. Gewährt eine Nacht Unterkunft und einen Tag Erholung vom Hunger.[237]

Möglicherweise bargen solche 'Vorstellungsreden' und die Aufzählung der Übungen Ansatzpunkte zu einer Entwicklung, auch doktrinäre Details und Fakten aufzunehmen, ein Vorgang, der vielleicht im Zusammenhang mit

---

228)S. T p. 111. vgl. a. "Dôjôji- engi".
229)S. G p. 312
230)Toshi-gomori: Pilgerfahrt und Klausur zum Jahresende.
231)Vgl. a. Darstellung im "Dôjôji-engi", maki no jô.
232)S. G p. 326
233)Tokiryô : allgemeine Bezeichnung für Mönchsmahlzeiten (fleischlos); ursprünglich für Mahlzeit der Mönche am Vormittag. Nachmittag ist hiji : die Nicht(-erlaubte) Zeit (zu Mahlzeiten). Dann auch Bezeichnung für Essen innerhalb buddhistischer Zeremonien.
234)Vgl. a. "Nihon Mukashi banashi shûsei vol. II/3 p. 1321. "Der Yamabushi bettelte sich darauf in der Gegend an einigen Häusern durch..."
235)S. T p. 111, sowie "Utsuho-monogatari" p. 143/4
236)S. "Ujishûi-monogatari" p. 60 NKBTK

dem Aufkommen der 'Yamabushi-seppô' oder der 'Dialoge' gesehen werden könnte. Anklänge an ein solches Einflechten von doktrinären Hinweisen scheinen in einer 'Selbst-Vorstellung' im otogizôshi "Shuten Dôji" gegeben:[238]

> Was unsere Übungen angeht, so folgen wir dabei En no Gyôja , der in unzugängliche Berge aufstieg, dabei auf die Dämonen goki, zenki, akki traf;[239] er lehrte sie Mantras... Wir Gastmönche (kyaku-sô) setzen die Tradition En no Gyôjas fort. Unser Stammberg ist der Haguro im Land Dewa; auf dem Omine verbrachten wir eine Jahres-Schluß-Klausur. Weil es schon Frühjahr geworden war, sind wir -einen Blick auf die Haupt - stadt zu tun -nach einer Nacht Meditqtion aufgebrochen, vom Sanin-Weg[240] abgeirrt und - in der Meinung, es gäben einen Weg hier- bis zu Euch gekommen...

6. Untersucht man die Kontakte der Yamabushi zu ihren Mitmenschen, so erhellt, daß unter ihren Aufgaben und Tätigkeiten die wichtigste Funktion die des Exorzierens war.[241] Aufgrund ihrer Bergübungen und der darin erworbenen Kräfte hatten schon die 'wundertätigen Mönche' (genja) und später - diese an Bedeutung zurückdrängend - die Yamabushi das Vertrauen nicht nur des einfachen Volkes, sondern auch des Adels und wurden deshalb bei Krankenbeschwörungen herangezogen.[242]

In der Heianzeit versuchten die Menschen, die ihnen mißgünstig gesonnenen, unsichtbaren Kräfte durch Beschwörungen (kaji-kitô)[243] zu beherrschen.[244] Krankheiten im weitesten Sinn wurden dem Wirken von Geistern (mono-no-ke) zugeschrieben.[245]

Diese Besessenheit durch Geister ist eine alte Vorstellung des japanischen Volksglaubens;[246] man kannte Besessenheit durch verschiedene Ar-

---

237)S. T p. 112
238)S. "Shuten Dôji " p. 371 (=Otogizôshi NKBTK)
239)S. Anhang.
240)Einer der 7 Wege, nämlich über Tamba, die Nihon-kai entlang nach Izumo, Oki.
241)Exorzisten unternehmen die Austreibung bzw. Abwehr böser Geister u. Dämonen mittels -meist bestimmter - Formeln und Handbewegungen. Vgl. a. Nölle, Wörterbuch p. 128. Als positiver Exorzismus bei Ereignissen im menschlichen Leben, Geburt, Krankheit, als negativer z. B. Fluch, Schadens- und Todeszauber.
242)Zwei Dinge waren es vor allem, die sich das Volk vom Buddhismus erhoffte; zum einen Heilung von Krankheiten und zum andern Glück in dieser Welt; später die Rolle des Buddhismus bei Begräbnissen.
243)Kaji : Beschwörungsform mit Mudra und Mantra. Kitô: Exorzistisches

ten von Geistern, göttliche, menschliche, tierische und pflanzliche.[247] Am häufigsten waren Fälle von Besessenheit durch die Geister von Menschen. Zugrunde liegt hier die Vorstellung, daß sich die Seele(tama) eines Menschen nach dem Tode in verschiedenen Formen zeige und gegebenenfalls in der Menschenwelt durch den Mund eines Befallenen spreche.[248] In allen ungewöhnlichen Anlässen, bei plötzlicher Krankheit, schwerer Geburt, Gewittern, Unglücksfällen aller Art sah man das Wirken solcher Geister. Während ursprünglich Unglück als Fluch der Gottheit empfunden wurde, war es - am augenfälligsten in der Heianzeit -auf der Grundlage der buddhistischen Kausalitäts(inga)-Lehre[249] als das Werk unbesänftigter Zorngeister (konrei) interpretiert worden.[250] Gegen Krankheit oder Besessenheit als dem Werk von Zorngeistern ging man mit den Beschwörungen wunderkräftiger Mönche vor.[251] Magie[252] bei Krankenheilung war ja, soweit sie sich auf den

---

Gebet.

244)Schon Yin-Yang-Meister hatten sich mit Beschwörungen befaßt, um Geister zum Reden zu bringen. Mit der Einführung des Buddhismus gewannen die magischen Praktiken von Shingon - kaji-kitô - an Bedeutung. Vgl. Hori, kenkyû p. 85

245)'Geist eines Dings'; mono ist Ausdruck für unsichtbare Geister und tritt als Bezeichnung für etwas Erschreckendes schon im Wort O mono nushi auf. Vgl. Wakamori, shomin p. 180

246)Solche Geister, die den Menschen besonders in kritischen Situationen des Lebens, bei Übergangsstadien wie Schwangerschaft, Geburt, Krankheit, nahem Tod etc. heimzusuchen pflegten, abzuwehren und zu vertreiben, gehörte zu den Aufgaben der Zauberpriester (Exorzisten). Im GSK lesen wir über eine Schwangerschaft: "Da man sagt, daß zu solchen Zeiten die mono-no-ke lästig sind, waren die Wundermönche(genja) unablässig mit 'Beschützen des Körpers' (go-shin) beschäftigt. "(GSK Kap. 9 p. 288)

247)Vgl. NMTK vol. 8 p. 283

248)Vgl. Hori, kenkyû p. 198. Mono-no-ke ist allgemeine Bezeichnung für die Geister, die als shi-ryô oder iki-ryô den Menschen befallen; es sind die von schon Verstorbenen oder auch noch Lebenden ausfahrenden Seelen (tamashii);nach dem Tod eines Menschen sind diese tamashii herrenlos u. fliegen umher, sich neuen Aufenthalt zu suchen. Wer im Ärger gestorben, dessen tama(shii) ist sehr gefährlich. Iki-ryô, die 'lebenden Geister', können von zornigen und emotional stark erregten Menschen ausfahren und andere befallen. Vgl. Matsudaira N., The concept of tamashii in Japan, Studies in Japanese Folklore (R. Dorson ed.) p. 182 Indiana U. P. 1963

249)Inga, sansk. hetu-phala: Ursache (in) und Wirkung(ka). Im Buddhismus Vorstellung, daß alles Sein bedingt sei durch eine direkte innere Ursache (in), zu der weitere äußere, indirekte Ursachen (en) treten, und daß sich aus dieser Bedingtheit Wirkungen ergeben.

250)Diese Furcht setzte sich noch in die Muromachizeit fort. Vgl. T p. 708

Buddhismus stützte,[253] erlaubt.[254]

Wie aus dem "Genji-monogatari" hervorgeht, waren in der Heianzeit für ihre Kräfte berühmt die wundertätigen Mönche (genja) vom Katsuragi, sowie ganz allgemein auch die Yamabushi.[255] An Stelle des Katsuragi werden im Mittelalter Yoshino und Kumano als Shugendô -Stätten - und mit ihnen die sich dort verbandsmäßig gliedernden Yamabushi - bekannt. Im "Gikeiki" heißt es:

> Der Kumano Gongen ist ein sehr ehrwürdiger Gongen; die Asketen (genja: hier im Sinn von Shugenja) von dort werden dann wohl auch reich an Wunderkräften sein...[256]

Wie sehr im japanischen Mittelalter, als der Buddhismus tief im Volk wurzelte, und buddhistischen Riten für jeglichen Anlaß große Bedeutung zukam,[257] die Yamabushi als Exorzisten gefragt waren, belegt das "Taiheiki":

> /Während der 'Prinz der Großen Pagode' mit seinen Begleitern in Totsugawa weilt, geht einer von den Gefährten Nahrung betteln und Unterkunft erfragen. Vor einem Haus, in dem gerade jemand krank darniederliegt, hört er die Worte/:
> Ach, käme doch ein ehrwürdiger Yamabushi und spräche ein Gebet![258]

Ähnlich im "Yoshino-shûi":

> Ach, gäbe es doch ein paar über die Gipfel ziehende Yamabushi; wir würden sie Beschwörungen machen lassen...[259]

---

251)Auch im Mittelalter- wie schon seit der Heianzeit -zog man zur Unterdrückung der Geister Yin-Yang-Meister und Yamabushi heran, die kraft ihrer esoterischen Riten Dämonen und Geister unterwarfen; auf der anderen Seite bemühten sich nembutsu-Asketen zu besänftigen und ihnen eine Hinübergeburt ins Paradies zu ermöglichen. Genja und Yamabushi hatten mit ihren Übungen in den Bergen (Ort der Totengeister u. Dämonen) auch die Qualifikation, solche Geister zu unterdrücken. Vgl. Wakamori, shomin p. 169

252)Zur Definition der Magie vgl. a. Völkerkunde-Lehrbuch p. 41.

253)Magie im Buddhismus: z. B. Lotus-Sutra, dharani-bon, fumon-bon, Kan-on-Namen-Lesen bringt Verdienste. Vgl. Tsuda, densetsu p. 7 Das Lotus-Sutra wird im Mittelalter vom Volk auch zum Zweck der Sündentilgung sowie der Besänftigung von (Toten-)Geistern verwendet. Vgl. Gorai (ed.), Chûsei shomin shinkô shiryô no kenkyû p. 38 Kyôto 1964

254)Die wichtige Rolle, welche die genja im religiösen Leben der Heianzeit spielten, spiegelt sich vor allem im "Makura no sôshi", das allenthalben solche Beschwörungen schildert, nicht ohne auch Fehler und Mißerfolge zu beschreiben. Vgl. z. B. "Makura no sôshi" p. 131, 29, 737, 1084

255)Vgl. hierzu Benl, Genji vol. II p. 194/5

256)S. G p. 350

257)Vgl. T p. 8 Riten zur Unterwerfung des Kantô-Gebiets (=Shogunat)

258)S. T p. 112

Jedoch nicht immer zeigten die Bemühungen der Exorzisten den gewünschten Erfolg.[260] Das "Taiheiki" schildert, wie Hōjō Shirō Tokimasa[261] Nacht für Nacht von Dämonen heimgesucht wurde. Aber "obwohl die Shugen-Asketen Beschwörungen vornahmen, ließen die Dämonen nicht von ihm."[262]

Zur Bezwingung der mono-no-ke -Geister wurde meist eine Mittelsperson angestellt, auf die der Geist 'umstieg',[263] und an welcher dann die Riten zur Unterwerfung bzw. Besänftigung vorgenommen wurden. Kam der betreffende Geist nicht direkt zum Sprechen, so geschah es mittels dieser Trägerperson, durch deren Mund er den Grund seines Zorns(=der Krankheit) oder die Ursache des Unglücks darlegte. Als Medien(yorimashi) stellte man schon in alter Zeit Kinder an,[264] durch die sich die Gottheiten kundtaten und Auskunft gaben.[265] Aus dem "Gikeiki" erfahren wir:[266]

Als yorimashi-Medium wurde ein 12, 13-jähriges Kind bestellt. So wie Gottheiten sich durch den Mund junger Kinder(Knaben und Mädchen) offenbarten, so kamen, durch die Kraft magischer Handlungen und Gebete zum 'Überwechseln' gezwungen, Geister und Dämonen durch die Medien zum Sprechen.

---

259)S. "Yoshino-shūi" p. 545
260)Vgl. Benl, Genji vol. I p. 274
261)Hōjō no Shirō Tokimasa (1137-1215) Shikken-Regent des Kamakura-Bakufu Unterstützte Yoritomos Aufstand gegen die Taira; seine Tochter Masako Frau Yoritomos.
262)S. T p. 917
263)Utsusu beki hito, monotsuki oder meist yorimashi. Im Tagebuch der Murasaki Shikibu findet sich hierzu folgende Notiz: "In westlicher Richtung schloß man diejenigen ein, die die Geister aufnahmen... Dann übernahmen die je einem Medium (yorimashi) zugeordneten genja die Aufgabe, den von diesen getragenen Geist zu unterwerfen und lärmten dabei mit Sutrenlesen." ("Murasaki Shikibu nikki "p. 447 NKBTK)
264)Die Rolle von Kindern als Träger der Gottheit, Stellvertreter des göttlichen Willens vgl. MJT p. 667, NMTK vol. 4 p. 224
265)S. G p. 352
266) Im Mittelalter scheinen Yamabushi und Miko eine Art Arbeitsteilung eingegangen zu sein, wobei Shamanin als kuchiyose (Nekromantin) fungierte. Vgl. "Saseki-shū" p. 494 NKBTK, Anhang. Vgl. a. Shibusawa, ebiki vol. IV p. 200/201 mit einer Szene aus dem "Kasuga Gongen reigen e , die Yamabushi und Miko gemeinsam am Lager eines Kranken zeigt.

Neben dieser Exorziertechnik wurden Beschwörungen auch direkt am Kranken oder an der Befallenen Person ausgeführt. So z. B. im "Taiheiki" durch den 'Prinzen der Großen Pagode'.[267] Einen anderen Fall schildert das otogizôshi-Stück "Iwaya-no- sôshi".[268]

Wenn mehrere Asketen an einer Beschwörung teilnahmen, so sprach man von einer 'Asketen-Sitzung'(genja no ichiza), deren nähere Umstände im "Gikeiki" geschildert werden:[269]

> Bald betraten sie (Yoshitsune und Gefährten) das Land Dewa und kamen an jenem Tag bis zu einem Ort Harakai; am nächsten Morgen gingen sie über den Kasatori-Berg und gelangten in den Yakushiji-Tempel von Sanse im Distrikt Takawa. /Der Grundherr dieser Gegend hatte zahlreiche Kinder, aber alle gestorben; nun lag auch das letzte mit Krankheit darnieder/ Da der Haguro in der Nähe war, hatte Sanefusa schon fähigeYamabushi gebeten und sie Beschwörungen verrichten lassen, aber ohne Erfolg. /Auf die Kunde von der Ankunft der (Kumano)Yamabushi sprach er/: 'Kumano und Haguro, beide stehen sich an Ruhm nicht nach; aber da der Kumano Gongen ganz besonders berühmt ist, werden wohl auch die Asketen sehr wunderkräftig sein. Ich will sie herbitten und eine Asketen-Sitzung veranstalten lassen.

Bei einer solchen, gemeinsam vorgenommenen Beschwörung, teilten sich die Exorzisten in verschiedene Rollen. Zunächst die Aufgabe des Körper-Bewachens (go-shin).[270] Sie bestand darin, mit magischen Formeln und Mudra Körper und Geist der betreffenden Person zu reinigen und zu schützen,[271] weiter gab es Exorzisten, die das eigentliche Beten vornahmen,[272] und den Rosenkranz drehten:

> Was weiter das Rosenkranz-Drehen angeht, so dürfte dabei wohl niemand mich, Benkei, übertreffen![273]

Für die Wirksamkeit einer Beschwörung war eine Vorbedingung die (rituelle)Reinheit, worauf das "Gikeiki" mit folgenden Worten hinweist:

---

267)Vgl. T p. 110
268)S. Muromachi jidai monogatari-shû vol. III p.
269)S. G p. 350/1
270)S. G p. 351"Die Aufgabe des go-shin ist für Euch, mein Herr!"
271)Eine ähnliche Funktion hatten die sog. 'Schutzmönche'(goji-sô), die nachts über die Sicherheit des Kaisers wachten. Vgl. T p. 969 Hierzu wurden insbesondere Mönche vom Tôji, Enryakuji und Onjôji abgestellt. Vgl. BDJT vol. II p. 1249 . Nach dem "Shugenseiten" ging das 'Bewachen des Körpers' jeder Zeremonie voraus. Vgl. p. 352 ff
272)Vgl. G p. 351 "Nun, wem sollen wir die Rolle des Beters übertragen?"
273) S. G p. 351

Wir wurden zwar zu einer Beschwörung gerufen; aber kann es denn eine Wirkung haben, in dem unreinen Zustand, in dem wir uns befinden, zu beten? - Ihr, mein Herr, seid zwar unrein;[274] wir andern aber haben, seit seit wir die Hauptstadt verließen, die Gebote der Reinheit beachtet; auch wenn sich keine außergwewöhnliche Wirkung zeigen sollte, wieso sollten aber nicht, durch unseren Furcht-erregenden Anblick beim Beten (bewegt), die bösen Geister (aku-ryô) und die Geister Lebender (iki-ryô) hervortreten (und verschwinden)?[275]

Als nächstes stellt sich die Frage, was die Yamabushi an Gebeten, magischen Formeln, Sutren etc. bei solchen Beschwörungen verwendeten. An erster Stelle standen dabei dharanis, magische Formeln[276], die von entsprechenden Fingerbewegungen bzw. -stellungen (mudra) begleitet[277] und auch innerhalb größerer Riten (hô) gebetet wurden.[278] Dharani dienen dem Schutz und der Abwehr (gegenüber den Geistern), wie aus dem Lotus-Sutra ersichtlich.[279]

Sei esmit Hilfe eines Mediums oder in direkter Beschwörung, die Bemühungen der Yamabushi sollten bewirken, daß der Geist seinen Namen nannte, Gründe für die Verstimmung angab, und von dem Befallenen ließ. Im "Taiheiki" wird die Wirkung einer Beschwörung wie folgt geschildert:

Der Prinz näherte sich dem Lager der Kranken, machte einen Exorzismus, betete mit hoher Stimme einige Male das dharani der 1000-hän-digen Kannon und rieb dabei den Rosenkranz. Da begann die Kranke von

---

274) Verkehr mit seiner Frau ?
275)S. G p. 351
276)Rituell gesprochene (magische) Worte haben, genau und richtig ausgesprochen, eine zwingende Wirkung. Vgl. z. B. Norito-Anrufungen! Magische Worte waren schon im chin. Taoismus bekannt, um shen und kuei zu unterwerfen. Vgl. de Groot, Rel. system vol. VI p. 1024 ff
277)Mudra sind zum einen symbolträchtige Fingerstellungen als Ausdruck metaphysischer Aspekte des esoterischen Buddhismus, zum andern kennzeichnen sie -in der Ikonographie- bestimmte Gottheiten bzw. Episoden in der buddhistischen Legende. Vgl. ausführlich Saunders, Mudra p. 3
In den religiösen Vorstellungen vieler Völker wird der Hand magische Kraftwirkung zugesprochen. Vgl. a. Glasenapp, Glaube p. 37. Kaempfer berichtet, daß Yamabushi durch Schlagen mit der Hand wilde Tiere erscheinen ließen bzw. dies vorgäben. Vgl. Kaempfer, history p. 236
Vgl. a. T p. 314 (Mönch Shûbin bringt durch mudra Wasser zum Kochen u. zum Erkalten), vgl. weiter '9 Zeichen Shingon'.
278)Formeln und Riten, wie sie Ende der Muromachizeit und Anfang Edo aufgestellt wurden, finden sich im "Dai Shô Fudô Myôô shinpi- shuhô- shû" p. 209 (NDZK vol. I), "Shugen jôyô hihô-shû" p. 218 (ibid.), sowie "Shugen seiten" p. 352-360
279) Vgl. Kern, Lotus p. 371

> von selbst ihren Mund aufzutun und allerlei daherzureden; sie bot einen Anblick, als ob sie vom Seil des Fudô gebunden sei,[280] zog Arme und Beine zusammen und wimmerte; aus ihrem ganzen Körper brach Schweiß aus; danach verschwand der Dämon, und sie war auf der Stelle wieder gesund wie vorher.[281]

Das "Gikeiki" stellt eine Beschwörung wie folgt dar:

> Yoshitsune begann mit (den Gebeten zum) Schutz des Körpers, Benkei drehte den Rosenkranz. War es durch das Aussehen der Beter (bedingt), daß die bösen Geister in dem yorimashi-Medium, erschrocken zu reden anfingen? Als das (während der Beschwörung) schwankende gohei[282] sich beruhigte, verschwanden die Geister und der Kranke genas auf der Stelle. Die Yamabushi sahen daraufhin (stolz über ihren Erfolg?) noch ehrwürdiger aus...[283]

War eine Beschwörung erfolgreich abgeschlossen, so wurden, folgt man den Aussagen im "Gikeiki" und "Taiheiki", die Yamabushi belohnt. Das "Taiheiki" schreibt:

> Da ich kein reicher Mann bin, habe ich nichts Besonderes, das ich Euch schenken könnte; bleibt aber doch auf alle Fälle über 10 Tage hier und ruht Eure Füße aus. Üblicherweise stehlen sich die Yamabushi schnell wieder weg und verschwinden; deswegen nehme ich untertänigst dies hier als Pfand. Mit diesen Worten nahm der die Schulterkörbe (oi) eines jeden und brachte sie ins Innere des Hauses.[284]

Von einer reichlichen Belohnung spricht das "Gikeiki", als Benkei und Yoshitsunes Beschwörungen in Takawa den gewünschten Erfolg bringen. Der Grundherr wurde dadurch in seinem Glauben an den Kumano Gongen noch bestärkt und zeigte sich in reichlichen Geschenken dankbar:

> Als Spenden für das Gebet ließ er für Yoshitsune ein rotbraunes Pferd mit schwarzem Sattel bringen. Weiter 100 ryô[285] Goldstaub und -weil es bei uns so Brauch ist, sagte er -100 Enden(shiri)[286] Adlerfedern. Den übrigen Yamabushi schenkte er jedem ein Kurzärmel-Gewand(kosode) und ließ dann die ganze Gesellschaft bis zum Yakushiji begleiten.[287]

---

280)Der Ausdruck: Er machte Beschwörungen (on kaji arite...)gibt keine Anhaltspunkte, von welcher Art Riten hier die Rede ist. Eventuell könnte die Bemerkung, die Kranke habe einen Eindruck gemacht, als sei sie vom Seil des Fudô gebunden, einen Hinweis auf das bei Beschwörungen gebräuchliche dharani der 'Rettung und Lebensverlängerung durch Fudô' (Fudô jiku enmei no hô) geben?

281)S. T p. 112

282)Vgl. Anm. 17

283)S. G p. 352

284)S. T p. 112/3

285)Ein ryô im Mittelalter ca. 37,5 gr.

286)Ein shiri: =14 Schwanzfedern von einem großen Adler, 20 von einem kleinen. Vgl. G p. 346 Anm. 11

Die Austreibung der Dämonen, Heilung von Krankheiten blieben über die Jahrhunderte hinweg bis in die Neuzeit, als eine echte Askese-Haltung allmählich einem mehr geschäftlichen Bettel-Pilgern (danna-mawari) wich u. das Austeilen von Amuletten zu einer wichtigen und einträglichen Einnahmequelle der Yamabushi wurde,[288] die Hauptaufgabe der Shugen-Asketen.[289]

Von der ausgehenden Muromachizeit berichtet Pagés in seiner auf Quellen christlicher Missionare beruhenden Missionsgeschichte:

> Un yamabushi fit alors passer le démon de la personne de cette dame en celle d'une pauvre servante...[290]

Diese Fähigkeit beziehen die Yamabushi nach Meinung der Missionare direkt vom Teufel,[291] mit dem sie sich in ihren geheimen Übungen verbünden:

> Und von da an (während der Bergübung) stehen sie mit ihm (dem Teufel) im Bunde, damit er aus dem Körper ausfahre, in den er gefahren ist, wenn sie ihn darum bitten...[292]

Erst im 17. Jahrhundert, als wissenschaftlich-medizinische Kenntnisse sich verbreiteten, und der geistige und religiöse Einfluß des Buddhismus zugunsten des Konfuzianismus und (auflebenden) Shintoismus zurückging, werden die Praktiken der Yamabushi, ihr Arzneimittel-Verkauf etc. Gegenstand heftiger Kritik, wie z. B. bei den Konfuzianern Murase Kôtei[293] und Nakai Chikuzan.[294]

---

287)S. G p. 352 Einen ähnlichen Fall von Entlohnung schildert das G an anderer Stelle: /Benkei fordert als Entschädigung für die Reinigungszeremonie der von einem Laien durch Berühren der Schulterkörbe entweihten Kanon-Statuen folgendes/"Da der Haguro Gongen (=Kannon) in seiner erbarmenden Gesinnung (den leidenden Wesen)hilft, soll es mit der (üblichen)Form genügen: Zunächst für die gohei-Papierstreifen 100 Bogen (jô) , 3 koku (=3 mal 94, 8 1) und 3 to (3 mal 9, 48 1) weissen und schwarzen Reis; 100 qm weißen Tuchs, 100 qm dunkelblauen, 100 Enden (shiri) Adlerfedern, 5o ryô Gold, 7 gleichfarbene Pferde, 100 rauhe Strohmatten. Wenn Ihr das bringt, wollen wir - wenn gleich diese Entschädigung ja nur der bei normalen Riten entspricht - die Schulterkörbe reinigen... "(G p. 346/47)

288)Vgl. Wakamori, Yamabushi p. 144

289)In der Edozeit kamen z. B. in der Pr. Iwate Yamabushi zusammen, trugen den jeweils verehrten Gongen mit sich herum, vollzogen Feuerschutz-Riten (hibuse), trieben Dämonen aus u. a. und führten dabei Kagura-Tänze auf. Vgl. Honda Yasuji, Rikuchû no yamabushi kagura I p. 21-38, in: Minzoku gaku 1933, 8.

290)S. Pagés, Histoire de la Réligion Chrétienne au Japon depuis 1598 jusqu'á 1651, vol. I p. 92, Paris 1869

291)S. Pagés, Dictionnaire p. 894. "Certains hommes voués au culte du

Bis in die neueste Zeit[295] jedoch haben die Yamabushi - vor allem in ländlichen Bezirken - ihre traditionelle Rolle als Krankenheiler und Exorzisten unter dem einfachen Volk beibehalten.[296]

d)Um das Bild der pilgernden Yamabushi zu vervollständigen, sei kurz auf ihre Gesamterscheinung ganz allgemein, sowie auf Kleidung und Ausrüstungsgegenstände eingegangen.[297]

In der buddhistischen Erzählsammlung "Saseki-shû"[298](1283) beklagt der Mönch Eichô Shônin den Verfall des Mönchsstandes und der Disziplin, wobei er uns mit seinen kritischen Äußerungen einige Anhaltspunkte zur Kenntnis der Yamabushi in ihrem täglichen Leben sowie in ihrer äußeren Erscheinung gibt:

> Das ganze Land ist voll von seltsamen Gestalten von Mönchen(hôshi); sie beschmutzen den Namen 'Jünger Buddhas', halten kein einziges Gebot, leben mit Frau und Kindern zusammen und tragen Waffen... Auch unter den Leuten,die hier sitzen, ist ein solcher zu sehen. Will man ihn für einen Laien anschauen(so geht das auch an); allerdings trägt er aber in der Tat etwas wie ein Mönchsstola(kesa); aber(andererseits für einen Laien) hat er keine eboshi-Haube;[299] er ist so weder ein chi go-Page (zu nennen) noch auch ein Mönch(hôshi)... Mit diesen Worten deutete er auf einen anwesenden Yamabushi

---

démon
292) S. "Summarium der Irrtümer" zit. nach Schurhammer, Shinto , Anhang p. 168
293)"An den Straßen errichten sie Läden, übernehmen Praktiken von Shamaninnen und Wahrsagern... Mittels (Handlungen zur)Abwehr von Unheil und durch Teufelsaustreiben erlangen sie betrügerisch Geld...(Murase Kôtei, Hannen nisshô, zit. nach Otomo, Sonnô p. 236)
294)"Sie beten zu Inari, Fudô und Jizô ... machen Reklame für wertlose Arznei und primitive Mittel..."(Nakai Chikuzan, Sôbô kigen, zit. nach Otomo, Sonnô p. 237) Ganz im Einklang hiermit steht Kaempfers Notiz, die Yamabushi bereiteten seltsame Tränke (Papierkügelchen mit hl. Zeichen und Formeln beschrieben)die von den Kranken aber erst dann eingenommen würden, wenn sie "are almost past all hopes of recovery.In less desperate cades recourse is had to more natural remedies."(Kaempfer, history p. 235/6)
295)Noch Lafcadio Hearn berichtet uns von einem Exorzisten bei Fuchsbesessenheit; ein Yamabushi wurde gerufen: "Il parlemente avec le renard qui s'exprime par la bouche du patient"(Hearn, Le Japon inconnu p. 287, (tr.) Leon Raynal, Paris 1904)
296)Der Verfasser dieser Arbeit hatte 1963 Gelegenheit, nach einem Shugendô-Ritual auf Kojima(Okayama) zu beobachten, wie zahlreiche Männer

Wie dieser Notiz zu entnehmen ist, fielen die Yamabushi bereits im frühen Mittelalter durch ihre besondere Kleidung auf. Sie waren weder in allem zu den Mönchen zu rechnen, die sich ja das Haar schoren und den Zölibat beachteten - Yamabushi ließen sich gewöhnlich ihr Haar stehen und heirateten -[300] noch waren sie reine Laien, da sie ja ein Mönchsgewand(Stola) trugen; das Fehlen der für einen Erwachsenen typischen eboshi-Haube, worauf Mujû ironisch hinweist, und das diesen Yamabushi als noch nicht erwachsenes Kind kennzeichnen soll, erklärt sich mit der Eigentümlichkeit der Shugen-Asketen, als Kopfbedeckung nur ein kleines Stirnkäppchen (tokin) zu tragen.

Die Besonderheiten in Kleidung und Aussehen der Yamabushi erklären sich einmal entwicklungsgeschichtlich mit der Tatsache, daß zu dem später unter dem Namen 'Yamabushi' bekannten halb-religiösen Stand von Berg-Asketen und Wandermönchen, fromme Laienbrüder(ubasoku), Mönche wie auch reine Laien zusammenkamen. Zur Ausbildung einer speziellen Kleidung trug weiterhin die unter den Asketen gepflegte Übung der rituellen Bergbesteigung bei;für die Haartracht dürfte in erster Linie der Zustrom der Laien zu den Yamabushi mitbestimmend gewesen sein.

Aus den notwendigen Gegebenheiten des Wanderlebens und der Bergbesteigung, wobei die Yamabushi oft Pionierarbeit leisteten einerseits, sowie dem Zustrom von Laien und Angehörigen des Ritterstandes andererseits, dürfte auch das Tragen eines Schwertes zu erklären sein.[301]

---

und Frauen vor einem Yamabushi, der einen vajra-Keil in der Hand hielt, anstanden und um Linderung ihrer Leiden durch Beschwörung baten.

297)Über die symbolische Deutung der einzelnen Kleidungsstücke vgl. "Shugendô buchû kado gaki" p. 182 ff NDZK vol. I, "Shugen-shû hôgu hiketsu sei-chû" p. 481 ff ibid., "Shuegn sanjûsan tsû-ki" p. 410 ff NDZK vol. II, sowie Murakami, hattatsu p. 240 ff

298)S. "Saseki-shû" p. 270 NKBTK

299)Er müßte also noch ein Kind sein, noch keine Volljährigkeitsfeier, sonst wohl eboshi-Haube getragen.

300)Auf die Heirat dürfte sich die Kritik der anderen Sekten gerichtet haben;eine nachträgliche Rechtfertigung dieser Sitte der Yamabushi wird am Vorbild des Yamabushi Jôzô im "Shugen meishô gengi" p. 379-84 NDZK vol. I aus dem Jahre 996 (Vgl. KSSMR vol. 4 p. 304) gegeben;das Werk sicherlich aber einer späteren Epoche zuzuschreiben, da im 10. Jahrhundert schwerlich eine doktrinäre Schrift über Shugendô abgefaßt worden sein kann.

301)Vgl. Anm.388

Die in der Literatur der Kamakura- und Muromachizeit des öfteren zitierte[302] Ausrüstung der Yamabushi, nämlich Stirnkäppchen(tokin), Rosenkranz (juzu), Schulterkorb (oi), Schwert, vor allem aber das typische suzukake-Gewand (od. auch Kaki-Frucht-farbene Gewand: kaki-goromo)[303] stehen am Ende einer Entwicklung. Während für die Anfänge von Shugendô die Frage der Kleidung nicht sicher beantwortet werden kann,[304] darf man für die Kamakurazeit wohl annehmen, daß die Yamabushi weiße[305] Gewänder (jô-e) trugen, wie im "Ippen Shônin e-den" (1299)[306] festgehalten. Einen weiteren Beleg hierfür liefert das "Dôjôji-engi" (1400)[307], das zu einem Bild folgenden Text gibt:

> Es war einmal ein Mönch (in Yamabushi-Aufzug), der im weißen Gewand eine Wallfahrt nach Kumano machte.[308]

Im "Shichi-jû-ichi ban shokunin uta-awase" (1492/1500)[309] ist in der 61. Abteilung ein Haguro Yamabushi abgebildet. Er trägt in der linken Hand den Rosenkranz, hat mit der rechten die Axt geschultert, auf dem Kopf das Stirnkäppchen(tokin).[310] Interessant ist, daß die Zeichnung Farbvermerke gibt, so wie z. B. beim Gewand (kesa) mit gelb und schwarz.

---

302)Vgl. beispielsweise T p. 110, G p. 302

303)Zum Schutz vor Wind mit dem Saft von Kakifrüchten imprägniert.

304)Über die Ausstattung der 'hijiri' (im folgenden gleichbedeutend mitden Shugen-Asketen, s. "Ryôjin-hishô" p. 518, NKBTK) erfahren wir im Gedicht No. 306 im "Ryôjin-hishô":

> Was die Heiligen mögen sind: Baumknoten (als Bettelschale), junge Hirschgeweihe (als Aufsatz am Wanderstab) und Hirschhäute (für die Kleidung), Strohmantel (mino), Bambushut, Schellenstab(shakujô), Früchte des Seifenbeer-Baums (als Perlen f. Rosenkranz), Feuersteinbehälter, ein in Felsenhöhlen (bei den dortigen Übungen) zu tragende Moosgewand."

(p. 398 NKBTK)

305)Weiß als symbolische Farbe für die beim Bergeinstieg erforderliche Reinheit . Erst als die Sitte des danna-mawari-Bettelns mit Austeilen von Amuletten, Durchführen des goma-Feuer-Ritus u. a. aufkam, setzte sich farbenprächtige Kleidung durch. Vgl. Wakamori, Yamabushi p. 6 Aber schon G p. 302 spricht von einem gemusterten Aufzug der Yamabushi !

306)'Bebilderte Biographie des Ippen Shônin". Der Verfasser dieser Arbeit hatte Gelegenheit, im Sommer 1963 bei einer Ausstellung in Kyôto Teile obigen emaki-monos zu sehen. Die auf den Bildern dargestellten Yamabushi trugen Falttuch(tokin), Sandalen, weiße Gewänder. Abbildungen mittelalterlicher Yamabuchi finden sich auch im "Saigyô monogatari emaki". Vgl. Shibusawa, ebiki vol. III p. 48/9; vol. IV p. 200/1. Zeitlich nicht nöher bestimmte Skizzen zu Kleidungsstücken der Yamabushi liefert auch die Zeitschrift "Fûzoku gahô" vol. IV p. 10, VI p. 16, VII p. 15/8, VII p. 12, 1889.

Mit etwas mehr Detail schildert uns das "Gikeiki"[311] bei der Verkleidung Yoshitsunes und Benkeis als Yamabushi und Pilgerführer die äußere Erscheinung dieser Berg-Asketen vom Anfang der Muromachizeit:

> Yoshitsune, der vielen von Angesicht bekannt ist, erhielt zwei verschmutzte, weiße Kurzärmel-Gewänder(kosode), ein Übergewand mit weißer Pfeilfeder-Musterung und grasleinene Beinkleider (hakama); zu dem mit einem Vogelmuster[312] bedruckten Kaki-Frucht-roten Gewand trug er ein altes Falttuch (tokin) um den Kopf.

Und von Benkei heißt es:

> Benkei, der einen Groß-Pilgerführer (dai-sendatsu) machte, hatte zu einem Mönchsgewand (jô-e) tiefblaue Gamaschen (habaki)[313] und Strohsandalen(gonzu); auf dem Kopf trug er ein langes Falttuch (tokin) in Art der Shingû-Yamabushi; er gürtete sich mit dem Schwert 'Felsenspalter' (iwatôshi) und hing sich die Schnecken-Trompete (hora-gai) um. ... In Gesinnung und Aussehen war er wie ein (echter) Pilgerführer.[314]

Die wichtigsten der in der Literatur immer wieder genannten Kleidungs--stücke und Ausrüstungsgegenstände sollen nachfolgend kurz erörtert werden, nämlich: suzukake-Gewand, Stirnkäppchen (tokin), Schulterkorb(oi), Trompeten-Schnecke (hora-gai) und Rosenkranz (juzu).[315]

---

307)Kokuhô emaki mono series, Benri-dô Kyôto.
308)Ibid. 1. Bild des "Dôjôji-engi".
309)'71 Berufsstände Gedicht-Wettstreit ' GS, zatsu-bu vol. 28 p. 585
310)Wir übersetzen tokin hier gemäß der spätmittelalterlichen und neuzeitlichen Form mit Stirnkäppchen. Von den Anfängen von Shugendô bis zur Muromachizeit bestand tokin aus einem um den Kopf gewickelten Tuch, weshalb für diese Periode tokin mit dem Ausdruck Falttuch übersetzt wurde.
311)Vgl. G p. 302
312)Vgl. Abbildungen bei Shibusawa, ebiki vol. IV p. 200/201, wo ganz klar Vogelmuster auf dem Gewand des Yamabushi zu erkennen ist.
313)Vgl. a. '71 Stände Gedicht-Wettstreit
314)S. G p. 302/3
315) Zur vollständigen Ausrüstung eines Yamabushi gehören (in der Neuzeit) u. a.:

yuigesa	: spezielle kesa(Mönchsgewand) der Y.
nenju bzw. irataka no juzu	: Rosenkranz
shakujô	: Schellenstab
hora	: Trompeten-Schnecke
hiogi	: Fächer
hissiki	: Sitzmatte
oi	: Schulterkorb
kyahan	: Gamaschen
katabako	: kl. Behälter, über dem Schulterkorb getragen
shibauchi	: Schwert zum Holz-Schlagen
hashiri-nawa	: Kletterseil

u. a.

Suzu-kake-Gewand : charakteristisches, weitärmliges Übergewand der Y. Das Zeichen suzu steht nach dem "Ko no hagoromo" für/316/, einen großblättrigen Bambus, der beim Bergbestieg den Saum der Kleider bedecke.[317] Die gleiche Schrift zitiert weiter eine These Gyô-a's aus dem Shinsenji in Musashino;[318] dieser mutmaßt, suzukake leite sich aus suso kakageru =beim Einstieg in den Berg den Saum anheben ab.[319] Für keine der möglichen Deutungen konnten aber in den Quellen klare Hinweise gefunden werden.[320] Jedenfalls dürfte es sich um ein für den Bergeinstieg geeignetes, kurzes Gewand zum Schutz vor Tau oder Regen gehandelt haben. In der Gedichtsammlung "Fuboku (waka)shô" (1310) heißt es:[321]

Mi Yoshino no kokeji wo tsutau yamabushi no suzukake-koromo tsuyu ni nuretsutsu	Das suzukake-Gewand des den Moos bewachsenen Weg nach Yoshino entlangschreitenden Yamabushi ist vom Tau durchnäßt.

Sowohl bei der Übung des Bergeinstiegs wie auch bei den Zeremonien dortselbst und auch während des Pilgerns im Berg wurde dieses Gewand getragen gen, wie im "Kinkai-shû" (1213)[322] vermerkt:

iku kaeri yukiki no mine no somikakuda[323] suzukake-koromo kitsutsu nare-ken.	Die über die Gipfel hin-und herziehenden Yamabushi - wie abgetragen ist ihr suzukake-Gewand

---

316) 篠

317) Vgl. KHG p. 204 Dieser Bambus ist ein beliebtes Gedicht-Thema: Yamabushi no/hora fuku mine no/yûgiri ni/soko to mo shiranu/suzu no uwa kaze/ Am Abend über dem Gipfel, auf dem der Yamabushi sein Horn bläst, streicht wie von ungefähr, der Wind durch die Bambusblätter. (S. "Fuboku-shû" p. 1214, Ichijima K. (ed), 1906

318) Nach dem BDJT vol. III p. 2885 Autor des "(Tôzan-ha) Shugen jû-ni kajô". Dieses Werk aber nach NDZK und KSSMR (vol. IV p. 303) von Nikken verfaßt.

319) So auch als eine mögliche Deutung SBJT p. 309 . Ein Gewand, bei dem der Saum aufgehoben (=kurz gemacht ?) ist. Daneben Möglichkeit: Gewand, dessen Saum mit den Blättern des Bambus (suzu) in Berührung kommt.

320) In Nähe einer Volksetymologie bewegt sich eine Interpretation, die besagt, man habe früher Glocken (suzu) an die Kleidung genäht, um auf diese Weise in den Bergen wilde Tiere zu verscheuchen... Vgl. Hibata S., Kôtsu fûzoku (=Nihon fûzoku -shi kôza vol. VII) p. 58

321) S. "Fuboku-shû" p. 1139; ebenfalls zit. im KHG p. 206

322) Auch "Kamakura Udaijin-ka-shû", Gedichtsammlung des Minamoto Sanetomo aus dem Jahre 1212, p. 412, NKBTK

Wann der Begriff suzukake aufkam, seit wann er ein einheitliches Gewand bezeichnete, welcher Art es war, darüber ist an Hand unserer Quellen für die Kamakurazeit nichts Sicheres bekannt.[324] Der im "Shugen shuyô hiketsu-shû"[325] als 'andere Bezeichnung '(dieses Kleidungsstücks) aufgeführte Begriff 'bedrucktes Gewand'(surigoromo)[326] findet sich sinngemäß z.B. in der otogizôshi-Erzählung "Bijin-kurabe" belegt:[327]

> Tango no Shôshô verkleidete sich als Yamabushi und zog ein bedrucktes Übergewand (suri no hitatare) an...

Einen kleinen Hinweis auf die Art eines solchen Musters im Yamabushi-(Über)Gewand liefert die schon zitierte Stelle im "Gikeiki", wo es von Yoshitsunes Kleidung heißt, sie bestehe aus einem "Kaki-Frucht-roten Gewand mit einem Muster von vielen kleinen Vögeln bedruckt."[328]

Kaki-Frucht-rotes Gewand (kakigoromo)[329] ist der bekannteste Ausdruck für den Aufzug eines Yamabushi. In einigen Kôwaka-Stücken findet sich auch die Bezeichnung 'kaki-no suzukake': Kaki-Frucht-rotes suzukake-Gewand.[330] Kaki no koromo wird als Aufzug für Pilgern im Stil der Yamabushi im "Heike-monogatari" belegt:

> Um die Zeit des Frühlings im Jahre 1189, als Roku dai gozen[331] 16 Jahre alt, zog er ein Kaki-Frucht-rotes Gewand an, dazu Beinkleider, nahm den Schulterkorb auf...und ging auf Pilgerfahrt.[332]

---

323)Ein etymologisch noch nicht geklärtes Ausdruck für Yamabushi, der sich besonders häufig in Gedichten - wegen seiner passenden 5-Silbigkeit ??-findet. Hinweise zu einer möglichen, semantischen Deutung gibt das "Ruiju meibutsu-kô" vol. III p. 258

324)Murakami(hattatsu p. 241/2) gibt ohne historisch-literarische Belege, in Anlehnung an das "Shugen shuyô hiketsu-shû" 4 Arten von suzukake, die in der Neuzeit verschiedenen Yamabushi-Rängen zukommen.

325)S. NDZK vol. II p. 369 : "Suzukake ist die Gesamtbezeichnung für das Zeremonialgewand (der Yamabushi), surigoromo, kakigoromo, jô-e sind andere Bezeichnungen hierfür.

326)Muster von kl. Vögeln oder Steinen.

327)'Schönheits-Konkurrenz', Muromachi jidai monogatari-shû vol. III p. 395

328)S. G p. 302

329)Auch kaki no koromo, vgl. "Masu Kagami" p. 436 (Yûhôdô), T p. 110 G p. 302

330)So z.B. in "Eboshiori" p. 296, "Kagekiyo" p. 326

331)Ältester Sohn des Taira no Kiyomori.

332)S. HK p. 413/4, NKBTK(vol. 33). Im Enkei-bon (p. 969): "Er verwandelte sich in einen Yamabushi".

Das "Gempei-seisui-ki" bringt über die Yamabushi in Nachi folgende Notiz:

> Buddha lehrte, die Welt sei wie ein Wagenrad, der Wechsel der Zeiten wie dessen Umdrehungen. Wahrlich, als ich sah, wie die Heike verfallen und nun in eine solche Lage gekommen sind, habe ich geweint in dem Gedanken an das Wort: 'Morgens mit rot-blühendem Gesicht, abends mit weiß-bleichen Knochen. Wie er so sprach, da netzten alle die Ärmel ihres Kaki-Frucht-roten Gewandes mit Tränen.[333]

Seit Ende des Mittelalters[334] wurde durch die jeweilige Farbe der Gewänder die Stellung der Asketen ihr Rang bei Berg-Übungen u. a. ausgedrückt.[335]

Tokin:[336] Kopfbedeckung der Yamabushi

Als Falttuch wurde die tokin früher bei Wanderungen in den Bergen getragen, um vor Nebel und Kälte zu schützen. Die heute in den Nō-Stücken und Kyōgen-Possen verwendeten tokin sind sog.'kleine tokin', nämlich ein schwarzes, in 12 Falten geknicktes, auf der Stirn zu tragendes Käppchen. Diese neuzeitliche, mit Lack gehärtete Form, war wohl nicht die ursprüngliche; vielmehr bestand diese aus weichem Stoff oder aus Seide, die man um den Haarknoten wand und am Hinterkopf herabhängen ließ.[337] Auf eine solche Kopfbedeckung weist in der Literatur der Ausdruck naga-tokin ('lange tokin') hin.[338] Nach dem "Hōgen-monogatari"[339] betrug die Länge dieser tokin 8 Zoll.[340] Um die gleiche Form dürfte es sich auch bei der im "Dōjōji-engi" abgebildeten handeln.[341] Im "Ippen hijiri-e"[342] tritt dem Mönch auf ein Gebet hin vor dem Hongū-Schrein in Kumano der Gongen in Gestalt eines weißhaarigen Yamabushi mit nagatokin entgegen.

---

333)S. GSK Kap. 40 p. 524 (Yūhōdō) vgl. leichte Variante im Sankō GSK Kap. 40 p. 280 (dort 'Moosgewand')

334)Eine genaue Zeitangabe ist nicht bekannt.

335)Vgl. hierzu "Honzan Shugen shūkaikyū i- tai-shiki" p. 125 NDZK vol. III, sowie "Shugen jū-ni ka-jō" p. 132 ibid.

336)Der Schreibung nach sollte man gemäß der üblichen buddhistischen Go-on-Lesung zukin erwarten; tokin ist Kan'on. Yamabushi-Terminologie unter Tendai-Einfluß in Kan'on gelesen?

337)Auf den Unterschied zwischen der früheren und der in der Neuzeit auf der Strin getragenen tokin weist auch der Schreiber des Essay "Fude no mitama"('Geist des Pinsels'), Tanuma Z. hin. Vgl. "Nihon Zuihitsu taisei" vol. 10 p. 62, 1928. Das "Wakan sansai zu-e", vol 11 Kap. 29 p. 34, von

Murakami[343] zeichnet die Entwicklung der zum charakteristischen Yamabushi-Attribut gewordenen Kopfbedeckung aus einem schwarzen Tuch, mit welchem sich die Laien das Haar umwickelten; dieser Brauch lebte unter den Laien-Yamabushi weiter und wurde allmählich von allen Yamabushi übernommen. Durch Verkürzung und Beschneidung dieses Tuchs sei dann die heutige runde, kleine Form entstanden.

Hora-gai: Schnecken-Trompete (fälschlich auch 'Muschel-Horn')
Die Schnecken-Trompete, in Indien schon in alter Zeit als Signalgerät für Truppen verwendet,[344] fand in den Brahmanismus und Buddhismus Eingang, in welchem letzteren sie, ausgehend von ihrer früheren Verwendung als Signal für Ankündigung von Befehlen, als Hoheitszeichen und Symbol der Stimme des Buddha Dai Nichi gesehen wurde.[345]
Praktische Verwendung fand die hora-Trompete bei buddhistischen Feiern, Weihehandlungen etc. als Musikinstrument.[346] Bei den Übungen der Yamabushi ist die Schnecken-Trompete ein wichtiges Instrument der Verständigung[347] und der Abwicklung von Riten.[348]

Nicht nur bei ihren rituellen Bergübungen, sondern auch auf Pilgerfahrt,[349] trugen die Yamabushi diese Trompete bei sich.[350] Kamen sie in einen Ort, so bliesen sie sie zum Zeichen ihrer Ankunft, wie für das späte Mittelalter der bekannte Jesuiten-Missionar Frois berichtet:[351]

> Und wenn sie reisen, trägt ein jeder eine Trompeten-Muschel mit sich und bläst sie in jedem Ort, wo er hinkommt, damit man ihre Ankunft wisse und sie als Schüler eines solchen Lehrmeisters (=des Teufels) in Anspruch nehme.[352]

Terajima, 1713 ?, vermerkt unter dem Stichwort tokin lediglich: Kopf-Bedeckung der Shugen-Asketen, der En no Gyôja-Sekte; wird auf der Stirn getragen.
338)Vgl. G p. 303, GSK Kap. 40 p. 272, vgl. a. Shibusawa, sakuin vol. III p. 48/9
339)3-bändiges Kriegsepos, Autor unbekannt, aber wohl der gleiche wie der des "Heiji-monogatari". Vgl. Araki, jiten p. 256, rev. Ausgabe
340)Vgl. "Hôgen-monogatari" p. 115 (Yûhôdô)
341)Vgl. dort 1. Bild
342)Vgl. G Anhang p. 440
343)Vgl. Murakami, hattatsu p. 239
344)Vgl. Saunders, Mudra p. 150

Weiter diente die Schnecken-Trompete, die mit einer Schnur an der Seite getragen wurde,[353] auch zur Quartiersuche:

> (Musashi-bô)Benkei löste die Schnur seiner hora-Trompete an der Seite und blies das Signal des 'Quartier -Bittens'.[354]

Dieser Notiz können wir entnehmen, daß es unterschiedliche Signale zu verschiedenen Zwecken gab. Beispiele für Wegorientierung und Verständigung während einer Pilgerfahrt im Berg mittels dieses Instruments finden sich schon in der Erzählsammlung "Honchô hokke reigen-ki".[355] Auch eine Stelle im "Gikeiki" erhellt den praktischen Nutzen und Gebrauch dieser Trompete.[356]

---

345)"Der in der Welt Erhabene schickte sich an, das Große Gesetz zu verkünden... und blies das Horn des Großen Gesetzes". (Hokke-kyô , jôkan, Einleitung p. 38 Iwanami Bunkô)
346)Vgl. BDJT vol. V p. 4646
347)"Da es so Sitte der Yamabushi ist, will ich zwei-, dreimal das'Horn der Freude'(yorokobi no kai) blasen". (Kôwaka "Togashi" p. 363). "Als letztes Horn (saigo no kai, d.h. im F lle drohender Gefahr, nahen Todes)werde ich nur einen Stoß blasen!"(ibid. p. 363)Soweit die Abmachung, die Benkei mit Yoshitsune trifft, als er, die Lage erkundend, den andern voraus auf die Grenzstation Ataka zugeht.
348)Vgl. z.B. "Shugen sanjûsan tsû-ki" p. 413 (NDZK vol. II), wo die Signale während der Bergübung erörtert werden.
349)Der Autor des "Shugen taiyô" (Abriß von Shugendô), Nakajô Sh., sieht für die alte Zeit eine Funktion des Hora-Blasens darin, in den unwegigen Bergen hausende wilde Tiere aufzuscheuchen und zu vertreiben. (p. 110)
350)Vgl. "Ujishûi-monogatari" p. 60 NKBTK, "Hyaku-ren-shô" p. 117(= KSTK vol. 11)
351)Zit. nach Schurhammer, Yamabushis p. 75, MOAG 46
352)Schneckentrompete-Blasenist zu einem Charakte ristikum wandernder Yamabushi geworden, wie auch in den Märchen belegt. Vgl. "Nihon mukashi-banashi shûsei vol. II/3 p.
353)Das im "Saseki-shû" (Kôbon)p. 171 als aus dem "Manyôshû" kommend zitierte Gedicht: "Die Hora-Trompete, die der Yamabushi an seiner Seite trägt..."ist ein Fehlzitat; das Gedicht findet sich nicht im "Manyô-shû" wo das Wort 'Yamabushi' nicht belegt ist -sondern entstammt dem "Ryôjin-hishô" p. 426 No. 468 NKBTK
354)S. Kôwaka "Yashima ikusa" p. 383
355)"Der Mönch Giei stieg von Kumano aus in den Omine, verirrte sich unterwegs und wußte nicht mehr, wo Osten, wo Westen war; er verließ sich auf seine hora-Stimme und suchte so nach dem Weg, konnte aber den Berggipfel nicht ersteigen."(Honchô Hokke ken-ki" p. 123, ZGS vol. 8)
356)S. G p. 356

Irataka-juzu: Rosenkranz der Yamabushi[357]

Er besteht aus 1o8 flachen, eckigen Perlen,[358] welche die 108 Leiden (honnô)symbolisieren. Bei Gebeten und Beschwörungen reiben die Yamabushi diesen Rosenkranz zwischen den Fingern. Das "Ujishûi-monogatari" berichtet vom Yamabushi Keitô-bô, der beim Zurückbeten eines Schiffes mit rot-unterlaufenen Augen seinen Rosenkranz rieb, "als wolle er ihn zerreissen".[359]

Getragen wurde dieser Rosenkranz um den Hals(gehängt), wie das "Gikeiki" berichtet:

> Benkei griff nach der Schnecken-Trompete an der Seite und blies furchtbar laut hinein, nham den irataka-Rosenkranz, den er am Hals hängen hatte, und rieb ihn...[360]

Besonders augenfällig wird der Rosenkranz als Mittel der Beschwörung in den Yamabushi-Kyôgen-Possen herausgestellt.[361]
Was den Ausdruck irataka angeht, so wird er einmal als Onomatopoetikon für das Geräusch, das beim Reiben der Perlen entsteht, verstanden, zum andern als eine (mögliche) Verschleifung des Sanskrit-Wortes aristaka: Seifenbeer-Baum.[362]

Eine ausführliche Beschreibung dieses Rosenkranzes, Erklärung seiner Symbolik, Anleitung zum richtigen Halten etc. finden sich im "Ko nohagoromo".[363]

Oi: Korbähnlicher Behälter[364] von den Yamabushi auf den Schultern getragen. Es handelt sich um einen recht-eckigen Behälter aus geflochtenem Bambus,[365] der verschiedene, zu den Riten notwendige Geräte aufnimmt. Ein solcher Schulterkorb wird nicht ausschließlich von den Yamabushi getragen, sondern auch z. B. von Pilgern und reisenden Mönchen.[366]

---

357)Nakayama Tarô, Nihon Fûjo-shi (p. 421, 1930) vermutet, daß der Rosenkranz von Shugendô im Zusammenhang steht mit dem von Shamaninnen, welche Kränze auch Knochen und Korallen von Jagdtieren als magische Kräfte beinhaltend, bei sich trugen.
358)Die Zahl der Perlen beträgt meist 108, jedoch gibt es auch Kränze mit 54, 42, 21 oder 27, 14 Kugeln. Vgl. BDJT vol. III p. 2475 ff
359)S. "Ujishûi-monogatari" p. 123; ähnliche Situation T p. 38
360)S. G p. 328
361)Vgl. z. B. "Koshi-inori", "Fukurô" p. 487 gekan, p. 483 chûkan, Iwa-

Dieser oi-Schulterkorb stand auf zwei Füßen.[367]

Was war nun der Inhalt eines solchen Schulterkorbs? Hierüber gibt wieder das "Gikeiki" Auskunft:

> In einem der Schulterkörbe waren Diamantglocke (kongô-rei), Diamantkeile (dokko), Blumenschale (hanasara), Feuerbehälter(kaja), ein Gefäß für das hl. Wasser (akazuki) und Kongô-Dôji-Statuen.[368]

Aus einer Notiz im "Gikeiki" erfahren wir von dem Brauch der Haguro-bzw. Kumano-Yamabushi, Kannon-Statuen in dem Schulterkorb mitzuführen und sie in einem Tempel darzubringen.[369] Nach dem Kôwaka-Stück "Oi-sagashi"[370] zählten zum Inhalt des oi außer den oben genannten Geräten auch Mandala der Diamant-und Mutterschoßwelt sowie Sutren. Eine vollständige Liste der in einem Schulterkorb befindlichen Gegenstände[371] bringt die doktrinäre Schrift "Sambu sôshô hôsoku mikki"[372] vom Anfang des 16. Jahrhunderts.

---

362)Vgl. BDJT vol. III p. 2475. Aristaka ist die Seifenbeere, ein Baum mit kugelförmigen Früchten.
363)Vgl. KHG p. 212/217 NDZK vol. III
364)Vgl. Shibusawa, ebiki vol. III p. 49, vol. IV p. 24, 175
365)Heutige Form aus dünnem lackierten Holz.
366)Oi war das übliche Reisegepäck wandernder Mönche, Vgl. Abbildungen bei Shibusawa, ebiki vol., IV p. 24/25
367)Im "Gikeiki" heißt es:"Benkei machte den Kisanda zum Träger; an die Füße des oi, den er ihn tragen ließ, fügte er ein 8 Zoll großes, Herz-förmiges Beil an."(G p. 303) Vgl. "Dôjôji-engi" 1. Bild, sowie Shibusawa, ebiki vol. III p. 48/9, vol. IV p. 175
Auch heute noch gibt es die Rolle des Axt-Trägers bei rituellen Umzügen.
368)S. G p. 303
kongô-rei : fünfzackiges Ritualwerkzeug des esoterischen Buddhismus
dokko : einendiger, pfeilförmiger vajra-Keil
hanasara : Gefäß mit Papierblumen, wie sie bei buddhistischen Riten Verwendung finden.
kaja : Feuerbehälter
akazuki : Gefäß zur Aufnahme des aka-Ritualwassers.
369)S. G p. 344
370)Vgl. Kôwaka p. 374/75
371)Nach Stand und Funktion der Yamabushi verschiedener Inhalt.
372)Vgl. NDZK vol. II p. 461

Die Haartracht

Nicht nur durch die vorstehend geschilderte Kleidung nahmen die Yamabushi im religiösen Bild Japans eine Sonderstellung ein, sondern auch in ihrer Sitte, das Haar lang zu tragen. Hierdurch unterschieden sie sich von den Mönchen; die Haartracht verdeutlicht ihre besondere entwicklungsgeschichtliche Stellung zwischen Mönchen und Laien. Allerdings läßt sich bei den Yamabushi keine ausschließliche Regel für die Sitte des Haartragens oder -scherens aufstellen; beide Formen bestanden nebeneinander, da sowohl Mönche(der Tendai/Shingon-Richtung) wie auch Laien sich in Shugendô zusammenfanden.

Im Daigoji-Zweig des Shugendô, tôzan-ha, pflegten die Yamabushi, in Nachahmung des Rigen Daishi(=Shôbô) das Scheren des Haares, außer während der vorbereitenden 'Reinigung' zur Berg-Übung. Demgegenüber lassen die Yamabushi der honzan-ha-Richtung (Shôgoin), dem Beispiel En no Ubasokus folgend, ihr Haar stehen.[373]

Zwei Gründe können für das Beibehalten der Haartracht angeführt werden.

In der Nara- und Heianzeit waren der Eintritt in den Mönchsstand wie auch die Zahl der jährlich zugelassenen Mönche genau festgelegt. Ohne kaiserliche Erlaubnis war es verboten, sich das Haupt zu scheren und denWeg Buddhas einzuschlagen. Aus diesem Grunde zogen viele Laien -dieses kaiserliche Verbot umgehend - unter Beibehaltung ihres Haares in die Berge und folgten dort eigenen Askese-Praktiken.[374] Ein weiterer Grund für das Haar-Tragen wird, dem "Ko no hagoromo"[375] zufolge - aus einem Sutrentext abgeleitet: Dort wird dieser Brauch für alle, die zu geheimen Übungen ausziehen, festgesetzt.

In der Literatur finden sich gelegentlich Hinweise, die für das Mittelalter die Eigenart der Yamabushi, ihr Haar lang zu tragen, belegen.

---

373)Über die 2 Richtungen im Shugendô vgl. Anm. 37, Vorbem.
374)Vgl. a. "Heike-monogatari" p. 413 (NKBTK), sowie Einleitung
375)Vgl. "Ko no hagoromo" p. 182 mit Zitat aus dem "Susiddhikara-sutra" (Soshitsuji-kyô)

Wie aus dem "Kokon-chômon-shû" hervorgeht, trugen die Yamabushi ihr Haar wirr herabhängend:

/Ein Yamabushi, der mit einem Gußmeister und einem Mönch zusammen in einer Herberge die Nacht verbringt, gibt sich, um leichter zu einem 'Rendez-vous' bei der Wirtin Einlaß zu finden, für den Gußmeister aus; er trifft hierfür folgende Vorbereitung/
Wie alles ganz still war, da erhob sich jener Yamabushi und band sein Haar zu einem Knoten...

d.h. er änderte dadurch sein sonst typisches Aussehen als Yamabushi. Nach dem geglückten Besuch, kehrte er zu den anderen zurück und

verwirrte sich sein Haar wieder wie vorher, so wie es immer war...[376]

Eine Notiz im "Gikeiki" berichtet, wie der Pflegevater von Yoshitsunes Frau, Gon no Kami Kanefusa, sich entschließt, Yoshitsune auf der Flucht zu begleiten und sich deshalb in einen Yamabushi zu verwandeln:

Zum weißen Untergewand trug er dunkelblaue Beinkleider; sein ergrautes Haar - gewöhnlich zu einem Knoten gebunden - aufgelöst und wirr, trug er ein Stirnkäppchen(tokin).[377]

Halbmondförmig von der Stirn bis zum Scheitel geschnittenes Haar, wie es früher von den Männern unter der eboshi-Haube getragen wurde (sog. saka-ike) verrät im "Taiheiki" zwei Begleiter des 'Prinzen der Großen Pagode' als falsche Yamabushi.[378]

Das Schwert

Die sporadischen Berichte der christlichen Missionare, die im 16. Jahrhundert in Japan wirkten und - wie aus den Quellen ersichtlich - auch Kontakt zu den Yamabushi hatten, erwähnen bei Kleidung und Ausrustung dieser Asketen immer wieder das Schwert.

In einer Notiz bei Frois heißt es:[379]

Yamabushi, unmittelbar dem Kult des Teufels geweiht, in ihrer Kleidung aber sind es Soldaten.[380]

---

376)S. p. 431/2 NKBTK vol. 84 Vgl. a. Muromachi jidai monogatari-shû vol. III p. 395 : "Tango no Shôshô verwandelte sich auf der Höhe des Kiyomizu-Tempels in einen Yamabushi, zog ein gemustertes Gewand an, verwirrte sich das Haar..."
377) S. G p. 309
378)S. T p. 113
379)S. Frois, Geschichte p. 491
380)Vgl. a. Figueiredo in e. Brief vom 7.9.1584, zit. bei Schurhammer,

Diese Bemerkung, wie auch ähnliche bei Kaempfer, der von 'mountain soldiers'[381] spricht, dürfte wohl von dem Brauch der Yamabushi, ein Schwert zu tragen, herrühren.

Buddhistische Mönche dürfen selbstverständlich keine Waffen tragen, nach einer Lehre, in der jedes Töten schlimmes Karma nach sich zieht. Wie kamen die Yamabushi aber zu dieser Sitte?
Das Schwert ist seit dem frühen Mittelalter Attribut der Ritter. Schon Ende der Kamakurazeit aber beklagt das "Saseki-shû", daß es in der Welt "vielerlei seltsame Mönche gebe, die... Frau und Kind hätten, an der Seite Waffen trügen", mit welchen Worten ein dasitzender Yamabushi getadelt wird.[382] Damit ist für die Kamakurazeit, in der ja erst eine Typisierung der Yamabushi in Kleidung und Organisation zu Tage tritt, das Waffentragen der Shugen-Asketen belegt.

Daß die ersten Einsiedler, die sich in Meditation und Übung 'von der Welt trennten', für unwegsames Gelände und Bergsteigen Waffen bei sich trugen, kann wohl nicht ganz ausgeschlossen werden;insbesondere für jenen Teil der Asketen, der nicht aus dem Mönchsstand kam. Ebenso gut ließe sich das Aufkommen des Schwertragens in jener Zeit sehen, da auch Adlige und Ritter sich den Yamabushi anschlossen und oft auch den Rest ihres Lebens in frommen Übungen zubrachten,[383] aber unter Beibehaltung gewisser Attribute ihres früheren Laienlebens; wie z. B. das schon erwähnte Haartragen, die Heirat, das Schwert etc. Die Yamabushi, die aus dem Klerus kamen und allmählich mit jenen Laien zu einem Stand verschmolzen, dürften dabei auch einen Teil von deren Gewohnheiten übernommen haben.

Die in neuzeitlichen Lehrschriften des Shugendô[384] erläuterte Ansicht, das Schwert der Yamabushi seisymbolisch gleich dem scharfen Schwert (riken) des Manjusri und dem Weisheitsschwert des Fudô Myôô, sowie die im Zusammenhang mit der Bergübung, dem Feuer-Ritus etc. dem Schwert zugesprochenen Funktionen sollen hier nicht weiter verfolgt werden; es handelt sich dabei wohl um spätere Exegetik des Shingon-Esoterismus.

Yamabushis p. 52 MOAG 46
381)S. Kaempfer, history p. 232
382)Vgl. "Saseki-shû" p. 270 NKBTK. Es sei noch einmal auf das für Kleidung, Aussehen und Ausrüstung der mittelalterlischen Yamabushi instruktive "Dôjôji-engi" verwiesen, in welchem ersichtlich, daß der nach Kumano

In der ausgehenden Muromachizeit und zu Anfang Edo kam es oft zu Mißbrauch des Schwerts und Ausschreitungen seitens der Yamabushi,[385] die sehr scharf z.B. von Ogyû Sorai in seinem Werk "Seidan"[386] kritisiert werden:

> Yamabushi sollten eigentlich kein Schwert tragen. Es gibt keinen Grund, weswegen jeder von ihnen sich ein großes und kleines Schwert umgürtet und sich(so) auf eine Stufe mit dem Adel stellt. Im Mittelalter hatten die 'Berg-Mönche'(yama-hôshi) und die Negoro-Mönche[387] zwar ein großes Schwert, hatten Rüstung und Helm; jetzt sind sie aber alle wieder zu reinen Mönchen geworden; die Yamabushi aber haben Sitten und Gebräuche jener Zeit beibehalten.
> Sie sagen, daß man sich nach alter Gewohnheit beim Bergeinstieg ein scharfes Schwert zum Abschneiden der Büsche umhänge; dies sollten sie dann aber nur zur Zeit des yama-iri allein tun; daß sie beständig übers Land laufen und durch die Straßen ziehen, sei wegen der Spendenlisten (kanjin-chô). Spenden-Eintreiben ist im Ritus der Mönche Nahrungsbetteln, (also)eine Übung der Demut; dabei sollten die Yamabushi keinerlei Schwert bei sich tragen. Zahlreich sind Fälle, in denen sie auf dem Land herumlaufen und an Plätzen, wo nur Frauen und Kinder sich aufhalten, mit dem Schwert drohen und so mit Gewalt Spenden eintreiben.[387]

Die Yamabushi waren, wie vorstehende kurze Übersicht einiger wichtiger Teile ihrer Ausrüstung zeigte, schon in ihrer äußeren Erscheinung von den buddhistischen Mönchen verschieden. Hierfür lassen sich zwei Gründe -entwicklungsgeschichtlich und sachlich - anführen, die beide zusammen bei der Ausprägung des typischen Erscheinungsbildes eines Yamabushi mitgespielt haben dürften: a)Notwendigkeit zweckmäßiger Kleidung und Ausrüstung für den Bergeinstieg(Falttuch, imprägniertes Übergewand, Schnecken-Trompete, Schwert ?) b)Eigentümlichkeiten, die sich aus der personellen Zusammensetzung der Yamabushi-Gruppen erklären könnten (Haartracht, Schwert)

---

pilgernde Yamabushi unter seinem Schulterkorb ein Schwert trägt.

383)Im Mittelalter, insbesondere der vom mujô-kan (Idee der Vergänglichkeit)beherrschten Kamakurazeit, wandten sich viele dem geistlichen Leben zu.

384)Vgl. z.B. "Tôun rokuji" (Gyôchi, 1836) p. 241 NDZK vol. III

385)Anspielungen hierauf schon in den Kyôgen-Possen

386)Zit. nach Otomo, Sonnô p. 236

387)Negoroji (Dai den-bôin), in der sengoku-Zeit militärisch bedeutsamer Tempel der Shingi Shingon-shû; 1585 von Hideyoshi zerstört.

388)Die scharfe Ablehnung der Yamabushi dürfte sich zum Teil aus der antibuddhistischen Haltung der Konfuzianer erklären.

2. Übungen

Nachdem i m letzten Kapitel die Pilgerfahrt der Yamabushi durch die Lande betrachtet und damit gleichzeitig das Leben der Asketen unterwegs vorgestellt wurde, seien im folgenden der rituelle Bergeinstieg(mine-iri) -repräsentativ hierfür die Omine-Wallfahrt -sowie einige andere typische Yamabushi Askese-Übungen untersucht.

Unter Übung (shugyô oder gyô)[1] als einem der zwei Aspektevon Religion -nämlich Glaube und Übung[2]-versteht man geistige und körperliche Verhaltensweisen mit dem Ziel, religiöse Gebote, Bestimmungen und Ideale in die Tat umzusetzen, zu pflegen.[3] Gemeinsame Grundhaltung aller Übungen ist es, den "Geist mittels des Körpers zu stählen".[4] Zugrundeliegt hierbei die Erkenntnis, daß zwishhen Körper und Geist eine innige Wechselbeziehung besteht und daß sich, setzt man den Körper bestimmten Bedingungen aus,[5] dadurch bestimmte Einflüsse aufden Geist ergeben. Übung ist meist gekennzeichnet durch einfache Handlun g, Konzentration und wiederholte Ausführung.[6]

Verschiedenerlei Motive, von denen einige herausgegriffen seien, können der Übung zugrundeliegen:[7]

a) Bestärkung im Glauben
b) Reuegefühl
c) Dankbarkeit für erfüllte Bitten
d) Wünsch, übernatürliche Kräfte zu erwerben(shin-tsû)

In diese letztere Gruppe gehören vornehmlich alle Arten von "harten Übungen"(kugyô:schmerzlichen Übungen) wie Baden im Wasserfall, Laufen über glühende Kohlen, die verschiedenen Fastenübungen (tachimono)[8], Praktiken wie sie besonders von den Mönchen des esoterischen Buddhismus sowie den Shugen-Asketen gepflegt wurden[9] und als Askese(-Übung) angesprochen werden können.[10]

---

1) Kann mit Körper, Mund oder mit dem Geist ausgeführt werden. Gyô istsoweit nicht direkt die buddhistische Übung des Laufens (Bettelgehens) angesprochen ist -meist Abkürzung für shugyô. Vgl. z. B. "Shoku Nihongi", jôkan p. 160, 233

2) Im älteren Buddhismus ist die Seite der Übung in detaillierten Bestimmungen betont, während der Mahayana-Buddhismus, insbesondere die Schulen des Reinen Landes, die Glaubenskomponente stärker betonen. Vgl. SBJT p. 263

3) Vgl. a. SBJT p. 263

4) S. Kishimoto, gyô no tokushitsu p. 45Dieser Artikel wurde auch für die nachfolgenden Ausführungen über gyô mit Nutzen verwendet.

a) Mit Recht zu den "harten Übungen" gerechnet werden darf die Bergbesteigung(mine-iri) der Yamabushi. Mine-iri ist die zeremonielle Besteigung eines heiligen Berges mit dem Ziel, dort frommen Praktiken nachzugehen.

Berge besteigen und sich damit dem geheiligten Bezirk der Gottheit nähern,[11] erforderte rituelle Reinheit, die vor Antritt der Besteigung durch spirituelle wie auch körperliche Übung erlangt wurde. Diesem obersten Gebot der Reinheit zufolge, ging dem mine-iri stets eine Zeit längerer Fasten- und Läuterungsübung - shôji- voraus.[12] Die Dauer einer solchen Reinigung war verschieden lang, betrug 5o oder 100,[13] häufig aber auch nur 7 Tage.[14]

Das Gebot der für einen Bergeinstieg erforderlichen Reinheit erläutert das "Gikeiki" im Falle des Kimpu-sen:

---

5) Durch äußere Reize und durch Einnehmen einer bestimmten Position (z. B. zazen) ergibt sich bestimmte Wirkung auf den Geist.

6) Wie z.B. nembutsu oder daimoku. Vgl. Kishimoto, gyô no tokushitsu p. 47

7) Typologisch lassen sich die verschiedenen Übungen in solche vom Typ Pilgern(môde) und solche vom Typ Einkehr(komori) unterscheiden. Vgl. Kishimoto, shûkyôteki shugyô p. 304

8) Vgl. a. Kishimoto, gyô no tokushitsu p. 48, der richtig auf den Umstand hinweist, daß von außenstehenden Betrachtern als schwer und schmerzhaft angesehene Übungen für den gläubig Praktizierenden selbst nicht unbedingt als solche empfunden zu werden brauchen; z.B. das Laufen über Kohlen etc.

9) Zu den Yamabushi-Übungen, die als rauhe Übungen (aragyô) bekannt geworden sind, zählen in der frühen Muromachizeit nach einer Notiz von Ichijô Kaneyoshi im "Sekiso-ôrai"("Briefsteller für kurze Briefe". Vgl. zu Ichijô Kaneyoshi Pretzell, Das Bunmei ittô-ki und das Shôdan-chiyô, zwei Lehrschriften des Ichijô Kanera, Diss. Hamburg 1966 p. 136): Die Katsuragi-Übung, die Omine-Wallfahrt, die 1000 Tage Klausur in Nachi, die Winter-Übung in der Shô-Felsenhöhle. Vgl. "Sekiso-ôrai", GS vol. 9 bunpitsu-bu p. 514

10) "Die weltanschauliche Voraussetzung für die Askese ist zumeist ein Dualismus entweder von Leib und Seele, oder wie z.B. im Buddhimus, von absoluter Wirklichkeit und der Scheinwelt der empirischen Erfahrung"(Mensching, Religion p. 257/8) Vgl. a. Eliot, Hinduism vol. I p. 71, 72

11) Den Laien war eine solche Besteigung nach alter Anschauung nur zu bestimmten, der Gottheit genehmen Zeiten, unter Beobachtung verschiedener Gebote und unter der Führung von Shugen-Asketen möglich; diese ihrerseits hatten aber "freien" Zutritt. Vgl. NMTK vol. III p. 317

12) Shôji ist im Mahayana-Buddhismus die 4. der sechs paramitas, nämlich fortgesetzte Anstrengungen, das Gute zu tun und Böses zu unterbinden. Vgl. SBJT p. 280 Mit dem shintoistischen mono(-imi) inhaltlich vermischt(vgl. MJT p. 282)bezeichnet shôji hauptsächlich ein Speiseverbot, aber auch sexuelle Enthaltsamkeit, körperliche Reinigungsübungen (Wasser). Von dieser Übung der Reinigung leitet sich der für Bergasketen gelegentlich gebrauchte Name shôji-sha ab. Unter diesen shôji-Reinigungen am bekanntesten war

> Ekayana(-Berg)d.h. der Katsuragi, Bodhi(-Berg:bodai)d.h. dieser Berg hier, der Kimpu-sen. Hier hat der berühmte Mönch En no Gyôja Reinigungsübungen gemacht... Einmal... stand in den Wellen eines Sturzbaches der leibhaftige Fudô, den man mit seinem Weisheitsschwert verehrt. Deswegen soll man auf diesen Berg nicht in unreinem Zustand aufsteigen.[15]

Wurde die Reinigung nicht schon vor Antritt der Pilgerfahrt vorgenommen,[16] war es Brauch, sich am Fuß des zum Ziel gesetzten Berges selbst einer rituellen Waschung[17] zu unterziehen:

> Die Nacht verbrachten sie im Gebet vor den "5 ôji-Prinzen".[18] Kiyokawa, das ist das reinigende Wasser des Haguro Gongen. Vom Gipfel (zenjô)des Gassan fließt es herab zum nördlichen Berghang. In Kumano ist es der Iwate-gawa, beim Haguro heißt das berühmte reinigende Wasser Kiyokawa. Hierin wuschen sie sich und verehrten dann den Gongen.[19]

Im Rahmen des Gebots der Reinheit gesehen werden muß auch jene Vorschrift, die beim mine-iri sogar das Sprechen über Unreines (wie Krankheit, Menstruation etc.)tabuisierte, wie aus dem Nô-Stück "Tanikô" ersichtlich:

> Einmal auf diesem Weg (=Übung des Bergeinstiegs)darf man über solches nicht sprechen.[20]

Erkrankte jemand unterwegs, wurde er -folgt man dem Nô-Stück "Tanikô" -ins Tal gestürzt, um auf diese Weise zu sühnen, daß er durch seine offenbare Unreinheit den Zorn der Gottheit(=Krankheit) heraufbeschwor.[21]

---

die Mitake-shôji, die Vorbereitung zur Wallfahrt auf den Kimpu-sen. Vgl. a. "Ryôjin-hishô" p. 460/62, NKBTK vol. 73, Wallfahrten des Go Shirakawa in Kumano.

13) Vgl. KHG p. 183. NDZK vol. III

14) Vgl. z.B. "Muromachi jidai monogatari-shû "vol. IV p. 321, "Kumano Gongen Kongô Zaô hôden zôkô nikki" ZGS vol. III p. 579 , 583.

15) S. G p. 204

16) Wie z.B. im "Genji-monogatari" geschildert. Vgl. Benl, "Genji vol. I p. 106

17) Die schöpferische und erneurnde Kraft des Urelements Wasser ist eine alte religiöse Vorstellung;vgl. a. Leeuw, Phén. p. 49 Vom rein mechanisch wirkenden Mittel, das Schmutz ablöst, war nur ein kleiner Schritt zur Tilgung von Sündenflecken(tsumi) die als ganz konkret verstanden wurden. (Modernes Beispiel ist die Tenri-kyô-Sekte);diese reinigende tilgende Wirkung kam neben dem Wasser auch dem Feuer zu. In alter Zeit wurden Heiligtümer neben fließendem Wasser, das die rituelle Unreinheit der Gläubigen wegtrug, errichtet. Als modernes survival hierzu blieb der Brauch der Pilger, sich beim Eintritt in ein Shinto-Heiligtum Mund und Hände zu waschen(mi-tarai-mi te arai)

18) Bezeichnet nach einer Anm. in G p. 353 den Schrein im Dorf Kiyokawa, Dewa.

Das Gebot der körperlichen Reinheit beim Bergeinstieg verwehrte der Frau in vielen Fällen den Aufstieg auf heilige Berge. Gegenüber den Frauen bestehen in zahlreichen Religionen und bei vielen Völkern verschiedene religiöse Verbote. Im japanischen Altertum standen Frauen in religiös-funktionaler Hinsicht hoch.[22] Mit dem Aufkommen von männlichen Shamanen und Beamten an Schreinen jedoch, änderte sich ihre Stellung; immer mehr sah man nun Geburt, Menstruation etc. als Beschmutzungen an, die den Auschluß von religiösen Diensten bedingten. Die an Schreinen verbleibenden miko-Shamaninnen verloren ihre göttliche Potenz und wurden nur noch zu Kagura-Tänzen u. ä. herangezogen. Über diese Entfernung von göttlichen Aufgaben hinaus, untersagte man Frauen dann auch die Teilnahme an gewissen Festen.[23] Bestärkt wurde diese negative Einstellung durch den Buddhismus, der den unreinen[24] und der Erlösung nicht fähigen Frauen[25] heilige Berge bzw. gewisse Bezirke von Bergtempeln- mit wenigen Ausnahmen - verschloß.[26]

Bei diesem Ausschluß der Frauen von heiligen Bergen mag auch der Umstand mitgespielt haben, daß in der Regel nur die Männer beruflich - wie zum Holzschlagen oder Jagen -in die Berge zogen. Es könnten aber auch rein physiche Gründe hereinspielen. So wäre es denkbar, daß die harten Übungen der Yamabushi den Frauen körperlich gar nicht möglich waren.[27] Weiterhin ist zu bedenken, daß im Shugendô-Ritual des mine-iri der ältere Volksbrauch, der Gottheit(vom Berg) entgegenzugehen[28] sowie die Besteigung im Rahmen von Initiationsriten mitspielen;[29] so ließe sich das Verbot der Besteigung durch Frauen als eine abgeänderte Form jener Vorschrift interpretieren, die besagt, sich während der Volljährigkeitsriten vom weiblichen Geschlecht fernzuhalten.[30]

---

19) S. G p. 353
20) S. Nô-Stück "Tanikô" YKTK vol. III p. 1945
21) S. Anhang
22) Als Frau der Gottheit, Shamanin, die göttlichen Willen übermittelt.
23) Vgl. MJT p. 432
24) Menstruation u. a. wurden schon vor dem Buddhismus im Shintoismus als unrein angesehen.
25) Die Unfähigekeit der Frauen, zur Erlösung zu kommen wird im Lotus-Sutra postuliert. Vgl. Hokke-kyô chûkan p. 222 Iwanami Bunkô, sowie Kern, Lotus p. 252. Zwar dürfte die traditionelle Stellung der Frau von buddhistischen Mönchen mit dem Hinweis auf dieses Sutra propagiert worden sein, eine nähere Betrachtung des Lotus-Sutras(Deva-bon) zeigt jedoch, daß obiges Zitat

Als bekanntes Beispiel einer Frau, die den geheiligten Omine nicht betreten darf, sei Shizuka Gozen angeführt:

/Allein zurückgelassen, irrt sie dem in Verkleidung eines Yamabushi fliehenden Yoshitsune nach;in der Gegend des ersten torii auf dem Weg in den Omine, wird sie von den Mönchen des Kimpu-senji angehalten/ Frauenspersonen können nicht zum Gipfel aufsteigen![31]

Das "Gikeiki" berichtet, wie Yoshitsune vor dem Kimpu-sen Shizuka mit folgenden Worten in die Hauptstadt zurückschickte:

Dieser Berg wurde von En no Gyôja erschlossen; er ist der Gipfel der Erleuchtung, ein Berg, zu dem man sich nicht ohne zeremonielle Reinigung begeben sollte. Daß ich Euch aufgrund einer Karma-Verbindung bis hierher mitgenommen habe, ist schon eine Tat, deretwegen ich die Götter zu fürchten habe.[32]

Außer dem Kimpu-sen waren auch Kôya-san und Hiei-san, zumindest in einigen ihrer Tempelbezirke für Frauen tabu;[33] das gleiche gilt für eine große Anzahl von Bergen und heiligen Stätten in allen Provinzen, wie auch aus der otogozôshi-Erzählung "Nara daibutsu kuyô" hervorgeht:[34]

Wenn man sie (die Frauen) auch gleichermaßen zu den zu erlösenden Wesen rechnet, so sind die doch tief mit Schulden und Hindernissen (auf dem Weg zur Erlösung) beladen... Auf dem Hiei-san ist es die Zone um Sakamoto (zu der sie keinen Zutritt haben), auf dem Kôya-san der Fudô-saka, im Tennôji die Schatzpagode, in den Yoshinobergen der oku-no Fudô-in; im Kantô-Gebiet Fuji, Kômyô-san, Togakushi; Tateyama, Hakusan; der Haguro. Zu all diesen heiligen Stätten haben sie keinen Zutritt.[35]

Wie aus diesem Zitat leicht ersichtlich, trifft das Verbot vornehmlich Berge, die als Übungsstätten des esoterischen Buddhismus und insbesondere von Shugendô bekannt geworden sind.

Einzig beim Omine wurde dieses Tabu für Frauen bis in die Gegenwart aufrechterhalten;bei anderen Bergen trat das strenge Verbot seit dem Aufkommen sportlicher Bergbesteigung in der Meijizeit zurück;am Omine jedoch soll

---

(Kern, Lotus p. 252) und damit die überkommene Meinung aufgehoben werden sollen, wie an der Parabel des Naga-Mädchens ersichtlich. Vgl. hierzu Kern, Lotus p. 386/7.

26) Vgl. MJT p. 433 Heilige Berge waren bei Pilgerfahrten den Frauen bis zur Meijizeit fast völlig versagt. Gelockert wurde dieses rigorose Verbot außer in Kumano auch am Ontake (Pr. Nagano/Gifu), Fuji und Tateyama. Vgl. Kishimoto, sangaku shugyô p. 192

27) Für das Leben von Shugendô als religiösem Verband war der Ausschluß von Frauen ein großer Nachteil und hinsichtlich des Einflusses auf die Gesellschaft eine große Einschränkung. Vgl. Uno, Shugendô p. 51

28) Vgl. Einleitung

29) Vgl. Einleitung

erstmals 1960 ein Yamabushi weiblichen Geschlechts erschienen sein.[36]

Eine bekannte Ausnahme vom Frauenverbot bildete Kumano,[37] wie schon für die Kamakurazeit in der Literatur belegt. So lesen wir z.B. im "Saseki-shû":

> Der Grundherr von Takataki in Kazusa machte seine Jahres-Wallfahrt nach Kumano... Er pilgerte in Begleitung seiner Tochter.[38]

Oder an anderer Stelle im gleichen Werk:

> Eine Dame pilgerte nach Kumano; der Pilgerführer (sendatsu) verlor sein Herz an die Frau seines Herrn (danna)...[39]

Zur Erklärung dieser Ausnahmehaltung Kumanos gegenüber weiblichen Pilgern zieht Shinjô Tsunezô[40] wirtschaftliche Gründe heran: Kumano sei aufgrund seiner schlechten wirtschaftlichenLage auf zahlreiche Pilger jeden Geschlechts angewiesen gewesen.

Ein bedeutsamerer Faktor dürfte aber in diesem Zusammenhang auch in der veränderten Stellung der Frau - im Gegensatz zum alten Nara-Buddhismus- im neu aufgekommenen Nichiren-Buddhismus und vor allem in den Sekten des Reinen Landes gesehen werden; wenn man ferner noch die Entwicklung, die im Zuge der shinbutsu-Bewegung[41] auch das ursprünglich rein shintoistische Kumano(-Gebiet) mit der Verehrung und dem Kult buddhistischer Gottheiten in Verbindung brachte,[42] berücksichtigt, so erscheint die besondere Haltung Kumanos weiblichen Pilgern gegenüber nicht unbegründet. Eine definitive Erklärung läßt sich jedoch hier nicht geben.

---

30) Vgl. Orikuchi, zenshû vol. I p. 189/190 Auch als die Ehrfurcht vor den heiligen Bergen und die Angst vor den dort lebenden Ahnengeistern und Gottheiten nachließen, blieb das Frauenverbot noch lange Zeit bestehen. Vgl. Wakamori, shomin p. 164

31) S. "Azuma Kagami" p. 205 KSTK vol. 32

32) S. G p. 191

33) Nur am 8. Tag des 2. Monats war der Hiei-san den Frauen offen, sie durften vor dem Buddha Blumen darbringen. Vgl. Yanagita, shû vol. 8 p. 336

34) S. "Muromachi jidai monogatari-shû" vol. IV p. 337

35) Mit kleinen Varianten auch "Muromachi jidai monogatari-shû" vol. IV p.

36) Vgl. Koike, shûkyô-shi p. 98 Demgegenüber schreibt Wakamori, daß trotz der Nachkriegsentwicklung in Richtung auf eine Gleichberechtigung der Frauen auf vielen Gebieten der Omine für Frauen noch nicht ganz offen sei. Vgl. Wakamori, Yamabushi p. 64

37) Vgl. Shinjô, shaji p. 47

38) S. "Saseki-shû" p. 79 NKBTK

b) als konkretes Beispiel eines Bergeinstiegs (mine-iri)wählen wir den auf den Omine. Bei den Yamabushi im Mittelalter wurde die Übung in diesem Gebirge besonders hoch eingeschätzt.

Es wurde schon darauf hingewiesen, daß ein Indiz für diese prominente Stellung des Omine-mine-iri und der spektakulären Durchführung in der Muromachizeit in der Tatsache gesehen werden kann, daß zu Beginn der Moderne auch Yamabushi-Wagen - Jôzôbeim Omine-Einstieg zeigend -in das Gionfest zu Kyôto [43] aufgenommen worden waren. [44]

Ganz natürlich bildeten sich im Laufe der Zeit bei der rituellen Besteigung dieser Bergkette Wege heraus, die immer wieder begangen, und an denen steile Orte, Felsvorsprünge etc. zu Übungsplätzen erwählt wurden. [45]

Wie eine solche Wallfahrt(in der Kamakurazeit) aussah, welche Übungen die Yamabushi dabei unterwegs vollzogen, schildert uns das "Kokon-chômonshû": [46]

> Saigyô Hôshi war festen Willens in den Omine zu pilgern;aber da dies (für ihn, der er) im Stande eines Laienmönchs[47] (war) nicht die Regel, nichts Selbstverständliches war, [48] überlegte und grübelte er Tage lang. Der Mönch Shûnan-bô Gyôsô[49] hörte hiervon und sprach:"Was sollte denn dem im Wege stehen? Gerade wegen der darin liegenden Heilsverknüpfung (kechien) solltet Ihr nicht so darüber nachdenken". Da freute sich Saigyô Hôshi, entschloß sich zu einer solchen Pilgerfahrt und sprach:"Was das Problem angeht, daß ich als solcherart Nicht-Yamabushi (hinin no yamabushi)[50] die Riten richtig ausführe, so werde ich bestimmt nicht alles korrekt machen können. Falls Ihr aber mit mir, ganz gleich was immer es sein sollte, Nachsicht übt, will ich Euch begleiten. "Da antwortete Shûnan-bô:"Das ist allen bekannt. Und kommt auf den betreffenden Menschen an! Ihr solltet keine Bedenken haben!"
> Saigyô Hôshi freute sich und ging mit ihnen. Shûnan-bô aber verstieß gegen alle so fest gegebenen Versprechen und war besonders in den Riten streng genau, machte ihm (Saigyô Hôshi) Vorwürfe und tadelte ihn; und da er ihn nicht mehr als die anderen Yamabushi über die Verbote etc. auf-

---

39)S. "Saseki-shû" p. 466 Anhang NKBTK
40)S. Shaji p. 56
41)Vgl. Einleitung
42)Vorstellung vom Fudaraku-sen (Potalaka) und besonders die seit Mitte der Heianzeit populäre Idee vom "Reinen Land" des Amida.
43)Fest des Yasaka-Schreins in Kyôto, welches in seinen Ursprüngen bis in die Heianzeit(869)zurückgeht, als während einer Epidemie das "Gion-goryôe" gefeiert wurde. Seit dem Jahre 970 wird das Gion-Fest jährlich gefeiert.
44)Vgl."Enpeki-ken-ki" p. 108
45)Bekannt sind die sog. Blickfelsen, nozoki-iwa.

klärte, sprach Saigyô unter Tränen:"Von Anfang an war ich nicht auf den Ruhm der Welt aus und nicht selbstsüchtig auf Profit bedacht. Wo ich doch nur daran dachte, (diese Wallfahrt) geschähe mit dem Ziel einer Heilsverknüpfung(kechien)bedaure ich - nicht ahnend, daß Shûnan-bô von solch hochfahrender Gelehrsamkeit (in religiösen Dingen) - es, den Körper zu zermartern und den Geist zu zermalmen!"Und er weinte bitterlich. Shûnan-bô hörte dies, rief Saigyô Hôshi zu sich und sprach:"Daß Ihr festens Herzens auf dem Buddhaweg seid und schweren und harten Übungen nachgeht, das ist in der Welt bekannt, und die Menschen zollen dem Beifall. Gerade wegen dieser Eurer Berühmtheit, hatte ich Euch die Teilnahme an der Gipfelbesteigung gestattet. Dem Befehl des sendatsu folgend, Holz schlagen, Wasser schöpfen, [51] sich Ermahnungen anhören, Stockhiebe empfangen, das ist die Haltung, mit der man die Qualen der Hölle nachvollzieht. [52]Die tägliche Nahrung beschränkend hungern, das vergilt die Trübsal der Hungergeister. [53] Das Tragen von schwerem Gepäck, [54]stei-

---

46)S. KKS p. 93 NKBTK
47)Die Yamabushi haben bei ihren Riten Mönche abgelehnt. So eine Anm. in KKS p. 100, Nihon bungaku taikei vol. 7. Aber wohl auch die Riten für Nicht-Eingeweihte zu shhwierig!
48)Tsune naranu koto...
49)Ein Yamabushi vom Hiko-san? Vgl. "Hiko-san shugen dempô-shihô-fu"p. 309 NDZK vol. III
50)Im KKS p. 93 NKBTK steht ein Komma nach/kayô ni sôrô hinin no, yamabushi no reihô tadashû shite/ woraus sich auch eine andere Übersetzung ergibt:(Ich) als ein solchermaßen (unbedeutender)Einsiedler...
Der Ausdruck "hinin no yamabushi" ist aber wohl Bezeichnung für Leute anderer Orden, die sich in Yamabushi-Aufzug an solchen Riten beteiligen.
51)Diese Idee des Wasserschöpfens bzw. Holzbrechens als einer Übung geht auf das Lotus-Sutra zurück. Vgl. Hokke-kyô , chûkan p. 205/6, Iwanami B. Dort sind beide Tätigkeiten als Dienste des künftigen Buddha gegenüber einem Einsiedler-Asketen herausgestellt:

> Wegen des Gesetzes habe ich die Herrscherwürde verstoßen, habe die Regierungsgeschäfte dem Kronprinzen übertragen; ging unter dem Schlag von Trommeln in die 4 Richtungen auf die Suche nach dem Gesetz:Der, welcher für mich das Große Fahrzeug erklärt, dem werde ich bis Ende seines Lebens dienen und als Schüler folgen. In jener Zeit gab es einen Asketen... /Buddha wird sein Schüler/... so folgte ich ihm und machte für ihn alle Arbeiten, pflückte Früchte, schöpfte Wasser, sammelte Reisig...

Schon in der Legende des En no Gyôja heißt es von den durch seine Magie bezwungenen Dämonen-Gottheiten, sie müßten Holz sammeln und Wasser schöpfen. Vgl. SN jôkan p. 9. Als Übung notiert das GSK von Yamabushi-Pilgern:"Entweder sie gehen auf hohe Berge und sammeln Reisig oder sie steigen in tiefe Täler und schöpfen Wasser..."(GSK, Kap. 40 p. 273)
Die richtige Einstellung, die Qualen der Hölle nachzuvollziehen, erfolgt nach dem KKS beim Omine-Ritus durch"dem Befehl des sendatsu folgend...Holz tragen, Wasser schöpfen". KKS p. 94 NKBTK.
Als eine Art Buß- und Läuterungsübung zugleich aber Metapher für den Stand von pilgernden Einsiedlern ist der Ausdruck"Reisig auflesen und Wasser

le Berggipfel überwinden, das sühnt die Leiden der tierischen Lebewesen.[55] Auf solche Weise von früh bis spät und auch die Nacht hindurch den Körper ausmergeln, beim Morgengrauen den Reueritus beten[56] und so die Sündenhindernisse beseitigen:Das ist die Gesinnung, welche die Qualen der drei bösen Wege[57] erfüllt, und schnell ins "Schatz-Juwelen-Land" der Reinheit und Leidlosigkeit hinüberführt.[58] Man sagt, daß Ihr Euer Denken auf die Befreiung von den Fesseln der Leiden(aus Illusionen), auf das Verlassen der leidenden Welt von Leben und Tod und auf den Eintritt ins Nirvana richtet;deswegen ist es doch recht töricht, eine solche (echte) Gesinnung nicht (unterscheidend) zu erkennen und statt dessen in verwirrter Weise Vorstellungen von Ruhm und Profit anzuhangen!

Als er ihn mit diesen Worten beschämte, faltete Saigyô die Hände und vergoß Tränen der Dankbarkeit:"In der Tat war ich töricht und war mir nicht dieser Gesinnung bewußt!" Er bereute seine Fehler und zog sich zurück. In der folgenden Zeit stand er morgens früh auf und kam treu u. emsig seinen Pflichten nach. Da er von Natur aus nicht von kräftiger Statur war, widmete er sich mehr als die anderen seinen Aufgaben. Er befolgte die Ermahnungen des Pilgerführers und ging - so heißt es -auch später wieder über den Omine. Er ist zweimaliger Asket des Omine.

In dieser Notiz werden 6 typische Übungen - während des Bergeinstiegs vollzogen - genannt:[59] Holz tragen (koboku)[60], Wasser schöpfen(aka)[61], Stock-

---

und Wasser schöpfen" im "Taiheiki" belegt. (T p. 1136) Vgl. a. "Konjaku-monogatari(-shû) vol. III p. 240 NKBTK, wo berichtet wird, daß 2 gohô-dôji dem Mönch Butsuren(der eifrig das Lotus-Sutra betete) dienten, Holz sammelten Wasser(schöpften und) für das tägliche Bad wärmten. Vgl. a. Lieder No. 112, 291 im "Ryôjin-hishô" p. 363, 395 NKBTK

Im Shugendô haben sich vorstehende Übungen erhalten als die Zeremonien aka und kogi, bis in die Neuzeit Bestandteil des Rituals beim goma-Feuer u. bei der kanjô-Weihe.

52)Der "Höllenweg" wird später durch das gô-hyô symbolisiert.

53)Der "Weg der Hungergeister" besteht aus einer Fastenübung, bei der man während 7, 17 Tagen sich der 5 Getreidearten enthält, zugleich ist das Fasten an Getreide aber auch Kraft-spendende bzw. Leben-verlängernde Übung. Vgl. Einleitung.

54)Wakamori(Yamabushi p. 83) interpretiert die Übung des gô-hyô (Karma-Wägens) als Tragen eines schweren Steins auf den Schultern, der den Menschen im Falle schlechten Karmas ins Tal stürzen würde. Das Tragen von schwerem Gepäck könnte durchaus auf einen solchen Brauch anspielen, der in der Kamakurazeit noch zu den Übungen der 3. Stufe (tierische Lebewesen) gerechnet wurde, später aber in eine andere Stufe der "10-Welten-Übung" übernommen wurde;ein Brauch also, dessen Inhalt und Gestalt sich bis zur Neuzeit hin verschoben und modifizierten.

Geht man von der Annahme aus, daß mit dem Reueritus der Neulinge(shingyaku/shinkaku) vor dem sendatsu und den damit gekoppelten Übungen auch ein Tragen von schwerer Last (Stein ?) verbunden war und daß dahinter die Vorstellung stand, daß man im Falle schwerer(bzw. nicht offen dargelegter)Sünden zu Tal gezogen würde, so erhellte auch unter diesem Aspekt ein klein wenig die schon zitierte Notiz aus dem Bericht von Guzman (s.o.) über

hiebe entgegennehmen(tokozume, tokokatame)[62], Fasten(kokudachi), Tragen von schwerem Gepäck(gô-hyô/gô-hakari)[63], Übergang ins Schatz-Juwelen-Land (kanjô). Sie sind Teil der sog. 10Übungen im Gipfel (buchû jisshû shugyô), auch "10 Welten-Übung"(jikkai-shugyô) genannt.[64]

---

die Omine-Wallfahrt. Vgl. Anm. 21
Der (spätere)Weg der Hölle(im KKS als Weg der tierischen Lebewesen) bzw. der diesen symbolisierende Ritus wird- wie gezeigt (s.o.) gô-hyô(gô-hakari:Karma bzw. Verdienst-Wägen) genannt. Vgl. a. "Shuren hiyô-gi " p.608 ff, NDZK vol. I Er ist von besonderer Bedeutung für die Neulinge, die vor dem sendatsu das in der Vergangenheit angesammelte (durchschlechte Taten bedingte) Karma bereuen, "Leicht und Schwer der drei Gifte(san doku) aufdecken und so zur Gesinnung der Erleuchtung kommen..."(Shuren-hiyô-gi" p.611 NDZK vol. I)

55)Die Übung des Wegs der tierischen Lebewesen wurde im Shugendô-Ritual zu einer Wasser-Fasten-Übung, d.h. außer zum Mundspülen war jegliche Benutzung von Wasser untersagt. Vgl. Shimazu, teiyô p. 73

56) Vgl. A I 3

57)San aku-dô, nämlich die Existenzformen Hölle, Hungergeister, tierische Lebewesen.

58)Anspielung auf die Weihe der Neulinge ?

59)Über ihren genauen Inhalt lassen sich an Hand des untersuchten Materials keine näheren Angaben machen.

60)Kogi od. koboku ist ein zur goma-Zeremonie verwandetes Ritualholz, das von den Neuen herbeigeschafft werden muß. Vgl. Murakami, hattatsu p. 312 Über aka und kogi ausführlich - mit Blickpunkt auf die Gestaltung im Haguro-Shugendô vgl. Shimazu, teiyô p. 89/90 Vgl. ferner die doktrinären Interpretationen von aka und kogi im "Shugen sanjûsan tsûki" p. 783, "Shugen seiten", sowie "Shugen shuyô hiketsu-shû "p. 391/3 NDZK vol. II

61)Aka:reines Wasser, das dem Buddha geopfert wird. Vgl. Togawa, goi p. 144; aka ist Transkription des Sanskritwortes argha, was soviel wie Schmutz bedeutet. Das Wasser soll mits seiner reinigenden Kraft die 5 Beschmutzungen (go-kei) und Leiden aus Illusionen abwaschen. Vgl. Murakami, hattatsu p. 310

62)Toko in der Bedeutung Weiheplatz, katameru:festigen, erhärten, abhärten. Für die Neulinge Übung der Abhärtung, die zumeist darin bestand, sich vor dem sendatsu flach hinzulegen und wieder aufzurichten (mehrere Male), wobei Körper. Hände und Knie bestimmte Stellungen einnehmen. Vgl. a. Guzmans Bericht:"...dann machen sie Halt auf einem zwischen jenen Gebirgen gelegenen Feld. Dort lassen sie (die gokis) dieselben(die Pilger) einen Tag und eine Nacht warten, indem sie sie in sitzender Stellung halten mit grosser Beschwerde, die Hände gekreuzt und die Knie nah zum Munde heraufgezogen, und wenn einer aus Ermattung diese Stellung ändert, eilen die Guogis (die sorgfältig das Benehmen eines jeden beobachten) sofort herbei und schlagen ihnen mit einem Stock graussam auf die Knie, bis sie ihre frühere Stellung wieder eingenommen haben..."(Zit. nach Schurhammer, Yamabushis p. 56 MOAG).
Die hier zitierten Stockhiebe gehören ebenfalls zum toko-katame -Ritus und

Dieser Omine-Einstieg und die in diesem Gebirge vollzogenen Übungen nahmen offensichtlich unter den Yama bushi einen hervorragenden Platz ein. Im gleichen KKS heißt es von Gyôson:

> Danach wohnte er fünf(mal) sieben Tage auf dem Göttergipfel(shinsen)im Omine. Das ist außergewöhnlich. Ohne Begleiter war er ganz allein in seiner Hütte, las Sutren, murmelte Mantras und verbrachte so seine Tage.[65]

So schwierig die Übung im Omine war, so groß waren andererseits die hieraus resultierenden Kräfte und Wunderwirkungen. Das "Gempei-seisui-ki" berichtet:

> Miyoshi Kiyotsura[66] kehrte aufgrund der Beschwörungen des Jôzô aus dem Palast des Yama(Emma)[67] zurück; Michihito Shinnô[68] kam durch die Beschwörungen des Gyôson von der Reise ins Totenreich zum Leben zurück. Das alles sind die Wunderwirkungen der Omine-Übung, ist Verdienstzuwendung des Gongen.[69]

Je nach Zahl der Bergübungen, die hier absoviert wurden, wie auch der in Nachi verbrachten Klausuren, erhielten die Yamabushi verschiedene Ränge zuerkannt.[70]

Als typische Yamabushi-Übung wird die jährliche Wallfahrt in den Omine auch in den Berichten christlicher Missionare Ende des 16. Jahrhunderts erwähnt.[71]

---

werden dort von den Neulingen mit dem uchigi-Schlagholz gegenseitig ausgetauscht. Vgl. "Shugen hiô-shô" p. 707, "Shugen seiten", sowie Renondeau, Shugendô p. 130

Auf solche abhärtenden Übungen dürfte sich die Notiz im KKS (p. 87 NKBTK) über den Asketen Gyôson beziehen:"Und weiterhin betrieb er Tag für Tag einige hundert Verehrungen(reihai:meist mit Kopf und Gliedmaßen die Erde berühren)..."

Daß sich solche Yamabushi-Übungen bis in die Neuzeit erhalten haben, erfahren wir bei Kaempfer, der über das Noviziat eines (bekehrten)Yamabushi berichtet, dieser habe sich täglich über 700 Male verbeugen müssen. Vgl. Kaempfer, history p. 237.

63)Vgl. Anm. 54

64)Im "Shugen shuyô hiketsu-shû" (chûkan p. 388 NDZK vol. II) heißt es:Unter den 10 Welten versteht man die 6 profanen und die 4 heiligen. Die 6 profanen sind:Hölle, Hungerteufel, Weg der tierischen Lebewesen, Shura, Mensch Himmlische..."

Im Ritus spiegeln sich die 10 Welten in verschiedenen Übungen:toko-katame /Abhärtung, sange/Reue, gô-hakari/Karma-Wägen, mizu-dachi/Abstinenz an Wasser, aka/rituelles Wasser, sumô/Ringkampf, ennen/Leben-verlängernde Tänze, kogi, Ritualholz, kokudachi/Getreidefasten, shôkan/Weihe. Vgl. "Buchû jisshû shugyô sahô" p. 117, "Shugen seiten".

c) Pilgern auf Berge ist, einmal abgesehen von den damit verbundenen Gefahren,[72] eine "schwierige Übung" (daiji no gyô)[73], bei welcher auch Mut- und Kraftproben gefordert und Reuezeremonien abgehalten werden.[74] Die Neulinge lernen während der Übung vom Pilgerführer Riten und Doktrin.

Im Nô-Stück "Tanikô" heißt es:

> Dies ist ein Weg(=Übung), bei dem man sein Leben wegwirft und sich in schwerer Askese übt.[75]

Seit der Kamakurazeit nahmen die Bergbesteigungen der Yamabushi eine geordnete Form an, besonders in den jährlichen Frühjahrs-und Herbstbesteigungen. Einer Notiz über den Asketen Mongaku im "Gempeiseisui-ki" können wir entnehmen, daß sich die Übungen der Yamabushi über das ganze Jahr erstreckten:[76]

> Im Frühjahr kletterte er, auch wenn er vom Weg abirrte, auf die Gipfel und sammelte Anisbaum;[77] im Sommer, wenn(auch) das Gras hoch war, verbrannte er in seiner Hütte Weihrauch;im Herbst nahm er seine Zuflucht im bunten Laub und ließ im heftigen Wind die Ärmel wehen; im Winter überschüttete er sich in einem einsamen Tal mit (kaltem)Wasser, in dem sich der Mond spiegelte.[78] So war er in den Übungen der Yamabushi-Asketen eifrig.

---

65)S. KKS p. 87 NKBTK

66)Miyoshi Kiyotsura (847-918), Minister unter verschiedenen Kaisern des späten 9. und beginnenden 10. Jahrhunderts.

67)Emma-O, Yama-râja, aus Indien stammender Totenrichter und Höllenherrscher;im esoterischen Buddhismus unter der Bezeichnung Emma Ten verehrt.

68)Sohn des Kaisers Go Toba.

69)S. GSK Kap. 40 p. 272

70)Vgl. A II 1 b

71)Wie bei Guzman und Lancilotti

72)Solche Gefahren ergaben sich oft schon rein geländemäßig, da die Yamabushi für ihren Aufsteig Routen wählten, die stellenweise nur mit Leitern und Ketten zu überwinden waren.

73)S. Nô-Stück "Tanikô" p. 1940 YKTK vol. III

74)Vgl. "Enpeki-ken-ki" p. 76, Guzman zit. bei Schurhammer, Yamabushis p. 56 MOAG 46.

75)S. "Tanikô" p. 1941 YKTK vol. III

76)S. GSK Kap. 18 p. 5

77)Shikimi:Anisbaum, Duftholz, das getrocknet zu Weihrauch verbrannt wurde.

78)Ein deutlicher Hinweis auf die "Übung der Kälte"(kan gyô) oder kan-mairi, die auch heute noch ausgeübt wird. Bei einem Tempelbesuch im Winter übergießen sich die Gläubigen - spärlich bekleidet - mit kaltem Wasser.

Diesem Nachsatz zufolge entsprechen die hier geschilderten Übungen in etwa dem religiösen Leben eines Yamabushi in der späten Kamakurazeit. Spätestens von dieser Epoche an wurden viermalige Übungen im Laufe des Jahres üblich, die auch heute noch von den Yamabushi nachvollzogen werden.[79]

Als eine der bekanntesten jahreszeitlichen Übungen[80] sei die Winterübung der Yamabushi vorgestellt. Zum Jahresende war es üblich, daß sich Shugen-Asketen aller Provinzen in Kumano bzw. auf dem Omine einer Jahres-Schluß-Klausur(toshi-gomori) unterzogen, worüber in der "Shintô-shû"(1358) vermerkt ist:[81]

> Was den Kumano Gongen angeht, so hält er die Jahres-Übung(toshi-gomori) für das Wichtigste.[82]

In der otogizôshi-Erzählung "Shuten Dôji" geben sich Raikô und seine Begleiter als Haguro-Yamabushi aus, die auf dem Omine ihre Jahres-Übung gemacht haben.[83] Und in einer Notiz im "Gikeiki" heißt es:

> Wir sind Yamabushi vom Haguro, die nach Kumano gepilgert waren, dort ihre Jahres-Klausur abhielten; nun sind wir auf dem Heimweg nach Norden.[84]

Diese Wallfahrt im Winter war unter dem einfachen Volk ebenso wie unter den Beamten und Adligen[85], besonders aber bei den Yamabushi populär.[86]

Inwieweitd die Winter-Übung der Yamabushi zeitlich und geographisch genau festgelegt war, konnte in unserem Material nicht geklärt werden. Auch über die Art dieser Übungen-die z.B. auch aus Baden im Wasserfall oder Übergießen mit Wasser (s.o.) bestanden haben - wissen wir sehr wenig. Ein allgemeines Stimmungsbild der Stätte solcher Übungen gibt das "Ryôjin-hishô" :

> Auch das Laub der Bäume, die im Winter den Yamabushi als Unterstand bei ihren Übungen dienten, ist bunt gefärbt und verstreut; der Himmel einsam trüb; und auf dem Moos, das sie als Lager hatten, liegt der erste Rauhreif;gefroren das zwischen den Felsen fließende Wasser.[87]

---

79)Vgl. Earhart, ritual periods.
80)Nach dem "Shugendô nichiyô kenmon-shô" (zit. nach Kojirui-en, shûkyô-bu 1 vol. 33 p. 1096/7, 1931) zählen zu den Jahresübungen der Yamabushi: Blumenopfer(geku), Katsuragi-Übung, natsu-isshû-gyô(jetzige Tôzan mine-iri) aki no mine (Herbstgipfel), misoka-yamabushi (=toshi-gomori-Übung).
81) Um die Nambokuzeit im Kloster Agui, Nähe Kyôtos, entstandene Sammlung von Predigttexten über Gongen und Tempelentstehungsgeschichten (engi), die ihren Ursprung in alten Volksüberlieferungen haben.
82)S."Shintô-shû" p. 46, Kondô Y. (ed.), 1959

Zu den bekanntesten Stätten der Winter-Übung gehörte die sog. Shô-Felsenhöhle (shô no iwaya), eine der 75 Übungsstätten im Omine.[88] Die dort stattfindenden Meditationsübungen wurden als besonders streng angesehen, Asketen, die dort übten, galten als besonders abgehärtet.[89] Bekannt wurde mit seinen Übungen dort Nichzô Shônin, wovon "Taiheiki" und "Jikkin-shô" berichten.[90] Von erschöpften Yamabushi in dieser Felsenhöhle erzählt das KKS in einer Notiz über Gyôson:[91]

> An dem Tag, als er in den Omine einstieg, betrug seine Reisverpflegung 7 Liter (shô)[92] an weißem Reis. Vier davon wurden im Laufe der Tage aufgezehrt, übrig blieben drei. Damit speiste er die in der Shô-Felsenhöhle erschöpften Yamabushi, wobei fast nichts mehr übrig blieb...

Als Initiator der Übung in dieser Höhle wurde in den Lehrschriften der Muromachizeit En no Gyôja gesehen, wie im "Ryôbu mondô hishô"[93] ersichtlich:

> Wer hat mit der Winterklausur in der Shô-Felsenhöhle begonnen? En no Gyôja hat damit angefangen! Nach ihm machten Nichizô Shônin eine Übung im Winter...[94]

---

83) Vgl. "Shuten Dôji" p. 371 Otogizôshi NKBTK. Vgl. a. Nô-Stück "Dôjôji" p. 1799 YKTK vol. III
84) S. G p. 312
85) Vgl. Nô-Stück "Nanba" p. 2327 YKTK vol. IV
86) Unter ihnen wieder solche aus der Gegend des Haguro zahlreich.
87) S. "Ryôjin-hishô" p. 398 No. 305 NKBTK, wohl mit Anspielung auf den Omine.
88) Nach einer Anmerkung Otomos (Tennô p. 178) liegt dieser Übungsplatz unterhalb einer mehrere 100 Meter steilen Wand. S. a. Karte bei Otomo, ibid. p. 164
89) Vgl. T p. 626
90) Vgl. T p. 1003, "Jikkin-shô" shôkai p. 228
91) S. KKS p. 88
92) Ein shô ca. 0,94 Liter
93) S. NDZK vol. II p. 597
94) Über eine zweite jahreszeitliche Übung der Yamabushi, den Sommergipfel (natsu no mine) - nach dem Otogizôshi -Stück "Ben no sôshi" von Mitte Mai Mai bis Mitte Juli - ist im Rahmen des untersuchten Materials wenig zu berichten. Einen kleinen Hinweis auf diese Übung bringt die oben genannte Erzählung "Ben no sôshi":

> Auf den Shôchô Hôshi fiel das Amt des Pilgerführers (sendatsu) beim Sommergipfel... Mitte Mai stiegen sie in den Berg (Kurokamiyama = Nantai-zen) auf und machten - über Berge und durch Wälder gehend- buddhistische Übungen, ruhten unter den Bäumen auf Steinen aus; schonten nicht ihr Leben und übten mit ganzem Herzen ohne abzuirren...

("Ben no sôshi" p. 124 Otogizôshi, Iwanami Bunkô)

d)Über den in Yamabushi-Übungen eifrigen Asketen Mongaku (s.o.) heißt es im "Gempei-seisui-ki", er habe sich im Winter in einem einsamen Tal mit Wasser überschüttet.

Was hier als Yamabushi-Übung bezeichnet wird, ist Teil der "harten Übungen"(kugyô), wie sie keineswegs Privileg der Yamabushi waren, sondern vielmehr schon von Asketen im vorbuddhistischen Indien betrieben wurden.[95] "Harte Übungen" sind schwer zu ertragende Askese-Praktiken[96], Selbstpeinigungen;hierunter waren solche mittels Feuer und Wasser besonders bekannt.

Wenn auch von Buddha selbst keine solche extreme Askese-Haltung befürwortet worden war, fanden derlei Praktiken doch im chinesischen und japanisbhen Buddhismus weite Verbreitung. Den Verboten im "Sôni-ryô"zufolge, war bereits in der Narazeit Mutilation durch Verbrennen üblich.[97]

Einen Eindruck von den zu Beginn des Mittelalters unter japanischen Asketen üblichen Praktiken geben eine Reihe von Biographien im "Genkô shaku-sho" unter der Überschrift "schwer zu ertragende Übungen"(nin-gyô).[98] Darin erfahren wir von Haut-Schälen und Verbrennen der Fingerglieder,[99] Verbrennen von Gliedmaßen mit Aufopferung an Fudô und Amida;[100] Selbstverbrennungen[101] sowie Aufopferung des Körpers zum Fraß für Würmer, Blutegel etc.[102]

Von solchen Verstümmlungen- sei es aus religiösem Fanatismus, um ein Gelübde zu bekräftigen oder durch ein besonderes Opfer Wunderkräfte zu erhalten, sicher jedenfalls <u>auch</u> im Hinblick auf den Ruhm der Welt - berichtet das "Ujishûi-monogatari":[103]

Möglich ist, daß die buddhistische Übung der Sommeretraite(ango) zur Ausbildung des Sommergipfels der Yamabushi beitrug. Über eine Sommerretraite auf dem Shosha-san, einer alten Shugendô-Stätte, berichtet das "Gikei-ki" (p. 109)

95)Im "Kako genzai inga-kyô" sind solche Praktiken beschrieben. Vgl. BDJT vol. I p. 633. Buddha selbst folgte solch strenger Askese, wandte sich aber später ab. Vgl. Schlingloff, Buddhismus p. 93 vol. I

96)Einstellen des Essens, Unterdrückung des Atmens etc.

97)Vgl. "Sôni-ryô", Art. 27, Text bei Tsuji, bukkyô-shi vol. I p. 109

98)Vgl. GKS p. 154 ff DNBZS

99)GKS p. 154 über Kenei vom Kôfukuji :Er ertrug Qualen und ließ nicht nach in eifrigem Bemühen, schälte sich die Haut und verbrannte sich die Finger (-Glieder)

/Yamabushi bettelt um Nahrung/

Als man ihn ansah, da hatte er zwischen den Augenbrauen in der Nähe des Haaransatzes eine etwa zwei Zoll lange Wunde, die noch nicht ganz verheilt war. Der Diener fragte:"Was ist denn das für eine Wunde auf Eurer Stirn?" Da antwortete der Yamabushi mit gewichtiger Stimme:"Was diese Wunde angeht, so habe ich mit das Mantra des Suigu-Bosatsu eingebrannt!"
Der Diener darauf:"Eine großartige Sache! Man sieht zwar häufig Asketen mit abgeschnittenen Gliedmaßen an Händen und Füßen, aber daß sich jemand, die Stirn verletzend, Mantras einbrennt, das ward noch nicht gehört!"

Ein dem Einbrennen von Mantras ähnlicher Brauch wird von den Hindus berichtet.[104] Die Sitte, sich Gliedmaßen abzuschneiden, erläutert das Lotus-Sutra:

Wer sich eine Zehe oder einen Finger oder ein ganzes Glied verbrennt, ...der wird mehr fromme Verdienste hervorbringen, viel mehr als aus (der frommen Tat)resultiert, ein Königreich aufzugeben...[105]

Neben der Intention, ein Opfer zu bringen, eine verdienstvolle Tat zu leisten, erfolgten Fingeramputationen möglicherweise auch, um magische Kräfte zu erzielen.[106]

Ins Extrem getriebener asketisbher Akt"par excellence"[107] ist der Selbstmord (durch Hunger, Verbrennen), der im indischen Buddhismus mehr ein scholastisches Problem - im Hinblick auf die Karma-Folgen- war, im chinesischen und japanischen Mahayana aber populäres Mittel der Selbstaufopferung war.[108]

---

100)Vgl. ibid. p. 156
101)Vgl. ibid. p. 156, 155
102) Vgl. ibid. p.156
103)S. "Ujishûi-monogatari" p. 60/61 NKBTK. In dieser Erzählung wird die Großspurigkeit eines Yamabushi angeprangert, dessen so bewunderte Tat, sich ein dharani in die Stirn gebrannt zu haben, als Vorwand entlarvt wird, eine Wunde zu vertuschen, die ihm ein Mann beibrachte, mit dessen Frau er in flagranti ertappt worden war.
104)Im Hinduismus werden von den ganz Frommen auf Stirn und Arme Sektenzeichen angebracht. Vgl. Glasenapp, Glaube p. 45. Vgl. a. Bharati, Pilgrimage p. 140
105)Vgl. Kern. Lotus p. 385, s. Yamagawa, Wayaku Hokke-kyô p. 587, 1925 Von chinesischen Pilgern, die sich in der "Höhle des Flutgebrauses" am P'u-tu-shan in die Tiefe stürzen oder aber Ohr oder Finger abschnitten, berichtet Reichelt, Buddhismus p. 203
106)Eine solche Vorstellung steht z.B. hinter einigen völkerkundlichen Belegen, in denen dem Abschneiden der Fingerglieder Heil-und Kraft-spendende Bedeutung beigemessen wird. Vgl. S. Lagercrantz, Fingerverstümmlungen

Eine andere Form des Selbstmordes ist die Sitte, sich zu ertränken, die - wie z.B. bei Cysat belegt[109] -auch unter den Yamabushi verbreitet war:

> (Sie)Fahren auff die tieffe deß Meers/daselbs binden sie inen Stein an Halß /Arm unnd Bein/auch umb die Länden/ zerlöchern das Schiff/ und versencken sich also selbs/...

Dies entspricht genau der - mit dem Ziel des kürzeren und schnelleren Wegs ins westliche Paradies - von nembutsu-Asketen seit der Kamkurazeit geübten "Hinübergeburt mittels ins Wasser gehen" (jushi ôjô).[110] Mit Amida-Anhängern kamen die Yamabushi wahrscheinlich in Kumano und an anderen hl. Stätten in Verbindung und übernahmen dabei von deren Sitten.

Außer Fingerverstümmlungen und Selbstmutilationen, die -wie am Beispiel des "Ujishûi-monogatari" ersichtlich- von Yamabushi geübt wurden, bestand bestand eine weitere typische "harte Übung" darin, in einem Wasserfall zu baden;auch dies gehörte, wie die 1000 Tage (Meditation) in Nachi, zum absolut notwendigen Programm eines Yamabushi.[111] Bekanntester Platz dieser Übung ist der Wasserfallz zu Nachi. Das "Taiheiki" berichtet:

> Wir sind Yamabushi, die 7 Tage lang vom dreifachen Wasserfall geschlagen, 1000 Nächte in Nachi meditierend verbrachten;[112] wir sind ausgezogen, um zu den 33 Stätten der Kannon zu pilgern.[113]

---

und ihre Ausbreitung in Afrika, in:ZfE 67, 1935 p. 34.Lagercrantz sieht in dieser Sitte den möglichen Prototyp eines menschlichen Opfers, der in Nord-Amerika, Indien und den Südsee-Inseln verbreitet ist.

107)S. Hastings, Encyclopedia vol. XII p. 25

108)Vgl. Zürcher, conquest p. 282 Besonders bekannt ist die Tat des Bhaishagyarâga (Yakuô Bosatsu), wie im Lotus-Sutra aufgezeichnet. Vgl. Kern, Lotus p. 379 Inwieweit diese im Lotus-Sutra empfohlene Handlung im Urbuddhismus Gültigkeit besaß, ist fraglich. Was den Selbstmord bzw. die Tötung angeht, so zog - wie Schlingloff (Buddhismus vol. I p. 28) ausführt - in den ersten buddhistischen Orden die Tötung eines Menschen, auch in Form der Anstiftung zum Selbstmord, den Ausschluß aus dem Orden nach sich. Watanabe Shôkô glaubt, daß die im Lotus-Sutra propagierten Selbstverbrennungen und Leiden von einer Gruppe fanatischer Anhänger bzw. Begründer des Lotus-(Sutra)Glaubens als Beweis ihrer Glaubensstärke bzw. als Mittel der Missionierung demonstriert worden seien. Anhänger des Lotus-Sutras bzw. der Urform des hierin ausgedrückten Glaubens, kennen keine Schmerzen, verachten das Leben, nur die Lotus-Lehre ist von Bedeutung. In solchen Gruppen sei dann das Lotus-Sutra in seiner heutigen Form konzipiert worden. Vgl. Watanabe, Nihon no bukkyô (=Iwanami shinsho 299) p.183/184

109)S. "Warhafftiger Bericht", in:NOAG 98 1965 p. 52

110)Die Überfahrt ins Reine Land wurde zumeist von der Küste Kumanos auf der Kii-Halbinsel angetreten. Vgl. GSK Kap. 40 p. 284

111)Als reinigende Übung zur Befreiung von Sünden schon im alten Volksglau-

Plastisch schildert uns das "Gempei-seisui-ki" den erfolglosen Versuch des Mongaku, sich im Winter, als er in Kumano und auf dem Kimpu-sen übte, 7 Tage lang dem Wasserfall in Nachi zu stellen:[114]

> Es war im 2. Drittel Dezember; das Eis des Tales war fest gefroren, der Wind blies durch die Kiefern und drang bis auf die Haut; trotzdem stand Mongaku in der Kälte nackt, nur mit seinem Untergewand bekleidet... Als er ein, zwei Tage vom Wasserfall geschlagen ward, färbte sich sein Körper scharlachrot, wie der der Lebewesen in der roten Lotus-Hölle; von Haar und Bart hing das Eis herab, das - als seien Glocken aufgehängt - hell läutete. Am dritten Tage aber war er ohne Atem zusammengekauert, gleich einem Toten...

Diesem Wasserfall zu Nachi, dessen Urstand die 1000-händige Kannon ist, sagt man die Kraft nach, Sündenschulden zu tilgen:

> Wenn man auf den dreifachen Wasserfall trifft, dann reinigen die 100 jô(=300 m)[115] hohen Wellen den Schmutz der 6 Wurzeln.[116]

Nachi war der bekannteste der Wasserfälle, die als göttlich verehrt wurden, und deren Kraft zur spirituellen Reinigung in solch harten Askese-Übungen zum Ausdruck kommt,[117] Übungen, wie sie nicht nur von Shugendô, sondern später auch vom Sekten-Shintoismus[118] gepflegt wurden.[119]

---

ben bekannt; unter buddhistischen Vorzeichen zum kan-mairi (Kälte-Wallen) geworden. Vgl. hierzu a. Mock Joya, Things Japanese p. 363/4

112)Die Übung der 1000 Tage von Nachi wurde auch durch die Wallfahrt des Ex-Kaisers Kazan bekannt. Vgl. GSK Kap. 3 p. 116

113)S. T p. 110

114)S. GSK Kap. 18 p. 626/7 (Yûhôdô), GSK Kap. 18 p. 36 (SSS), HK p. 392

115)In Wirklichkeit 120 m

116)S. GSK Kap. 40 p. 273

117)Ein anderer bedeutsamer Wasserfall ist z.B. der Kegon-taki in Nikkô

118)Kyô-ha-shintô :In der Tokugawazeit aufgekommene, volksshintoistische Heilsreligionen messianistischen Offenbarungscharakters, wie z.B. Tenri-kyô , Kurozumi-kyô u.a.

119)Weitere Beispiele für Wasserfall-Baden vgl. BDJT vol. I p. 654

e)Die solchermaßen in Übungen gewonnenen Kräfte, die hieraus resultierenden Wunderwirkungen sowie die Überlegenheit eines Gebets z.B. wurden von den Yamabushi in einem "Kräftemessen"(gen-kurabe)demonstriert. Ein solcher Kräftevergleich war ursprünglich zwischen den Asketen des esoterischen Buddhismus ausgetragen worden,[120] wurde dann von den Yamabushi übernommen und hat sich als formalisierter Shugendô-Ritus bis in die Neuzeit erhalten.[121]

Gen-kurabe wurde von wundertätigen Mönchen (genja) und Yamabushi nach einer Bergklausur oder Pilgerfahrt ausgetragen;anfangs im Einzel-Wettkampf, im Mittelalter auch in Gruppen. Yamabushi kämpften unter sich oder auch mit anderen Mönchen.[122] Personifizierte Kraft der Asketen sind bei einem solchen Wettstreit die "Beschützer des Gesetzes"(gohô).

Der "O-Kagami"[123] berichtet von dem in Askese zu ungewöhnlichen Kräften gekommenen Ex-Kaiser Kazan, der gelegentlich eines Besuchs in Kumano[124] auf einen Kräftevergleich der dortigen Mönche traf:

> Er wollte es auch versuchen; als er in seinem Herzen betete, da wurde ein vom(kaiserlichen) gohô besessener Mönch vor den Schirm des Kaisers gezerrt und war unfähig, auch nur eine Bewegung zu machen...[125]

Ein Kräftemessen zwischen dem Yamabushi Jôzô und dem "unvergleichlichen Asketen Shunyû" erzählt das "Kokon-chômon-shû" :

> Sie erprobten ihre Kräfte an einem Stein. Beim 6. Gang trat zuerst Jôzô hervor. Als nächster dann Shunyû. Jôzô sprach:"Vom 7. Lebensjahr an...habe ich Berge und Wälder zu meiner Behausung gemacht, ...habe Tag und Nacht meinen Körper geschlagen...und in Eifer mich abgemüht, mein Leben nicht geschont. Keineswegs geschah es des Ruhmes wegen, sondern es ging mir um die höchste Erleuchtung. Falls so, wirst Du mir den verzauberten Stein (weißen Stein)herübergeben![126] Daraufhin sprang der durch Mantra gebundene Stein hervor, und hüpfte auf und nieder wie ein Ball. Da sprach Shunyû:"Der verzauberte Stein lärmt ja furchtbar; komm schnell zur Ruhe!" Und diesen Worten folgend kam der Stein zum Stillstand.../Jôzô intoniert dann einen Vers des Nirvana-Sutras/Seine

---

120)Ein Kräftemessen zwischen Kôbô Daishi und dem Mönch Shûbin erzählt das "Taiheiki" (p. 314)Die Kräfte wundertätiger Mönche waren in der Heianzeit wie auch im Mittelalter als religiös-politisches Kampfmittel für streitende Adlige, wie auch am Hof, von Bedeutung. So zogen, wie im GKS (p. 155) berichtet, die beiden Söhne des Kaisers Montoku, Koretaka und Korehito, bei ihren Auseinandersetzungen um die Thronfolge Mönche hinzu, die mittels ihrer Riten und Kräfte einem der beiden den Sieg erbeten sollten.

121)Vgl. Uno, hassei p. 40

122)Vgl. Wakamori, kenkyû p. 144, sowie ders., Yamabushi p. 86

Stimme erscholl in den Wolken, und die Leute, die sie hörten, fürchteten sich. Darauf begann der Stein erneut zu tanzen, brach schließlich mitten entzwei und fiel vor den Asketen nieder. Beide erhoben sich von ihren Sitzen und erwiesen einander Reverenz...[127]

Der vorstehend skizzierte Wettkampf des Jôzô mit Shunyû belegt nicht nur, daß Shugen-Asketen und wundertätige Mönche (genja) ihre Kräfte mittels der "Hüter des Gesetzes" (gohô) zur Wirkung brachten, sondern gibt auch einen Hinweis auf die Gebetshaltung der Yamabushi.[128]

In der Neuzeit war gen-kurabe im Rahmen der Shugendô -Riten[129] nach genauen Regeln ausgeübt worden, wie die Schrift "Sambu sôshô hosoku mikki"[130] belegt.

---

123)Geschichtserzählung in drei Bänden. Originaltitel:Yotsugi-monogatari, Entstehungszeit zwischen 1045 und 1123, Verfasser möglicherweise Minamoto Masasada.
124)Ein Kräftemessen in Kumano vgl. "Kumano Gongen Kongô Zaô hô-den zôkô nikki" p. 428 GS
125)S. "O Kagami" p. 148/9 NKBTK
126)Er wendet sich direkt an die gohô. Die Übersetzung haku no ishi als weißer Stein bringt das KKS p. 89/90, Nihon bungaku taikei vol. 7. Dagegen - zutreffender - KKS p. 82 (NKBTK), das haku (=baku) no ishi als gebundenen d.h. (durch Mantra) verzauberten Stein (jubaku sareta) übersetzt.
127)S. KKS p. 82 NKBTK
128)Vgl. A I 3
129)Über verschiedene Wettkämpfe im Rahmen des Wintergipfels am Haguro unterrichtet Hoshikawa, Haguro shugendô hiroku p. 112 ff, 1944, sowie Earhart, ritual periods p. 103 ff
130) S. NDZK vol. II p. 493

f)Wir hatten als repräsentatives Beispiel der Yamabushi-Übungen das mine-iri -die rituelle Bergbesteigung mit Fastengeboten, Reueriten etc. -kennengelernt. Nicht nur waren die Frauen von solchen Riten im Berg ausgeschlossen, auch den Laien und Nicht-Yamabushi war es nicht ohne weiteres möglich, den komplizierten Zeremonien und Übungen zu folgen und sie exakt auszuführen. Hieraus erhellt als ein Wesenszug der Übungen der Yamabushi ihr Charakter des Ungewöhnlichen, Außerordentlichen, wie des öfteren in den untersuchten Quellen betont;über die Schwierigkeit beispielsweise des Bergeinstiegs im Omine schreibt das "Gempei-seisui-ki":

> Wie könnten die Pilger über (die Übungsstätten wie)Großer Zenmeister, kleiner Zenmeister, den Windschirm-Seitenweg, über den Gipfel des Shaka-ga-take, Tragkorb(oizuri), die Pilgerkehre(gyôja-kaeri) gehen[131], wenn sie nicht alle außerordentliche Menschen wären![132]

Das Kôwaka-Stück "Yashima ikusa"hebt die Yamabushi-Übungen von den anderen Askese-Praktiken ab:[133]

> Riten gibt es zehntausende, und auch Übungen in der gleichen Zahl;aber hierunter ist keine so schwer wie die der Yamabushi!

Die andersartige Atmosphäre der Berge wird ebenfalls zu dem mysteriösen Charakter der dort vollzogenen Askese beigetragen haben. Wer sich zu solchen Übungen in die Bergwelt zurückzog, brach zugleich mit allen Dingen der Menschenwelt, war für diese Welt gestorben, wie es im "Utsuho-monogatari" heißt:

> Leute, die sich in Wälder und Berge zurückziehen, haben sich in ungewöhnlicher Weise von der Welt getrennt, betrachten sich selbst als tot. Könnt Ihr denn das ertragen?

In den Bergen pilgern und sich buddhistischen Übungen hingeben, wird in der Literatur gelegentlich als "Wegwerfen des Lebens"(shimmei wo suteru)oder auch mit dem Ausdruck "das Leben nicht schonen"(shimmei wo oshimazu)bezeichnet.[135]

---

131)Bezeichnet einige der 75 Übungstätten im Omine. Vgl. Otomo, Tennô p. 179
132)S. GSK Kap. 40 p. 273
133)S. "Yashima ikusa" p. 384
134)S. "Utsuho-monogatari" p. 143 NKBTK(vol. 10)
135)Vgl. KKS p. 82 NKBTK

Yamabushi leben bei ihren Übungen (Pilgern und Bergübung), die meist etwas stereotyp "schwierige Übung, harte Übung"(kugyônangyô) genannt werden,[136] in der freien Natur. Diesen Stil typisieren die untersuchten Quellen mit Metaphern wie "Kiefernwurzel als Bett und Felsen zum Kopfkissen haben"[137] oder, wie im Kôwaka-Stück"Kiyoshige":[138]

> Die im Schatten der Nacht vorüberziehenden Yamabushi breiten bei ihren Gipfelwanderungen die Blätter der Bäume aus und machen die Baumwurzeln zum Kopfkissen.

Neben diesem prominenten Charakterzug der Übungen der Yamabushi als besonders schwer, war ein weiteres Kriterium die genaue rituelle Durchführung, welche vor allem bei der Bergübung von Bedeutung war.[139] Einmal in den Berg aufgestiegen, war es nicht möglich - aus welchen Gründen auch immer - die Übung vorzeitig abzubrechen. Dies erhellt aus einer Notiz im chigo-monogatari[140] "Ben no sôshi":[141]

> Die buddhistishhen Übungen sind nur schwer zu unterbrechen;sobald wir von unserem Bergeinstieg zurückkommen, schreibe ich.

Was als hervortretende Eigenschaften im Leben und bei der Übung der Yamabushi bis in die Neuzeit hin auffiel, faßt Kaempfer in seiner Geschichte Japans folgendermaßen zusammen:[142]

> (the Yamabushi) exchange an easy and commodious life for an austere and rigorous one, pleasure for mortification, spending most of their time going upand down holy mountains and frequently washing themselves in cold water even in the midst of the winter...

---

136) Vgl. z.B. "Konjaku-monogatari" vol. III (NKBTK vol. 24)p. 526, Kap. 14 p. 288. Vgl. a. Kyôgen-Possen.
137)Vgl. Nô-Stück "Katsuragi" p. 691 YKTK vol. I
138)S. "Kiyoshige" p. 416 Vgl. a. "Utsuho-monogatari"(p. 143):"Das Mönchsleben eines Yamabushi, das nämlich darin besteht, Wurzeln von Bäumen u. Gräsern, Ranken zu essen, Baumrinde und Moos zum Lager zu nehmen."
139)Vgl. KKS p. 93
140)Chigo-monogatari:Mittelalterliche Liebesgeschichten, in deren Mittelpunkt die Tempel -Pagen(chigo) und Mönche stehen. Eine der typischen und bekannten ist "Aki no yo no naga monogatari".
141)S. "Ben no sôshi" p. 124 Otogizôshi, Iwanami Bunkô. Der mit dem jungen Ben no Kimi in einem Liebesverhältnis stehende Mönch Shôchô Hôshi erfährt während der Bergübung von der Krankheit seines Partners, führt aber erst die Übungen zu Ende, um dann zu erfahren, daß sein Liebes-Partner bereits gestorben ist.
142)S. Kaempfer, history p. 232

B. NICHT-RELIGIÖSE ASPEKTE DER YAMABUSHI

I. Yamabushi in der Politik

Nachdem in den vorstehenden Kapiteln des längeren das religiöse Leben der Yamabushi, ihre Übungen und Pilgerfahrt betrachtet wurden, sei nun die Rolle der Yamabushi in der mittelalterlichen Politik untersucht. Ausgehend von der kriegerischen Tätigkeit der Kumano-und Yoshino-Mönche, besonders während der Zeit der Zwei Dynastien (namboku-chô) soll versucht werden, Anhaltspunkte für eine mögliche politische Aktivität auch der Yamabushi zu gewinnen.[1] Das Schicksal des Kaisers Go Daigo- wie im "Taiheiki" verzeichnet-liefert uns einige kleine Hinweise auf ein weltlich politisches Engagement der Yamabushi, ihre Beteiligung an kriegerischen Auseinandersetzungen.

1. Während der Narazeit bestanden zwischen dem Staat und dem Buddhismus enge Beziehungen, wurde die neue Religion vom Kaiserhaus aktiv gefördert.[2] Buddhistische Riten fanden am Hof Eingang, bildeten einen Teil der Jahresfeste.

Der Buddhismus, durch Schenkungen steuerfreier Ländereien wirtschaftlich einflußreich, hatte auch an politischer Macht gewonnen;der so erstarkte Klerus war durch den Anreiz eines leichten Lebens in Steuerfreiheit und Selbständigkeit rasch zu numerischer Macht angewachsen, und hatte schon in der Narazeit begonnen, sich in die Politik einzumischen.[3]

---

1)Es ist hierbei mit einigen wenigen, uns für diese Aspekte der Yamabushi im Rahmen des untersuchten Materials zur Verfügung stehenden Notizen , nicht leicht zu unterscheiden zwisbhen Yamabushi und z.B. den Yoshino-Mönchen;es darf aber wohl angenommen werden, daß auch an den Shugendô-Zentren - wie an allen großen Schreinen jener Epoche-Mönchsheere standen;so könnten z.B. unter den "Mönchen des Kimpu-sen" durchaus auch Mönchssöldner neben und mit (bewaffneten)Yamabushi zu finden sein.

2)Im Jahre 749, bei Errichtung des großen Sonnen-Buddha (Maha Vairocana) in Nara, bezeichnete sich der Kaiser in einer von den Ministern verlesenen Ansprache als Diener der 3 Kleinodien. Vgl. Sansom, Japan, a short cultural history, rev. Ausg. N.Y. 1943, p. 128

3)"Though the Buddhist religion brought to Japan equal spiritual and even material benefits, the institutional growth of the Buddhist church and its rapid rise to wealth and power was accompanied by grave evils."(Sansom, Japan p. 135)Bekanntes Beispiel für solche Einmischung in die Politik ist der Mönch Dôkyô, der einen beherrschenden Einfluß auf die Kaiserin Kôken ausgeübt hatte.

In der Heianzeit kommen erstmalig Mönchheere[4] auf, deren Ursprung manchmal auf den Mönch Ryôgen zurückgeführt wird.[5] Naheliegender ist aber, die Mönchsheere als Ergebnis einer natürlichen Entwicklung zu sehen:Die Tempel hatten einerseits für ihre Ländereien Arbeiter und Verwalter nötig;zum andern setzte sich die Belegschaft eines Tempels aus sehr verschiedenen Schichten zusammen, darunter zahlreiche Bedienstete(kenin und dorei).[6] Aus der Notwendigkeit heraus, den Besitz zu wahren, die steuerfreie Ländereien und Interessen des eigenen Tempels gegen rivalisierende Einflüsse zu verteidigen, sowie der Ambition, diesen Besitz noch zu vergrößern, ist verständlich, daß es bei Interessenkonflikten zu militärischen Zusammenstößen zwischen den Tempeln kommen konnte.[7] Seit 1100 hatten alle grossen Tempel und Schreine stehende Heere, die (andere) Kultanlagen verwüsteten, brandschatzten und im Laufe der Muromachizeit einen erheblichen Beitrag zu den kriegerischen Auseinandersetzungen dieser Epoche leisteten.[8]

Sollte andererseits die Regierung für eine günstige Entscheidung über die eigenen Argumente in einem Streitfall gewonnen oder gegen schon getroffene Entscheidungen Protest erhoben werden, so war es das probate Mittel, mit dem "Allerheiligsten"(mikoshi) in den Straßen der Hauptstadt zu demonstrieren und so den eigenen Interessen Nachdruck zu verleihen.[9]

---

4)Vgl. "Sandai jitsuroku" jôkan p. 12/13 über Mönche, die zwei Privathäuser in Brand setzen und eine Frau töten.
5)Vgl. Tsuji, bukkyô-shi vol. I p. 776
6)Vgl. Renondeau, Histoire des moines guerriers du Japon (=Bibl. de l'Institu des Hautes Etudes Chin. tome XI), Paris 1957 p. 198
7)Schon Ende des 9. Jahrhunderts gab es zwischen dem Hiei-san und dem Onjôji bewaffnete Auseinandersetzu neg.
8)Vgl. z.B. G p. 260 Einen Hauptteil der Streitigkeiten, die sich meist an einem unbedeutenden doktrinären strittigen Punkt entzündeten, hinten denen aber konkrete Eigentumsinteressen standen, hatten Enryakuji, Onjôji und Kôfukuji.
9)Vgl. z.B. GSK Kap. 4 p. 171 Derlei Aufmärsche werden in der Kamakura- und Muromachizeit sehr zahlreich. In der militanten Monto-Sekte kam der Buddhismus politisch wie militärisch zu größtem Einfluß, der erst Ende des 16. Jahrhunderts unter den zähen Anstrengungen Nobunagas gebrochen wurde. Seit dem 17. Jh. spielte der Buddhismus in Japan militärisch keine Rolle mehr. Aufmärsche mit mikoshi vgl. a. "Azuma Kagami" p. 50, KSTK vol. 33, "Fusô-ryakki" p. 324 KSTK vol. 12.

Von großer Bedeutung waren Unterstützung und Waffenhilfe durch die mächtigen Klöster seit der Zeit der Zwei Dynastien (hierbei besonders für die Süd-Dynastie) wie auch in den nachfolgenden Jahrhunderten.

Einflußreich in der Politik war während des Mittelalters vor allem der bettô-Abt von Kumano,[10] der sich im 12. Jahrhunderts - dem "Heike-monogatari" zufolge - mal auf die Seite der Taira, mal auf die der Minamoto gestellt hat.[11] Ihm unterstanden wohl auch die Seeräuber(kaizoku), die hauptsächlich in der Inlandsee operierten und dort ihre Stützpunkte hatten.[12] Nach dem "Heike -monogatari" war für die Niederlage der Taira in der entscheidenden Schlacht gegen die Minamoto bei Dan -no-ura die Unterstützung des Kumano bettô Tanzô maßgebend:

> Der Kumano bettô Tanzô ließ in Ima-Kumano[13] bei der Überlegung, ob er mit den Taira oder mit den Minamoto gemeinsame Sache machen solle, in Tanabe Kagura-Tänze aufführen und flehte den Gongen an.../Er läßt dann 7 weiße und 7 rote Hähne vor dem Gongen kämpfen; die roten verlieren/So entschloß er sich, zu den Minamoto überzulaufen. Mehr als 2000 Soldaten verteilte er auf über 2oo Schiffe, ließ Statuen des Nyaku-ôji[14] auf Schiff bringen, schrieb quer über die Fahnen "Kongô Dôji" und segelte dann in Richtung Dan-no-ura los.[15]

Gestützt auf die Waffen seiner Mönchsheere, konnte der Abt(bettô) von Kumano kaiserlicher Gewalt trotzen:

> Kein Feind soll den Fuß auf den Boden von Shingû und Kumano (=Hongû?) setzen![16]

---

10)Bettô ist eine Art Abt, der im Falle Kumanos den drei Schreinen vorstand. Ihm übergeordnet war lediglich noch der "Kontrolleur"(kengyô) Vgl. Otomo, Tennô p. 175

11)Im "Heike-monogatari" heißt es z.B.:"Um diese Zeit stand der Kumano bettô mit den Taira in tiefem Einverständnis...Die Leute von Shingû und Nachi sind zweifellos auf Seiten der Minamoto...Da er von den Heike Gunstbezeigungen (on) empfangen hatte, wie Himmel und Berge so hoch, schickte er 1000 gerüstete Streiter nach Shingû, welche die dortigen Heere in einen Kampf verwickelten...(HK p. 282, jôkan NKBTK vol. 32)

12)Die Besitzungen von Kumano erstreckten sich bis nach Kojima(Bizen), Okayama und Harima, Shikoku.

13)Vgl. A II Anm. 38

14)Nyaku-ôji (Waka-ôji)bezeichnet Waka-ichi-ôji , im ersten und wichtigsten der 5 ôji-Schreine von Kumano verehrt. Honji ist die 11-gesichtige Kannon. Vgl. a. Miyaji, kenkyû p. 448

15)S. HK p. 327 NKBTK vol. 33

16)S. G p. 102

2. Gelegentlich berichten die Quellen auch vom politischen bzw. militärischen Engagement der Mönche im Gebiet der Yoshino-Berge.[17] Folgt man dem "Taiheiki", so läßt sich, besonders für die Zeit der Zwei Dynastien, eine politische Tätigkeit der Yamabushi und der mit den Shugendô-Zentren in Yoshino verbundenen Mönchsheere nachweisen. Auf die bedeutsame Rolle, die Yoshino-Mönche und Yamabushi für den Fortbestand des restaurativen Regimes von Kaiser Go Daigo gespielt haben mögen, wurde von verschiedenen Autoren hingewiesen,[18] ohne aber genau abzustecken, worin jene Unterstützung bestand und aus welchen Gründen sie gegeben wurde.[19]

Diese Tätigkeit der Yamabushi und Shugendô-Klöster - keineswegs immer nur für den Südhof- sei an Hand des Schicksals des Kaisers Go Daigo-wie es sich im "Taiheiki" spiegelt - aufgezeigt.

Allein aufgrund ihrer natürlichen geographischen Beschaffenheit waren die Yoshino-Berge geeignet, Flüchtlingen und Truppen Unterschlupf und Sicherheit zu gewähren. Möglicherweise verbanden sich die Krieger des Südhofs mit Yamabushi aus der Gegend von Yoshino und Kumano;[20] die Tempel, die mit dem Kaiser Go Daigo gegen das Bakufu paktierten, waren zwar nicht unbedingt militärisch stärker (als die Regierung); ihre Bedeutung lag aber in der engen Verbindung, die sie zum einfachen Volk hatten.[21]
Go Daigo beabsichtigte, mit dem seitherigen System der insei-Regierung[22] zu brechen. Sein Ziel war die Wiederherstellung der Macht des Kaiserhauses und der Adligen(kuge) über die Ritter(buke)[23] durch eine Verschwörung, wobei unter den Konspiratoren auch das "Auge des Gesetzes"(hôgan), Genki, vom Shugendô-Kloster Shôgoin war.[24] Der erste Versuch Go Daigos, das Bakufu zu stürzen, scheitert durch Verrat.[25] Für weitere Pläne sucht sich der Kaiser die Hilfe mächtiger Klöster zu sichern. Sein dritter Sohn, Morinaga, wurde (deshalb) Abt (monzeki) in Nashimoto auf dem Hiei-san.[26] Go-Daigos 4. Sohn lebte als Schüler im oben genannten Shôgoin.[27]

Als ein zweiter Umsturzplan Go Daigos aufgedeckt wird, flieht der Kaiser heimlich in Begleitung einiger Mönchsoldaten aus Nara zum Kasagi.[28]

---

17)So z.B. in einer Notiz aus dem HK:"Die Mönchsheere von Nara und vom Hiei-san, die Mönche vom Kimpu-sen und von Kumano, bis hin zu den Priestern im großen Schrein zu Ise wandten sich einmütig in der Verachtung der Taira den Minamoto zu."(HK p. 431 NKBTK vol. 32)
18)Vgl. z.B. Uozumi, Yoshino yama to yamabushi, in:Rekishi to chiri 27,

Während Kusunoki Masashige, Prototyp des loyalen Vasallen, in Akasaka (Kawachi) eine Festung baut, fällt Kasagi;Go Daigo flieht erneut, findet eine Zeit lang in dem Uchiyama Eikyûji-Tempel, einem Shugendô -Heiligtum,Unterschlupf,[29] wird aber schließlich gefangen genommen und auf die Insel Oki verbannt. Der "Prinz der Großen Pagode" (Morinaga)flieht als Yamabushi verkleidet aus dem Hannyaji(Nara) nach Kumano.

Dem Bericht des "Taiheiki" zufolge wendet sich der Kumano bettô Jôben gegen den Prinzen und macht einen Anschlag zu seiner Ächtung.[30] Morinaga sichert sich auf der Flucht die Hilfe der Yoshino-Mönche:

> Er zog die Mönche vom Kimpu-sen in Yoshino zu Rate und baute die Schatzhalle des Aizen Myôô zur Festung aus.[31]

Aus dem "Masu Kagami"(1333)[32] geht klar hervor, wie sehr sich Morinaga bei seinem Kampf gegen das Bakufu auf die Shugendô-Zentren in Kumano u. Yoshino stützte:

> Der "Prinz der Großen Pagode" und Kusunoki Masashige waren einer Meinung, und dachten beide nur daran, die Regierung zu stürzen. Masashige baute am Kongô-san...eine mächtige Feste...Der Prinz war auch in Kumano gewesen, zum Omine gegangen und auch nach Yoshino und auf den Kôya...[33]

1931 p. 23-35
19)Besonders in der nationalistischen Zeit der 30-er und 40-er Jahre wurdie die Dynastie-tragende Rolle der Yamabushi betont.
20)Vgl. Wakamori, Yamabushi p. 109
21)Vgl. Otomo, Tennô p. 214
22)"Which had been at the root of so much political trouble since the days of the first great exponent Shirakawa"(Sansom, history p. 5 vol. II)
23)"Jahr für Jahr verfiel der kaiserliche Hof an Macht, während die buke-Ritterschaft mit jedem Tag mehr aufblühte"(T p. 4)
24)Vgl. T p. 10
25)Vgl. T p. 12/13
26)Im 12. Monat 1327
27)Vgl. T p. 8
28)Vgl. T p. 44
29)Auch unter dem Namen Kongôjô-in bekannter Zweigtempel des Daigoji; Verbindung zum Yoshino Kimpu-sen. Vgl. "Taiheiki" vol. II NKBTK p. 438 Anhang.
30)Vgl. T p. 114
31)S. T p. 120 Weiter heißt es:"Auf dem Kongô-san und in Yoshino verschanzten sich kaiserliche Truppen"(T p. 143)Den Regierungstruppen gelingt es erst mit der listigen Hilfe des bettô Iwagiku-maru von Yoshino, der aus persönlichen Gründen gegen den Prinzen kämpft, den Tempel zu bezwingen. Vgl. T p. 147 ff . Hierzu schreibt das "Sankô Taiheiki"(p. 164):" Für das

Durch die tatkräftige Unterstützung von Takauji[34] und Nitta[35] fielen Kyôto und Kamakura, kam die Herrschaft der Hôjô zu Ende.[36]

Go Daigo kann für kurze Zeit wieder den Thron besteigen, aber schon bald zwingen ihn Zwistigkeiten mit Takauji zu neuer Flucht, zunächst auf den Hiei-san und dann über den Uchiyama Eikyûji in den Schutz der Mönche des Kimpu-sen. Der Abt(hôin) von Yoshimizu[37] versammelt alle Mönche der Yoshino-Berge in der Halle des Zaô, um über die Haltung des Klosters zu beratschlagen;hierzu berichtet das "Taiheiki":

> In alter Zeit war Kaiser Temmu, vom Prinzen Otomo verfolgt, hierhergekommen, udd in Bälde hatte sich das Reich wieder beruhigt. Angesichts dieses Beispiels aus der Vergangenheit, wie sollten wir Mönche jetzt (bei der Flucht des Kaisers) anders denken? Überdies hat gestern nacht irgendetwas Strahlendes (hikari-mono)[38] am Himmel dem Kaiser den Weg erhellt; das bedeutet, daß die Schutzgottheiten dieses Berges, Zaô Gongen, Komori und Katte Myôjin die drei Regalien und den Kaiser beschützen. Dürfen wir denn da zögern? So sprach er, und über 300 junge Mönche legten die Rüstungen an und zogen dem Kaiser (zur Begrüßung) entgegen.[39]

Beim Tode des Kaisers Go Daigo[40] wird durch die Vermittlung des Abts von Yoshino, Yoshimizu, Hôin Soshin,[41] das Weiterbestehen des Südhofs gewahrt:[42]

> Bei seinem Tod hat Go Daigo ein Testament hinterlassen und bestimmt, daß der 7. Prinz auf den Thron folgen solle;weiter hat er vor allen Hofangehörigen die Hoffnung auf Unterwerfung der Feinde der Monarchie geäußert. Ich hörte jedoch -noch sind keine paar Tage vergangen, seit der Kaiser starb -daß man sich anschickt, sich zu zerstreuen und zurückzuziehen;das kann ich schwer billigen!... /Folgt Aufzählung derer, die noch für die kaiserliche Sache eintreten/Ihr Wille ist allesamt hart wie Diamant. Nicht ein einziges Mal sind sie schwankend geworden. Ich bin zwar ganz unbedeutend, aber während ich lebe, wass sollte es auf diesem Berg zu fürchten geben!...

Amt des bettô von Yoshino hatte man seit alter Zeit die beiden Häuser von Yoshimizu-in und Ima Kumano herangezogen. Der "Prinz der Großen Pagode" jedoch hatte während seiner Zeit in Yoshino seine Gunst dem Yoshimizu-in zugewandt und hieraus auch das Amt des Abts besetzt, aus welchem Grunde sich Ima Kumano erzürnte und gegen den Prinzen konspirierte..." Vgl. a. "Shugen" No. 89 p. 9

32)Um 1330 entstandene Geschichtserzählung(rekishi-monogatari). Autorenfrage nicht geklärt(unter den vermutlichen Autoren auch Nijô Yoshimoto); jedenfalls steht der Schreiber auf Seiten der Süd-Dynastie.

33)S. "Masu Kagami" p. 641 ff (Yûhôdô)

34)Ashikaga Takauji(1305-1358), Begründer des Ashikaga-Shogunats.

35)Nitta Yoshisada (1299-1336), einer der einflußreichen Vasallen des Südhofs und späterer Gegner Takaujis(nach dessen Abkehr von Go Daigo)

36)Vgl. T p.264

Vorstehende Beispiele mögen genügen, um in etwa zu verdeutlichen, daß und in welchem Maße sich Yamabushi - zusammen mit Mönchssoldaten der Shugendô-Zentren ? -in Yoshino für die Süd-Dynastie engagierten.[43]

Der "Prinz der Großen Pagode" stützt sich bei seinem Bemühen, Truppen gegen das Bakufu zu sammeln, auf die Kriegserfahrung der Yamabushi von Kimpu-sen, Omine und aus Kumano,[44] was der Notiz im "Masu Kagami"(s.o.) entnommen werden darf. Go Daigo kann mit Hilfe der Mönche des Kimpu-sen und des Abts Soshin seine Exilregierung in Yoshino etablieren. Wie stark die reale Macht dieses Yamabushi-Berges war, wird auch aus obigem Zitat ersichtlich:"Während ich lebe, was sollte es auf diesem Berg zu fürchten geben!"

Schwierig ist es, eine befriedigende, erschöpfende Antwort auf die Frage nach den Gründen zu finden, aus welchen die Shugendô-Zentren der Kii-Halbinsel sowie Mönche verschiedener Klöster dem Südhof ihre Unterstützung liehen. Einerseits warb Go Daigo mit Schenkungen, andererseits nahm er durch Ausfahrten persönlich Kontakt auf oder verband sich Tempel dadurch, daß er einen seiner Söhne als kaiserlichen Abt (monzeki) einsetzte. Sein 4. Sohn lebte im Shôgoin, dem Stammkloster der Tendai-Yamabushi, wodurchdirekte Kontakte zu Shugendô gegeben sind. Die Unterstützung des Abts von Yoshimizu-in, Soshin, wird wohl auch durch die Einheirat einer kaiserlichen Prinzessin in dieses Kloster erklärlich.[45]

---

37)Yoshimizu-in, Tempel in Yoshino, Nähe des Zaô-dô, zeitweiliger Aufenthaltsort von Go Daigo.

38)Hikari-mono:In der mittelalterlichen Literatur des öfteren belegte Erscheinungsform von Gottheiten(Vgl. z.B. "Shintô-shû"p. 54/5, Kumano Gongen zeigt sich als hikari-mono)Über die fliegenden Gottheiten-tobigami-vgl. a. MJT p. 415

39)S. T p. 519

40)Vgl. T p. 617, am 16. Tag des 8. Monats 1338. Nach seinem letzten Willen wird er in den Tiefen der Wälder nordöstlich der Zaô-Halle am Fuß der Yoshino-Berge begraben.

41)Vgl. a. Anm. 37

42)S. T p. 618

43)Daß die Yamabushi auch in anderen Landesteilen für die Süd-Dynastie sich einsetzten, sich an Kämpfen beteiligten, Truppen sammelten etc., dafür liefert folgende Notiz aus dem "Taiheiki" einen Hinweis;es heißt dort, ein Yamabushi sei als Bote in einem Tag durch ganz Echigo geeilt und habe Truppen für Nitta Yoshisada mobilisiert. Vgl. T p. 240. "Sankô-Taiheiki" p. 288 und "Taiheiki"(NKBTK) vol.I p. 323 bringen Tengu-Yamabushi, eine

Bei der Lektüre des "Taiheiki" stößt man des öfteren auf kurze Notizen, die von Kurier-und Spionage-Aufträgen der Yamabushi berichten. Zu solchen Diensten waren die Yamabushi aufgrund des ihnen eigenen Wanderlebens prädestiniert:

> Da der Sohn der Familie Kikuchi, Jo no Echizen no Kami, ein bedachtsamer Mann war, schickte er heimlich Yamabushi, Mönche der Zen -und der Ji-Sekte in das Heerlager des Matsuura und ließ den Leuten im Lager sagen...[46]

Zen- und Ji-Mönche scheinen als Boten und Spione neben den Yamabushi eine Rolle gespielt zu haben.[47] Ein indirektes Indiz für die Bedeutung der Yamabushi zur Zeit der Zwei Dynastien, sowie ihr kriegerisch-politisches Engagement liefert auch die Erzählsammlung "Yoshino-shûi":[48]

> / Als Yamabushi verkleidete Mönche entführen den in Yoshino gefangenen Prinzen Kajii nihon Shinnô[49] /Ach gäbe es doch ein paar über die Gipfel ziehende Yamabushi, wir wollten sie bestimmt Beschwörungen machen lassen, so sprachen die bewahhenden Ritter zueinander, zerstreuten sich und suchten.../Kommen am folgenden Tag mit drei Yamabushi, die den kranken Prinzen heilen sollen;die Beschwörung hat Erfolg, die Bewacher freuen und vergnügen sich bis in die Nacht;Yamabushi bitten, unter dem Hinweis, daß sie noch in der Morgendämmerung weggehen müßten, um ihren Abschied/
> Um die Mittagszeit lärmte man im Lager:Der Prinz ist weg! und schickte Leute aus an alle Grenzen und hielt alle Yamabushi an; aber der Prinz war schon vorher durchgekommen und an diesem Abend bis zum Kôfukuji gelangt. Bei dieser ganzen Angelegenheit hatte der Mönch Ganyú vorher den Plan gefaßt, sich in einen Yamabushi verwandelt und einen oi-Schulterkorb angefertigt so groß, daß man den Prinzen hineinstecken konnte;so hat man später gehört.

Daß ähnliche Fluchthilfen durch Yamabushi wahrscheinlich vorkamen, erhärtet auch eine Erzählung im "Senshû-shô" (1183).[50] Wenn auch die in solchen Erzählsammlungen geschilderten Begebenheiten im einzelnen nicht immer unbedingt als historisch anzusehen sind, so muß der Inhalt doch weitgehend zeitgenössische ähnliche oder gleiche Vorgänge widerspiegeln; denn wie

---

Assoziation, die unter B II 3 behandelt wird.
44)Vgl. "Hokuchô to nanchô "(=Nihon no rekishi vol. 5) p. 62, 1950
45)Seltsam mutet eine Erklärung an, die Uozumi als Grund des politischen Engagements der Yamabushi ganz allgemein gibt:"Da sie (die Yamabushi)glauben, daß zum einen es böse Dämonen sind, die der Gerechtigkeit Feind, zum andern der Glaube an Zaô Gongen es ist, der die Dämonen unterwerfen hilft, haben sie für den Süd-Kaiser keine Mühen gescheut, ja haben vielmehr(dieses militärische Engagement) zum Hauptinhalt von Shugendô gemacht."(Yoshino yama to yamabushi p. 23-35).
Eine ähnliche, aus der in der Neuzeit fixierten Doktrin inspirierte Erklärung

anders hätte sonst die Hörerschaft der setsuwa-Sammlungen diese aufnehmen und verstehen können.

Gegen Ende der Muromachizeit haben wir in einem Dokument des Haguro-san Unterlagen für kriegerische Aktivität der Yamabushi in Nord-Japan. Das "Ou eikei gunki"[51] vermerkt, daß der bettô des Haguro in Dewa durch Botenmönche im ganzen Land unter den großen und kleinen Daimyôs wie gewöhnlich die Amulette für ständiges Kriegsglück verschickte. Weiter heißt es:

> Der Botenmönch des Haguro, Chiken Hôshi, kehrte auf den Berg zurück; als er berichtete, daß der Akita jo no suke das Schloß von Toshima angreifen und darüber hinaus aus Ärger, daß der Haguro bettô dem Toshima zu Hilfe zu kommen trachte, sich anschicke, den Haguro zu zerstören, da erzürnten sich die Mönchsscharen des ganzen Berges höchlichst.. Die schlechten Mönche vom Gassan, Yudono und Haguro, sowie über 1000 Gast-Mönche(Kyaku-sô) erhoben sich, legten ihr Gewand der Demut ab und marschierten auf Akita...[52]

Yamabushi traten auch politisch in Erscheinung durch Klagen und Petitionen, die sie an das Bakufu richteten;zu einer Zeit, als sich selbständige Shugendô-Zentren bildeten und bestimmte Einflußbereiche abgegrenzt wurden, kam es, sobald sich diese mit den Gebieten weltlicher Gewalt überschnitten oder berührten, zu Streit und Auseinandersetzung, wie z.B. im "Azuma Kagami" berichtet.[53]

---

findet sich in einem neueren Werk Otomos (Tennô to yamabushi). Nach ihm ist es ein vorschneller Schluß, anzunehmen, daß die Yamabushi nur deshalb während der namboku-Zeit dem Süd-Kaiser beigestanden seien, weil sie über Äbte mit dem Hof verbunden waren. Eine noch bedeutendere Ursache sieht er im Glauben der Yamabushi. Essenz von Shugendô sei die Realisierung des Wohlergehens im Leben des einfachen Volkes...etc. Dies entspräche auch der kaiserlichen Gesinnung, weshalb die Yamabushi sich ganz selbstverstähdlich gegen Militär- und Finanzcliquen(gunbatsu ya zaibatsu !), die den kaiserlichen Willen nicht zu ihrer Richtschnur machten, wandten...etc. (Vgl. Otomo, Tennô p. 161/2) Für die Shugendô-phile Haltung des Autors spricht auch die Kennzeichnung der Bakufu-Truppen als "Heer von Räubern" (zoku no daigun). Vgl. ibid. p. 220

46)S. T p. 1035

47)Vgl. T p. 835, 1043, 1081

48)S. GS zatsu-bu vol. 27 p. 545

49)Ist Sohn von Go Fushimi-In, Son-in Hô-shinnô, Bruder zum Kaiser Kômyô von der Nord-Dynastie. Vgl. a. T Kap. 27 p. 61 Anm. 17 NKBTK

50)Erzählsammlung, teilweise dem Saigyô Hôshi zugeschrieben. Text in ZGS vol. VII, zatsu-bu p. 441

51)Chronik der Kämpfe in Oshû vom 1558/1569 bis 1596. S. "Ou eikei gunki" p. 106 SSS vol. 4

Yamabushi der Kamakura-und Muromachizeit formte oft Gruppen und stifteten Unruhe.[54]

Die untersuchten Quellen können uns nur andeutungsweise über die politische Rolle der Shugen-Asketen Auskunft geben;immerhin läßt sich aber - wie am Beispiel des Kaisers Go Daigo gezeigt -annehmen, daß auch Shugendô-Zentren - in der Tradition der mittelalterlichen Mönchsheere- aktiv in Kampf und Politik eingriffen.

Die kriegerischen Wirren und Auseinandersetzungen begünstigten das Aufkommen von falschen Yamabushi, worüber im folgenden zu berichten ist.

3. Seit Mitte der 2. Hälfte des 12. Jahrhunderts wuchs der Widerstand der den Taira feindlich gesinnten Ritterfamilien und Tempel. Nach einigen erfolglosen Aufstandsbwegungen und Verschwörungen[55] änderte sich jedoch die Situation;im Jahre 1183 fliehen vor den Truppen des Minamoto Yoshinaka[56], der gegen Kyôto vorrückt, die Taira mit dem unmündigen Kaiser Antoku[57] nach Kyûshu. Besiegelt wird der Untergang dieses Clans 1185 in der Schlacht bei Dan-no-ura.[58]

Schon ein Jahr vorher hatte Minamoto Yoshitsune die Taira bei Ichi-no-

---

52)Die Macht der Haguro-Mönche beleuchtet auch folgende Notiz aus dem "Gikeiki" (p. 346)Benkei droht dem Gon no Kami von Echizen (falls die entweihten Schulterkörbe nicht förmlich und gegen hohe Gebür gereinigt werden könnten)die Mönche des Haguro-san aufzuwiegeln, worauf Gon no Kami einlenkt das umstehende Volk sich aber ängstlich zerstreut.

53)Vgl. "Azuma Kagami" KSTK vol. 32 p. 645 Haguro-Mönche beklagen sich über den Grundherrn Ohara Jirô Shihei. Vgl. a. Hoshikawa, hiroku p. 155. Über einen Klagefall der Yamabushi berichtet auch das "Hyaku-ren-shô" p. 177, KSTK vol. 11

54)Wie z.B. auch aus dem "Meigetsu-ki", dem Tagebuch des Fujiwara Teika, ersichtlich. Vgl. Wakamori, Yamabushi p. 12, vgl. a. Hori, kenkyû p. 119/120

55)1177 schmiedeten dem Kaiser Go Shirakawa nahestehende Kreise, wie Fujiwara Narichika und der Mönch Shunkan ein erfolgoses Komplott zum Sturz der Taira. Ebenso schlug 3 Jahre später ein Aufstand des Minamoto Yorimasa fehl, dem sich die Tempelheere des Miidera und Kôfukuji angeschlossen hatten.

56)Auch unter dem Namen Kiso Yoshinaka bekannter General(1154-1184) Eroberte 1183 Kyôto. Wurde aber aufgrund seines eigenmächtigen Handelns u. der durch ihn entfesselten Unruhen in einem Feldzug Yoshitsunes und Noriyoris geschlagen.

57)81. Kaiser (1181-83)Starb mit seiner Mutter Nii no ama (Witwe Kiyomoris)in der Entscheidungsschlacht der Taira gegen die Minamoto.

-tani[59] geschlagen;als Auszeichnung erhielt er vom Kaiser Go Shirakawa einige Titel und Privilegien in der Hauptstadt. Die steigende Popularität seines jüngeren Bruders erregte natürlicherweise den Argwohn Yoritomos, der fern der Hauptstadt in Kamakura residierte und wahrscheinlich ein Komplott gegen sich und seine Vormachtstellung innerhalb des aufstrebenden Hauses Minamoto befürchtete.

Auf seinen Befehl hin bringt Yoshitsune die gefangenen Taira von Kyôto nach Kamakura; er selbst darf jedoch, wiewohl er seine Loyalität versichert, die Stadt nicht betreten, sondern muß in dem benachbarten Koshigoe[60] lagern.

Während Yoritomo an seinen Gegnern blutige Rache nahm, wurde das Verhältnis der beiden Brüder so schlecht, daß Yoritomo seinen jüngeren Bruder sogar bespitzeln ließ[61] und einen Attentäter zu seiner Ermordung dingte.[62]

Ein Versuch Yoshitsunes, mit Billigung des Kaisers Go Shirakawa Truppen auszuheben, schlägt wenig später fehl;vor dem Druck Yoritomos flieht er zunächst in die Yoshino-Berge[63] und von dort 1187 als Yamabushi verkleidet gen Norden.[64] Einen dramatischen Höhepunkt auf dieser Flucht Yoshitsunes -ausführlich im 7. Buch des "Gikeiki" geschildert -beschreibt das Nô-Stück "Ataka".[65]

Das Mönchsgewand wie auch der Aufzug eines Yamabushi waren als bequeme Reise(ver)kleidung im Mittelalter allgemein üblich, wie oftmals im "Taiheiki" und "Gikeiki" belegt.[66] Zu jener Zeit mußten auf einer Reise zahlreiche Grenzbarrieren überschritten werden, die teils aus Sicherheitsgründen für die Reisenden selbst, teils von Kriegern oder auch religiösen Verbänden aufgestellt und dann zur Finanzierung von Tempelbauten dienten. Der Ver-

---

58)Yoshitsune erringt im Auftrag seines Bruders Yoritomo, der im Kantô-Gebiet den aufkeimenden Widerstand und die wiedererstarkende Macht der Minamoto organisierte, gegen die Taira den entscheidenden Sieg. Dan-no-ura ist die Meerenge zwischen Nagato und Shimo-no-seki.
59)Ichi-no-tani:Zwischen Akashi und Kôbe.
60)Küstenstreifen südwestlich von Kamakura. Hier schrieb Yoshitsune seine bekannte Loyalitätserklärung auf ein Amulettblatt von Kumano (Kumano goô) Vgl. G p. 148
61)Durch Kajiwara Kagetoki, General und Vertrauter Yoritomos.
62)Der Mönch Tosa-bô Shôshun , der den zusammen mit Yukiie eines Aufstandes verdächtigen Yoshitsune aus dem Weg räumen soll. Vgl. G p. 149 ff
63)Vgl. G p. 188

kehr zwischen den einzelnen Provinzen[67] hatte in einem regen Austausch von Waren (Rohprodukten) aus verschiedenen Gebieten des Landes und Fertigwaren aus der Hauptstadt zugenommen;mit dem Aufschwung der bäuerlich-bürgerlichen Schichten waren die Wallfahrten nach Ise und nach Kumano[68] mehr und mehr in Mode gekommen.

Räuber und Wegelagerer und vor allem die willkürlich errichteten Grenzbarrieren zählten zu den Haupthindernissen einer mittelalterlichen Reise. Wegen häufigen Mißbrauchs wurden solche Sperren vom Kaiser Go Daigo abgeschafft.[69]

Yamabushi hatten - wie auch die Ji-Mönche- das Privileg des freien Übergangs an Grenzen.[70] In ihrer typischen Kleidung und gesamten äußeren Erscheinung hoben sich die Yamabushi von den anderen Mönchen ab, waren durch ihre geheimen Askese-Übungen beim Volk als "tabuisierte Wesen"[71] geehrt und gefürchtet; andererseits erregte ihr Auftauchen wenig Verdacht, da "stets sehr viele unterwegs "waren.[72] Ihre Pilgerfahrten mißbrauchten die Yamabushi u.a. auch zu Spionage-Diensten[73] und dem Austausch von Nachrichten zwischen den Provinzen. Diese Tätigkeit kritisiert - als allgemein bei den japanischen Mönchen üblich - für die späte Muromachizeit der Jesuiten-Missionar Frois:

---

64)Vgl. G p. 300 ff, sowie "Azuma Kagami" p. 252 KSTK vol. 32, 10.Tag des 2. Monats 1187(Bunji 3):"Alle verwandelten sich in Yamabushi".
65)"Ataka" YKTK vol. I p. 77 ff
66)Vgl. z.B. G p. 151, T p. 1090 u.a.
67)Wie weit sich in der frühen Muromachizeit die Verkehrsverbindungen erstreckten, zeigt die Episode des Kumawaka-maru im "Taiheiki" (T p. 37/8). Hieraus wird ersichtlich, daß selbst die Verbindung zwischen der Hauptinsel und dem abgelegenen Sado nicht allzu schwierig war.
68)Sog. Ise-sangû und Kumano-môde, früher meist Privileg der Adelskreise.
69)"Die Grenzstellen der 4 Richtungen und 7 Wege dienten dazu, die großen Erlasse bekannt zu geben und zu Warnungen in außergewöhnlichen Zeiten. Bis auf die in Otsu und Kuzuha(Otsu:am Biwa-See; Kuzuha:Distrikt Osaka) ließ er alle neuen Kontrollpunkte überall im Land beseitigen. Aufgrund eigensüchtigen Profitstrebens (der Territorialherren)brachten sie Nachteile für die Händler, die hin und herzogen und bereiten beim Transport der jährlichen Tributleistungen Schwierigkeiten"(T p. 5)Vgl. a. "Kenmu-irai tsuika"§32 : ""Die shugo errichten neue Barrieren, um Zoll zu erheben und belästigen Reisende an Pässen und Flußübergängen."(Eucken, Die Wandlung der sozialen Struktur des Ritterstandes in der Muromachizeit, p. 57, Diss. Hambrug 1962). Seit der Muromachizeit gibt es keine privaten Grenzsperren mehr,

Bei uns kommt es nie vor, daß die Ordensleute mit Botschaften von Fürsten und Herren gesandt werden; die Tono in Japan bedienen sich der Bonzen für Botschaften und Kriegslisten.[74]

Andererseits wählte die Kleidung eines Yamabushi, wer politisch gescheitert, auf der Flucht oder sonst aus irgendeinem Grund incognito unterwegs war, um in diesem Tarngewand weniger gefahrvoll reisen und leichter die Grenzkontrollen passieren zu können. Ganz natürlich mischten sich so unter Mönche und Yamabushi auch zahlreiche pilgernde falsche Asketen, zwielichtige Elemente.[75]

Die Sitte, unter falschem Mönchsgewand zu reisen, erhellt aus Belegen der mittelalterlichen Literatur; diese Notizen geben uns zugleich Hinweise dafür, welche Vorkehrungen nötig waren, sich in einen Shugen-Asketen zu verwandeln. Im Spiegelbild dieser falschen Yamabushi erhalten wir Auskunft auch über Aussehen und Pilgerleben der Yamabushi im Mittelalter.

Das "Gempei-seisui-ki" notiert, wie sich Shingû no Jirô Yoshimori (Yukiie) auf Befehl des Minamoto Yorimasa als Yamabushi verkleidet, um so durch die Provinzen zu ziehen und heimlich Truppen gegen die Taira zu sammeln. Zum Schulterkorb trägt er ein Kaki-Frucht-rotes Gewand " und ahmte so, da er es von Kumano her in Erinnerung hatte, (das Aussehen eines) Yamabushi nach und ging den Ostmeer-Weg hinab."[76]

---

sondern nur nationale, deren Einkünfte für das Bakufu bestimmt waren.

70) Ji-Mönche und Yamabushi waren berufsmäßig ständig unterwegs. Vgl. G p. 338, Benkei auf die Frage des Togashi nach seiner Herkunft: "Ich bin ein Spendenlisten-Yamabushi vom Tôdaiji."
Mit dem Zusammenbruch des shôen-Systems veränderte sich die wirtschaftliche Basis der Tempel und Klöster, die sich nun mittels Spendenlisten (kanjin-chô), die u.a. von Yamabushi durch die Provinzen getragen wurden, finanziell am Leben erhielten, Neubauten finanzierten etc. Die so umherziehenden Mönche nannte man kanjin-hijiri, kanjin-bikuni bzw. kanjin-yamabushi. Ursprünglich lag diesem Spendensammeln die Idee zugrunde, die Gläubigen auf den Buddhsweg zu führen und ihnen Gelegenheit zu guten Werken (Spenden) zu geben. Sehr bald aber hat sich diese Praxis zu einer bequemen Art des Gelderwerbs weiterentwickelt.

71) S. Wakamori, kenkyû p. 133

72) S. "Kiyoshige", Kôwaka p. 413

73) In vielen Fällen dürften auch Soldaten und Spione etc. den Yamabushi-Aufzug als Tarnkleidung benutzt haben.

74) S. Frois, Kulturgegensätze Europa-Japan (1585), Schütte (ed.) 1955 p. 150

75) Vgl. Kôwaka "Oi-sagashi" p. 375, 376

76) S. GSK Kap. 13 p. 598, vgl. a. HK p. 284

Zur Tarnung diente das Yamabushi-Gewand auch dem Hino Toshimoto[77], wie im "Taiheiki" berichtet:

/Toshimoto hatte als eine Art Sekretär beim Kaiser Go Daigo hohe Ämter inne. Im Jahre 1322 werden bei Hofe unter dem Vorwand, einer baldigen Schwangerschaft der Kaiserin förderlich zu sein, esoterische Riten aufgeführt und Sutren gelesen. In Wirklichkeit aber handelte es sich um Gebete zur Unterwerfung des Kantô-Gebiets.[79] Es gelingt Toshimoto mit einer List[80], sich von seinen Verpflichtungen bei Hofe zu lösen u. in Gestalt eines Yamabushi durch Yamato, Kawachi zu ziehen und dabei zu Befestigungen geeignete Plätze auszukundschaften/Er ging nach Osten und Westen, beobachtete und erforschte die Stimmung in den Provinzen und die Lage in den Ritterfamilien.

Ebenso bekannt wie die Flucht Yoshitsunes vor den Häschern seines Bruders ist jene Erzählung aus dem"T aiheiki", in der berichtet wird, wie der "Prinz der Großen Pagode"mit 9 Begleitern als Yamabushi getarnt nach Kumano flieht:[81]

Alle zogen zu dem Kaki-Frucht-farbenen Gewand ein Stirnkäppchen(tokin)bis tief über die Augenbrauen, (hingen sich) einen Schulterkorb(oi) um und stellten unter sich den Ältesten als Pilgerführer(sendatsu) auf; so wirkten sie wie Provinz-Yamabushi, die nach Kumano pilgern.

Von Aso no Miya [82], dem 16. Sohn des Kaisers Go Daigo, heißt es im "Taiheiki", er habe sich"in einen Yamabushi verwandelt und in den Tiefen Yoshinos verborgen".[83]

Aber nicht nur auf der Flucht oder zu unauffälligen Spionageaufträgen wurde häufig die Verkleidung als Yamabushi gewählt, sondern auch zu Mordanschlägen.[84] Das Kôwaka-Stück "Kagekiyo" berichtet von dem geplanten Anschlag des Taira no Kagekiyo auf Yoritomo gelegentlich eines Tempelbesuchs.[85] Auch Diebe griffen bei ihrer Arbeit zum Yamabushi-Gewand, um sich unauffällig der Wohnung des Opfers zu nähern.[86]

Unter den otogozôshi-Erzählungen berühmt ist die Geschichte der Expedition des Minamoto Yorimitsu (Raikô) zur Unterwerfung des Ungeheuers "Sauf-Knabe"(Shuten Dôji).[87] Hierzu verkleideten sich Raikô und seine Begleiter als Yamabushi, um, ohne Verdacht zu erregen, bis zum Oyama (Tamba)[88] vorstoßen zu können; dort geben sie sich als vom Weg abgeirrte Yama-

---

77)Hino Toshimoto (-1332), Sohn des Fujiwara Tanenori.
78)S. T p. 9
79)Vgl. T p. 8/9
80)Beim Lesen einer Petition der Mönche vom Hiei-san machte er vor den

bushi aus.[89]

Während in einigen Belegen genauer präzisiert wird, worin die Vorkehrungen bestanden, sich als Yamabushi zu verkleiden,[90] sprechen die meisten nur von einem "Verwandeln in Yamabushi-Gestalt."[91] Gerade weil in vielen Fällen das Aussehen eines Yamabushi nicht näher beschrieben wird, darf wohl angenommen werden, daß die Shugen-Asketen damals in Kleidung und Aussehen weitgehend festgelegt und bekannt waren. Da die wichtigsten Kleidungsstücke und Ausrüstungsgegenstände sowie die typische Erscheinung der Yamabushi in einem besonderen Kapitel behandelt wurden(Vgl. A II 1 d), seien hier nur noch einmal jene Teile aufgeführt, die offensichtlich nach der Häufigkeit ihrer Erwähnungm in der untersuchten Literatur zu urteilen, repräsentativ für den Aufzug eines Yamabushi sthhen:Stirnkäppchen/Falttuch (tokin), Kaki-Frucht-farbenes Gewand und Schulterkorb.

Für die Pseudo-Yamabushi[92] finden sich in der Literatur verschiedene Ausdrücke. Im "Gempei-seisui-ki" heißt es, Yoshitsune sei bei seiner Flucht von 12 sora-yamabushi begleitet worden;[93] der gleiche Ausdruck findet sich im "Gikeiki".[94] Das "Kokonchômon-shû" spricht von hinin no yamabushi.[95] Wahrscheinlich ist der Begriff hinin no yamabushi im gleichen Sinn wie hikyaku zu verstehen, was nach einer doktrinären Schrift des Shugendô eine Person bezeichnet, die,aus einer anderen buddhistischen Sekte kommend, sich bei religiösen Übungen der Yamabushi-Kleidung bedient.[96]

---

versammelten Ministern absichtlich einen Lesefehler, nimmt diese "Blamage" dann zum Anlaß, sich zurückzuziehen und- ohne daß die anderen Verdacht schöpfen konnten -ein halbes Jahr nicht bei Hofe zu erscheinen. Vgl. T p. 9

81)S. T p. 110

82)Kanenaga Shinnô (1326-1386)

83) S. T p. 500

84)Vgl. Wakamori, kenkyû p. 133

85)Vgl. Kôwaka "Kagekiyo" p. 226

86)Vgl. Kôwaka "Eboshi-ori" p. 296

87)Vgl. Otogizôshi p. 364 NKBTK

88)Tamba:heute Teile von Kyôto und der Pr. Hyôgo

89)Vgl. Otogizôshi p. 364 NKBTK

90)So z.B. G p. 301 ff, T p. 110, Otogizôshi p. 364 u.a.

91)Yamabushi no katachi ni narite (T p. 237), yamabushi no manabi wo shite (GSK Kap. 13, p. 598)

92)In einem Werk der Edozeit von Kitamura N., Kiyû-shôran, wird humorvoll die Begegnung zweier falshher Yamabushi geschildert, wobei wieder als ty-

Wer sich aus politischen oder anderen Gründen aus der Welt zurückziehen oder in entfernte Provinzen fliehen mußte, wählte meist die oben genannte Verkleidung als Yamabushi;diese Sitte, in der Zeit Yoritomos schon weit verbreitet, veranlaßte diesen bei der Verfolgung seines Bruders Yoshitsune, den Befehl zu erteilen, an den Grenzbarrieren nach Norden keinen Yamabushi ohne Kontrolle durchzulassen[97] bzw. verdächtige einfach zu töten.
Im Nô-Stück "Ataka" heißt es:

> Das ist eine Grenze, an der wir niemanden außer Yamabushi anhalten! Was ist denn der Grund hierfür? Weil doch zwischen Yoshitsune und Yoritomo ein Zwist ausgebrochen ist und man sagt, Yoshitsune... sei in Begleitung von 12 falschen Yamabushi auf dem Weg nach Mutsu. In allen Provinzen werden neue Grenzen aufgerichtet mit dem Befehl, Yamabushi streng zu untersuchen...
> Es handelt sich, wie ich verstehe, um falsche Yamabushi, die Ihr anhalten sollt, aber doch wohl nicht um einen Befehl, echte zu kontrollieren.
> Redet nicht lange herum, erst gestern haben wir drei getötet...[98]

Und das "Gikeiki" berichtet dazu:

> Tsuruga no Hyôei aus Echizen und Inoue Saemon erhielten aus Kamakura den Befehl zum Bau eines Grenzhauses am Arachiyama. Dort wachten in der Nacht 300 Mann und tagsüber 3oo... Kam jemand vorbei von weissem Teint und mit vorstehenden Oberzähnen, so nahmen die Wächter ihn, in der Vermutung es sei Yoshitsune, fest und unterzogen ihn einem strengen Verhör. Leute, die auf dem Weg vorbeikamen und den (verkleideten)Yoshitsune (mit seinen Begleitern) sahen, sprachen:"Auch diese Yamabushi werden wohl nicht den Schwierigkeiten dieser Grenze ausweichen können..."[99]

An Hand welcher Kriterien konnten falsche von echten Yamabushi unterschieden werden? Zunächst sei hier auf den Umstand verwiesen, daß Yamabushi - wie ausgeführt(vgl. A II 1 c 4) -von der Entrichtung der Passage-Gebühr befreit waren.

An der Grenze bei Mitsu-no-kuchi von Wächtern umzingelt, geben sich Yoshitsune und Gefährten als Yamabushi vom Haguro aus, finden aber kei -

---

pische Yamabushi-Attribute tokin und suzukake hervortreten. "In der Nähe der Grenzsperre Kiyomi-ga-seki, Suruga, kam von Osten ein falscher Yamabushi in Richtung Hauptstadt und ein anderer aus der Richtung der Hauptstadt;letzterer ritt auf einem Pferd und war von 7, 8 Trägern(gô-riki) be - gleitet. Beide hatten sie Angst voreinander(sich als falsche Yamabushi zu entlarven), schlugen (deshalb) einen Seitenweg ein und nahmen ihre tokin, suzukake usw. ab, so wird erzählt."(Kiyû-shôran p. 533, 1958)
93)Vgl. GSK p. 39, Kap. 36
94)Vgl. G p. 360

nen Glauben. Jedoch sind sich die Wächter nicht ganz einig, ob echte oder falsche Yamabushi vor ihnen stehen und zögern deshalb, sie einfach zu töten.[100] Als Lösung schlägt jemand vor, die Passage-Gebühr zu erbitten; echte Yamabushi würden- da sie von solchen Abgaben ja befreit waren -bestimmt nicht zahlen.[101]

Als weiteres Bestimmungsmerkmal zwischen echten und falschen Yamabushi, das zugleich auch den Unterschied Laien:Yamabushi charakterisiert, ist die Haartracht zu nennen. Die Yamabushi trugen in der Regel ihr Haar lang herabhängend,[102] während sich die buddhistischen Mönche den Kopf kahl schoren.

Als der "Prinz der Großen Pagode" und seine Begleiter auf der Flucht nach Kumano als wandernde Yamabushi bei Tono Hyôei Rast und Unterkunft finden, und dessen lauterer Gesinnung sicher sind, geben sie sich ihm zu erkennen; Hyôei zweifelt; da nehmen zwei der Begleiter mit den Worten:Ach wie heiß ist es ! ihre Stirnkäppchen ab und legen sie zur Seite:

> Da sie keine echten Yamabushi waren, war das halbmondförmig geschnittene Haar[103] offen zu sehen. Bei diesem Anblick sprach Hyôei:In der Tat, es sind keine echten Yamabushi![104]

Als drittes Kriterium sind die schon erwähnten (vgl. A II 1 c 3)Yamabushi-mondô zu nennen.

---

95)Vgl. KKS p. 100, Nihon bungaku taikei;im KKS p. 93 NKBTK durch unterschiedliche Interpunktion:hinin no/yamabushi no...
96)Vgl. "Shugen-ka shobutsu meigen-ruiji" zit. bei Wakamori, kenkyû p. 207
97)Vgl. G p. 329
98)S. YKTK vol. I p. 89 Auf diese Stelle bezieht sich ein Gedicht Bashôs : yamabushi wo /kitte kaketaru/seki no mae/ :Vor der Grenze da, geköpft u. aufgehängt, die Yamabushi ! (Bashô -ku-shû p. 484, NKBTK)
99)S. G p. 320
100)Vgl. G p. 325
101)Vgl. A II 1 c 4
102)Vgl. A II 1 d
103)Saka-yaki:halbmondförmig ausgeschnittenes Stirnhaar der Männer. Im Saigen-in-bon T saka-ike =? saka-iki, welches als Verschleifung von sakayaki anzusehen ist.
104)S. T p. 113/114

Zusammenfassend läßt sich sagen, daß Voraussetzungen für das Aufkommen falscher Yamabushi waren:

1. Zusammenschluß und Vereinheitlichung sowie numerische Ausdehnung der Yamabushi; Zunahme ihrer Pilgerfahrt durch die Provinzen.

2. Die den Yamabushi in ihrem typischen, weitbekannten Aufzug entgegengebrachte Verehrung; ihre privilegierte Stellung

3. Zeitumstände sowie die zahlreichen, oft willkürlich errichteten Grenzsperren.

II. Stellung und Ansehen der Yamabushi im Volk

Bei einer vergleichenden Betrachtung der literarischen Aussagen über das Ansehen der Yamabushi im Volk, zeigt sich, daß der Ruf jener Berg-Asketen, der Grad der Verehrung, die man ihnen entgegenbrachte, die Behandlung seitens des Volkes, keineswegs immer die gleichen waren, sondern vielmehr eine sich stetig verändernde, im Gelächter der Kyôgen-Possen ihren Tiefpunkt erreichende Entwicklung aufweisen;diese ist freilich nicht einheitlich progressiv, sondern negative wie positive Haltung zu den Yamabushi laufen dabei vielfach parallel.

In den folgenden Ausführungen wird versucht, Anhaltspunkte zu geben, die die Gründe unterschiedlicher Beurteilung der Yamabushi veranschaulichen helfen. Kriterium der hierbei vorgenommenen Gliederung der verschiedenen Aussagen, die sich nicht leicht in einen chronologischen Zusammenhang bringen lassen, soll zunächst die Grundlage sein, von der sich die Haltung zu den Yamabushi herleitet, auf die sich die unterschiedlichen Einstellungen gründen und durch die sie motiviert sind. Hierbei verstehen wir unter Haltung die Einstellung des Volkes im weitesten Sinn, d.h. die Skala reicht von dem reinen Prestige, das sich an das Leben und die Übungen der Asketen knüpft, über Ansehen kraft Wundererweis bis zur von Furcht (und Kritik) bestimmten Anschauung, wofür repräsentativ die Identifikation der Yamabushi mit den Tengu steht.

1. Schon in der Narazeit genossen diejenigen, die sich in die Berge zu Übungen zurückzogen den Ruf, im Besitz magischer Kräfte zu sein;die Heianzeit brachte die Vorstellung, daß ausgedehntes Training in den Bergen(symbolische Mandala)die Wirksamkeit solcher übernatürlichen Kräfte noch steigere. Wundermönche(genja) von heiligen Bergen genossen hohes Ansehen und wurden auch von Adligen als Exorzisten bestellt.[1]

Grundlage des Ansehens war in jener Zeit das rauhe Askese- und Pilgerleben, insbesondere der Yamabushi, wie einer Notiz im "Utsuho-monogatari" zu entnehmen ist:

...Ein Eremit(okonaibito)[2], der sich seit seiner Jugend der Meditatiom

---

1) Vgl. "Genji-monogatari" Kashiwagi in Anm. A II 259, vgl. a. "O Kagami" p. 126 NKBTK. Unter den Yamabushi hatten wieder die von Kumano besonders hohes Ansehen. Vgl. "Togashi" p. 365

gewidmet hatte; sein Haar war von den Übungen grau geworden; er war in Begleitung von drei Schülern(deshi) und fünf Novizen(dôji) und hatte keine Nahrungsmittel mehr; inbrünstig betete er das Mantra der 1000-händigen Kannon. Da erhob sich -da es sich sehr Ehrfurcht-gebietend anhörte- Tadakoso und lief auf die Brücke hinaus, wo ein unvergleichlicher Eremit stand. Bei seinem Anblick warf sich Tadakoso zu Boden und erwies ihm Reverenz...[3]

Das asketische Leben solcher Menschen, das u.a. auch aus der Reaktion gegen den Kloster-Buddhismus der Narazeit Impulse erhalten hatte, wurde als Ideal gesehen:

Seit jungen Jahren steht mir der Sinn nach dem Leben eines Eremiten (okonai no michi). Gerade die Leute, die sich in schwerer Askese üben, sich in die Berge zurückziehen, beneide ich...[4]

Übung in den Bergen, das Pilgerleben und der Besuch zahlreicher heiliger Stätten bedingen den Ruf der Asketen, wie z.B. auch im "Shin Saru gakki" belegt.[5]

Das "Heike-monogatari" schreibt über den Asketen Mongaku:[6]

Als er das große Gelübde der 3 mal 7 Tage endlich eingelöst hatte, zog er sich 1000 Tage nach Nachi in Klausur zurück, bestieg dreimal den Omine, zweimal den Katsuragi, pilgerte zum Kôya, in den Kokawa(Tempel pel) und auf den Kimpu-sen...ausnahmslos zu allen heiligen Stätten Japans...und war ein messerscharfer wundertätiger Mönch(genja)

Im "Gempei-seisui-ki" wird der außerordentliche Charakter der Pilger hervorgehoben, die den Omine durchqueren wollen.[7]

Bewunderung galt, wie im "Utsuho-monogatari" im allgemeinen für das Leben eines Yamabushi ausgesagt, insbesondere der Durchführung rauher Übungen. So heißt es z.B. im "Gempei-seisui-ki" von Mongaku, der im Wasserfall zu Nachi zusammenbricht, die "Leute bemitleideten oder aber beneideten ihn".[8]

Ihr Ansehen, das wandernde Yamabushi vielfach unter der Bevölkerung genossen, spiegelt sich einmal in dem Umstand, daß ihnen aus Mitleid Nah-

---

2)Okonaibito:jemand(hito), der (heilige) Handlungen und Übungen durchführt (okonau).
3)S. "Utsuho-monogatari" p. 143
4)S. ibid.
5)Vgl. Einleitung
6)S. HK p. 354 ff NKBTK (vol. 32)
7)Vgl. GSK Kap. 40 p. 273 SSS, vgl. a. KKS p. 87
8)S. GSK Kap. 18 p. 34, SSS

rungsspenden gereicht wurden, wider, zum andern auch in der Gewährung kostenloser Unterkunft in Rasthäusern.[9]

2a)Mit ihren Übungen und Wunderkräften hatten die Yamabushi eine besondere Stellung im religiösen und weltlichen Leben Japans inne. Das Geheimnisvolle der Bergwelt, der den Nicht-Eingeweihten unverständliche Charakter ihrer Askese, die von den Yamabushi verehrten zornigen Gottheiten wie Fudô Myôô, Zaô und Kongô Dôji, Exorzismus und esoterische Riten, all dies mag mit dazu beigetragen haben, den Yamabushi außer mit Verehrung auch mit Scheu und sogar Furcht zu begegnen.[10]

Achtung vor den Yamabushi konnte sich so auch aus der Furcht vor den Gottheiten dieser Berg-Asketen herleiten, wie besonders im Fall der Kongô Dôji. Als Beispiel diene die schon zitierte Notiz aus dem "Gikeiki":

> /Als Otsu Jirô seiner Frau, die den mutmaßlichen Yoshitsune festnehmen und sich dadurch eine Belohnung sicher will, entgegnet/
> Falls es sich aber um echte Yamabushi handeln sollte, müßten wir bei einer solchen Handlungsweise Angst vor (dem Fluch der)Kongô Dôji haben.[11]

In die gleiche Richtung weist die Bemerkung des Grenzwächters im Kôwaka-Stück "Oi-sagashi":

> Von einem Yamabushi verflucht zu werden, dürfte nicht gut sein![12]

Die Gewohnheit der Yamabushi, ihre magischen Kräfte zum Guten wie zum Bösen zu verwenden, für Gebet und Fluch, könnte hinter jener Angst vor den Kongô Dôji stehen, mit deren Zorn und Strafe die Yamabushi drohen.

Im Kôwaka-Stück "Togashi" schimpft Benkei auf die Küstenbewohner, die die Schulterkörbe der verdächtigen Yamabushi untersuchen wollen:

> Schulterkörbe von Yamabushi sind nicht (deren)persönliche Dinge, son-

---

9)Eventuell lehrten die Yamabushi als Gegenleistung Mudra, oder aber erzählten von anderen Gegenden, machten Krankenbeschwörungen ?
10)Von neuzeitlichen Yamabushi berichtet Orikuchi (zenshû vol. III p.26), sie bettelten sich von Dorf zu Dorf durch; wo man sie nicht gut empfing, dort hätten sie statt Gebete einen Fluch vorgebracht;"noch später war das umgedrehte Hora-Blasen der Yamabushi gefürchtet". Yamabushi erscheinen so unter zwei Aspekten:Vertrauen und Furcht.
11)S. G p. 313
12)S. Kôwaka "Oi-sagashi" p. 374
13)S. "Togashi" p. 377. Vgl. a. Nô-Stück "Ataka", wo Benkei mit dem Fluch

dern sie beherbergen die 8 Großen Kongô Dôji des (Omine?)Gipfels.[13]

b)Außer durch diese eine Komponente, nämlich hinter den Yamabushi die Gottheiten zu fürchten und deswegen die Yamabushi als diesen besonders nahestehend[14] mit Furcht zu betrachten, müssen einige andere Notizen im "Gikeiki" wohl mit politischen Gründen erklärt werden.

Hinter der Bemerkung, die das "Gikeiki" den Soldaten an der Grenzsperre in Mitsu-no-kuchi in den Mund legt:

> Einen Yamabushi töten, der nicht(wie vermutet)Yoshitsune ist, dürfte zu einem schwerwiegenden Zwischenfall werden...[15]

sowie der Warnung Yoshitsunes:

> Bringt Eurem Vorgesetzten kein Unglück, indem Ihr an Haguro Yamabushi Hand anlegt...[16]

könnte eventuell die numerische Macht der Haguro-Yamabushi gesehen werden. Ganz offen droht Benkei dem Vize-Präfekten der Küstenregion von Echigo, Gon no Kami, die Mönchsheere des Haguro aufzuwiegeln, falls nicht die nötigen Reinigungsgebühren für die entweihten Schulterkörbe erbracht würden.[17]

c)Das Prestige der Yamabushi war wohl von Anfang an in nicht geringem Maße auch durch die ihnen zugesprochenen Wunderkräfte und magischen Fähigkeiten bedingt, die sie vor allem als Krankenheiler anwendeten. Bemerkungen, wie hoch erfolgreiche Exorzisten angesehen wurden, können wir schon dem "Makura no sôshi" entnehmen.[18] Dieses Ansehen als Exorzisten hat sich auch während des ganzen Mittelalters erhalten.[19]

In dem Maße, als sich aus anfänglich individueller Berg-Übung eines lockeren, offenen Personenkreises Gemeinsamkeiten in der Durchführung solcher Askese, einheitliche Glaubensvorstellungen entwickelten, traten Yama-

---

des (rächenden)Fudô droht. Vgl. YKTK vol. I p. 91
14)Vgl. z.B. G p. 346
15)S. G p. 325
16)S. G p. 324 Möglich ist auch, daß die Warnung hier als Drohung mit dem Fluch der Gottheiten zu verstehen ist.
17)Vgl. G p. 346

bushi als religiöse Figur stärker hervor;ihr Leben und Wirken in den Bergen waren für die Laien geheimnisumwittert, und die ihnen zugesprochenen Kräfte nahmen einen immer fantastischeren Charakter an;d.h. zu dem Ansehen kraft ihrer Funktion als Exorzisten tritt in der Kamakurazeit(und auch in der Muromachizeit) ein gläubiges Staunen über ihre Wunderkräfte, ein Staunen, in dem auch schon Elemente von Furcht liegen, die in der zeitgenössischen Identifizierung Yamabushi:Tengu ihren besonderen Ausdruck gefunden hat.

Zu den übernatürlichen Kräften der Yamabushi gehörte, wie z.B. in der Erzählsammlung "Yoshino-shûi" belegt, die Fähigkeit, Gegenstände der Natur zu beherrschen:[20]

> /Prinz Hironari läßt einen seiner Gefolgsleute nach einer Falkenjagd am Natsumigawa-Fluß einen formschön mit Kiefern bewachsenen Stein für seinen Garten zum Palast zurücktragen.../
> Als er an einer Stelle, da von rechts und links der Berg hervortrat und so der Weg sehr schmal war, unschlüssig zögerte(was wohl zu tun sei) und dachte, daß er dort wohl nur schwer vorbeikäme, da erschien auf der anderen Seite ein Yamabushi und schimpfte:Durch den Felsen behindert, kann man hier nicht durch. Schiebt ihn zur Seite!... - Ich weiß mir auch nicht zu helfen, was könnte man tun?...Wohlan denn, dem kann abgeholfen werden! Und der Yamabushi rieb seinen Rosenkranz und murmelte irgendwas. Durch sein Beten wurde der Stein klein und er konnte mühelos vorbeigehen.

Während in dieser Erzählung die Kraft durch Beten direkt vom Yamabushi selbst ausgeht, zwingt er in den folgenden zwei Notizen, aus dem "Ujishûi-monogatari" und dem "Taiheiki", kraft seines Gebets die Hüter des Gesetzes (gohô) bzw. die Drachen-Gottheiten, den gewünschten Erfolg zu bewirken.

Das "Ujishûi-monogatari" berichtet über einen Yamabushi Keitô-bô, der ein Schiff zurückbetet:[21]

> Auch das ist jetzt schon lange her. Im Lande Echigo, an der Furt Koraki, waren viele Leute versammelt, die sich übersetzen lassen wollten, unter ihnen auch ein Yamabushi namens Keitô-bô...Von jedem Einzelnen nahmen die Schiffsleute Geld und setzten sie über. Als dieser Keitô-bô sprach:Setzt mich über !, da hörten sie nicht einmal hin und ruderten davon. Darauf sprach der Yamabushi:Was soll denn das!Eine solche

---

18)Vgl. "Makura no sôshi" p. 1084, sowie "O Kagami" p. 126 NKBTK
19)Vgl. a. A II 1 c 6
20)S. "Yoshino-shûi" p. 546/7 GS, vgl. a. Kräftemessen zwischen Jôzô und Shunyû im KKS (p. 82 NKBTK), wo beider Kräfte einen Stein zum Springen bringen.

Rücksichtslosigkeit!...Knirschte mit den Zähnen und rieb angestrengt seinen Rosenkranz. Als jene Schiffsleute sich umschauten mit einem Ausdruck im Gesicht, als wollten sie sagen:Wie töricht(den Rosenkranz zu reiben)!, und schon etwa drei bis vier chô (330-440m) weit weg waren, da stemmte Keitô-bô die Füße bis halb zum Schienbein in den Sand /Folgt Beschwörung der gohô/[22]
Während er so gesprochen hatte, kam - obwohl doch kein Wind ging - das Schiff auf ihn zu. Da sprach er:Es kommt, es kommt !Schafft es mir schnell heran! -Und mit diesen Worten machte er beschwörende Gesten. Die es sahen, verloren die Farbe. Währenddessen näherte sich das Schiff bis auf ein chô (109-110m). Da sprach Keitô-bô:Werft es um ! -Das hörten die Menschen, die sich eingefunden hatten und riefen wie aus einem Mund:Eine grausame Bitte und fürchterliche Sünde! Laßt es schon gut sein! - Keitô-bô änderte ein wenig seine Farbe und rief:So, nun stoßt es um! -Da stürzten sie (die gohô)die über 2o Menschen, die an Bord waren, ins Wasser.
Keitô-bô wischte sich den Schweiß(von derStirn) und sprach:Ach, was für Gesellen! Haben die immer noch nicht verstanden! - Und unter diesen Worten ging er weg.
Obwohl es doch das Endzeitalter ist, sidd die drei Kleinodien noch wirksam.[23]

Im "Taiheiki", das diese Geschichte übernahm und leicht modifizierte, rettet ein Yamabushi den von seinen Häschern verfolgten Kumawaka, der mit der Ermordung des Laienmönchs Honma auf Sado den Tod seines Vaters Hino Suketomo rächte:[24]

Als sie ein Schiff suchten, da waren bei günstigem Wind alle aus dem Hafen ausgelaufen und nicht ein einziges da. Ratlos liefen sie umher;da erblickten sie ein großes Schiff, das in günstigem Wind die Segel gesetzt hatte. Der Yamabushi freute sich über die unverhoffte Gelegenheit,[25] hob die Hand und rief:Segelt hierher und nehmt uns auf!
/Doch das Schiff fährt weiter aus dem Hafen aus;der Yamabushi, erzürnt, reibt seinen Rosenkranz und betet zu Fudô , den Drachenkönigen etc.[26]/
Als die Schiffsleute dies sahen, lachten sie und riefen:Was treibt denn dieser Yamabushi da? Lächerlich !- Doch da blies auf einmal ein günstiger Wind und begann, das Schiff zurückzutreiben;die Schiffer konnten das Segel nicht streichen und so drohte der Wind das Schiff umzustürzen. Da erbleichten sie, schrien aufgeregt durcheinander, falteten- in Richtung auf den Yamabushi gewandt -die Hände, verbeugten sich und sprachen, indem ein jeder, Verzeihung heischend, in die Hände schlug: Rettet uns ! Wir steuern das Schiff heran und nehmen Euch auf!...Sie stiegen an Land, klammerten sich an den Saum des Kaki-Frucht-farbenen

21)S. "Ujishûi-monogatari" p. 123/124
22)Vgl. A I 3
23)S. "Ujishûi-monogatari" p. 124
24) S. T p. 39
25)Udonge:In 3000 Jahren nur einmal und dann als Zeichen des Erscheinens eines Buddha in der Welt aufblühender mystischer Baum. Übertragene Bedeutung für etwas Seltenes.

Gewandes des Yamabushi und sagten:Wir waren so töricht und kannten kein Mitleid!Gerade weil ein Yamabushi Weisheit und Erbarmen besitzt, zeigte sich der Schutz sämtlicher himmlischer Wesen und Drachen-Gottheiten, und Ihr habt so eine unvergleichliche Wunderwirkung zum Ausdruck gebracht. Wie könnte es unter den der Erlösung bedürftigen Wesen welche geben, die dies hier sehen und hören und sich doch nicht dankbar zeigten! Auch was diese wunderbare Erweiskraft angeht, so habt Ihr aufgrund unseres Unverständnisses und eigensinnigen Benehmens eine solche Autorität entfaltet. Wir nehmen unsere Zuflucht zu Euch, Yamabushi, und wollen Euch treue Dienste tun! - Als sie so sprachen, besserte sich die Stimmung des Asketen:Schon gut, schon gut. Das ist nicht nötig; wir wollen das Schiff besteigen!
Als nun der Knabe und der Yamabushi an Bord waren, drehte der Wind wieder auf seine ursprüngliche Richtung, und die Seeleute ruderten aufs hohe Meer hinaus.

Beide Erzählungen, aus dem "Ujishûi-monogatari" und dem "Taiheiki", welches letztere den Vorwurf zu dem Nô-Stück "Dampû" (Altar-Wind)[27] lieferte, weisen eine sehr starke Parallelität der Handlung auf. Die Situation, in der die Kräfte des Yamabushi sich zeigen, ist weitgehend die gleiche:Ablehnung der Schiffsleute, Zorn des Yamabushi, Zurückbeten des Schiffes. Interessant ist, daß in beiden Fällen, wie auch in dem Nô-Stück "Dampû", das Vorgehen des Yamabushi als <u>lächerlich</u> oder <u>töricht</u> hingestellt wird; im "Ujishûi-monogataro":Mit einem Ausdruck im Gesicht, als wollten sie sagen:Wie töricht!, im "Taiheiki":Was treibt denn dieser Yamabushi da? Lächerlich !, oder im Nô-Stück "Dampû": Yamabushi, die beten böse Geister (mono no ke)nieder;daß ein Yamabushi ein Schiff zurückgebetet hat, ward noch nicht gehört![28]
Es darf wohl angenommen werden, daß diese Bemerkungen lediglich <u>dramaturgischen</u> Sinn haben und dazu dienen, die erfolgreiche Beschwörung umso wirkungsvoller in Szene zu setzen.

---

26)Vgl. A I 3
27)Dieses Nô-Stück übernimmt mit geringen Änderungen den Vorgang im "Taiheiki" undschildert die Geschichte des Kumawaka,(im Nô Umewaka) der seinen zum Tode verurteilten Vater Suketomo auf Sado trifft; Ermordung und Flucht wie im "Taiheiki". Yamabushi betet Schiff unter Anrufung des Kumano Gongen zurück:Daß ich Jahre und Monate zum Kumano Gongen pilgerte, geschah mit dem Ziel(daß mir meine Verdienstkräfte)nun bei solchen Gelegenheiten zustatten kommen. Ich will den Gongen der drei hl. Stätten auf das Meer bitten und weiter mit Hilfe des Seils des Fudô jenes Schiff zurückbeten. (YKTK vol. III p. 2025)
28)S. "Dampû" YKTK vol. III p. 2025

Die so augenfällig demonstrierte, ungewöhnliche Wunderkraft der Yamabushi erzielen diese aufgrund ihrer Macht über (niedere) Gottheiten (gohô, Drachen)[29] in zwingendem Gebet bzw. kraft Verdienst aus langen Übungen, und gebrauchen sie - abgesehen von dem zitierten Fall im "Taiheiki" -das eine gewisse Idealisierung der Yamabushi-Gestalt erkennen läßt -[30] auch zu eigennützigen Zwecken.

Im "Heike-monogatari" z.B. lesen wir von dem Asketen Mongaku, er sei durch seine Übungen auf zahlreichen Bergen "ein messerscharfer Wunder-Asket(genja) gewesen", der mit seinen Kräften sogar "einen fliegenden Vogel (vom Himmel) herunterbeten konnte";[31] diese Fähigkeit wird den Yamabushi stereotyp in den Kyôgen-Possen nachgerühmt.[32]

Das "Gempei-seisui-ki" berichtet von demselben Asketen, er habe"Mönche zu Laien und einfache Laien zu Mönchen gemacht", und sei in den "Tengu-Künsten sehr geschickt gewesen."[33]
In dieser Bemerkung, wie auch in den oben aufgeführten Wundertaten, dürfte eine veränderte Einschätzung der Yamabushi zu erkennen sein. Während sie in der Heianzeit als Zauberpriester für Krankenheiten verehrt wurden, scheint sich von der Kamakurazeit an die ursprüngliche Verehrung mit einem Staunen zu verbinden, das aber auch bereits von Furcht vor diesen übernatürlichen Kräften gezeichnet ist. Diese letzte Komponente gipfelt in der Vorstellung einer Identität Yamabushi:Tengu, wie sie seit Ende der Kamakurazeit aufkam. Die Furcht vor solchen Yamabushi-Tengu hielt das ganze Mittelalter hindurch an und schwand erst gegen Ende der Muromachizeit in dem aufgeklärten Spott der Kyôgen-Possen

---

29)Im Gegensatz zu der vorher zitierten Furcht vor den Gottheiten, mit denen die Yamabushi drohen, ist hier Ansatzpunkt ihres Prestiges der enge Kontakt und ihre beherrschende Stellung gegenüber den im Volk bekannten und verehrten Gottheiten. Beide Gesichtspunkte sind jedoch nahe verwandt.
30)Vgl. z.B. T p. 39
31)S. HK p. 356 jôkan NKBTK, vgl. a. GSK Kap. 18 p. 37
32)Vgl. B II 4
33)S. GSK Kap. 18 p. 33

3. Während in der Heianzeit die das Leben der Menschen beherrschenden übernatürlichen Kräfte entweder einem (nicht näher bestimmten) Schicksal oder aber dem Einfluß von Gottheiten und Buddhas ganz allgemein zugeschrieben wurden, sah man im folgenden Mittelalter einzelne Vorfälle als direkt von bestimmten Buddhas bzw. Kami bewirkt.[34] Das Schicksal der Taira und Minamoto wird im "Heike-monogatari" als durch den Itsukushima Myôjin u. Hachiman bestimmt gesehen,[35] Aufkommen und Macht Kiyomoris dem Einfluß des Kumano Gongen zugeschrieben,[36] Go Daigos Überfahrt nach Hôki wird von Drachen-Gottheiten unterstützt.[37]

Charakteristisch für das Mittelalter ist, daß sich der Schutz oder -allgemeiner gesagt - das Wirken der Gottheiten nicht allein kraft Orakel zeigt, sondern die Gottheiten selbst in sichtbarer Gestalt auftreten.[38] Ein bekanntes Beispiel findet sich im "Taiheiki", wo Zaô Gongen sich als Lichterscheinung (hikari-mono) offenbart und dem Kaiser Go Daigo den Fluchtweg nach Yoshino auf den Kimpu-sen weist.[39]

Häufig zeigen sich Gottheiten im Traum, um Schutz zu verleihen, Zukunftsprognosen zu geben, zu warnen etc.[40] Einen Schritt weiter weg von der Erscheinung einer Gottheit im Traum geht das Erlebnis des Unkei im "Taiheiki", der den Atago-Berg zu besuchen glaubt.[41]

Neben Buddhas und Gottheiten haben auch Dämonen aller Art sowie Geister Einfluß auf die Menschen; unter den "verwandelten Wesen" (bake-mono) sind am bekanntesten die Tengu (Himmelshunde), die zur Klasse jener Dämonen gehören, die in enger Beziehung zu Bergen stehen.[42]

---

34) Vgl. Tsuda Sôkichi, bungaku ni arawaretaru kokumin shisô no kenkyû vol. II p. 146
35) Vgl. Tsuda, kenkyû p. 146
36) Vgl. HK p. 14
37) Vgl. T p. 166
38) Vgl. Tsuda, kenkyû p. 148
39) Vgl. T p. 519
40) Vgl. T p. 111, 830, GSK p. 374/5 jôkan SSS, KKS p. 87 NKBTK
41) Vgl. T p. 776 ff
42) So auch yama-uba, yama-otoko, ama-no-jaku. Andere -nach ihrem Aufenthaltsort unterschieden- finden sich im Meer, in Flüssen, am Wegrand etc. Vgl. NMTK vol. III p. 301
Um diese Tengu haben sich in Japan seit der Heianzeit, als "unter gebildeten Leuten Geistergeschichten beliebt waren" (Yanagita, shû, vol. IV p. 417) verschiedenerlei Legenden gerankt. (Vgl. "Konjaku-monogatari" Kap. 20). Der

Über diese Tengu finden sich nicht nur in den Erzählsammlungen (setsuwa-shû)der Heianzeit, dondern auch in den Kriegsepen des Mittelalters zahlreiche Notizen. Was sind Tengu ?

In China gibt es hinsichtlich der "Himmelshunde" zwei grundsätzliche Vorstellungen, nämlich die eines Meteoren, sowie die eines in den Bergen lebenden Geisterwesens.[43] Die lärmenden, Furcht-erregenden Meteore werden als Anzeichen kommenden Unheils, von Kriegen u.a. gesehen.[44]

Die Vorstellung eines Tengu-Meteoren ist auch in Japan bekannt und in der japanischen Literatur belegt,[45] wurde aber wohl aus China übernommen.[46] Im japanischen Volksglauben ist allerdings nur die zweite Idee, nämlich die des Tengu-Dämonen zu finden. Wesensmäßig und im Aussehen hat aber der japanische Tengu kaum mehr etwas gemein mit seinem chinesischen Artgenossen:Er ist weder Tier noch Stern, weshalb von einigen Forschern die These eines rein japanischen Tengu vertreten wurde.[47]

---

japanische Tengu, so wie er in der Vorstellung des Volksglaubens bis in die Neuzeit lebendig blieb, wird in einigen Gegenden Japans den Berg-Männern (yama-otoko) gleichgestellt, trägt Züge der Bergbewohner(yamabito);(so wie diese Bergbewohner in einigen neuzeitlichen Schriften Tengu genannt werden." Yanagita, shû vol. IV p. 59-186)Besonders unter den in abgelegenen Berggegenden wohnenden Menschen, die ein ausgeprägtes Geisterbewußtsein besitzen, war die Tengu-Vorstellung lebendig;es wurden ihnen sogar Schreine errichtet.(Vgl. Chamberlain, Allerlei Japanisches p. 542)Tengu erscheinen plötzlich und bezaubern die Menschen in Art von wilden Füchsen. (Vgl. Yanagita, shû vol. IV p. 106)Alle ungewöhnlichen, unerwarteten Erscheinungen werden (deshalb) diesen Tengu zugeschrieben(s.u.)
Das einfache Volk stattete die Tengu mit unheimlichen, übernatürlichen Kräften aus, wie der Kunst, sich fliegend zu bewegen, sich unsichtbar zu machen oder auch nach Belieben zu verwandeln. Sie sind oft menschenscheu und vergelten es übel, wenn man sich ihnen unbedachtsam nähert. (Yanagita, ibid.) Rachegefühl wie auch Mitleid treten in vom Menschen unerwarteten Augenblicken hervor;daher werden sie zugleich gefürchtet und verehrt;hier liegen Gemeinsamkeiten mit den japanischen Berg- und Feld-Gottheiten. (Yanagita ibid. p. 107)
Diese neuzeitliche und im Volksglauben verankerte Vorstellung eines Kobolds und Waldgeistes, seine Erscheinungsform und Funktion, sind nur noch entfernt mit dem mittelalterlichen Tengu verwandt. In jener Zeit verstand man unter Tengu(-Dämonen) in erster Linie vom buddhistischen Gesetz abgewichene, hochfahrend-stolze Mönche und Yamabushi, welche Vorstellung im folgenden erörtert wird.

43) Die erste Idee findet sich im "Shih Chi":Ein Tengu ist in Gestalt gleich einem großen Meteor;er hat eine Stimme;stürzt er auf die Erde herab, so ist es eine Art Hund. Betrachtet man seine Bahn, so ist es, als ob Feuer gen

Wohnstätte der Tengu sind die Berge.[48] Im Yoshino-shûi" heißt es:

> Da auf solchen abgelegenen Bergen Tengu und ähnliche Wesen beständig wohnen...[49]

Unter diesen Tengu-Bergen namentlich bekannt geworden sind u.a. Atago, Takao, Hiei, Kurama, Hira, Omine usw. Das Mittelalter sah in allen bekannten (Shugendô-?)Bergen Wohnsitze der Tengu. Hierzu eine Notiz aus dem "Gempei-seisui-ki":[50]

> ...Und auf den Berggipfeln der über 6o Lande gibt es keinen Ort, wo nicht 20, 30, 50, 100 oder 200 versammelt sind.

Einen Eindruck von der Wohnstätte der Tengu auf dem Atago-san gibt die Zukunftsprognose (mirai-ki) Unkeis aus dem "Taiheiki":51

> Diese Zeit war eine seltsame im Reich. Auf dem Berg Haguro in Dewa gab es einen Yamabushi namens Unkei. Mit dem Hinweis, er habe Sonderbares erfahren, schrieb er auf die Rückseite des Ochsen-König-Amuletts von Kumano[52] eine Zukunftsvoraussage.
> Unkei war durch sämtliche Lande gepilgert;im letzten Frühjahr hatte er sich entschlossen und war in die Hauptstadt gegangen; er wohnte in Ima Kumano.[53] Als er die berühmten Stätten der Blumen-Hauptstadt abpilgerte, ging er am 20. Tag des 6. Monats (1349) zwecks Besichtigung des Tenryûji in die Gegend von Saga. Bei Miya-no-chô[54] traf er einen ungefähr 6o Jahre alten Yamabushi. Dieser sprach zu ihm:Wohin geht Ihr? Da antwortete Unkei:Ich bin auf einer Pilgerfahrt durch die Lande und

---

Himmel fahre."(Shih Chi vol. 4 Abschnitt 23-30 p. 1335 , Chung-hua shu chü). Die 2. Vorstellung ist im "Shan hai-ching" belegt. Vgl. de Visser, Tengu p. 27

44)Hierauf weisen auch die von de Groot(Religious system, vol. V p. 574 ff) zitierten Beispiele hin. Vgl. a. de Visser, Tengu, sowie BDJT vol. IV p. 3781

45)Im "Ruiju meibutsu-kô" (vol. VI p. 781)heißt es unter dem Stichwort"Tengu-hoshi":Ein großer Meteor, der mit Lärm fliegt.

46)Daß den Japanern die Vorstellung eines Himmelshundes ursprünglich nicht bekannt war, darf aus dem"Nihongi" geschlossen werden:"...Ein großer Stern zog von Osten nach Westen und es gab einen Donner-ähnlichen Ton! Die Leute sagten:Das war der Ton eines Meteoren, andere wieder:Es war ein Erddonner! - Da sprach der Mönch Bin:Das war kein Meteor, sondern ein Himmelsfuchs(ama tsu kitsune). Seine bellende Stimme ähnelt dem Donner..." (Nihongi p. 146, gekan)

47)So z.B. von Inoue Enryô in seinem Werk"Tengu-ron", in "Meishin to shûkyô", 1916. Er vertritt die Ansicht, daß es sich bei den Tengu um rein japanische Vorstellungen handle und leugnet jeden Einfluß von China. Inoue sieht den Tengu-Glauben als natürlich gewachsene Vorstellung, deren Aufkommen begünstigt wurde durch die fremdartige Atmosphäre tiefer Berge, in denen man leicht vom Weg abirren konnte, wo Regen, Wind ,das Geräusch des Wassers, Echo, Steinschlag, Tritt von Tieren etc. von vergleichbaren Erscheinungen auf dem flachen Land verschieden sind. Reste einer Urbevölkerung, die sich bei Einigung des Landes in die Berge zurückzogen, mag

wollte einen Blick in den Tenryûji tun ... /Der Yamabushi lädt ihn auf den Atago-san ein/ Wahrlich dort waren die buddhistischen Tempel herrlich mit Juwelen und Gold ausgestattet. Der Yamabushi zog Unkei am Ärmel und sagte:Zur Erinnerung daran, daß Ihr bis hierher gekommen seid, will ich Euch auch die geheimen Stätten zeigen. Als sie zu dem hinter dem Hauptgebäude liegenden Tempel des Abts kamen... saßen da sehr viele Leute;es gab welche in zeremonieller Kleidung, einen goldenen Stab in der Hand haltend;andere wieder im Aussehen berühmter Mönche und hoher Priester, die das Duft-gefärbte Gewand anhatten. Unkei,von Scheu erfüllt, kauerte sich am Rande der Versammlung nieder. Auf dem Ehrenplatz saß eine große goldene Weihe; zu ihrer Rechten ehrfurchtsvoll ein etwa 8 Zoll großer Mann mit Pfeil und Bogen. Zur Linken saß jemand im Gewand eines Kaisers... Da dies alles zu schrecklich und mysteriös war, fragte Unkei seinen Führer: Was für Leute sind das? - Da antwortete der Yamabushi:Der auf dem obersten Sitz (in Gestalt einer Weihe) ist der Kaiser Sutoku, der daneben ist Tametomo, Sohn des Laienmönchs Tameyoshi; zur Linken Generationen von Kaisern, der auf Awaji verstorbene Kaiser Junin... dann Go Toba, Go Daigo... Auch die Mönche Genbô Shinsei, Kanchô, Jie, Raigo, Ninkai[55] etc. wurden in der gleichen Weise große Dämonen-Könige (dai ma-ô) und sind hier versammelt und dis-

---

vielleicht Furchtvorstellungen vor in Bergen lebenden seltsamen Wesen unterstützt haben. So werden dann Holzfäller, harmlose Pilger, wandernde Yamabushi leicht in außerweltliche Wesen umgedeutet und in späteren Erzählungen dann schließlich zu Tengu-Erscheinungen gestempelt.
Die Möglichkeit, daß ein in der Tradition verzerrtes Bild von den in den Bergen Lebenden - in Aussehen, Benehmen, Sprache (?) verschieden - zum Tengu-Begriff beigetragen hat, muß jedenfalls in Erwähnung gezogen werden. Vgl. a. MJT p. 645
Als eine weitere Komponente des Tengu-Glaubens führt Inoue psychologische Gründe an. Einmal sei der Gläubige, der zu den Heiligtümern der Berg-Gottheit pilgere, geneigt, schnell irgendwelche Geräusche als übernatürlich zu interpretieren, zum anderen förderten ungewöhnliche Erscheinungen u. ä. in den Bergen bei dem durch Berichte und Sagen mit der geheimnisvollen Bergwelt Vertrauten die innere Bereitschaft zu "Vorahnungen und irren Vorstellungen, die bei der aktuellen Gelegenheit der Bergbesteigung wieder wachgerufen würden" und zu Gesichten führten. Vgl. z.B. a. "Kokon yômi-kô "Kap. I p. 5 ff (=Hirata Atsutane zenshû , vol. III). Vgl. a. Leeuw, Phén. p. 132
48)Vgl. KKS p. 466 NKBTK, vgl. a. "Saseki-shû" p. 75 gekan, Iwanami B.
49)Vgl. "Yoshino-shûi" GS p. 539
50)S. GSK Kap. 8 p. 377, jôkan SSS. In einer neuzeitigen Schrift des Shugendô, "En no Gyôja reigen-ki", Kap. 29 werden aufgeführt:Fuji, Kôya, Nikkô Hakusan, Tateyama, Kimpu-sen,Kongô usw. Vgl. "En no Gyôja reigen-ki" Druckbuch aus dem Jahre 1721, Jizôji, Osaka.
51)S. T p. 776 ff
52)Die Rückseite dieser Art von Amuletten zu Gelübde, Prognosen etc. verwendet. Vgl. a. G p. 148
53)Vgl. A II Anm. 38
54)Nach T Kap. 27 p. 59 (NKBTK) Anm. 21 möglicherweise Platz der früheren Staatskanzlei (dajô-kan) in Kyôto.

> kutieren, die Welt in Unordnung zu bringen.[56]
> /Unkei berichtet von den Eriegnissen der Hauptstadt und fragt dann nach der Zukunft des Landes. Schließlich geht der Spuk in Flammen auf und Unkei erwacht/
> Die Sonne stand schon tief im Westen. Er kehrte in seine Unterkunft zurück und erwog die Vorfälle in seinem Herzen: Zweifellos bin ich ins Reich der Tengu gegangen! - Er schrieb alles auf die Rückseite eines Kumano-Amuletts und datierte 3. Tag, 6. Monat 1349.

Eine weitere bekannte Stätte der Tengu ist das Bischofstal(sôjô-ga-tani) zwischen Kurama und Kibune-Schrein:

> Vorher war der Schrein von Tausenden von Pilgern besucht worden; Nacht für Nacht waren die Gebetsschellen und die Kagura-Trommeln zu hören. Jetzt aber ist er gänzlich zur Wohnung der Tengu geworden. Wenn abends sich die Sonne nach Westen neigt, dann lärmen und kreischen die Geister (mono no ke).[57]

Von welchem Aussehen waren diese Fabelwesen? Die besonders seit dem Mittelalter aktiven Tengu werden mit rotem Gesicht, langer Nase oder mit Schnabel, Flügel und Krallen ausgestattet, tragen also vogelartige Züge; ihre Kleidung aber ist die von Mönchen oder Yamabushi; manchmal hält der Tengu, seines vogelartigen Charakters weitgehend entkleidet, lediglich nur noch einen Federfächer in der Hand.[58]

Flügel und Schnabel als Attribute der Tengu finden wir im "Konjaku-monogatari" belegt.[59] Im "Taiheiki" vermitteln "Spuren von Vögeln" auf Tatami-Matten den Eindruck, "als ob sich Tengu versammelt hätten."[60]

Das "Gempei-seisui-ki" berichtet von einer Tengu-Erscheinung mit folgenden Worten:[61]

> /Der nach Sanuki verbannte Kaiser Sutoku erscheint im Traum/inmitten einer Anzahl von Gefolgsleuten, die im Hôgen-Krieg[62] gefallen waren... Einige hatten zu den Kaki-Frucht-farbenen Gewändern eine Fudô-kesa angezogen, wieder andere zum Weihenhelm(tobi-kabuto) eine Rüstung. Oder aber zur Kampf-tokin einen Panzer (haramaki). Sanuki-In(=Sutoku) saß in einer Sänfte. Als er(Norimori) dessen Aussehen betrachtete, wurden die Nägel an den Händen und Füßen des Kaisers lang und länger, das Haar stand zu Berge als ob Silbernadeln aufgesteckt wären. Seine Augen ähnelten denen einer Weihe. Auch er trug ein Kaki-Frucht-farbenes Gewand.

---

55)Genbô:Hossô-Sekte, studierte 20 Jahre in China, 746 gest.
Shinsei:unter dem Namen Kaki-no-moto sôjô bekannter Shingon-Mönch und Schüler Kôbô Daishis.
Kanchô:Enkel des Kaisers Uda, Shingon-Mönch, Begründer des Hirosawa-Zweigs von Shingon.
Jie : Ryôgen, Tendai-Mönch

Von einer Versammlung von Tengu im Ninnaji zu Kyôto erzählt das "Taiheiki":[63]

Im Ninnaji[64] gab es etwas Seltsames. Ein Boten-Mönch der Zen-Sekte, der von Sage nach der Hauptstadt zurückkehrte, und in einen Abendregen geriet, fand keinen Unterstand; er wartete deshalb im Schatten der 6 Fichten des Ninnaji das Ende des Regens ab. Als sich solchermaßen der Tag schon dem Ende zuneigte, scheute sich der Mönch, seinen Weg fortzusetzen und entschloß sich, diese Nacht neben der Tempelhalle zu durchwachen... Als die Nacht weit fortgeschritten war und er sich im klaren Mondlicht umsah, da kamen vom Atago-Berg und vom Gipfel des Hiei Wesen, die in Sänften - auf 4 Seiten abgeschirmt-[65] fuhren, aus der Luft zusammen und ließen sich bei den 6 Fichten nieder. Nachdem die Sitzfolge untereinander ausgemacht worden war, da erhob sich ein in die Luft gehängter Vorhang geschwind wie in einem Windhauch. Als der Mönch die in der Mitte sitzenden Wesen betrachtete, waren es: An oberster Stelle ein Verwandter mütterlicherseits des letzten Kaisers (Go Daigo), der Bischof des Gipfels, Shunga, angetan mit dem Duft-gefärbten Gewand u. mit einer kesa; seine Augen erstrahlten wie Sonne und Mond, und er hatte einen langen Schnabel gleich einer Weihe;[66] zwischen den Fingerspitzen drehte er einen kristallenen Rosenkranz. Ihm folgend saßen rechts und links der Chikyô Shônin aus der südlichen Hauptstadt(=Kôfukuji)[67] und Chuen sôjô vom Jôdoji;[68] beide hatten -während sie sonst ganz und gar in ihrer normalen Gestalt erschienen - einen veränderten Glanz in den Augen; an beiden Seiten waren ihnen Flügel gewachsen. Der Boten-Mönch dachte bei diesem Anblick: Wie schrecklich, ich bin ins Reich der Tengu gestürzt....

Soweit aus diesen Zitaten ein vorläufiger Schluß gezogen werden kann, läßt sich das Aussehen der Tengu als das von Weihen(tobi) bestimmen. Die in der Notiz aus dem "Gempei-seisui-ki" genannte Kopfbedeckung tokin und das Kaki-Frucht-farbene Gewand weisen deutlich auf die typische Erscheinungsform von Yamabushi hin; bevor diese Ideen-Verbindung an Hand verschiedener literarischer Zeugnisse aufgezeigt und eine mögliche Erklärung für diese Vorstellung versucht werden soll, zunächst ein Blick auf Wesen u. Funktion der Tengu im Mittelalter. Zu jener Zeit verstand man unter Tengu-

---

Raigo: bekannter Mönch des Onjôji,m gest. 1084
Ninkai: Begründer des Ono-Zweigs von Shingon, gest. 1046
56) Vgl. T p. 60 Kap. 27 NKBTK
57) S. G p. 44
58) Vgl. a. Naumann, Yama no kami I p. 269
59) Vgl. z.B. "Konjaku.-monogatari" vol. IV(NKBTK vol. 25) Kap. 20 p. 165
60) S. T p. 106
61) S. GSK Kap. 12 p. 553
62) Bürgerkrieg 1156, der sich an dynastischen Gründen entzündete und zu einem Zusammenstoß zwischen den zwei großen Ritterfamilien Minamoto u. Taira führte.

Dämonen in erster Linie vom buddhistischen Gesetz abgewichene, stolze Mönche und Yamabushi. Dies sei an einem Beispiel aus dem "Gempei-sei-sui-ki" verdeutlicht:[69]

/Die Gottheit von Sumiyoshi erscheint dem Kaiser Shirakawa im Traum/ Was man Himmelsdämonen nennt (tenma)[70], gehört das zur Art Mensch, zu den Tieren oder zu den ashura?[71] - Die tenma sind alle diejenigen unter den Lehrern und Weisen des Buddhismus, die ohne die gläubige Gesinnung auf Erleuchtung schrecklich hochfahrend und stolz sind. Bei ihrem Tod werden sie zu Dämonen, die man tenma nennt. Was ihre Gestalt angeht, so ist ihr Kopf der eines Tengu, ihr Leib der eines Menschen, rechts und links wachsen ihnen Flügel; sie erkennen die Dinge hundert Jahre in der Vergangenheit zurück und hundert Jahre in die Zukunft hinein und besitzen übernatürliche Kräfte. Sie fliegen durch die Lüfte gleich einem Wanderfalken und stürzen, da sie Wesen des Gesetzes Buddhas sind (=Mönch), nicht in die Hölle; aber aufgrund ihrer fehlenden rechten Gesinnung werden sie auch nicht wiedergeboren. Ohne die rechte Gesinnung bedeutet, daß die in der Finsternis der Dummheit irrenden Wesen nicht das Licht der Erkenntnis zu empfangen wünschen; die, welche nembutsu-Beter und solche, die um das Leben nach dem Tode bitten, stören, verspotten und verlachen, die werden sicherlich bei ihrem Tode auf die Stufe der Tengu abfallen. -Da die Mönche der Endzeit[72] alle ohne die rechte Gesinnung sind und arrogant, scheint es als ob sie, 8, 9, 10 sicherlich Himmelsdämonen werdend, das Gesetz Buddhas zugrunde richten. Die Gelehrten der 8 Sekten[73] werden sicher alle Dämonen; man nennt sie Tengu. Was die Arroganz der Nonnen und Mönche angeht, so werden sie zu Tengu-Nonnen(ama-tengu) und Tenu-Mönchen(tengu-hôshi). Obwohl ihr Gesichtsausdruck einem Tengu ähnelt, ist ihr Kopf der einer Nonne (bzw. eines Mönchs). Wenn arrogante Laien Tengu werden, so ähnelt zwar ihr Gesicht einem Tengu, aber auf dem Kopf tragen sie eboshi-Hauben und an beiden Händen wachsen ihnen Flügel. Wenn Frauen Tengu werden, so tragen sie auf dem Kopf Haarknoten, schminken sich rot auf den Bakken, ziehen ihre Brauen lang nach und schwärzen ihre Zähne...

---

63)S. T p. 708
64)Ninnaji:Von Kaiser Uda errichteter Shingon-Tempel in Kyôto
65)Shihô-goshi:an 4 Seiten durch Vorhänge geschlossene Sänfte, wie sie von hohen staatlichen und klerikalen Würdenträgern benutzt wurde. Begleitung von 12 Trägern. Vgl. a. "Aki no yo no naga monogatari" p. 472 NKBTK
66)Dies entsprach also ganz dem damaligen Tengu(=Weihe)-Bild.
67)Nantô:1. Bezeichnung für Nara (im Gegensatz zu Kyôto), 2. Kôfukuji gegenüber Enryakuji.
68)Nachfahre des Regenten Fujiwara Morozane(1042-1101)
69)S. GSK Kap. 8 p. 374 ff
70)Tenma: eine der 4 Arten von Dämonen
71)Ashura:Bösartige Gottheit. Kämpft gegen Taishaku (Indra); ashura-dô: eine der 10 Existenzformen.
72)Mappô:Zeit des verfallenden Gesetzes Buddhas. Jene Periode von 10000 Jahren, welche 1000, 1500, 2000 Jahre nach Buddhas Tod beginnen soll und während welcher keiner mehr zur Erleuchtung gelangt. Mappô -Idee schon

Wie einer Notiz im "Saseki-shû" zu entnehmen ist, unterschied man bei den aufgrund ihrer Arroganz zu Tengu gewordenen Mönchen zwischen güten und schlechten Tengu:

> Obwohl sie gleichermaßen in die Dämonenwelt kommen, sind gute(Dämonen) und schlechte doch nicht gleich; wer zu Lebzeiten das Gesetz Buddhas ausübt, wird es auch später tun, ohne andere zu stören; wer aber ohne Glauben war, nur auf Vorteil und Stolz bedacht, der wird später die guten Wurzeln anderer hindern... Unter den Shingon-Mönchen sind viele, die auf diesen Weg stürzen... Es gibt gute und schlechte Tengu.[74]

Gute Tengu zeigen sich den Menschen hilfreich und nützlich[75] oder teilen ihnen von ihren übernatürlichen Kräften mit. Im "Saseki-shû" wird berichtet, wie ein Tengu einen Mönch das Mantra, sich unsichtbar zu machen, lehrt.[76] Berühmt ist die Legende von Yoshitsune, der von Tengu des Kurama-Bergs die Waffenkunst erlernt.[77]

Menschliche Gefühle des Mitleids legt das "Miraiki"[78] dem Tengu vom Hira-Berg in den Mund:

> Früher waren wir Menschen, studierten eifrig das Gesetz Buddhas. Ausser uns gab es keine Gelehrten(die es besser verstanden). Da wir aber sehr stolz wurden, erreichten wir die Buddhaschaft nicht, sondern fielen auf den Tengu-Weg ab. Wenn wir auch aufgrund großer Arroganz auf diesen Weg gestürzt sind, wieso sollten wir kein Mitleid kennen!

Zu den übernatürlichen Kräften der Tengu (shintsû -jizai) gehört nicht nur die Fähigkeit zu fliegen, sich unsichtbar zu machen,[79] Tengu sind auch imstande, beliebige Gestalt anzunehmen,[80] Buddha-erscheinungen vorzutäuschen etc.[81] Mehr noch als die positiven Seiten der Tengu sind ihr Schabernak[82], ihre dem buddhistischen Gesetz feindliche Gesinnung[83] bekannt. Sie stehlen Kinder,[84] bringen Gebäude zum Einsturz,[85] stiften Unruhe etc.[86] Ein

---

im 6. Jahrhundert in China verbreitet. Vgl. SBJT p. 495

73)Kegon, Hosô, Sanron, Jôjitsu, Kusha, Ritsu, sowie die zwei Anfang der Heianzeit aufgekommenen Sekten Tendai und Shingon.

74)S. "Saseki-shû" p. 77 gekan, Iwanami Bunkô

75)Vgl. Erzählungen bei R.M. Dorson, Folk Legends of Japan, p. 71, 1962

76)Vgl. "Saseki-shû" p. 74 gekan Iwanami B.

77)Vgl. Nô-Stück "Kurama-Tengu" p. 956 YKTK vol. II, vgl. a. T p. 817

78)S. Kôwaka" Miraiki" p. 268

79)Vgl. Anm. 76. Von niederen Mönchen, die Tengus verehrten und so allerlei ungewöhnliche Praktiken(genjutsu) betrieben, berichtet das "Konjaku-monogatari": "Sandalen mit einem Schlag zu kleinen Hunden machen und sie kriechen lassen, aus der Brustfalte des Gewandes Füchse bellen lassen und hervorziehen, durch den Hintern von Pferden und Ochsen hindurch und durch den Mund wieder herauskriechen...usw. (Vgl. "Konjaku-monogatari" p. 159, Kap. 20 NKBTK)

sicheres Zeichen, daß Tengu in der Nähe sind, ist der Lärm wie vom Fällen großer Bäume. Hierzu schreibt das "Heike-monogatari":[87]

Eines Nachts hörte man Lärm wie vom Fällen großer Bäume und Gelächter wie von 20, 30 Menschen. Das ist gewiß das Werk von Tengu, so hieß es; man benannte Wächter, 100 Mann in der Nacht und 50 am Tag und ließ sie hikime-Pfeile[88] abschießen. Schossen sie in die Richtung, wo Tengu waren, so hörte man keinen Ton; schossen sie dorthin, wo keine waren, so lachten die Tengu "ha" auf...

Neben diesem mehr harmlosen Treiben der Tengu stehen solche Eigenschaften, die man mit dem Wort Anti-Buddhismus charakterisieren könnte. Von einem chineischen Tengu, der nach Japan geflogen kam, um seine Kräfte an Mönchen zu erproben, berichtet das "Konjaku-monogatari".[89]

Über Tengu, die Mönche bei ihren frommen Übungen stören, sie verschleppen, geben das "Taiheiki" und das "Kokon-chômon-shû" an verschiedenen Stellen Auskunft.[90] Auch folgende Erzählung aus dem "Taiheiki"[91] demonstriert diese dem Buddhismus feindliche Haltung:

/Am 20. Tag des 3. Monats 1342, brach im Hôshôji[92] ein Feuer aus/ Eine Zeitlang war es wie das Feuer einer Laterne, schien weder zu verlöschen noch aufzulodern. Die Mönche im Tempel waren bestürzt und liefen aufgeregt durcheinander, konnten aber, da keine Treppe vorhanden war, nichts unternehmen, das Feuer zu löschen.../Während sie hilflos zusahen, fing der Balken aus Zypernholz Feuer und schwarzer Rauch stieg gen Himmel/ Da fiel die Spitze der Pagode zu Boden und der Lärm war so schrecklich, daß man glauben konnte, er töne bis in die Tiefen

80)Vgl. "Konjaku-monogatari" Kap. 20 p. 149 NKBTK, Tengu zeigt sich als Buddha im Baum.
81)Vgl. "Nô-Stück "Dai-e" p. 1784/5 YKTK vol. III
82)Vgl. a. "Gikeiki"(p. 119), das von einem Tengu-hôshi erzählt, der in der Hauptstadt Nacht für Nacht umgehe und den Leuten die Schwerter wegnehme.
83)Dies ist die Regel. Vgl. z.B. GSK Kap. 3 p. 116
84)Vgl. a. "Aki no yo no naga monogatari" p. 460 ff(Otogizôshi NKBTK), KKS p. 468 NKBTK, "Saseki-shû" p. 75 gekan, Iwanami B.
85)So im "Taiheiki" p. 766, ein Tengu-Yamabushi bringt eine Tribüne zum Einsturz: "Von woanders her sah es aus, als ob ein Wirbelwind geblasen habe..."
86)Vgl. T p. 776 ff Unkeis Prognose
87)S. HK p. 341 jôkan NKBTK, vgl. a. GSK Kap. 26 p. 330/1 chûkan SSS Diesen Kärm des Holzfällens, das Geräusch umfallender Bäume, nennt man Tengu-Fällen (tengu-daoshi). Vgl. a. "Kurama Tengu" p. 959 YKTK vol. II Als Lachen der Tengu (tengu-warai) wird ein plötzliches Auflachen wie von vielen Menschenstimmen bezeichnet, das- wie es heißt - in einsamen Wäldern die Menschen erschrecke. In ähnlicher Weise spricht man von "Ten-

des Goldrades (konrin).[93] Wiederholte Male blies ein Dämonenwind und Rauch bedeckte die 4 Richtungen; da brannten mitinem Schlag die "Goldene Halle"(kondô), die "Predigthalle", "Amidahalle", der Glockenturm (shuro), der Sutrenspeicher, der Schrein für verschiedene Gottheiten... nieder. Auf dem Höhepunkt des Brandes...bliesen über dem Rauch entweder Dämonen-gestaltige Wesen das Feuer in alle Gebäudeteile des Tempels oder Tengu-artige Wesen schwangen schwarze Fackeln und legten an jede Etage der Pagode Feuer. Als diese Dämonen sahen, wie der Giebelbalken der Goldenen Halle fiel, klatschten sie in die Hände, lachten laut auf und schienen zum Atago, Hiei und Kimpu-sen wegzufliegen.[94] Seltsamerweise gingen wenig später die 5-stöckige Pagode des Chion-in[95] und die 7-stöckige Pagode des Daigoji[96] zu gleicher Zeit in Flammen auf...

Hiermit sei der Überblick über das allgemeine Bild der Tengu abgeschlossen; im folgenden wird versucht, vor dem Hintergrund dieser Ausführungen, an Hand weiterer literarischer Quellen - die inhaltlich obige noch ergänzen - das Verhältnis Yamabushi-Tengu zu verdeutlichen und eventuelle Erklärungsmöglichkeiten dieser für die Kamakura- und Muromachizeit typischen Vorstellung aufzuzeigen.

Klare Hinweise auf die Identität von Yamabushi und Tengu -d.h. Tengu im Aufzug von Yamabushi - finden sich in großer Zahl zuerst in den Erzählsammlungen der Kamakurazeit[97] und folgend in den Kriegsepen der Muromachizeit.

---

gu-Steinen"(tengu-ishi), wenn plötzlich von irgendwelcher Seite Steine angepoltert kommen (und an die Dächer und Wände vpn z.B. Berghütten schlagen).
88)Hikime:Pfeile mit durchlöcherter Spitze, die beim Abschießen einen lauten Ton hervorbringen und deshalb zum Vertreiben von bösen Geistern verwendet wurden.
89)Vgl. Kap. 20 p. 144 vol. IV NKBTK
Der Versuch, vom Hiei-san kommende Mönche zu belästigen, schlägt allerdings fehl, da diese sich mit Hilfe der magischen Formel der Feuerwelt u. des Fudô -Mantras zu schützen wissen.
90)Vgl. T p. 520, KKS p. 465 ff, 473 ff NKBTK
91)S. T p. 615, sowie T Kap. 21 p. 340/41 NKBTK
92)Hôshôji :Jôdo-shû -Tempel in Kyôto.
93)80 000 yojana(1 yojana ca. 14 km) unter der Erdoberflächer befindliche Goldschicht. Vgl. SBJT p. 527
94)Vgl. "Aki no yo no naga monogatari". Ein kleiner Tengu äußert sich während einer Versammlung auf dem Omine, nachdem durch die Entführung eines chigo-Tempelpagen vom Shôgoin zwischen diesem und dem Hiei-san (den man der Entführung verdächtigt) eine kriegerische Auseinandersetzung ausgebrochen war, folgendermaßen:
Die Dinge, die uns interessieren, sind Feuersbrunst, Wirbelwind, Zwist. (p. 476, NKBTK)

Das "Kokon-chômon-shû" erzählt folgende Geschichte vom Mönch Yuiren-bô aus Ohara:[98]

Um die Zeit 1213/1219, als Yuiren-bô aus Ohara die 5 Arten von Übungen machte,[99] da störten wiederholt Tengu. Yuiren-bô war ein Schreiber-Mönch(shosha-hôshi). Einmal um die Mittagszeit, da rief jemand außerhalb der Papierschiebetür mit einer ihm vom Hören unbekannten Stimme:Yuiren-bô! - Wer da ?, so antwortete er nur und ging nicht hinaus (um ihm zu öffnen). Als er dann jemanden von der Hintertür hereinkommen sah, da war es ein ganz schrecklich anzusehender Yamabushi. Da er ihn für einen Tengu hielt, kannte sein Entsetzen keine Grenzen. /Betet, und der Tengu verschwindet/ Danach kam (einmal) ein ihm unbekannter Mönchsbediensteter und sprach:Gerade ist der Abt gekommen und will Euch einen Besuch abstatten! - Diesmal lief Yuiren-bô -ohne auch nur im geringsten an Tengus zu denken - eilig hinaus;da stand in der Tat der Abt in Begleitung vieler Mönche. Als man Yuiren-bô anrief: Hierher ! ,ging er diesem Befehl folgend, näher auf die Mönche zu. Gerade als er dachte, ganz nahe zu sein, da wurde die Entfernung immer größer. "Wie denn das!" fragte er sich und schöpfte Verdacht; in diesem Augenblick umringten ihn die Mönche; unter ihnen hatte einer ein Seil aus Ranken und legte es Yuiren-bô um.../Gelingt ihm, sich mit seinem Schwert zu befreien/ Darauf kehrte Yuiren-bô in seine Klause zurück und betrieb umso eifriger wieder jene Übungen.
Am folgenden Tag gab es wieder einen Yamabushi, der durch die Schiebetür hereinkam.../Der Tengu schleppt ihn mit Gewalt weg/Yuiren-bô bildete sich ein, am Himmel zu fliegen.../Er bekommt in der Behausung der Tengu allerhand Seltsames vorgesetzt; wird schließlich von 2 dôji befreit. :Als die Tengu-Hôshi diese sahen, verschwanden sie.

In der gleichen Erzählungs-Sammlung an anderer Stelle erscheint ein Tengu einem von der Hauptstadt nach Ise heimkehrenden Mönch; unter dem Vorwand, ihn zu begleiten, entführt er ihn zu verschiedenen Tempeln, veranlaßt ihn später, sein Schwert zu verkaufen und mit dem Erlös Sake einzuhandeln:

Beide tranken, und als sie dann weitergingen, kamen sie in die Nähe des Hiei-san. Dort trafen sie drei dem Mönch unbekannte Yamabushi. Als der Tengu diese Yamabushi sah, erschrak er und tat keinen Schritt mehr weiter vorwärts. Da sprach unter den dreien derjenige, der wie der Leiter aussah:"Ihr da, macht keinen Unsinn!", und starrte den Tengu dabei

---

95)Haupttempel der Jôdo-Sekte in Kyôto, Higashiyama.
96)Shingon-Tempel im 9. Jahrhundert von Shôbô erbaut.
97)Neben den Erzähl-Sammlungen sei unter Tagebüchern z.B. das "Meigetsu-ki" des Fujiwara Teika erwähnt.
98)S. KKS p. 465 ff NKBTK
99)Fünf Arten frommer Übung, die Rezitation und Verbreitung des Lotus-Sutras zum Inhalt haben.

an.../Yamabushi verschwinden/Als der Mönch dann fragte:Wer waren diese(Yamabushi)? -Den Leiter nennt man Tateru-bô , so antwortete der Tengu-(Mönch), schaffte ihn zum Kiyomizu-Tempel, brachte ihn auf den Glockenturm und band ihn mit Ranken zwischen Decke und Dach fest. Danach verschwand der Tengu...[100]

Wie die beiden Erzählungen zeigen, werden die Begriffe Tengu und Yamabushi wahlweise gebraucht, was die enge gedankliche Bindung beider unterstreicht.

Tengu mit Attributen von Weihen (s.o.) im Aufzug der Yamabushi mischen sich im "Taiheiki" in eine dengaku-Aufführung:[101]

/Als in Kyôto der Sagami-Laienmönch(=Hôjô Takatoki)[102] ein dengaku veranstaltete und schon ziemlich viel getrunken hatte, kamen plötzlich von irgendwoher etliche dengaku-Tänzer, die zu tanzen und zu singen anfingen;neugierig geworden, schaut eine Hofdame hinter ihrem Wandschirm hervor, sieht aber nur seltsame Wesen.../
Wie Weihen mit gebogenem Schnabel, oder aber welche mit Flügeln am Körper, deren Gestalt wie Yamabushi war/Sie ruft um Hilfe, der Spuk verschwindet/ Als man dann den Platz genauer untersuchte, schien es, als ob sich Tengu versammelt hätten. Auf den schmutzig getretenen tatami-Matten die Spuren von Vögeln...

In einigen Darstellungen wurde der Schnabel zu einer Nase in rotem Gesicht -wie heute noch auf den Tengu-Masken -, die Gestalt verliert so etwas von dem Vogeltyp und nähert sich menschlichem Aussehen. An das ursprüngliche Federkleid erinnert dann nur noch der Fächer in der Hand.[103]

Nicht nur die aus vorstehenden Notizen ersichtliche Funktion der Störung des buddhistischen Gesetzes trifft auf die Tengu-Yamabushi zu; auch sie stiften - wie von den Tengu ganz allgemein berichtet (s.o.) -allerlei Unheil in der Welt. Das "Taiheiki" erzählt vom Einsturz der Tribünen während einer sarugaku-Aufführung:[104]

---

100)S. KKS p. 474
101)S. T Kap. 5 p. 162 NKBTK
102)Hôjô Takatoki (1303-1333), neunter und letzter Regent(shikken)des Kamakura-Bakufu. Bekannt geworden durch seine Passion für Gelage, Hundekämpfe etc.
103)Vgl. a. "Mukashi-banashi" honkaku vol. II p. 735. Die Nase als Tengu-Charakteristikum stellt auch folgende Notiz aus dem "Yoshino-shûi" heraus:/Samurai begegnen einem zeremoniell gekleideten Minister mit großer Nase/ Ach, schrecklich, nicht nach einem Yamabushi sieht er aus, geschweige denn scheint er ein Mensch zu sein, bestimmt eine Art Tengu! (Yoshino-shûi p. 541 GS) Vgl. a. de Visser, Tengu p. 74
104)S. T Kap. 27 p. 55 NKBTK , T p. 765/6

Ein Mönch traf auf seinem Weg einen Yamabushi. Dieser sprach:Gerade gibt es in Shijô Kawara ein seltenes Schauspiel, seht es Euch an! /Der Mönch hat Zweifel, wie er dorthin gelangen könne. Darauf der Yamabushi/Ich kann Euch leicht ins Innere bringen, lauft nur immer hinter mir her! /Mönch folgt dem Yamabushi auf dem Fuß/ Er glaubte nur drei Schritte zu tun, da warensie schon unvermutet in Shijô Kawara... Da sprach der Yamabushi:Faßt meine Hand, wir dringen fliegend ins Innere ein...Der Yamabushi zog den Mönch an seine Seite, überflog leichtfüßig die dreifache Tribüne. .../Auf der Bühne erscheint nach einiger ger Zeit ein als Affentänzer verkleideter Tengu, der durch seinen Tanz die Menschen zur Begeisterung bringt; sie kreischen vor Vergnügen/ Da flüsterte der Yamabushi dem Mönch ins Ohr:Schrecklich, wie diese Zuschauer sich allzu verrückt gebärden. Wir wollen ihnen mal einen Schrecken einjagen und eine Aufregung entstehen lassen. Macht keinen Lärm! - Er stand von seinem Sitz auf, und schien unter eya-eya-Rufen[106] die Pfeiler der Tribüne zu drücken, worauf über 200 Tribünen ohne ersichtlichen Grund einstürzten. Von woanders her sah es aus, als ob ein Wirbelwind geblasen habe...

Hier haben wir einen eindeutigen Beleg für die bemerkenswerte Eigenschaft der Tengu, nämlich ihre Fähigkeit zu fliegen. Im "Shôzai-shû" (1299)[107] heißt es:

Die japanischen Tengu besitzen wie die Yamabushi die (Freiheit über) Stehen und Gehen (jugyô)[108]

Mit dieser Fähigkeit ausgestattet, gelang es den Tengu-Yamabushi,in kürzester Zeit erstaunliche Entfernungen zu überwinden, wofür das "Taiheiki" einen Beleg liefert. Als Nitta Yoshisada 1333 einen Aufstand gegen die Hôjô beginnt und Truppen sammelt, staunt er über die Schnelligkeit, mit der Soldaten aus Echigo seinem Appell gefolgt waren:

Wie konntet Ihr in so kurzer Zeit den Befehl erfahren? -Am vergangenen 5. Tag ging ein Tengu-Yamabushi, der sich als Bote ausgab, innerhalb eines Tages durch ganz Echigo Euren Befehl melden.[109]

---

105)Shijô Kawara, Viertel in Kyôto

106)Ruf von Dämonen(Tengu):eya-eya ?

107)Shôzai-shû :Mujû 1299, buddhistische Schrift

108)Das Binom jugyô aus tatsu(ju) aufrecht und iku (gyô) handeln, gehen, wird von Wakamori(kenkyû p. 154) mit der Umschreibung:In eigener Kraft vorwärtsgehen und handeln erklärt. Jugyô no mono als oni-Teufel bringt das "Saseki-shû" p. 78 gekan Iwanami Bunkô .

109)S. T Kap. 10 p. 323 NKBTK; im T (Saigen-in-bon): " Ein Yamabushi".

Bei ihrem Fliegen durch die Luft dienen die Wolken den Tengu als Fortbewegungsmittel,[110] oder sie fahren in einer Sänfte durch die Lüfte. Im "Aki no yo no naga monogatari"(vor 1377)[111] wird ein Fall von Kindsentführung durch Tengu geschildert:[112]

/In Gestalt eines alten Yamabushi nähert sich ein Tengu des Omine einem chigo-Pagen des Miidera, Umewaka Kimi, der mit einem Diener den Spuren des geliebten Mönchs folgt und zum Hiei-san unterwegs ist/
Da Waka Kimi seiner Herkunft nach in einem Haus der drei Ränge und 9 Adelsstufen[113] geboren war, war er niemals anders als mit dem von Edelstein-Pferden gezogenen Wagen aus Duftholz ausgefahren, hatte kein einziges Mal seinen Fuß auf schmutzigen Erdboden gesetzt. Deshalb gaben ihm jetzt die Beine nach, auch seine Lebensgeister waren ermattet;er konnte keinen Schritt mehr tun. Auch sein Diener-Knabe, der ihn an der Hand zog, war bis zum Äußersten erschöpft und sprach:Ganz gleich welcher Tengu oder Dämon auch immer, gäbe es doch jetzt jemanden, der uns zum Hiei-san hinaufbrächte... !Da kam ein sehr alter Yamabushi in einer auf 4 Seiten geschlossenen Sänfte, ließ sich vor die beiden bringen und sprach:Wohin geht Ihr ? - Der Diener antwortete so, wie es sich verhielt. Das stieg der Yamabushi aus seiner Sänfte und sagte:Ich gehe in die Nähe der Klause (des Mönchs), die Ihr sucht; da ich Euch allzu erschöpft sehe, will ich zu Fuß weitergehen, steigt Ihr nur ein! - Mit diesen Worten ließ er Pagen und Diener in die Sänfte steigen und - von 12 Trägern gezogen - ging es gleich dem Flug der Vögel hinweg über die Weite des Sees; sie durchbrachen die dunklen Wolken und Nebel und gelangten in kurzer Zeit zum Shaka-ga-take-Gipfel des Omine. Dort wurden die beiden in ein aus großen Steinen aufgetürmtes Gebäude gebracht, wo sie den Übergang von Tag und Nacht nicht ausmachen konnten, und den Schein von Sonne und Mond nicht sahen...[114]

Die Entführung eines Pagen durch Yamabushi-Tengu schildert auch eine Erzählung aus dem "Saseki-shû", woein wir zum ersten Mal die Idee einer Strafe, eines Leidens der Tengu erkennen:[115]

/In einem Berg-Tempel in Ise war ein chigo-Page weggekommen und nirgends aufzufinden/
Nach ein, zwei Tagen ward er auf dem Tempeldach gefunden; da er bewußtlos schien, betete man Mantras und ähnliches, worauf er wieder zu sich kam. Er erzählte:Er sei von Yamabushi entführt worden und in einen Tempel Anrakuji auf Kyûshû in die Berge mitgenommen worden. Ein über 80 Jahre alter Mönch von Ehrfurcht-gebietendem Äußeren...habe

---

110)Vgl. T p. 778
111)Vgl. p. 460 ff NKBTK
112)Vgl. a. KKS p. 468 NKBTK, sowie de Visser (Tengu p. 30) mit einem Zitat aus dem "Shang shu ku shih".
113)Santai:drei Ränge, nämlich Erster Minister (dajô daijin), Minister zur Rechten (udaijin), Minister zur Linken (sadaijin). Kugyô: 9 Stufen in der Rangordnung bei Hof.

gesagt: Hierher mit diesem Pagen ! und habe mit diesen Worten sich ihn an die Seite gestellt. /Die Yamabushi tanzen einen Tanz/[116] Da kam etwas wie ein Netz vom Himmel herunter und schien sie zu umschlingen... sie versuchten, zu entfliehen, was aber nicht gelang. Aus den Maschen des Netzes drang Feuer hervor, loderte immer höher auf, die Yamabushi verbrannten alle und wurden zu Holzkohlenasche.[117] Nach einer Weile nahmen sie wieder ihre übliche Form an und vergnügten sich weiter .Da rief der alte Mönch:Ihr da, hierher! Wieso habt Ihr diesen chigo-Pagen hierher gebracht? Schafft ihn schnell wieder in seinen Heimattempel zurück!

An Hand dieser Zitate wird die enge Verbindung Tengu:Yamabushi, Yamabushi:Tengu genügend klar geworden sein. Weitaus schwieriger als dies aufgrund literarischer Zeugnisse zu belegen, ist f reilich, die Gründe aufzuzeigen, die zu einer solchen Verbindung beigetragen haben mögen.

Hierfür sei zunächst auf die Entwicklung der Tengu-Anschauung und -funktion hingewiesen, sowie die Theorie der Tengu ganz kurz umrissen;vor diesem Hintergrund soll dann unter Bezugnahme auf zitierte Textstellen auf Ansatzpunkte hingewiesen werden, die eine gedankliche Bindung Tengu: Yamabushi erklären könnten.

In China waren zwei Theorien über den Tengu bekannt:Meteor und vogelartiges Geistertier in den Bergen. Nur diese letztere Vorstellung findet sich auch in Japan. Hinsichtlich der Herkunft dieses Tengu, ob es sich um eine eigenständige Entwicklung, Übernahme oderl lediglich Anlehnung an chinesische Formen des Geisterglaubens handelt, bestehen verschiedene Theorien.[118]

---

114)S. "Aki no yo no naga monogatari" p. 471/2 NKBTK
115)S. "Saseki-shû" p. 75 gekan Iwanami Bunkô
116)Möglicher Hinweis auf die von den Yamabushi nach der Gipfelübung (?) getanzten Leben-verlängernden Tänze (ennen) ? Vgl. a. "Ataka" p. 102/3 YKTK vol. I
117)Das gleiche Motiv des Leidens spiegelt sich in folgender Notiz aus dem "Saseki-shû" :Während beim mondô alles wie gewöhnlich war, fiel danach ein Ofen mit Füßen vom Himmel herab. Es folgten Sakeschalen und roh-irdene Trinkbecher. Höllenknechte stiegen herab und gossen von der im Innern des Ofens brodelnden Kupferschmelze in die Krüge, reichten sie mit den Trinkschalen im Kreis herum und ließen die Mönche davon trinken. Mit leidender Miene tranken alle und verbrannten auf der Stelle. Nach einiger Zeit kehrten sie wieder zum Leben zurück... (Saseki-shû)' p. 76 gekan)
Vgl. a. T p. 708, sowie Kap. 25 p. 448 NKBTK
Was den Tanz der Tengu angeht, so gibt die doktrinäre Schrift "En no Gyôja reigen-ki"(Kap. 34, gekan) folgende Erklärung:Zwar seien durch ihre Arro-

Die Idee von solchen Tengu kam innerhalb der vom Dämonen-und Geister- glauben besonders stark geprägten Heianzeit auf und sah die Tengu als vo- gelförmige (tobi), dem Buddhismus feindliche Dämonen-Wesen,[119] die al- lerlei Schaden anrichten und auch mit dem Glauben an die Zorngeister ver- bunden wurden. Diese Zorngeister stellte man sich dann in dem Aussehen von Tengu vor, eine Idee, die, einmal fixiert, dazu führte, den Tengu die gleiche gesellschaftliche Funktion wie den Zorngeistern(on-ryô) zuzuspre- chen.[120]

In der von der Vorstellung eines (übermächtigen) Schicksals beherrschten Kamakurazeit wurde die Erscheinung der Tengu als unberechenbares Schick- sal[121] gedeutet, die Tengu ihrerseits können das Schicksal und die zukünf- tigen Ereignisse voraussehen.[122] Ihr Werk ist auch das unheilvolle Wirken der Mönchsheere mit den machtvollen und einschüchternden Aufmärschen in Kyôto, die Zwistigkeiten der Tempel untereinander sowie das aus dem Be- wußtsein ihrer Macht resultierende eigenwillige Benehmen der Mönche.[123] Der Glaube, daß stolze Mönche auf die Tengu-Weg fielen, ist das Produkt jener Zeit.

Während der Kamakura- und Muromachizeit traten die Yamabushi - auf die Stärke ihrer verbandsmäßigen Gliederung und ihres Zusammenschlusses ge- stützt -allenthalben Unruhe stiftend auf.[124] In diesem Stolz auf ihre Macht und die ihnen entgegengebrachte Verehrung (und Furcht) sah man die Yama- bushi als Tengu, ganz der allgemeinen Vorstellung vom Schicksal stolzer Mönche entsprechend. Im "Tengu no sôshi"(1296)[126] lesen wir von 7 Arten von Tengu in Japan:

---

ganz die Mönche (und Yamabushi) auf die Stufe von Tengu herabgesunken; sie hätten sich aber zu Lebzeiten durch Beten von Sutren und Intonieren von Mantras Verdienste erworben, wofür sie durch Vergnügen wie Tanz ent- schädigt würden. - Einleuchtender erscheint aber, in dieser Episode vom Tanzen der Tengu (-Yamabushi)Anklänge an die von den Shugen-Asketen aus- geführten ennen-mai zu sehen. Diese sind für die Muromachizeit z.B. durch das "Tôzan nenjû gyôji jôjô "belegt. Vgl. Wakamori, Chûsei shugendô II p. 72

118)Vgl. Anm. 47

119)Vgl. z. B. "Konjaku-monogatari" Kap. 20 p. 145 NKBTK

120)Vgl. Wakamori, kenkyû p. 147

121)Ibid. p. 148

122)Vgl. Unkeis Prognose im "Taiheiki"

(Die Mönche vom)Kôfukuji, Tôdaiji, Enryakuji, Onjôji, Tôji, Daigo-ji(=Yamabushi), die Einsiedler(tonse= Kôya-san).[127]

Neben diesem einen, dem geschichtlichem Faktor, der zur Entwicklung der Yamabushi:Tengu-Idee beitrug, lassen sich noch weitere Gründe erkennen, wozu wir auf die vorstehend zitierten Texte zurückgreifen.

a)sachliche Gründe

Am wichtigsten unter den geographisch bedingten Gründen für eine Yamabushi:Tengu-Verwandtschaft sind die Berge. Ihre Bedeutung für Leben und Üben der Yamabushi wurde in den vorangehenden Kapiteln bereits eingehend dargestellt. Tengu - das chineische Fabeltier aus den Bergen und das der japanischen Berg-Gottheit verwandte dämonische Wesen - leben in den Bergen, verschleppen dorthin ihre Opfer, halten dort ihre Beratungen ab etc. Auch Yamabushi verbringen einen Großteil ihres Lebens in Bergen, die als Stätte der Totengeister wie auch anderer Dämonen beim einfachen Volk tabu sind.[128] Ganz natürlich ergibt sich zunächst eine Übertragung der Furcht vor jenen Bergen und den Geisterwesen auf die Yamabushi, die als von solchen Geistern besessen, mit ihnen im Bunde stehend geglaubt werden, ja schließlich selbst solche Geister sind. Unterstellt man, daß die Idee der Tengu mitbedingt wurde durch eine in den Bergen zurückgezogene lebende Art von Urbevölkerung und weiter, daß Yamabushi - wie auch die Shamanen - häufig aus solchen Schichten kamen, ergäbe sich ein mögliches weiteres Indiz, das jene Idee-Verbindung erklären könnte.

So wäre es durchaus denkbar, daß in der Vorstellungswelt des Volkes unter anderm auch die lokale Nähe (des Wohnorts) die Yamabushi-Tengu-Idee förderte.

---

123)Vgl. a. Wakamori, Yamabushi p. 10
124)Vgl. Wakamori, kenkyû p. 152 Im "Meigetsu-ki" wird von einem Samurai berichtet, der eines Morgens von einem Mönch im Kaki-Frucht-farbenen Gewand angefallen wird. Kaki wo kitaru hôshi dürfte wohl auf das Kaki no koromo der Yamabushi hinweisen. Vgl. "Meigetsu-ki" 1196, 6. Monat 23. Tag, zit. bei Wakamori, kenkyû p. 150. Vgl. a. T p. 776 ff
125)Vgl. a. Wakamori, kenkyû p. 152
126)Ein emaki-mono vom Ende der Kamakurazeit
127)Zit. nach BDJT vol. IV p. 3781
128) Hairazu yama:Berge, in die man aus Furcht vor den Geistern und Dämonen nicht geht.

Maßgebender sind aber wohl solche Gründe, die
b) aus der Person der Yamabushi selbst herrühren.
Außer den (vermeintlichen) übernatürlichen Kräften, die sich die Yamabushi in den Bergen holten, trieben sie allerlei geheimnisvblle Praktiken, die den Laien als "nicht ganz geheuer" erscheinen mußten. Die Notiz im "Taiheiki" über den Yamabushi Unkei, kann zum einen den Brauch der Shugen-Asketen, Prognosen über die Zukunft zu stellen, belegen, zum andern die schon erwähnte Schicksalsfunktion der Tengu in der Kamakura- und beginnenden Muromachizeit.[129] Aus dieser Praxis der Yamabushi heraus, mit der sie also Tengu-Funktionen übernahmen, wäre eine Annäherung beider in den Augen des Volkes durchaus denkbar.

Zu den unbegreiflichen Dingen, die Yamabushi tun, gehörte nach einer Notiz im "Taiheiki" auch, Nachrichten und Anweisungen aus dem Totenreich zu übermitteln:[130]

/Ein Yamabushi geht den Tod eines Laien-Mönchs namens Yuiki der Familie in Shimôsa melden. Trifft unterwegs einen Mönch der Ritsu-Schule, der ihn zu einem Unterstand zu führen verspricht. Yamabushi folgt ihm, sie kommen an ein Tempeltor.../Auf der Frontseite stand geschrieben:Tempel des großen, ausströmenden Feuers. Als sie eintraten, stand dort eine mit herrlichen Edelsteinen verzierte Buddha-Halle ...Der Mönch ließ den Yamabushi bei den (Mönchs-)Quartieren zurück und ging selbst ins Innere. Nach einer Weile brachte er ein Lotus-Sutra, das in einer Perlmutt-Schachtel lag und sprach:Gleich wird hier etwas Seltsames geschehen. Wie sehr Ihr Euch auch immer fürchten mögt, lest nur still dieses Sutra und beruhigt die "drei Zustände"(sangô)[131] Hiermit gab er dem Yamabushi Kapitel 6 und ließ ihn das Kapitel über die "Länge des Lebens des Tathagata"(jûryô-bon) lesen, selber las er das 25. Kapitel.[132] Der Yamabushi folgte...den Worten des Mönchs u. las das Sutra, tilgte in seinem Herzen alle illusionären Gedanken und verhielt sich ganz still. Als die Nacht halb vorüber war, da umwölkte sich plötzlich der Mond, Regen stürzte hernieder, Blitze zuckten auf, Ochsen- und Pferde-köpfige Höllendämonen versammelten sich in grosser Zahl im Hof. Himmel und Erde veränderten sich in kurzer Zeit, ein eisernes Schloß ragte empor und ein Eisennetz war an 4 Seiten gespannt.

---

129)Vgl. T p. 776 ff Tengu auf dem Atago-san planen, wie die Welt in Unordnung gebracht werden könne. Hinter diesen geplanten Wirren und Unruhen aber die Absicht, die Welt (dadurch) zurechtzuweisen und zu lenken.
130)S. T p. 606
131)Sangô :3 Karma (Taten), irgendetwas tun wollen (Tat des Geistes), dies in eine Handlung umsetzen (Körper) und mit Worten zum Ausdruck bringen (Tat d. Mundes, Sprache)
132)Kapitel über Kanzeon Bosatsu

Wilde Flammen loderten empor und verbreiteten sich, Giftschlangen streckten ihre Zungen heraus und spien Feuer, eiserne Hunde bleckten mit den Zähnen und bellten. Als der Yamabushi dies sah, sprach er: Ach, schrecklich! Dies ist wohl die Hölle der Grenzenlosigkeit(mugen-jigoku)[133]... Da kam aus der Luft ein Wagen, an der Deichsel zogen Ochsen- und Pferde-köpfige Dämonen; auf dem Wagen saß ein Mensch. Zornige, böse Dämonen, die bereitstanden, stellten einen Fels-ähnlichen Eisenblock im Hof auf, legten den armen Sünder darauf, mit dem Gesicht nach unten, häuften darüber eine zweite Eisenplatte;dann beugten sich verschiedene Dämonen darüber, streckten die Arme aus und drückten unter eya-eya-Rufen;das ausströmende Blut war soviel als ob man Öl presse... Danach nahmen sie die zwei Eisenplatten auseinander, spießten den Papier-dünn gepreßten armen Sünder auf und hielten ihn übers Feuer;sie rösteten ihn in genau der gleichen Weise, wie ein Koch sein Fleisch. Nachdem sie ihn genügend geröstet hatten, legten sie ihn ein zweites Mal auf die Eisenplatte, daneben Fleischmesser und Eßstäbchen... /Wird dann mit dem Messer zerlegt und mit Dreschflegel geschlagen;unter den Rufen katsu, katsu (Leb, leb!)wieder zum Leben erweckt. Yamabushi fragt nach dem Namen dieses Sünders und erfährt, daß es sich um den verstorbenen Laien-Mönch Yuiki handle/Falls Ihr ein Bekannter seid, übermittelt Frau und Kind, sie sollten einen Tag lang das Lotsu-Sutra kopieren, aufopfern und so die Leiden lindern...

Die Yamabushi dürften nicht allein aufgrund ihrer zahlenmäßigen Stärke, sondern auch und vor allem durch das Ansehen, das sie als Exorzisten und Wahrsager, als mit den höheren Mächten in Kontakt stehend, genossen, zu Stolz, Übermut und Mißbrauch ihres Ansehens geneigt haben. Wer aber stolz, stürzte nach der überkommenen Anschauung auf den Tengu-Weg.

Tengu (im Yamabushi-Gewand) sind dem Buddhismus feind, unterstützen schadenfroh Tempelbrände, belästigen und entführen Mönche.[134] Eventuell könnte man in solchen Notizen auch ein Abneigung der Yamabushi gegen andere Sekten sehen -genau wie die Yamabushi ja ihrerseits auch von solchen kritisiert wurden;[135] näherliegender erscheint aber, hier zur Erklärung die allgemeine Vorstellung Tengu-Dämon im Yamabushi-Gewand anzunehmen, sodaß die Yamabushi-Attribute der Tengu hier nur sekundäre Merkmale sind und lediglich die schon bekannte Identität beider -Tengu und Yamabushi - bestätigen.[136]

---

133)Eine der "8 heißen" oder "8 großen Höllen" (hachi netsu jigoku), in denen die armen Sünder im Feuer gequält werden.
134)Vgl. KKS p. 465 NKBTK, T p. 615
135)Vgl. "Saseki-shû" p. 269 ff NKBTK
136)Eine sozial-kritische Funktion scheint Tsuda den Angriffen der Dämonen und Tengu zuzusprechen;diese hätten über die Menschen nur Kraft, wenn

Angst vor Tengu-Dämonen, die Kinder- und Tempel-Pagen entführen, ist schon in China belegt.[137] Die zahlreichen japanischen Belege über Tengu: Yamabushi, die Pagen entführen, könnten einmal auf die den Tengu als mit den übelwollenden Berg-Dämonen verwandte Wesen zugesprochene Charakterisierung hinweisen, zum andern auf einen unter den Yamabushi des Mittelalters üblichen Raub von Pagen.

Die vorstehenden Notizen mögen genügen, um zu zeigen, daß seit der Kamakurazeit einerseits in Ort, Art und Weise der Askese-Übung sowie andererseits in der Persönlichkeit der Shugen-Asketen selbst liegende Gründe bestanden, die im Volk die Vorstellung einer Nähe, Verwandtschaft, ja Identität der Yamabushi mit den Tengu förderten. Wahrscheinlich haben die Yamabushi in ihrer außergewöhnlichen Kleidung , den geheimnisvollen Übungen, ihrem rauhen und arroganten Benehmen, durch Prahlerei mit ihren in den Bergen gewonnenen Wunderkräften sowie eventuell durch Verehrung der Tengu (?)[138] diesen Glauben noch unterstützt. Daß Asketen, die die Tengu verehren, allerlei sonderbare Fähigkeiten zugesprochen werden, findet sich schon im "Konjaku-monogatari" belegt. Dort heißt es:[139]

(Sie konnten) Weihen vom Himmel herabbeten.

Oder an anderer Stelle:

> Die Verdienste aus den Übungen anhäufend, brachte er durch Beschwörungen (kaji) die auf den Feldern laufenden Tiere zum Stehen und betete die am Himmel fliegenden Vögel herab,[140] hatte die Kraft von Tengu, die er jahrelang verehrt hatte.

Yamabushi haben den Glauben an ihre Tengu-Fähigkeiten und - verwandtschaft wohl noch dadurch genährt,[141] daß sie diese Dämonen bisweilen als eine Art Ahnen des Shugendô bzw. als Schutz-Gottheiten verehrten und zu ihnen ihre Zuflucht nahmen.[142] So mag den Yamabushi die Gleichsetzung mit den gefürchteten Tengu als Prestige-Erhöhung beim gemeinen Volk durchaus willkommen gewesen sein.[143]

---

sie an deren "schwachen Seiten" ansetzten. Vgl. Tsuda, kenkyû p. 150 Interessant ist seine Überlegung, ob vielleicht Tengu nur solche Mönche angriffen, die an religiöser Disziplin schwach und in buddhistischen Diensten nachlässig sind. Wieweit eine solche Überlegung zutreffen könnte, muß an Hand umfangreicheren Materials, als wir es hier vorlegen, geprüft werden.

137) Vgl. de Visser, Tengu p. 30

138) Von Mongaku, dessen Tengu-Künste im GSK (p. 33, chûkan SSS) ge-

Die Furchtvorstellung vor den Tengu hat sich jedoch bis Ende der Muromachizeit allmählich verloren,[144] bis die Yamabushi schließlich in den Kyôgen-Possen Gegenstand des Gespötts und Gelächters werden, worüber im folgenden Kapitel zu berichten ist.

4. Mit der Ausbreitung von Shugendô und dem zahlenmäßigen Anwachsen der Yamabushi im Laufe der Muromachizeit verlieren diese Bergasketen von ihrem ursprünglichen, esoterischen Charakter;die Yamabushi-Gestalt wird zu einer alltäglichen Erscheinung;auch unter den Laien zog derjenige, der auf Pilgerfahrt zu den heiligen Stätten von Shugendô ging, das typische Gewand eines Yamabushi an,[145] was auch dazu beitrug, die besondere Stellung der Yamabushi abzuschwächen und die Gestalt der Berg-Asketen weiter zu popularisieren. Unterwegs auf ihren Wanderungen nahmen die Yamabushi - wie schon erwähnt -auch Botenaufträge wahr, trieben sogar nebenbei Handel.[146]

Im Kontakt mit bekannten Familien, für die sie nicht nur reine Exorzisten waren, sondern möglicherweise auch eine gesellschaftliche Funktion als Übermittler von Erzählgut aus fernen Provinzen, neuesten Begebenheiten etc. gewesen sein werden, gingen die Yamabushi oftmals eine Art Lehrer:Mäzen Verhältnis (shidan kankei) ein. Als Entgelt für die Erledigung religiöser Aufgaben im Namen und zum Heil des Patrons, erwarben sie Landbesitz;[147] dieser Umstand förderte den Prozeß der Seßhaftwerdung der Yamabushi,[148] die nun mehr und mehr von solchen Gönnern lebten und die Gewohnheit, bei den "Patronen die Runde zu machen"(danna-mawari) - und dabei Spenden einzutreiben -[149] mit ihrer Pilgerfahrt verbanden, ja bald zum Hauptinhalt ihres Lebens machten.[150]

---

rühmt werden, heißt es im "Gukan-shô" :Er betrieb zwar buddhistische Übungen...verehrte aber nur Tengu."(Gukan-shô Kap. 6 p. 175 KSTK vol. 19)
139) Vgl. "Konjaku-monogatari" Kap. 20 p. 150 NKBTK (vol. 25)
140)Vgl. a. HK p. 356 jôkan NKBTK
141)Eine Entwicklung in der Neuzeit ?
142)Vgl. Yanagita, shû vol. 4 p. 180
143)Vgl. z.B. "Wakan-sanzai-e" Kap. 44
144)Das "Zenan zuihitsu"(=Hyakka setsurin seihen, jô p. 671, 1905)schreibt über die Tengu:" Was in der Welt als Werk von Tengu angesehen wird, sind

Ein Absinken des strengen Askese-Lebens, Verfall der Disziplin, wofür solchermaßen der Boden bereitet war, mußte zwangsläufig Rückwirkungen auf die Stellung der Yamabushi, ihr Ansehen im Volk, haben und einen Niedergang ihres Prestiges mit sich bringen. Dieser Prozeß der Degenerierung ist nicht allein auf die Yamabushi zutreffend, sondern Kennzeichen des gesamten Mönchswesens der ausgehenden Muromachizeit.[151]

Spiegel der sozialen Verhältnisse jener Epoche sind die Kyôgen-Possen, die neben dümmlichen Daimyôs und schlauen, aber faulen Dienern, häßlichen Bräuten, streitsüchtigen Ehefrauen, trinkenden Ehemännern, geizigen Krämer-Mönchen (maisô) auch die Yamabushi jener Zeit porträtieren.[152]

Im folgenden sei an einigen Beispielen kurz dargestellt, was in den Kyôgen-Possen, die Yamabushi zum Mittelpunkt haben, an diesen Berg-Asketen belacht, verspottet (und kritisiert) und auf welche Weise die Wirkung der Komik erzielt wird. Zugleich erhalten wir damit Einblick in Leben und Stellung der Yamabushi gegen Ende des Muromachizeit.

Gemeinsamer Hintergrund, vor welchem die nachstehenden Notizen zu verstehen sind, ist der Mißerfolg der Yamabushi, was ihre vermeintlichen Wunderkräfte und ihre Gebete angeht, sowie die Aufdeckung ihrer Prahlerei.

---

nur unerklärliche Naturerscheinungen."

145)Vgl. Wakamori, kenkyû p. 216

146)Vgl. ibid. p. 221

147)Schon seit der Kamakurazeit besaßen einflußreiche Yamabushi Land. Vgl. Wakamori, kenkyû p. 232

148)Sie heirateten miko und übernahmen shintoistische Aufgaben an Schreinen. In der folgenden Edozeit weitet sich ihr Aufgabenbereich aus auf Strassenhändler, Astrologen, Arzneimittelverkäufer, Amulettverteiler u.a. Vgl. Tamamuro, Edo jidai yamabushi no kenkyû josetsu, Bukkyô-gaku no sho mondai p. 1035-1047, 1935.

149)Den Vorwurf der Landstreicherei und des Betrugs holt sich ein Yamabushi, der, wie Frpis berichtet (zit. bei Schurhammer, Shintô p. 99), aus dem Reich "Cunokoni (Ki no kuni) kam, ein Almosen einzuziehen, das der Fürst von Bungo ihm jährlich nach altem Brauch seines Hauses für einen Kami namens Cumano Gongue gab."

150)Vgl. "Kaki-Yamabushi" p. 119 Kyôgen-ki, jôkan (Yûhôdô). Auch die shintoistischen negi-Priester lebten auf diese Weise, vgl. "Negi-Yamabushi" p. 153, Kyôgen-ki, gekan und p. 460, chûkan, Nô-Kyôgen, Iwanami Bunkô.

a) Wunderkräfte

Die im Abschnitt über die Tengu den Yamabushi zugesprochene Fähigkeit zu fliegen, womit sie sich wohl auch brüsteten, belacht die Posse "Kaki-Yamabushi":

> /Ein Yamabushi, der, an Kaki-Früchten sich gütlich zu tun, auf einen Baum stieg, wird vom Besitzer ertappt/
> Ha, unglaublich, was ist denn das! Ein würdevoller Yamabushi ist auf meinen Kakibaum geklettert. Und ißt die Früchte! Was könnte ich denn da machen?
> /Um sich zu amüsieren, gibt er vor, den Yamabushi erst für eine Krähe, dann für einen Affen zu halten und erwartet, daß die entsprechenden Tierlaute von dem Yamabushi nachgeahmt werden, andernfalls er - als Mensch entlarvt - mit dem Bogen heruntergeschossen würde. Der Yamabushi geht in seiner Not darauf ein. Als der Kakibaum-Besitzer ihn schließlich für eine Weihe hält , wird die Not des Yamabushi am größten/
> Wenn man genau hinsieht, ist es auch kein Affe, nein, eine Weihe !
> Eine Weihe sagt er ?
> Weihen, die breiten die Flügel aus und schreien. Schreit die da oben nicht? Falls nicht, wird es wohl ein Mensch sein, ich will ihn mit einem Pfeilschuß töten!
> Dann muß ich wohl die Flügel ausbreiten und schreien:hiyoro, yoro , yoro!
> Nun hat sie doch wahrhaftig geschrien!
> /Besitzer zwingt die "Weihe" dann zum Fliegen, Yamabushi stürzt und schreit auf/[153]

Diese Notiz stellt einen klaren Beweis dar, wie einmal die vermeintlichen, übernatürlichen Kräften des Fliegens bloßgelegt und zum andern dadurch gleichzeitig die Tengu:Yamabushi-Idee, so gefürchtet in den vorausgehenden Jahrhunderten, lächerlich gemacht wird.

> He, Ihr da... Seit geraumer Zeit habt Ihr mich erhabenen Yamabushi nicht allein mit Vögeln und Tieren verglichen, sondern habt überdies gesagt, ich sei eine Weihe. Nun, es heißt, das Ende eines Yamabushi

---

151)Über diese Epoche ausführlich Tsuji, bukkyô-shi p. 310 ff. vol. VI(= chûsei V)

152) "Die in den Yôkyoku so heiligen wundertätigen Mönche und Yamabushi sind im Schwank die reinen Lotterbuben:unsittlich, wollüstig, das Gebot des Fastens und Zölibats mit Füßen tretend, geldgierige betrugerische Heuchler, ganz Weltkinder, ohne Geist und Kraft Buddhas"(Florenz, Geschichte der japanischen Litteratur p. 407, Leipzig 1909)

153)S. "Kaki-Yamabushi" p. 480/81, chûkan Iwanami Bunkô

sei (es), eine Weihe zu werden; deshalb war ich, in dem Glauben, auch ich sei eine Weihe geworden, vom hohen Baum heruntergeflogen;Ihr habt auf diese Weise jemanden, dessen Flaumhaar noch nicht einmal gewachsen war, zum Fliegen veranlaßt und dabei meinen Hüftknochenbruch verursacht. Los, schnell, bringt mich in Euer Haus und pflegt mich...[154]

Die Bemerkung, das Ende eines Yamabushi ist es, eine Weihe zu werden, ist aus folgendem Kontext zu verstehen: Aus dem "Konjaku-monogatari" wird ersichtlich, daß sich Tengu den Menschen in Gestalt von Weihen zeigen u. daß sie beim Tode zu Weihen werden.[155] Das "Taiheiki" illustriert - wie dargestellt - die Verbindung Tengu : tobi und Tengu : Yamabushi, woraus sich auch das Auftreten von Yamabushi (als Tengu) in Gestalt von tobi erklärt. Der Satz:Beim Tod wird der Yamabushi zu einer Weihe, weist also auf die bis Ende der Muromachizeit lebendige, aber schon ihres Furcht-erregenden Zuges entkleidete Yamabushi:Tengu-Idee hin.

Eine alte Domäne der Yamabushi, das exorzistische Gebet, wird ebenfalls zum Gespött der Kyôgen-Possen, die die Wirkungslosigkeit dieser Bemühungen aufzeigen[156] oder aber die Gebete über ihr Ziel hinausschießen lassen.[157]

Den bekannten Kräfte-Wettkampf der Yamabushi -gen-kurabe- parodieren die Possen "Negi-Yamabushi" und "Inu-Yamabushi". Gegenstand des Betens ist einmal eine Statue des Daikoku, zum andern ein Hund; der Yamabushi zieht beide Male den kürzeren.[158]

b)Prahlerei

Auf die Schwierigkeit ihrer Übungen, das rauhe Leben in der freien Natur waren die Yamabushi besonders stolz;sahen sie doch darin ein Kriterium, da.. sie von allen anderen Gestalten des religiösen Lebens Japans abhob.

Weil Ihr mit den Übungen (gyô) angebt, bin ich bis hierher gekommen, um Euch zu belästigen,

erklärt der Krebsgeist in der Posse "Kani-Yamabushi" und zwickt dabei

---

154)S. ibid. p. 481. Vgl. a. Satake, Kyôgen no yamabushi, in:Kokugo kokubun No. 316 1960 p. 1/2
155)Vgl. "Konjaku-monogatari" Kap. 20 p. 150 NKBTK, sowie "Ujishûi-mono-gatari" p. 117, NKBTK
156)So z.B. in "Kaki-Yamabushi", "Kani-Yamabushi" u.a.
157)z.B. "Fukurô", "Kusabira", "Koshi-inori".
158)Vgl. "Negi-Yamabushi" p. 466/7, "Inu-Yamabushi" p. 473/4

Diener wie auch den betenden Yamabushi ins Ohr.[159]

In dem Kyôgen-Stück "Negi-Yamabushi" heißt es über die Übungen:

> Ich bin ein Yamabushi vom Haguro in Dewa und habe gerade meine Berg-Übung (im Omine) abgeschlossen. Diesmal bin ich über den Omine und Katsuragi gepilgert und bin nun auf dem Heimweg.[160] Wahrlich, an Übungen gibt es zehntausenderlei, aber ganz besonders die Übungen der Yamabushi (bestehen darin, daß sich die Asketen) auf Feld und Berg niederlegen und schwere und rauhe Übungen machen. Unter den Wunderkräften, die aus diesen Übungen resultieren, ist die Fähigkeit, einen am Himmel fliegenden Vogel vor den Augen (des Betrachters) herunterzubeten...[161]

Oder an anderer Stelle:

> Ich Yamabushi hier lege mich auf den Feldern und in den Bergen nieder, mache Fels und Baum zu meinem Kopfkissen und verrichte schwierige und rauhe Übungen...[162]

In der Posse "Koshi–inori" ist über die Übung der Yamabushi zu lesen:

> (An Übungen gibt es zehntausenderlei, aber was insbesondere die der Yamabushi angeht), so folgen sie den Spuren En no Gyôjas, scheuen nicht Regen, nicht Tau; Tag und Nacht machen sie Berg und Feld zu ihrer Behausung...[163]

Vom Ruhm in der Welt aufgrund so schwerer Askese spricht das Stück "Kani-Yamabushi":[164]

> Eine solchermaßen schwere und harte Übung (wie ich sie gemacht habe)
> wie großartig ist die doch!
> Wie nennt man in der Welt meine so erlangten Wunderkräfte?
> (Die eines)lebenden Fudô !

Prahlten sie nicht mit den vollzogenen Übungen, so gaben sie mit ihrem Stand als Yamabushi an. Wendungen wie:"Der Asket, der von der Drei-Gipfel-Übung zurückkehrt, ist ehrfurchtgebietend",[165] "mich hochwürdigen Yamabushi mit einem Tier zu vergleichen"[166], "lebender Fudô", "was man einen Yamabushi nennt, das ist ein hochwürdiger Mann"[167] usw. spielen wohl darauf an.

---

159)Vgl. "Kani-Yamabushi" p. 476
160)Stereotype Formel der Yamabushi, sich einzuführen. Vgl. z.B."Kani-Yamabushi" p. 475
161)S. "Negi-Yamabushi" p. 461, vgl. a. die Fähigkeiten Mongakus im GSK Kap. 18 p. 37
162)S. "Negi-Yamabushi" p. 463
163)S. "Koshi-inori" p. 487
164)S. "Kani-Yamabushi" p. 475
165)S. ibid. p. 475
166)S. "Kaki-Yamabushi" p. 481/2

Im "Negi-Yamabushi" brüstet sich der Asket mit folgenden Worten:[168]

> Ich Yamabushi, der ich gerade meine Berg-Übung beendet habe, betreibe insbesondere Exorzismus im ganzen Land. Aus diesem Grunde steigen alle Adligen und ehrwürdigen Menschen von ihrem Pferd und erweisen mir Reverenz...

Der Prahlerei eng benachbart ist rauhes und rücksichtloses Benehmen .

Auch hierfür fehlt es nicht an Beispielen:

> He, Teewirt, gebt mir einen Tee!
> Ihr wollt eine Schale Tee zu Euch nehmen...
> Wo ich es doch sage!
> Sofort! - Wohl bekomms!
> Hm, der ist (zu) heiß!. Macht ihn mir etwas kälter!
> Ich werde ihn Euch etwas abkühlen...Bitte sehr!
> Hm, nun ist er lau warm. Ihr bereitet doch andauernd Tee, es ist so wohl nicht möglich, daß Ihr keine Ahnung habt vom richtigen warmen und kalten Tee...[169]

Unter Drohung mit einem Kleinschwert zwingt ein Yamabushi im Kyôgen-Stück "Inu-Yamabushi" einen Mönch, mit dem er sich streitet, zu einem weiteren Gebetsgang, nur um noch einmal den kürzeren zu ziehen.[170]

Die besondere Betonung der Übungen, Wunderkräfte und Erhabenheit der Yamabushi, deren Prahlerei, mag der damaligen Wirklichkeit entsprochen haben; sie kann aber auch unter dramaturgischem Gesichtspunkt gesehen werden, nämlich aus der Absicht heraus, den besonderen Charakter der Yamabushi, ihre Kräfte zu betonen, um damit einen größeren Kontrast zu dem auf dem Fuß folgenden Mißerfolg zu erhalten.

Bei der Untersuchung der Frage, wie denn die Yamabushi in den Kyôgen verlacht werden, läßt sich zunächst als ein Mittel die Komik der Situation, in die der Yamabushi gebracht wird, feststellen.

Im "Kaki-Yamabushi" ist der Asket gezwungen, Tiere und ihre Schreie nachzuahmen, um schließlich, bei dem Versuch zu fliegen, kläglich zu scheitern; der Besitzer des Kakibaums läßt ihn einfach schreiend am Boden zurück.

Ins Ohr gebissen werden (Kani-Yamabushi), vom Daikoku mit dem Hammer geschlagen und verfolgt(Negi-Yamabushi), mit einer Schnecke vergli-

---

167)S. "Tsuto(-Yamabushi)" p. 65, Kyôgen-ki, jôkan.
168)S. "Negi-Y." p. 462
169)S. ibid. p. 461
170)Vgl. "Inu-Y." p. 473

chen werden(Kagyû) etc. dies alles könnte im Rahmen der Situationskomik gesehen werden. Die mangelnde Ehrerbietung gegenüber den Yamabushi kommt deutlich in den Worten des Shinto-Priesters in der Posse "Negi-Yamabushi" zum Ausdruck:[171]

> Wenn jener Yamabushi für das Reich Beschwörungen macht, so bitte doch auch ich vor den Kami für die Sicherheit des Landes. Ich stehe ihm nicht nach. Negi ist Negi, Yamabushi Yamabushi! Jeder für sich hat seine Aufgaben. Ehrerbietigkeitsbezeigungen entgegennehmen ist nicht auf Yamabushi allein beschränkt.

Zur Situationskomik müssen weiterhin jene Szenen gerechnet werden, in denen die Gebetswirkung der Yamabushi ins Lächerliche, Absurde gesteigert wird; so beißt z.B. der Krebsgeist immer fester, je angestrengter der Yamabushi betet, und packt schließlich diesen selbst(Kani-Y.); oder der umstrittene Reis vermindert sich kraft Beschwörung (Tsuto), Pilze werden immer mehr statt weniger (Kusabira), die Hüfte wird mal nach vorn, mal nach hinten zusammengekrümmt, erreicht aber nicht die normale Stellung(Koshiinori) usw.

Ein weiteres Mittel, die Yamabushi und ihr Tun lächerlich zu machen, sind zahlreiche Wortwitze, Anspielungen, Drohungen (die man ihnen in den Mund legt), die angesichts des später eintretenden Mißerfolgs in Komik umschlagen.

Das Hora-Blasen der Yamabushi (hora wo fuku) wird zum uso wo fuku: Flöte oder Lügen blasen.[172] Dem iki-Fudô gelingt es nicht einmal, sich vom Biß des Krebsgeists zu befreien; oder aber man legt den Yamabushi eine Passage aus einem Nô-Stück in den Mund[173] und erzielt dadurch die komische Wirkung, wie z.B. in "Fukurô":[174]

> Yamabushi nehmen die Tradition En no Gyôjas auf... steigen in die Gipfel der 2 Welten von Diamant und Mutterschoß, tragen das makelloses Mönchsgewand der Demut... Die Lilien unter Brücke...[175]

---

171)S. "Negi-Yamabushi" p. 463 Mögliche Differenzen zwischen Shintô -Priestern und Yamabushi; Konkurrenz beim danna-mawari-Betteln ?
172)Hora wo fuku: Großspurig reden, "tönen".
173)Vgl. "Aoi no ue" p. 164 YKTK vol. I
174)S. "Fukurô" p. 485 mit Einschub aus dem Nô-Stück "Aoi no ue" YKTK vol. I p. 165/166
175)Vgl. a. "Fukurô" p. 483, "Kusabira" p. 176 gekan, Kyôgen-shû NKBTK

Wie schon in der aus dem Kyôgen-Stück "Fukurô" zitierten Passage anklingt, bestand eine Methode der Kyôgen, die Yamabushi zu verspotten, darin, ihre Gebete und Predigten durch Einschub profaner Zeilen zu parodieren. Hierbei lassen sich zwei Typen unterscheiden:[176]

a) Parodie mittels des iroha-Gedichts

b) Parodie mittels Zusatz eines Kinderlieds

In der Posse "Inu-Yamabushi" lautet das Gebet:

> Wenn man mit den Worten des iroha-Gedichts eines betet, wieso sollte sich da keine Wunderwirkung zeigen! Boroon, boroon, boroon, iroha nihoeta, boroon, boroon, boroon, chirinuru wowaka, boroon, boroon...[177]

Worin lag nun die Komik? Wohl in der offensichtlichen lautlichen Parallele zu den mit Sanskritsilben durchsetzten und dem Laien- wie auch den Mönchen - nicht leicht verständlichen Beschwörungsformeln der Yamabushi. Wowaka parodiert die übliche Schlußformel der Gebete im esoterischen Buddhismus: sowaka.[178]

Auch bei der Übernahme der Zeilen:

> Die Lilien unter der Brücke, wer hat sie gepflanzt? Bricht man sie, sie brechen nicht, schneidet man sie, sie fallen nicht![179]

beruht die Komik zum Teil darin, ein noch heute in den Provinzen hier und da anzutreffendes Kinderlied[180] an Stelle des gemeinhin unverständlichen Gebets von Yamabushi gestellt zu haben.

Ein weiterer Gesichtspunkt, der in diesem Zusammenhang berücksichtigt werden muß, ist, daß jenes Kinderlied von Spielen begleitet wurde, bei denen man auf einem Bein hüpfte.[181]

---

176) Satake ist der Ansicht - wohl mit Recht-daß es vor der Periode der schriftlichen Fixierung der Kyôgen-Possen noch weitere Beschwörungsformeln gegeben haben wird; er stützt diese Vermutung mit einem Zitat aus dem zu den ältesten Texten zählenden Tenri-bon. Vgl. Satake, Kyôgen p. 3
In älterer Zeit wurden die Kyôgen-Possen noch als Stegreif-Spiele aufgeführt. (Vgl. Tenshô-bon, das lediglich knappe Regieanweisungen gibt), dem Spieler kam große Freiheit der Interpretation zu. Im Zuge der schriftlichen Fixierung dürften die Gebetsformeln erstarrt sein.

177) S. "Inu-Y." p. 473, vgl. a. "Fukurô" p. 487, sowie "Koshi-inori" p. 492

178) Sowaka oder sobaka ist die japanische Aussprache des Sanskritwortes svaha, das am Ende der Mantras zur Abwendung von Unheil und Krankheit steht. Vgl. a. "Shugen seiten", "Shugendô gongyô-shû".

179) Hashi no shita no shôbu ta ga ueta shôbu zo oredomo orarezu, karedomo kararezu.

180) Seit der Kamakurazeit tradiert; vgl. Satake, Kyôgen p. 4 mit Zitat aus

Legte man den Yamabushi diesen Liedtext in den Mund, so ist ein möglicher Rückschluß, daß sie dabei auf der Kyôgen-Bühne auf einem Bein herumsprangen.[182] Da aber die Kyôgen bemüht sind, Wirklichkeit zu zeigen, ist die Vermutung nicht ganz unbegründet, daß Yamabushi in der Tat bei ihrem Exorzismus auf einem Bein sprangen (standen).[183] Diese Einbein-Stellung ist als religiös-magische Stellung bei vielen Völkern bekannt.[184]

Sollte die obige Vermutung zutreffen und die Yamabushi machten aus tatsächlich geübter Praxis heraus auf der Bühne in Einbein-Stellung ihre Beschwörun gen, so liegt der komische Effekt offensichtlich darin, zu dem Vorgang einer traditionell mysteriösen Beschwörung den Text eines bekannten Kinderlieds zu deklamieren.

Zusammenfassend läßt sich sagen: Prahlerei und mangelnde Wunderkräfte der Yamabushi werden in komischen Situationen durch stereotype sprachliche Wendungen bloßgestellt, Gebete und Beschwörungen durch Verballhornung sowie Zusatz bekannter Lieder persifliert und so die Yamabushi selbst zum Gegenstand des Gelächters gemacht.

5. Die vorstehend angedeutete Entwicklungslinie in der Stellung der Yamabushi von hohem Ansehen als Exorzisten über ein der Furcht verwandtes Staunen über Wunderkräfte, der ausgesprochenen Furchtvorstellung Tengu:Yamabushi bis hin zu den im Gelächter der Kyôgen-Possen entmystifizierten Yamabushi soll zunächst als für die allgemeine Entwicklungslinie der Yamabushi-Gestalt gültig angesehen werden.[185]

Tenri-bon; dort als Beschwörungsformel zusammen mit "hashi no shita no shôbu" und einem Lied "ichiri kenjô ...", welches ebenfalls ein Kinderlied ist. Vgl. a. Yanagita, shû vol. XX p. 381/87

181)Über Kata-ashi-tobi(auf einem Bein hüpfen) vgl. NMTK vol. 9 p. 325, sowie Yanagita, shû vol. XX p. 378 ff

182)Vgl. Satake, Kyôgen p. 8

183)Vgl. T p. 39 hane-odori

184)Satake weist als Beispiele auf Siam und Indien u. a. hin. Einbein-Stellung sei dort wirksame Stellung gegen Dämonen. Vgl. a. Quaritch-Wales, Siamese State Ceremonies p. 241, London 1931 , vgl. pp. 258, 266

185)Es gibt in den Quellen jedoch eine Anzahl von Hinweisen und Bemerkungen über Yamabushi, die sich inhaltlich-chronologisch nicht leicht in obige lineare Entwicklung einfügen bzw. vielmehr Änderungen in dieser Linie zu

Es ist jedoch zu beden ken, daß nicht alle Yamabushi zu jeder Zeit mit diesem Schema identifiziert werden können;vielmehr dürften bei einem Verband, der aus so vielschichtigen Kreisen erwuchs, die verschiedensten Elemente zusammengekommen sein; nicht jeder unter denen, die sich Yamabushi nannten, ging in religiösem Eifer Askese-Übungen nach; d.h. genau wie man falsche Yamabushi kannte, gab es wohl eine nicht geringe Anzahl von "Yamabushi", die dem ursprünglichen Ideal kaum noch nahekamen und mit den eifrigen Yamabushi kaum mehr als die Kleidung gemein hatten; sicherte doch die Position als Yamabushi ein relativ unangefochtenes Leben, vagabundierend, ohne festen Wohnsitz, ohne Steuerlasten etc.

Unter diesem Gesichtspunkt der Vielfalt und Vielschichtigkeit des unter dem Namen Yamabushi bekannten Personenkreises müssen wohl folgende Notizen über jene Berg-Asketen gesehen werden, die nicht unbedingt als Ausnahme zu werten sind, sondern vielmehr das Bild der Yamabushi in ihrer Gesamtheit abrunden helfen.

Im "Ujishûi-monogatari" findet sich folgende Erzählung:[186]

> Die Sache von dem Mönch, der ein suigu-dhārani auf der Stirn trug
> Auch das ist schon lange her. Da kam zu jemandes Haus in äußerst aufschneiderischer Haltung ein schrecklicher Yamabushi... /Bittet um eine Gabe/Zwischen den Augenbrauen in der Nähe des Haaransatzes hatte er eine etwa 2 Zoll lange Wunde, die noch nicht ganz verheilt war. Der Diener fragte :Was ist denn das für eine Wunde auf Eurer Stirn? - Da antwortete der Yamabushi mit gewichtiger Stimme:Was diese Wunde anbetrifft, so habe ich mir da das Mantra des Suigu-Bosatsu[187] eingepreßt.

---

bedingen scheinen.
Mangelnde Achtung vor den Yamabushi, die in den Kyôgen-Possen zu finden ist, läßt sich auch in einigen Zitaten des "Taiheiki" und "Gikeiki" nachweisen. Vgl. G p.3 24, 325 sowie 343/44 Beide Vorfälle können aber nicht als die skizzierten Entwicklungslinien zu modifizieren geeignet angesehen werden, da es sichh hierbei ja um eine Regierungsorder Yoritomos handelt(nämlich Yamabushi aufs schärfste zu kontrollieren und so "falsche Yamabushi" am Grenzübertritt zu hindern).
Bemerkungen im "Ujishûi-monogatari" und "Taiheiki", daß Beschwörungen der Yamabushi keine Beachtung fanden oder als lächerlich abgetan wurden, sind- wie schon ausgeführt -als dramaturgisches Mittel der Betonung der Wunderkräfte von Yamabushi ebenfalls nicht geeignet, das allgemeine Bild des hohen Ansehens der damaligen Yamabushi im ganzen zu modifizieren.
186)Vgl. "Ujishûi-monogatari" p. 60/1 NKBTK

Der Diener:Das ist ja großartig! Man sieht zwar häufig Asketen mit abgeschnittenen Gliedmaßen an Händen und Füßen;aber daß jemand sich, die Stirn verletzend, ein dharani einbrennt, das ward noch nicht gehört. Während sie so miteinander sprachen, kam plötzlich ein 17-18 Jahre alter Bursche angelaufen, betrachtete den Yamabushi und sagte:Lächerlicher Yamabushi Ihr! Ihr wollt Euch ein dharani eingebrannt haben? Die Sache verhält sich folgendermaßen:Ihr verkehrt von Zeit zu Zeit heimlich mit der Frau des Gußmeisters, der östlich des Hauses des jungen Oe, im Bezirk der 7. Straße wohnt. Als Ihr im letzten Sommer Euch gerade dort niedergelegt hattet, traf es sich, daß der Ehemann nach Hause kam. Ihr floht Hals über Kopf in westlicher Richtung, wurdet aber auf der Höhe des Hauses des jungen Oe eingeholt und erhieltet mit einer Hacke einen Schlag auf die Stirn. Der junge Oe hat es auch gesehen! Als die Leute bei diesen Worten schockiert das Gesicht des Yamabushi ansahen, blieb dieser jedoch völlig gleichgültig, und betont ernst sprach er:Bei dieser Gelegenheit habe ich es mir eingebrannt. - Da lachten alle Leute, die versammelt waren "ha" auf, während der Yamabushi sich irgendwohin davontrollte.

Ein ähnliches Abenteuer wird im "Kokon-chômon-shû" geschildert:[188]

/Ein Mönch, Yamabushi und Gußmeister[189] sind gemeinsam auf dem Weg zur Hauptstadt/
Als sie alle drei fürbaß schritten, neigte sich - sie waren gerade in der Gegend von Imazu - der Tag, und sie übernachteten in einem Rasthaus, das von einer yûjo[190] geführt wurde. Wie ein jeder ganz fest schlief, da erhob sich der Yamabushi und band sein Haar zu einem Knoten. Der Gußmeister schlief fest, der Mönch gab nur vor, zu schlafen und beobachtete das Verhalten des Yamabushi. Nachdem dieser sein Haar hochgebunden hatte, nahm er die eboshi-Haube des schlafenden Gußmeisters und setzte sie sich auf. Beim Schlafgemach der Wirtin klopfte er behutsam an, die Wirtin öffnete sogleich und fragte:Wer da ? - Ich bin einer der Gäste. Als ich Euren Ofen (kama)[191] sah, da stellte ich fest, daß er nur einen Kessel, keinen Seitenkessel hat. Ihr werdet das sicher geregelt haben wollen! Für solche Dinge gibt es mich Gußmeister. Na, wie wärs ? Als er so sprach, da war die Wirtin gleich sehr einverstanden, nahm ihn sofort zu sich herein und schlief mit ihm. Nachdem die Sache gut erledigt war, legte der Yamabushi die eboshi-Haube, die er trug, neben

---

187)Ist gleich Dai Suigu Bosatsu aus dem Mutterschoß-Mandala, Verwandlungskörper der Kannon.

188)S. KKS p. 431 ff NKBTK

189)Gußmeister waren bis zur Muromachizeit als wandernder Handwerker unterwegs. Vgl. "Fuzoku jiten"p. 350

190)yûjo:Aus dem Stand der wandernden miko (Shamaninnen), die Rasthäuser besuchten, als ukareme (-Unterhalterinnen) bei Gelagen etc. wirkten, erwachsene, später auf Prostitution festgelegte Frauen.

191)Neben der vordergründigen Bedeutung kama=Ofen, dürfte hier schon, wie Fortgang der Geschichte und der Kontext erhärten, eine sexuelle Anspielung zu sehen sein, in welcher man -wie seit der Edozeit besonders -kama als Bezeichnung für den Anus der Frau verstand(teils auch für Cunnus). Vgl.

das Kopfkissen der Wirtin und entfernte sich, so, als ob er gerade etwas erledigen müsse. Darauf verwirrte er sich das Haar wieder wie vorher und sprach, unter dem Vorwand, wie üblich zu seinen Übungen zu gehen, zu seinen Begleitern:Ich wollte Euch noch weiter begleiten, muß aber wegen dringender Geschäfte schon voraus nach Kyôto...
Als danach der Gußmeister nach seiner eboshi-Haube suchte, und sie nicht mehr da war, wurde er über die Maßen verstört. Unterdessen graute der Morgen, die Wirtin erhob sich und drängte den Gußmeister mit folgenden Worten:Wo ist nun der versprochene Ofen? - Da der Gußmeister ja davon keine Kenntnis hatte, stritten sie sich heftig. "Spielt nicht den Unwissenden! Daß Eure eboshi-Haube hier bei mir im Schlafgemach ist, wem wollt Ihr denn das ankreiden? Und Euch so aus der Affäre ziehen? Gebt mir schnellstens den versprochenen Ofen heraus!" So drängte sie ihn.
Der Gußmeister rief aufgeregt:Sowas ist völlig ausgeschlossen! Wieso stellt Ihr sowas, was doch nicht den Tatsachen entspricht, als wahr hin?" Aber sie glaubte ihm nicht und sprach:Schändlich! Obwohl doch schon alt an Jahren, war Euer Glied ungefähr 6 Daumen lang und kräftiger als bei jungen Leuten!... /Gußmeister/Da schaut her! Ist das denn 6 Daumen lang? - Mit diesen Worten zog er sein schmächtiges und phimotisches Glied hervor, worauf die Wirtin nichts mehr entgegnen konnte. Bis zu den anderen Gästen hin war der Lärm vom Streit gedrungen. "Das hat jener Yamabushi getan !", so lachten sie laut...

Während in den vorstehenden 2 Zitaten diese Abenteuer von Yamabushi belacht werden, fehlt dieses Moment im "Saseki-shû", in dem eher ein kritischer Ton anklingt:[192]

Auf dem Weg in einen Berg gingen ein Yamabushi und eine miko miteinander und unterhielten sich. Da es eine Menschen-verlassene Berggegend war, entbrannte in dem Yamabushi -obwohl dies doch die Art gemeiner (=noch in Trieben und Begierden befangener)Menschen ist -ein sexuelles Verlangen, und er fiel auf jene miko. Diese reinigte sich zur Buße in einem Bergteich, wusch den Schmutz ab, schlug die Trommel, rieb den Rosenkranz...

Wie sind solche Erzählungen angesichts der Tatsache, daß - wie zu zeigen versucht wurde -die Yamabushi der Heianzeit als Exorzisten geachtet, in der Kamakurazeit (in die obige Zitate zu rechnen sind) als Supermänner bestaunt und gefürchtet waren, zu bewerten? Der vermeintliche Gegensatz zwischen den harten und rauhen Übungen nachgehenden Asketen und den oben geschilderten könnte auch durch folgende Überlegung überbrückt werden: Die Verehrung und das hohe Ansehen, das die Yamabushi seit der Heianzeit

---

a. Sato/Kraus, Japanisches Geschlechtsleben, bearb. von H. Ihm, neu herausgegb. G Prunner, p. 204 ff, p. 298, Hanau 1965, sowie "Ingo jiten" p. 75, 1959

genossen, galt ihnen in ihrer Eigenschaft als Exorzisten und war nicht auf den Anspruch eines reinen, mönchischen Lebenswandels gegründet. Will man die obigen Notizen nicht als Einzelfälle, Ausnahmen ansehen, sondern sie - wohl zutreffender -als Spiegelbild der damaligen Verhältnisse anerkennen, bleibt immer noch das Problem, wieso die wegen ihrer Kräfte bestaunten und als Tengu gefürchteten Yamabushi in literarischen Quellen der gleichen Epoche auch in recht menschlichem Licht gesehen werden.

Die Kamakurazeit ist die Zeit, in der die Wandertätigkeit der Yamabushi besonders hervorzutreten beginnt. Gläubige und Anhänger, mit denen die Yamabushi eine Art Lehrer-Schüler-Verhältnis eingingen, von denen sie auch unterstützt wurden, wohnten über weite Gebiete verstreut- ein Indiz auch für das ausgedehnte Pilgern der Shugen-Asketen. Zugleich mit diesem ruhelosen Umherpilgern schwächten sich ihre ernsthafte Askese-Haltung u. ihr Verantwortungsbewußtsein ab, während andererseits zahlreiche "schlechte Yamabushi" in ihre Gemeinschaft Aufnahme fanden. Die angeführten Zitate könnten vor diesem Hintergrund verständlich werden, der wohl auch bei der Entwicklung der Vorstellung von der Identität Yamabushi:Tengu zu beachten ist. Damit ergäbe sich aber gleichzeitig die Annahme, daß es unter den Yamabushi des Mittelalters viele gab, die als Zauberpriester bei Exorzismus geehrt wurden, während andere wieder in ihrem täglichen Leben durchaus Anlaß zu Spott und Lachen gaben, auch schon in der Kamakurazeit.

Eine scharf getrennte, klar aufeinanderfolgende Entwicklung in der Stellung der Yamabushi ist deswegen nicht anzunehmen; die von uns skizzierte dürfte aber wohl jeweils den Hauptzug im Bild der Yamabushi der einzelnen Epochen kennzeichnen.

So erscheinen die Yamabushi in ihrer Gesamtheit als recht vielschichtige Gestalten, die nicht nur von den Laien verehrt, gefürchtet oder verlacht wurden, sondern auch, vor allem den anderen Sekten, ein Ärgernis waren. Hierfür gibt das "Saseki-shû" in der Predigt des Eichô Shônin ein Beispiel:[193]

---

192)S. "Saseki-shû" p. 494 NKBTK Anhang
193)S. "Saseki-shû" p. 269 ff NKBTK

Der Begründer des Chôrakuji[194] in Serada, Nitta-shô im Lande Kôzuke, der Meister der Mönchs-Disziplin[195], Eichô Shônin,[196] war ein unvergleichlich hoher Mönch, von tiefem Mitleid und strahlender Weisheit; sämtliche Lande in der Kantô-Gegend wandten sich ihm zu. Erfahren in den offenen und geheimen Lehren, war er wahrhaftig großartig in Predigt und Unterweisung. Deswegen strömten aus den benachbarten Gebieten Mönche und Laien zusammen und lauschten seinen Worten. Einmal, als besonders viele zu seiner Predigt gekommen waren, war unter diesen ein Yamabushi. Eichô Shônin sprach: Es ist bedauerlich, daß in unserem Land, das Grenzgebiet des Paradieses von Amida ist,[197] das buddhistische Gesetz mit den Jahren verfällt und es keine dem Gesetz konformen Mönche mehr gibt. Mönche machen die drei grundlegenden Studien der Anstrengung (auf dem rechten Weg), der Meditation und der Erkenntnis[198] zu ihrer Richtschnur. Buddha-Jünger sind solche, die sich das Haar schneiden, die Kleidung färben. Unter denen, die die Welt verlassen, gibt es 5 Klassen: biku, bikuni, shami, shamini, shikishamani.[199] Rechnet man die 2 Arten von Laien-Anhängern, ubasoku und ubai, hinzu, so sind das zusammen 7 Ränge unter den Jüngern Buddhas. Ihrem Stand gemäß sollen sie die jeweiligen Gebote halten, drei Kleidungsstücke und eine Almosenschale haben, Versenkung und Erkenntnis üben, mahayanistische und hinayanistische Übungen, offene und geheime Lehren, Zen praktizieren;[200] dies alles sollten sie freudig betreiben. Das ist in den drei Ländern nicht verschieden. In unserem Land nun hat in alter Zeit Ganjin eine Ordinationsbühne in Nara (Kôfukuji) errichtet, Jikaku Daishi die Tendai Ordinationsbühne. Man hat die Gebote und Übungen getreu dem Gesetz von Shaka gehalten, und in allen Tempeln wurden Fasten und Reinigungsgebote beachtet. Jedoch verfiel dies allmählich. Man schert sich nun mehr lediglich das Haar und färbt sich das Gewand. Gebote - die kennt man nicht mehr. Kümmert sich nicht mehr um die drei Kleidungsstücke und die eine Bettelschale. Seltsame Mönche, die sich willkürlich den Namen "Mönch" (hôshi) zulegen, sammeln Almosen, empfangen die Opfergaben und sind überall im Land anzutreffen. Sie beschmutzen den Namen "Mönch", halten kein einziges Gebot. Sie haben Frau und Kind, tragen Waffen an ihrer Seite, gehen auf Jagd und Fischfang und schämen sich nicht im geringsten ob ihres kriegerischen Treibens und Tötens. In einer solch bitteren Endzeit, da gibt es sogar welche, die das Wort upavasatha[201] nicht kennen. Auch in dieser Versammlung ist einer von solchen Mönchen zu sehen. Wenn man ihn für einen Laien ansehen will (so

194) Tendai-Tempel in der Pr. Gunma, 1221 von Eichô gegründet.
195) Risshi, einer der drei geistlichen "Überwacher" (sôgô) Vgl. Coates/Ishizuka, Honen, p. 126
196) Mönch unbekannter Abstammung, studierte offene und geheime Lehren; später bei Eisai in Zen unterwiesen. Gest. 1247 Vgl. GKS 6 p. 76 DNBZS, BDJT vol. I p. 257
197) Henji: Randgebiete des Paradieses; dort diejenigen, die ohne die rechte Überzeugung nembutsu beten und so gerettet werden.
198) Kai, jô, e: drei grundlegende religiöse Übungen des Buddhsimus. Kai: das Schlechte beenden und Gutes durchführen, jô: Konzentration des Geistes in der Meditation, e: Erkenntnis der Einheit aller Dinge. Vgl. SBJT p. 199

> hat man damit auch recht);allerdings trägt er etwas wie eine Mönchs-Stola (kesa);(für einen Laien) hat (er) aber wiederum keine eboshi-Haube, ist weder chigo-Page noch Mönch, weder Luft noch Dreck... Unter diesen Worten zeigte er auf den Yamabushi, der da anwesend war. Da sagten die versammelten Mönche:Furchtbares spricht er da! Yamabushi sind doch so wilde Gesellen! Wie leichtfertig von ihm!

Wenn wir auch sicher die scharfe Diktion von Mujûs Erzählung einem natürlichen Gegensatz zwischen buddhistischen Sekten der Kamakurazeit und den buddhistisch-shintoistischen Zwitterwesen Yamabushi zuschreiben dürfen, so sind der Predigt doch einige Anhaltspunkte zu entnehmen, die ein Licht auf die frühmittelalterlichen Yamabushi werfen.

Yamabushi," seltsam gestaltige Mönche"(irui igyô hôshi) waren im ganzen Land anzutreffen und lebten vom Betteln und den Zuwendungen frommer Laien (Patrone). Sie verstießen gegen die buddhistischen Gebote, hatten Frau und Kinder, betrieben Jagd und Fischfang. Dieser Hinweis legt die Vermutung nahe, daß die Yamabushi nicht allein von ihren religiösen Übungen und vom Pilgern leben konnten, sondern als Nebenberuf Jäger u.a. waren.[202] Auch die Bemerkung, daß Yamabushi - die durch das Schwert und die Kleidung von den Mönchen verschieden - was die buddhistischen Lehren angeht, ungebildet waren, darf wohl in vielen Fällen als zutreffend angesehen werden.[203]

Wie unterschiedlich das Auftreten der Yamabushi im Mittelalter gewesen sein mag, verdeutlichen auch einige Bemerkungen aus dem "Gikeiki" und "Taiheiki". Bescheidenheit wird den Yamabushi z.B. im "Taiheiki" nachgerühmt:[204]

> /Nach einer Beschwörung/stehlen sich gewöhnlich die Yamabushi schnell davon, weswegen ich mir diese Schulterkörbe hier als Pfand nehme...

Es läßt sich unschwer vermuten, daß bei der großen Zahl von Shugen-Asketen und den unterschiedlichen Schichten, aus denen sie kamen, besonders was Exorzismus angeht, auch Scharlatane auftauchten. Einen Hinweis in die-

---

199)Über diese Klassen vgl. Coates/Ishizuka, Hônen p.270/1
200)Die Gebote sind an Zahl und Inhalt jeweils verschieden;so gibt es für ubasoku und ubai 5 Vorschriften, für shami 10 usw.
201)Fusatsu:14-tägige Versammlung zur Beichte und Selbstkritik der Mönche.
202)Vgl. Minamoto Ts., Seigyô no ii (=Nihon no minzoku vol. 3) 1965 p. 66
203)Vgl. Einleitung
204)S. T p. 110

se Richtung könnte das "Gikeiki" liefern:[205]

/Bei der Vorbereitung zu einer Krankenbeschwörung /Selbst wenn wir keine Wunderwirkungen hervorbringen sollten, so dürften sich doch - durch den allzu sehr Schrecken einflößenden Anblick unseres Betens - die bösen Geister und Totengeister zeigen und zerstreuen...

Daß auch die Kyôgen-Possen nur einen Teil - wohl den überwiegenden - der Yamabushi in ihren für die Zeit charakteristischen Zügen porträtieren, muß den Notizen über die entbehrungsreiche Omine-Wallfahrt[206] sowie über die Verehrung, welche von der Übung heimkehrende Yamabushi genossen, entnommen werden;die Missionare, die uns über diese Wallfahrt berichten, waren ja sozusagen berufsmäßig Gegener der Yamabushi und bezeichneten sie deshalb oft kurzweg als "Schwarzkünstler",[207], "Zauberer",[208] grausame Betrüger, grausame und schreckliche Leute.[209]

Andererseits heißt es in Anjiros Bericht über die Omine-Wallfahrt:[210]

Diese Leute sehen nach Vollendung ihrer Bußzeit so ausgezehrt aus, daß sie vor Blässe dem Tode selbst ähnlich sind. Nach Hause kehren sie in Begleitung vieler Leute aus der Stadt, die sogar ihre Kleider mit vieler Ehrfurcht küssen.

Billigt man den Kyôgen-Possen zu, daß sie in gewissem Umfang als Spiegel der damaligen Gesellschaftsverhältnisse Wahrheitsgehalt besitzen (Yamabushi =lächerliche Gestalt) nnd anerkennt andererseits die Aufzeichnungen der Missionare (Yamabushi =fromme Asketen, bzw. Yamabushi werden beschimpft), so scheint sich auch hier zunächst ein Widerspruch im Bild der Yamabushi zu ergeben. Eine Erklärung böte der Hinweis in Anjiros Bericht:

In Japan gibt es viele Zauberer und Hexen, jedoch sind sie nur bei den Einfältigen, gar nicht bei den vernünftigen und klugen Leuten in Achtung.[211]

Näherliegend als auf einen Kausalzusammenhang Verehrung und daraus resultierendes protziges Benehmen (wie in den Kyôgen geschildert) zu schliessen, scheint es uns auch hier, auf eine Differenzierung der Yamabushi-Gestalt zu schließen, ein buntes Gemisch von religiösen Eiferern und Scharlatanen, Betrügern und ernsthaften Asketen.[212]

---

205)S. G p. 351
206)Vgl. Haas, Geschichte p. 291, sowie Guzman, zit. bei Schurhammer, Yamabushis p. 54 ff MOAG vol. 46
207)S. Frois, zit. bei Schurhammer, Shintô p. 135

Ein solcher Schluß wird auch in der Edozeit- sieht man von dem natürlichen Gegensatz Konfuzianismus- Buddhismus ab - das schlechte Bild der Yamabushi in der Feder von Konfuzianern wie Ogyû Sorai und Nakai Chikuzan erklären helfen.

---

208)S. Frois, Geschichte p. 74
209)S. ibid. p. 491
210)S. Haas, Geschichte p. 291
211)S. ibid.
212)Vgl. a. Yanagita, shû vol. IX p. 442/444

SCHLUSS:

Seit der Kamakurazeit, mit deren Beginn und dem Aufbau des Schwertadels die Yamabushi ihre bisherigen Patrone (aus dem Adel) und ihre Kundschaft verloren, ist eine stärkere Verbindung mit dem einfachen Volk zu beobachten;[1] diese Tendenz setzt sich das Mittelalter hindurch fort und ist auch in der Edozeit beherrschend, in der sich viele der Yamabushi in Städten und Dörfern festsetzen, miko heiraten[2] und an Schreinen tätig sind.[3]

Da in der Edozeit mehr als das Problem des Todes die Heilung von Krankheiten im Mittelpunkt des religiösen Lebens stand,[4] waren die Yamabushi in der Hauptsache für solche exorzistischen Handlungen wie Krankenheilung und andere diesseitige Angelegenheiten zuständig.[5]

Ursachen der Krankheit sind "Hindernisse" (sawari) und Gottesflüche (tatari).[6] Nachdem durch Wahrsagen die Art und Herkunft des jeweiligen Fluchs festgestellt worden ist, erfolgt die Heilung mittels passender Beschwörungen.[7] Heilmittel waren dabei oft Papierkugeln, die, mit chinesischen Zeichen beschrieben, vom Patienten einzunehmen waren.[8]

Scharfe Kritik zogen sich die Yamabushi seitens der Konfuzianer zu. Im "Sôbô kigen" von Nakai Chikuzan[9] werden sie mit folgenden Worten geschildert:

> Außerdem intonieren sie verschiedenerlei Geheimnisvolles, Sonderbares wie Sanuki Kompira...beten zu Inari und Fudô...beten bei Krankheiten und übernehmen so Ärzte-Praktiken...Sie machen Reklame für wertlose Arznei und grobe Mittel...Dies alles ist nichts anderes als Volksverdummung und - betrug.[10]

---

1)Alle neuen buddhistischen Sekten wandten sich in der Kamakurazeit dem Volk, der Missionierung im Volk zu.
2)Vgl. a. Hori, kenkyû p. 703/7
3)Vgl. a. Togawa, Shugendô to minzoku (=NMTK vol. 8) p. 343 über verschiedene Aufgaben der Yamabushi in der Dorfgemeinschaft.
4)Vgl. Tamamuro, yamabushi p. 1035
5)Ibid.
6)Tatari von Konjin (Metall-Gottheit) sowie von den Geistern Lebender u. Toter.
7)Vgl. Tamamuro, yamabushi p. 1038
8)Vgl. a. Kaempfer, history p. 235
9)Nakai Chikuzan (1730-1804)Philosophisch an Chu Hsi orientiert. Unter seinen zahlreichen Veröffentlichungen ist "Sôbô kigen" (1789) als anti-buddhi-

Ihre magischen Kräfte verwenden die Yamabushi aber nicht nur zur Heilung von Krankheiten, sondern auch, um Geheimnisse aufzudecken, vie Zukunft vorherzusagen, gestohlene Dinge wieder aufzufinden u.a. wovon Kaempfer uns einen anschaulichen Bericht gibt.[11]

Zu den Methoden, Schuld und Unschuld zu ermitteln, gehörte, die betreffende Person vor einem Fudô-Bild dreimal über ein Kohlenbett- einen Faden lang - laufen zu lassen; wer keinen Schaden nahm, war exkulpiert.[12]

Amulette und Wunderdrogen, sowie die errungenen übernatürlichen Kräfte wurden von den Yamabushi der Edozeit stets groß herausgestellt.[13]

Für ihre Bemühungen bei Krankheiten etc. forderten sie großes Entgelt, in leichten Fällen Weiheleuchter, Votivbilder u.a. in schweren Fällen Steinlaternen, torii-Bogen etc.[14]

Wahrsagerei, Amulett-Verkauf etc. wurden von den Yamabushi gewerbsmäßig durchgeführt, wie dem "Hannen nisshô" von Murase Kôtei[15] zu entnehmen ist:

> An den Straßenrändern errichten sie Läden; mit den Praktiken und der Magie des Shamanismus, mit Wahrsagerei mittels Schildkröten, Bambus, sowie durch Physiognomik. Abwenden von Unglück und mit Teufelsaustreiben erlangen sie betrügerisch Geld... In den Städten sind am meisten von ihnen...[16]

Ähnlich kritisch über den Lebensstil der damaligen Yamabushi äußert sich auch Nakai Chikuzan.[17] Das Leben und Wirken der Yamabushi, so wie es sich in den obigen Notizen abzeichnet, nennt Kaempfer mit Recht als vom ursprünglichen Askese-Ideal entfernt und degeneriert:[18]

> These Sintos Hermits are now very much degenerated from the austerity of their Predecessors who...lived from their first entering the order upon nothing else but plants and roots and exposed themselves to perpetuated and very rude trials and mortifications...In like manner they de-

---

stisches Werk bemerkenswert. Vgl. hierzu Tamamuro, gaisetsu p. 207/8
10)Zit. nach Otomo, sonnô p. 237
11)Vgl. Kaempfer, history p. 236
12)Vgl. ibid. p. 236 Vgl. a. Lowell, Esoteric Shintô I p. 118, in:TASJ 1893, sowie p. 122 über das hi-watari -Feuerlaufen, das auch heute noch von den Yamabushi als Übung betrieben wird. (z.B. einmal jährlich auf dem Takao-san bei Tôkyô)
13)Vgl. Kaempfer, history p. 236
14)Vgl. Tamamuro, yamabushi p. 1040
15)Murase Kôtei, Konfuzianist aus Kyôto, gest. 1818

viated very much from the simplicity of the Religion they formerly professed admitting the worship of such foreign Idols as are thought by them to have the greatest power and influence over the occurencies of human life...

Einmal im Jahr pilgerten die Honzan-Yamabushi in die Provinz Yoshino auf den Omine; jedes Jahr im 6. Monat stiegen die Yamabushi auf den Fuji-san, wie ebenfalls bei Kaempfer berichtet.[19] Einige unter den Shugen-Asketen wohnten in eigenen Häusern oder hatten Tempel, aber "generally speaking so ill provided for that they can scarcely get a livelihood by them".[20] Die meisten aber zogen über Land und bettelten sich durch, wobei sie der Spendenfreudigkeit - darf man Ogyû Sorai folgen - auch mit dem Schwert nachhalfen.[21]

Gegen Ende der Edozeit bekamen die Yamabushi im Berg-Besteigen Konkurrenz durch einige neue Shintô-Sekten, wie Ontake-kyô, Fusô-kyô u.a.[22], deren Anhänger in weißen Gewändern und - in Anlehnung an die Yamabushi - unter Führung eines sendatsu Bergbesteigungen unternahmen.

Der im Rahmen der Politik der Tokugawa durch minutiöse Dekrete dem Staat unterworfene und dienstbar gemachte Buddhismus hatte nicht nur seine faktische Macht, sondern auch an geistiger Vitalität eingebüßt.[23] Die staatlich geförderte Philosophie des Konfuzianismus[24] sowie die erstarkende shintoistische Repristinationsbewegung gewannen immer mehr Einfluß. Hierzu parallel ging eine restriktive Politik gegenüber dem Buddhismus, eine Politik, die in einigen Clans ins Extrem getrieben wurde;sie konfiszierten Land und beschnitten - in Durchführung der anti-buddhistischen haibutsu-kishaku-Idee[25] -den Einflußbereich des Klerus und gewannen so einfache neue Einnahmequellen.[26] In der anti-buddhistischen Atmosphäre der Vor-Meijizeit wurden Schrein-Mönche (sha-sô) und Shugen-Anhänger von (ihren Diensten und Aufgaben an)Schreinen zurückgezogen.[27]

---

16)Zit. nach Otomo, sonnô p. 236
17)Ibid. p. 237
18)S. Kaempfer, history p. 235
19)Ibid. p. 232
20 Ibid.
21)Der Gegensatz Konfuzianer:Yamabushi (und Buddhisten allgemein) wird wohl zu der besonders scharfen und kritischen Beurteilung der letzteren beigetragen haben.
22)Ontake-kyô, Mittelpunkt dieses Glaubens ist der Mitake in Shinano;dem Fuji-Berg-Kult ähnlich. Vgl. a. Gundert, Religionsgeschichte p. 129

Shugendô hatte- in seiner Stellung zwischen Buddhismus und Shintoismus - am meisten durch die Politik der Trennung beider Glaubensformen (shinbutsu-bunri), wie sie die Meiji-Regierung in die Tat umsetzte, zu leiden. In einem Dekret vom 15. 9. 1872 (Meiji 5) heißt es:

> Erlaß hinsichtlich der Shugen-Sekte:Von jetzt an ist sie abgeschafft. Die Anhänger der Honzan-, Tôzan - und Haguro-Richtung werden den zwei Sekten Tendai und Shingon eingegliedert...[28]

Damit hörte Shugendô offiziell auf zu bestehen. Zu jenem Zeitpunkt soll es noch 170 000 Pilgerführer (sendatsu)[29] und folglich weit mehr Gläubige gegeben haben. Nach dem 2. Weltkrieg wurde am 28. Dezember 1945 die Religionsfreiheit in Japan proklamiert. Shugendô löste sich von Tendai und Shingon und wurde zu einer selbständigen juristischen Person, aufgegliedert in mehrere unabhängige Gruppen.[30]

Wenn auch in einigen Shugendô-Zentren die Riten des Bergeinstiegs wieder aufgenommen wurden, die alten Verwaltungszentren Shôgoin und Daigoji-Sambôin doktrinäre Zeitschriften für die Gläubigen herausgeben,[31] spielen in der heutigen modernen Gesellschaft Yamabushi in kaum einer Hinsicht mehr die Rolle wie in früheren Zeiten. Shugendô-Riten und -Praktiken werden als Tradition weitergepflegt. Ob sie als religiöse Kraft zu einer neuen Blütezeit kommen, muß die Zukunft erweisen.

Fusô-kyô :eine der 13 Shintô-Sekten, Mittelpunkt ist die Besteigung des Fuji.
23)Gefördert wurde diese Entwicklung durch das tera-uke-System. Da die Stellung der Tempel staatlich gesichert und überwacht ist, machte der Klerus selbst keine Anstrengungen mehr, zu missionieren. Vgl. hierzu Kishimoto (ed.), Japanese Religion in the Meiji Era, p. 12 , 1956
24)Vgl. ibid. p. 15
25)Haibutsu-kishaku:Bezeichnung für die Politik der Trennung von Buddhismus und Shintoismus in der Meijizeit, die in der Zerstörung von buddhistischen Kunstwerken etc. gipfelte.
26)Vgl. ausführlich Tamamuro, gaisetsu p. 214 ff
27)Vgl. ibid. p. 217
28)Zit, nach Wakamori, kenkyû p. 278
29)Vgl. Togawa, Haguro yamabushi p. 11
30)Vgl. Vorbemerkung Anm. 2
31)Wie z.B. die Zeitschrift "Shugen", vom Shôgoin seit einigen Jahren unter der neuen Bezeichnung "Honzan Shugen" herausgegeben.
Vom Sambô-in wurde die Zeitschrift "Shinpen" herausgegeben.
Vgl. a. Murakami, hattatsu p. 165

ANHANG :

A I 1 Anm. 1 (p. 50)

An bekannten Bergen aus der Narazeit seien die am Rande der Yamato-Ebene gelegenen Ikoma und Katsuragi genannt, letzterer schon in der Biographie En no Gyôjas im "Shoku Nihongi" belegt. (Shoku Nihongi, jôkan p. 9) Das "Sandai jitsuroku" (zit. bei Hori, kenkyû p. 91) nennt sieben berühmte Berge: Hiei, Hira, Kimpu, Ibuki, Atago, Jinpô .

Ursprüngliches Gebiet der Bergaskese scheint die Gegend von Yamato sowie die Kii-Halbinsel gewesen zu sein. Schon im "Makura no sôshi" heißt es vom Schicksal eines Exorzisten:

> Während er zum Mitake (=Kimpu-sen), nach Kumano pilgert, und zu allen heiligen Stätten, ohne eine auszulassen...

(Makura no sôshi p. 29)

Über den Raum des Yamato-Gebietes hinaus weist das "Shin Saru-gakki". Der in diesem Werk porträtierte Idealtyp eines genja "ging wiederholte Male über den Omine und Katsuragi... Jahraus, jahrein wetteiferte er in den Übungen in Kumano, auf dem Kimpu, dem Tateyama in Etchû, dem Hashiriyu-yama in Izu... Daisen in Hôki, Shirayama in Echizen..."

Im "Ryôjin-hishô" vom Ende der Heianzeit werden (neben Hashiriyu u. Fuji) zu den Wunderstätten der 4 Richtungen gezählt:

> Togakushi in Shinano, Nariai von Tango, Muroto von Tosa... /Unter den heiligen Stätten auf Kyûshû/ Oyama... Kamado Honzan, Hiko-san .

(Ryôjin-hishô p. 399 NKBTK)

Zu den früh bekannt gewordenen Shugendô-Gebieten zählt der Kurama bei Kyôto, der schon im "Utsuho-monogatari" (p. 143 NKBTK) als Yamabushi-Berg ausgewiesen wird.

Betrachtet man die geographische Lage der vorstehend genannten heiligen Berge und Stätten, so zeigt sich schon an diesen wenigen Beispielen, daß zur Blütezeit Kyôtos um das Jahr 1000 solche bekannten Orte religiöser Übung auf die Yamato-Ebene, die Kii-Halbinsel sowie die Gegend von Kumano konzentriert waren.

Um die Mitte des 11. Jahrhunderts waren schon weiter entfernt liegende Gebiete, wie Shirayama (Haku-san) und Berge in Izu bekannt geworden. Das "Ryôjin-hishô" schließlich nennt bereits Stätten auf Kyûshû, darunter das mächtige Shugendô-Zentrum des Hiko-san.

Neben einer lokal gebundenen, natürlich entstandenen eigenen religiösen Aktivität kann für diese Ausdehnung der Übungszentren und die Einbeziehung ferner Berge die Pilgertätigkeit von Asketen und Yamabushi nicht ganz ausgeschlossen werden.

Zu A I 1 a Anm. 24 (p. 52)

Von Yoshino aus pilgern Shôgoin, Sambô-in zum oku no in (inneres Heiligtum)des Zaô-dô; von dort aus führt auf den Gipfel 11 Meilen eine Straße, auf der man üblicherweise geht. Zum Dorogawa sind es 5 Meilen(ri) am Fuß der Yoshino-Berge entlang, und zwar, da es keinen Fußweg gibt, (läuft man) mit dem Gepäck auf einem Pferd. Man nimmt Verpflegung mit. Bis zum Dorogawa führt der Weg in einem aufwärts... Von hier zum Omine sind es 5 Meilen steilen Wegs;gelegentlich sind am Felsen Laufplanken angebracht, über die man höher steigen muß. Der Ort, wo man die Yamabushi ihre Sünderverzeihung erbitten läßt, liegt auf einem großen Felsen. Dorthin geht der Bergführer über einen Seitenweg. Auf dem Felsen ist der Boden rund gewölbt und glatt, wenn man ausrutscht, stürzt man zu Tal.In dieser Lage ließ man die Yamabushi Verzeihung ihrer Sünden erbitten und nahm ihnen ein Opfergeld ab. ...Der von Saigyô (Hôshi) bei seiner Pilgerfahrt besungene Windschirm-Felsen u.a. liegt hier in dieser Gegend. Auf dem Berggipfel gibt es zahlreiche Klausen, aus Fichtenholz gefertigt, mit einem Dach...Im Innern Ofen und Matten...Für die kaiserlichen Äbte (monzeki) gibt es in Osasa eine Klause, wo man den goma-Feuer-Ritus vollzieht. In der Halle davor sind Statuen von Shôbô und En no Gyôja in Yamabushi-Gestalt...Hier feiert man den goma-Ritus. Danach schreibt man auf eine große Stupa:Abt vom Miidera, Oberer der drei Berge, Nachfahre des En no Gyôja, Bischof N.N. und kehrt wieder zurück...

Dieser Omine ist außerordentlich hoch und kalt;bis ungefähr Mai bleibt Schnee liegen. Von der Klause auf dem Gipfel sieht man morgens, nach Osten gerichtet, mit der Sonne (auch) etwas den Fuji auftauchen - ein überwältigender Anblick. Folglich liegen vom Fuji bis hierher keine großen Berge dazwischen;woraus ersichtlich, daß es in dieser Richtung keinen höheren Berg gibt als den Omine. In der Klause ist es unsagbar kalt... Zenki und goki sind 2 Figuren an der Seite der Statue des Gründers En no Gyôja. Mit Axt und Beil in der Hand sehen sie -Wegführer als En no Gyôja den Gipfel bestieg -aus wie Nachkommen der Bergbewohner, ohne großen Unterschied zu normalen Menschen...

Auf dem Omine gibt es seit alters nur Klausen für Shingon-Yamabushi, keine für Tendai. Wenn diese Tendai-Yamabushi(Mönche) auf den Gipfel steigen, borgen sie sich die Klausen der Shingon -Yamabushi...
(S. "Enpeki-ken-ki" p. 75, Nihon Zuihitsu zenshû vol. 19)
Über den Einstieg der Tôzan-ha-Yamabushi in den Omine vermerkt das "Kii-meisho-zu-e":
Vom Yoshino-Berg(Kimpu-sen) aus 6 Meilen zum Sanjô-ga-take. Der Berg ist hoch, der Weg äußerst steil. Wenn man am Daitenjô und Kotenjô vorüber-ist, kommt man zum Ima-shuku (?)-Quartier... Von Dorotsuji aus steigt man direkt auf den Gipfel zur Halle des Zaô. Eine Meile nach Osten liegt Osasa; in dieser Gegend gibt es zahlreiche Felsenhöhlen... Über eine Meile nach Süden die Stätte "chigo-domari" (Pagen-Rast), weiter südlich dann die "Pilgerkehre"(gyôja-kaeri) ;zwei Meilen 8 chô (1 chô ca. 109 m) weiter kommt man zum Misen, 10 chô weiter südlich der Gipfel Dai Nichi-ga-take...
(Zit. nach Tamamuro, gaisetsu p. 163)

Zu A II 1 Anm. 118 (p. 101)

Chigo-Pagen dienten im Mittelalter in allen Klöstern;neben Aufgaben bei den Mahlzeiten der Mönche, waren sie oftmals Partner homosexueller Begegnungen;daß solche Homosexualität in den Klöstern des Mittelalters weit verbreitet war, können wir den chigo-monogatari entnehmen. Gefördert wurde dieses Übel durch das Verbot des Zutritts für Frauen, insbesondere in Bergklöstern des esoterischen Buddhismus.

Unter chigo werden hier nur solche verstanden, die in Tempeln dienten, dort zur Erziehung lebten; die Schrein-chigo des Shintoismus hatten ja keine dienende Rolle, sondern waren - über den Kannushi stehend -als Träger der Gottheit Mittelpunkt von Festen. (Vgl. NMJT vol. 8 p. 278)

Die Söhne Adliger lebten im Mittelalter häufig eine Zeitlang in Klöstern, wo sie als chigo die Aufgabe der sog. kashiki-anja oder kashiki übernahmen u. die Mönche bei Mahlzeiten bedienten; sie trugen dabei das Haar ungeschoren über die Schulter herabhängend, waren geschminkt und in prächtige Gewänder gekleidet. Aus diesem Zusammenhang heraus kam es dann zu homosexuellen Begegnungen.

Diese waren besonders in den Zen-Klöstern verbreitet, wohl aber auch unter den Yamabushi. Vgl. eine Notiz im "Tôkon-dô saisai-yôki", 27. Tag 3. Monat, 1366, wonach der homosexuelle Verkehr mit chigo besonders unter den Yamabushi stark verbreitet war. (Zit. bei Wakamori, kenkyû p. 132) Hierfür gibt Wakamori (ibid. p. 131/132) als mutmaßliche Gründe an:Die Yamabushi seien - durch ihre Übungen gestählt - aus einem Überlegenheitsgefühl als "starke Männer" gegenüber den schwachen Jünglingen zu solchen Handlungen gekommen.

Auf homosexuellen Verkehr und den - tatsächlich geübten -Raub von chigo-Pagen spielen die Erzählung im "Saseki-shû" über das Verschwinden eines chigo aus einem Bergtempel (durch Yamabushi-Tengu geraubt) sowie das chigo-monogatari "Aki no yo no naga monogatari" an. Vgl. "Saseki-shû" p. 75 Iwanami Bunkô , gekan, sowie Otogizôshi NKBTK p.460 ff.
Auch das Meister:Schüler-Verhältnis im Nô-Stück "Tanikô" wird wohl zu Recht in obigem Sinn zu verstehen sein. Vgl. a. Wakamori, kenkyû p. 132
Einen klaren Hinweis auf die unter den Shugen-Asketen verbreitete Homosexualität gibt schließlich das "Ben no sôshi" (Otogizôshi p. 123, Iwanami B.)

Zu A II 1 c 3 Anm. 202 (p. 114)

Der Grenzwächter Togashi gibt vor, Benkei, Yoshitsune und Begleitern ihre Echtheit als kanjin-Yamabushi zu glauben, bittet aber um Verlesung der (üblichen) Spendenliste. Die Improvisation Benkeis, der aus einer Sutrenrolle liest, gelingt. Togashi fragt nun nach den Eigenarten der Kleidung der Yamabushi:
Die buddhistischen Mönche in der Welt sind von verschiedenerlei Gestalt, darunter die Yamabushi aber von einem erschreckenden Aussehen. Für buddhistische Übungen kommt mir eine solche Kleidung recht sonderbar vor, wel-

che Bewandtnis hat es mit ihr?
/Auf diese Frage legt Benkei in großen Worten Symbolgehalt der Kleidung und die Bedeutung der Yamabushi dar/
Das ist einfach. Bei den Riten von Shugendô spielen Mutterschoß- und Diamant-Welt die Hauptrolle. Wir Yamabushi besteigen auf gefährlichen Wegen steile Berge, töten wilde Tiere und giftige Schlangen... Wir empfinden Erbarmen gegenüber dem Volk und sammeln in rauhen und harten Askese-Übungen Verdienste; helfen bösen Geistern und den Seelen Verstorbener den Zustand des Buddha-Seins zu erlangen. Um Glanz von Sonne und Mond, um den Frieden im Reich, verrichten wir unsere Beschwörungen...
Ihr tragt am Körper eine kesa-Stola, ganz wie die buddhistischen Mönche; wie aber steht es denn mit dem Stirnkäppchen (tokin), das Ihr auf der Stirn tragt ?
Tokin und suzukake-Gewand sind gleich Helm und Panzer der Ritter. An der Seite tragen wir das Gnaden-wirkende Schwert des Amida, mit dem Kongô-(Diamant)Stab des Shaka in der Hand überwinden wir hohe Berge und steile Felsen.
Die Mönche in den Tempeln tragen einen Schellenstab (shakujô); der Kongô-Stab der Yamabushi soll die Bedeutung haben, den Körper zu stählen...
Der Kongô -Stab ist ein magischer Stab, den der Asket Alâra trug... In diesem Stab sind die Verdienste aus Mutterschoß- und Diamant-Welt eingeschlossen.
Wie kam dieser Stab in den Shugendô ?
Der... Kongô -Stab ist ein heiliger Stab; unser Ahn En no Gyôja trug ihn bei seinen Pilgerfahrten über Berg und Feld; durch ihn wurde er von Generation zu Generation überliefert.
Wieso tragt Ihr Buddhisten ein Schwert ? Um Eindruck zu machen oder um es wirklich zu gebrauchen?
Wir tragen es an unserer Seite, um damit zu drohen - gleich einer Vogelscheuche mit ihrem Bogen - werden aber böse Tiere und wilde Schlangen ganz selbstverständlich, aber auch jeden Bösen, der dem Gesetz Buddhas und dem kaiserlichen Gesetz (ôhô) Schaden zufügt, töten - nach dem Grundsatz: Einen töten und dadurch viele retten.

Ihr könnt zwar sichtbare, gestalthafte Dinge töten, wenn aber gestaltlose Schattengeister und Licht-Dämonen dem Gesetz Buddhas und dem kaiserlichen Gesetz Schaden zufügen, womit kämpft Ihr dann ?
In einem solchen Fall wenden wir einfach das "9 Zeichen-Mantra" an. Die 9 Zeichen sind in höchstem Maße geheimnisvoll, schwer zu erklären. Aber umEure Zweifel zu zerstreuen, will ich es versuchen. Dieses Mantra besteht aus den 9 Zeichen :Rin byô tô sha kai chin retsu zai zen . Will man es richtig anwenden, so muß man aufrecht stehen und die Zähne 36-mal aufeinanderschlagen. Dann zeichnet man zuerst mit dem rechten Daumen vier vertikale, danach fünf horizontale Linien (in die Luft). Wenn man dann in diesem Augenblick :Kyû kyû nyo ritsu ryô murmelt, so verschwinden sämtliche fünf Schattengeister, böse Dämonen und Häretiker, Geister von Toten und Lebenden auf der Stelle, so als ob man auf Rauhreif heißes Wasser gieße...
(Kanjin-chô p. 158/159, Kabuki meisaku-sen vol. 15, 1960)

Zu A II 1 c 5 Anm. 239 (p. 119)

Goki, zenki: Zwei Dämonen, die, der Shugendô-Tradition nach, von En no Gyôja unterworfen, zu seinen Dienern und Boten wurden. Im "Gempei-seisui-ki" heißt es hierzu:

> En no Ubasoku, 33-maliger Pilger, traf den Drachenbaum-Bodhisattva (=Nagarjuna); er erhielt Einweisung in das Gesetzeswasser der 5 Weisheiten und 3 Geheimnisse, stieg auf den Ikoma-Berg, unterwarf zwei Dämonen und machte sie zu Boten der Asketen der Endzeit.

(GSK Kap. 40 p. 271)

Wann diese Bezeichnung zenki, goki zum ersten Male auftauchte, muß zunächst unbeantwortet bleiben; dürfte aber wohl in der Muromachizeit geprägt worden sein. Hinter dieser Legende, die von der Unterwerfung zweier Dämonen spricht, könnte man Widerstand der in den Bergen lebenden Urbevölkerung gegen buddhistische Missionierung sehen. Die Bergmenschen (yamabito) waren von denen in der Ebene in Benehmen, Sprache und wohl auch Physiognomie verschieden und betrachteten sich selbst oft als Nachfahren von oni-Dämonen, oder von Gottheiten. (Vgl. MJT p. 645); hierzu zählen auch Familien im Dorf goki (Fünf-Teufel) im Omine. Vgl. Yanagita, shû vol. IX p. 427

Zur Zeit der christlichen Missionierung Japans war die Legende von den Dienern En no Gyôjas jedenfalls schon weit verbreitet und die Missionare hatten davon Kenntnis. So schreibt Cysat - der Quellen von Missionaren verwendet - in seinem Bericht über " noch ein Geschlecht oder Gesindt solcher Teufflischer Sectischen/Genguis genandt/die werden besucht unnd raths gefragt/verlorene Sachen und Diebstäl zu offenbaren und widerzubringen. Diese wohnen auff den höchsten Gifflen oder Spitzen der Felsen unnd Bergen/sindt gar schwartz und ungestalt/von wegen der stäten Sonnen/Hitz/ Regen/Windt unnd Kälte/welche sie willig gedulden/nemmen auch Weyber/doch kein andere dann auß ihrem Geschlecht..."

(Cysat, Bericht p. 55)

Von diesen "Genguis" schreibt Guzman in seiner Notiz über die Omine-Wallfahrt:

> In Yoshino kommen ihnen (=Pilgern) in jenen Bergen lebende Bonzen entgegen. Diese Bonzen Jenguis genannt und andere Guogis heißen, sind die vertrautesten Freunde, die der Teufel in Japan hat... Leben inmitten jener Felsklippen und niemals sieht man sie in den Ortschaften, und niemand weiß, wo sie wohnen. Die Jenguis haben ein so fürchterliches und wildes Aussehen, daß ihr Anblick allein schon Furcht und Entsetzen einflößt... Ihr Haar hängt wirr herab...

(Zit. nach Schurhammer, Yamabushis p. 55 MOAG)

Guogis fungieren - so weiter der Bericht Guzmans - als geistliche Betreuer, nehmen Beichten ab; Pilger, die nicht offen bekannten, würden zu Tal geschleudert. Vgl. A II 2 b.

Über die "Genguis" (=Jenguis ?) lesen wir bei Frois:

> Sie dienen als Wahrsager... sind geschwärzt durch Sonne, Regen, Wind und Reif. Sie heiraten nicht mit anderen Fraune außerhalb ihrer Sippe... Jenes schreckliche Gebirge (Omine) haben sie als ihren ständigen Wohnsitz.

(Frois, Brief vom 20.5.1565, zit. nach Schurhammer, Yamabushis p. 79, Anm. 32, MOAG)

Wie sich aus vorstehenden Notizen ableiten läßt, könnten die Sagen-umwobenen genguis (oder jenguis = zenki ??) und guokis (=goki)ohne Schwierigkeit zu den Bergmenschen gezählt werden; sie hatten shamanistisch-divinatorische Aufgaben, dienten als Bergführer (sendatsu) und waren von fremdartigem Aussehen. Auch die Bemerkung, sie heirateten nicht mit anderen Frauen außerhalb ihrer Sippe, weist auf einen abgeschlossen lebenden Familien -

verband hin.

Als Führer bei der Berg-Übung En no Gyôjas - wohl eher bei den Übungen der sich später auf ihn als Ahn berufenden Yamabushi - sieht das "Enpeki-ken-ki" (p. 76)diese zwei Dämonen. Vgl. a. Yanagita, shû vol. IX p. 430, sowie "Kii meisho zu-e" vol. III p. 69

Nach Yanagita (Oni no shison p. 430 /=Yanagita shû vol. IX) entstand die Zweier-Gruppe goki-zenki (go:nach, zen :vor, erst)aus einer mißverstandenen Benennung zenki (zen:gut), die gelegentlich auch auf goki angewandt wurde.

Im Hinblick auf die ikonographische Gestaltung dieser Legende -En no Gyôja mit zwei Diener-Dämonen -ist eine Anlehnung an buddhistische Trinitätsvorstellungen nicht ganz von der Hand zu weisen. In Indien z.B. Brahma-Vishnu -Shiva, im Buddhismus Buddha-Kannon - Seishi, Fudô -Kongara Seitaka, Zaô -Katte- Komori u.a. In der gleichen Weise könnte man auch dem vergöttlichten En no Gyôja -wie Fudô mit zwei Dienern - mit diesen zwei unterworfenen Dämonen ausgestattet haben.

Andererseits spiegelt sich in der En no Gyôja-Legende -wie z.B. im "En-kun-gyô-shô-ki" , das berichtet, E. habe mit Mantras die Dämonen bekehrt, ihnen Sutren-Texte (zur Erleuchtung) gegeben (NDZK vol. III p. 278), die in Nord-Japan beheimatete Sage von den zwei Jäger-Brüdern Banji und Banzaburô, die durch Missionierung des Jikaku Daishi ihr Gewerbe des Tötens (von Tieren; in der En no Gyôja-Legende: töten Menschen)aufgeben. Vgl. MJT p. 484, vgl. a. Naumann, yama no kami vol. I p. 185

Zu A II 2 a Anm. 21 (p. 145)

Ob wirklich so ein Ritus ausgeführt wurde oder nicht, bleibt zweifelhaft. Vgl. a. Wakamori, kenkyû p. 120 Jedenfalls waren derlei Sitten in der Muromachizeit im Volk "bekannt". Als strengem Ritus während der Omine-Wallfahrt berichtet auch Kaempfer von diesem "Talgang". "Should anyone presume to undertake this journey without having first duly purified and prepared himself for it, he could run the hazard of being thrown the horrid precipices and dashed to pieces or at least by a lingering sickness... pay for his folly and the contempt of the just anger of the Gods."(Kaempfer, history p. 233)

Hier scheint als Strafe seitens der Gottheit dieser "Talgang" aufgefaßt zu werden und nicht unbedingt als Ritus, der von den Yamabushi vollzogen wird. Mangelnde Reinigung und Reinheit -Krankheit während des Bergeinstiegs (=Zorn der Gottheit über Unwürdigkeit) -Versöhnung durch Tötung :Zentrales Moment ist die mangelnde Reinheit = Unwürdigkeit, sich der Gottheit zu nähern.

Einen Ansatzpunkt, von dem aus sich Gerüchte eines solchen Talgang-Ritus bei Krankheit entwickelt haben könnten, sehen wir im Japan-Bericht Lancilottis, der notiert, daß bei der Omine-Wallfahrt die Kranken einfach unterwegs zurückgelassen würden. (Leichen ins Tal gestürzt ?) Vgl. Haas, Geschichte I Anhang 3, sowie Schurhammer, Yamabushis p. 225 Anm. 1

Eine mögliche Erklärung weiterhin ist die, daß einige Pilger im bergigen Gelände abstürzten und man nachträglich behauptete, sie seien nicht rein gewesen. Vgl. z.B. a. Nakayama, Nihon Minzoku-gaku jiten p. 864, 1941 Yamabushi fabulierten und sagten, sie würden einen solchen Ritus ausführen, das einfache Volk glaubte es.

Gelegenheit zu tatsächlichem Absturz bietet auch die Praxis des Sündenbekenntnisses bzw. des "Verzeihung-Erbittens", ein Ritus, der nach dem "Enpeki-ken-ki" (p. 76) auf einem glatten Felsen stattfindet, von dem aus man leicht ins Taumeln kommen und zu Tal stürzen konnte. Hierauf spielt wahrscheinlich auch eine, durch fantastische Zusätze entstellte, Notiz bei Guzman (Bericht über Omine-Wallfahrt) an; dort heißt es, Pilger, die nicht alle Sünden bekennten, würden von den guogis-Bonzen aus einer Waage, deren eine Seite frei über dem Abgrund schwebe, ins Tal geschleudert. Vgl. Guzmann, zit. bei Schurhammer, Yamabushis.
Weitere denkbare Lösungsmöglichkeiten bietet der Ritus des nozoki-Schauens, wobei die Yamabushi - durch ein Seil zwar gesichert - sich über Felsen in den Abgrund beugen(Verehrung der Berggottheit); auch hierbei könnte es zu Unglücksfällen gekommen sein. Des weiteren wäre möglich , daß beim Bergeinstieg Verstorbene ins Tal geworfen (und mit Steinen bedeckt) wurden.

Verzeichnis der benutzten und zitierten Literatur:

Abkürzungen:

BDJT	Bukkyô dai jiten (Mochizuki)
DKJT	Dai Kanwa jiten (Morohashi)
DNBZS	Dai Nihon Bukkyô zensho
G	Gikeiki (NKBTK)
GKS	Genkô shakusho (DNBZS)
GMTS	Genji-monogatari taisei (Ikeda K.)
GS	Gunsho ruijû
GSK	Gempei-seisui-ki (3 vol. SSS)
HGK	(Honchô)Hokke (rei) gen-ki (ZGS)
HJAS	Harvard Journal of Asiatic studies
HK	Heike-monogatari (Enkei-bon)
HR	History of Religions (U. of Chicago Press)
KHG	Ko no hagoromo (NDZK vol. III)
KKS	Kokon-chômon-shû (NKBTK)
KSSMR	Kokusho sômoku roku (Iwanami)
KSTK	Koku-shi taikei
MN	Monumenta Nipponica
MOAG	Mitteilungen d. Dt. Ges. f. Natur-u. Völkerkunde Ostasiens
NBGS	Nihon Bungaku-shi (Hisamatsu ed.)
NDZK	Nihon Dai zô-kyô, Shugendô shôso vol. I, II, III
NHDJT	Nihon Hyakka dai jiten (Shôgakkan)
NKBTK	Nihon Koten bungaku taikei (Iwanami)
NKZS	Nihon Koten zensho (Asahi shinbun-sha)
NMTK	Nihon Minzoku gaku taikei (Heibonsha)
NOAG	Nachrichten der OAG
NRK	Nihon Ryôiki
OE	Oriens Extremus
RSJ	Religious studies in Japan (Maruzen 1959)
SBJT	Shin Bukkyô jiten (Nakamura H.)
SSS	Shiseki shûran (rev. Ausgabe)
T	Taiheiki (Saigen-in -bon)
TASJ	Transactions of the Asiatic Society of Japan
TDZK	Taishô Dai zô-kyô
YKTK	Yôkyoku taikan (Sanari K. ed.)
ZfE	Zeitschrift f. Ethnologie
ZGS	Zoku Günsho ruijû
ZZGS	Zoku zoku gunsho ruijû

In japanischer (und chin.)Sprache :

(Erscheinungsort ist -soweit nicht anders vermerkt -Tôkyô)

Andô K.	Nihon no miira, Mainichi Shinbun-sha, 1961
Araki Yoshiô	Chûsei bungaku jiten, Shunjû-sha 1966
Azuma Kagami	KSTK vol. 32
Bashô-ku-shû	NKBTK vol. 45
Bukkyô bungaku-shû	(=Koten Nihon Bungaku zenshû vol. 15)Chikuma Shobô 1961
Bukkyô daijiten	s. Mochizuki
Chûsei bungaku kenkyû nyûmon	Tôkyô dai gaku chûsei bungaku kenkyû -kai(ed.) Shibundô 1965
Dôjôji-engi	Kokuhô emaki mono series, Benridô Kyôto 1962
Ebizawa A.	Yasokai-shi to shugendô to no kôshô -kirishitan bukkyô kôshô-shi no issetsu toshite, in: Shi-en vol. 12 No. 1 p. 121-145, Rikkyô daigaku shigaku-kai
Eiga-monogatari	NKZS
Engishiki	Okayama Shoten 1929
En no Gyôja reigen-ki	Osaka Jizôji 1721 3 vol.
Enpeki-ken-ki	Nihon Zuihitsu zenshû vol. 19
Fuboku(waka)shû	Ichijima (ed.) 1906
Fusô ryakki	a)SSS Kondô Kappan-sho 1901 b)KSTK vol. 12
Fûzoku gahô	Tôyôdô 1889
Fûzoku jiten	Morisue u.a. (ed.) Tôkyôdô 1961
Gendai bukkyô meichô zenshû vol. 8, Nihon no bukkyô 3	Ryûbunkan 1966
Genji-monogatari taisei	s. Ikeda K.
Gempei-seisui-ki	a) SSS 3 vol. b) Yûhôdô 2 vol.
Genshoku shokubutsu zukan	NHDJT bessatsu, Shôgakkan 1966
Gikeiki	NKBTK vol. 37
Gorai Sh.	Bukkyô to minzoku in NMTK vol. 8
" " (ed.)	Chûsei shomin shinkô shiryo no kenkyû, Hôzôkan, Kyôtô 1964
" "	Kôya-hijiri, Kadokawa shinsho, Kadokawa Shoten 1965
Gotô D.	Kanzeon Bosatsu no kenkyû, Sankibô 1958
Gyôchi	Ko no hagoromo NDZK vol. III
Harada T.	Jinja(=Nihon rekishi shinsho)Shibundô 1963
Heike-monogatari	a)Enkei-bon, Yoshisawa Y. komm. Kaizô-sha 1935 b) NKBTK vol. 32, 33
Hibata S.	Kôtsu fûzoku (=Nihon Fûzoku-shi kôza vol. 7) Yûzan kaku

Hirata Atsutane	zenshû , Muromatsu J. (ed.) 1911
Hisaki Y.	Nihon no shûkyô Kôbunkan 1965
Hiyane A.	Nihon shûkyô-shi, Nihon kirisuto kyôdan shuppan-bu, 1962
Hokke-kyô	Iwamoto Y. u.a. komm., 3 vol. Iwanami Bunkô
Hokke-kyô dai kôza	Kobayashi I., Asahi shuppan 1963
Honchô Hokke (rei)genki	ZGS vol. 8
Hôgen-monogatari	Yûhôdô Shoten
Honda Y.	Rikuchû no yamabushi kagura I in:Minzokugaku 1933
Honzan Shugen shosahô	Sô Honzan Miidera (ed.) o. J.
Hori I.	Minkan shinkô (=Iwanami zensho vol. 151) 1961
" "	Shokugyô no kami, in NMTK vol. 8
" "	Waga kuni minkan shinkô shi no kenkyû 2 vol. Sôgen-sha 1960
" "	Yama to shinkô, in: Kokugaku-in daigaku Nihon Bunka kenkyû-sho kiyô 12, 1963
Hoshikawa T.	Haguro Shugendô hiroku, Dai Ichi Shobô 1944
Hyakka setsu-rin	Yoshikawa Kôbunkan 1905
Ichijô Kaneyoshi	Sekiso-ôrai GS bunpitsu-bu vol. 9
Ikeda K.	Genji-monogatari-taisei Chûôkôron-sha 1952
Inoue E.	Meishin to shûkyô, Shiseidô 1916
Ikegami H.	Sangaku shinkô no sho keitai, in: Jinrui kagaku 12, 1959
Izayoi nikki	Otomo (ed.)Sakurazono Shoin 1929
Jikkin-shô shôkai	Ichibashi, Meiji Shoin 1927
Kabuki meisaku-sen	vol.15, Sôgen-sha 1958
Kadokawa M.	Gikeiki no seiritsu, in: Chûsei bungei to minzoku (=Minzoku bungaku kôza vol. V) Kôbundô 1960
Kangin-shû	NKZS
Kii meisho zu-e	Dai Nihon Meisho zu-e kankô-kai (ed.) 1922
Kinkai waka-shû	NKBTK vol. 29
Kinpu-senji (ed.)	Tendai-shû shugendô shotô kyôka-sho 1940
" "	Shugen kyogaku daikô 1942
Kishimoto H.	Dewa sanzan wo chûshin toseru shûkyô-teki shugyô ni tsuite, in:Teikoku gakushi-in kiji 1-1, 1942, 3
" "	Gyô no tokushitsu to sono keitai, in: Rinri kôen-shû 479 p. 44-61
" "	Hompô ni okeru sangaku shugyô ni tsuite, in: Shûkyô kenkyû 1940 No. 1 p. 189-194
Kitagawa T.	Kyôgen hyaku-ban, Dankô shinsha, 1964
Kiyû shôran	Kitamura N. Ryokuen Shobô 1958
Kodama Y.	Kumano sanzan keizai-shi, Yûhôkaku 1941
Koji rui-en	vol.33 shûkyô-bu 1 1931
Koike T.	Nihon no shûkyô (=Gakugei shinsho 3) Gakugei Tosho 1963

Kokon-chômon-shû	NKBTK vol. 84
Kokusho sômoku roku	Iwanami Shoten 1964 ff
Konishi Sh.	Ryôjin-hishô -kô, Sanseidô 1942
Konjaku-monogatari(shû)	a)NKBTK vol. 22-26 b)KSTK vol. 18
Ko no hagoromo	s. Gyôchi
Kôwaka bukyoku-shû	Sasano Ken (ed.) Dai Ichi Shobô 1942
Kubo N.	Chukoku no shinkô no eikyô to minzoku, in NMTK vol. 8
" "	Dôkyô to shugendô, in: Shûkyô kenkyû 173, 1962
" "	Kôshin shinkô no kenkyû, 2 vol. Maruzen 1961
Kumano Gongen Kongô Zaô hôden zôkô nikki	ZGS vol. III
Lun Yü	Shinshaku kanbun taikei vol. 1, Meiji Shoin 1963
Makura no sôshi	Kaneko M. (ed,) Meiji Shoin 1955
Manyôshû	NKBTK vol. 4-7
Masu Kagami	Yûhôdô Shoten
Minamoto Ts.	Seigyô no ii (=Nihon no minzoku vol. 3) Kawade Shobô 1965
Minzoku bungaku kôza	Kôbundo 6 vol. 1960
Miyaji N.	Jingi-shi taikei, Meiji Shoin 1942
" "	Kumano sanzan no shiteki kenkyû, Risô-sha 1956
Miyake H.	Gendai shugendô kyôdan kenkyû josetsu, in: Shûkyô-gaku zasshi 1962
" "	Shugendô kenkyû, kaiko to tenbô, in: Shûkyô-gaku zasshi 3 1964
Mochizuki	Bukkyô dai jiten 10 vol. 1960
Murakami T.	Shugendô no hattatsu, Inebo Shobô 1943
Murayama Sh.	Shinbutsu shûgô shichô (=Sara sôsho vol. 6) Heirakuji, Kyôto 1964
Muromachi jidai monogatari-shû	Yokoyama Sh. (ed.) 5 vol. Inoue Shobô 1962
Nakajô Sh.	Shugen taiyô, Seibô-in Shuppan .
Nakamura H.	Shin Bukkyô jiten, Seishin Shobô 1962
" "	Tôyôjin no shii hôhô 2 vol. Misuzu Shoten 1959
Nakayama T.	Nihon Fujo-shi, Okayama Shoten 1930
Nihon Bungaku-shi	Hisamatsu S. (ed.) Shibundô 1966
Nihon Dai zo-kyô, Shugendô shôso	vol. I, II, III, Nihon Dai zô-kyô hensan-kai 1919
Nihongi	a)NKBTK vol. 68 b)Rikkoku-shi, Asahi Shinbun-sha
Nihon Koten bungaku taikei	Iwanami Shoten 1959 ff
Nihon Minzoku gaku jiten	Nihon Minzoku gakkai (ed.) Tôkyôdô 1962
Nihon Minzoku gaku taikei	Heibonsha 13 vol. 1962
Nihon Mukashi-banashi shûsei	Kadokawa Shoten 6 vol. 1958
Nihon no minzoku	Kawade Shobô 10 vol. 1965

Nihon no rekishi	vol. 5 Chûôkôron-sha 1959
Nihon Rekishi	(=Iwanami Kôza vol. 5) 1962
Nihon Ryôiki	NKZS
Nihon Shûkyô dai kôza	vol. 3 Tôhô Shobô 1938
Nihon Zuihitsu zenshû	Kokumin tosho 1929
Noda K.	Ommyô-dô no seiritsu, in:Shûkyô kenkyû 136 1953
Nô-Kyôgen	Sasano Ken (ed.) 3 vol. Iwanami Bunkô 1962
Oba I.	Shintô kôkogaku ronkô Ashiya Shobô 1943
O Kagami	NKBTK vol. 21
Orikuchi Shinobu	zenshû, Chûôkôron-sha 1965 ff
Otogizôshi	NKBTK vol. 38
Otomo Sh.	Tennô to yamabushi, Reimei Shôbô 1966
" "	Yamabushi to sonnô, Heibon-sha 1940
Owa eikei gunki	SSS vol. 4
Rikkoku-shi	Asahi Shinbun-sha 1929
Ruijû meibutsu-kô	Yamaoka T. (ed.) Kondô Kappan-sho 1903
Ruijû myôgi-shô	Masamune Atsuô (ed.) 2 vol. Kazama Shobô
Ryôjin-hishô	NKBTK vol. 73
Sandai jitsu roku	Rikkoku-shi
Sarashina nikki	NKBTK vol. 20
Saseki-shû	a)NKBTK vol. 85 b)Iwanami Bunkô , jô, ge 1943 c)Kôbon Saseki-shû Watanabe komm. Nihon Shobô 1943
Satake A.	Kyôgen no yamabushi, in:Kokugo Kokubun 316 p. 1-14
Sawa R.	Butsu-zô zuten, Yoshikawa Kôbunkan 1962
" "	Mikkyô no bijutsu (=Nihon no bijutsu vol. 8) Heibon-sha 1964
Sekai bijutsu zenshû	Kadokawa Shoten
Senshû-shô	ZGS vol. VII, zatsu-bu
Shibusawa K.	Emaki mono ni yoru Nihon jômin seikatsu e-biki, Kadokawa Shoten 4 vol. 1965
Shin Bukkyô jiten	s. Nakamura H.
Shinjô Ts.	Shaji to kôtsu(=Nihon Rekishi shinsho) Shibun-dô 1963
Shin Saru gakki	GS vol. 9 bunpitsu-bu
Shintô dai jiten	Heibon-sha 3 vol. 1941
Shintô -shû	Kondô (ed.) Kadokawa Shoten 1959
Shiseki shûran	Kondô Kappan-sho 1901
Shoku Nihongi	Rikkoku-shi
Shôryô-shû	NKBTK vol. 71
Shugen	Shôgoin (ed.)
Shugendô gongyô-shû	Sonryû-in Okayama
Shugen seiten	Shugen seiten hensan-kai (ed.) Kyôto Daigoji Sambô-in 1927
Shugen sho sahô	Yoshida K. (ed.) Dai Honzan Shôgoin 1941

Shûkyô nenkan	Monbu-sho (ed.) 1965
Sôgo Nihon Minzoku goi	Yanagita K. (ed.) 5 vol. 1955
Soni-ryô	s. Tsuji, bukkyô-shi vol. I
Suwa H.	Uta-saimon no kenkyû, in: Kokugo to kokubun No. 338 p. 40-57
Taiheiki	a)NKBTK vol. 34-36 b)Saigen-in-bon, Washio J. komm. 1936 c)Sankô Taiheiki, Ota T. (ed.) 1943
Taketori-monogatari	NKBTK vol. 9
Tamamuro T.	Edo jidai yamabushi no kenkyû josetsu, Bukkyô gaku no sho mondai, Iwanami Shoten 1935
" "	Nihon bukkyô-shi gaisetsu(=Gendai bukkyô meichô zenshû vol. 8)Ryûbunkan 1966
" "	Sôshiki bukkyô, Daihôrin-kaku 1963
Thunberg Nihon Kikô	Yamada T. (komm.) Shunnan-sha 1928
Togawa A.	Haguro yamabushi to minkan shinkô, Fumiya Shobô, Tsuruoka, Yamagata 1950
" "	Shugendô Haguro-ha goi ryakkai, in:Kokugakuin zasshi 1940, 11
Tokugawa kinrei-kô	Yoshikawa Kôbunkan 1932
Tsuda S.	Bungaku ni arawaretaru kokumin shisô no kenkyû, Iwanami Shoten 1966
" "	En no Gyôja densetsu-kô, in: Shichô 1931 No. 1
Tsuji Zen no suke	Nihon Bukkyô-shi, 10 vol. Iwanami Shoten 1944 ff
" "	Nihon Bunka-shi, 6 vol. Shunjû-sha 1960
Ujishûi-monogatari	NKBTK vol. 27
Uno Enkû	Shugendô, Nihon Shûkyô dai kôza vol. III, Tôhô Shoin 1930
" "	Shugendô no hassei to soshiki, in: Shintô dai kôza, rekishi-hen.
Utsuho-monogatari	NKBTK vol. 10-12
Uozumi S.	Yoshino yama to yamabushi, in:Rekishi to chiri 27, 1931
Wakamori T.	Chûsei shugendô no zenkei to sono seiritsu, in: Shichô 1939, 9
" "	Nihon Minzoku-shi(=Green belt series 31)Chikuma Shobô 1963
" "	Shomin seishin-shi(=Nihon no minzoku vol. 10) Kawade Shobô 1963
" "	Shugendô-shi kenkyû, Kawade Shobô 1943
" "	Yamabushi (=Chûkô shinsho 48) Chûôkôron-sha 1964
Wakun shiori	Koten Kôkyû-sho, Inoue (ed.) 1888
Watanabe Sh.	Butsu-zô hyaku-tai, Dankô-sha 1964
" "	Nihon no bukkyô(=Iwanami shinsho 299) 1962
Yamada K.	Shugendô taikô, Jinpen-sha, Kyôto 1933
Yanagita Kunio	(teibon)shû, Chikuma Shobô 1962 ff
Yôkyoku taikan	Sanari (ed.) Meiji Shoin 1931
Yoshino-shûi	GS zatsu-bu vol. 27

In europäischen Sprachen:

Anesaki M.	History of Japanese Religion, Tuttle 1963
Armbruster G.	Das Shigisan engi emaki, ein jap. Rollbild aus dem 12. Jahrhundert, MOAG vol. XL, Hamburg 1959
Aston W. G.	Nihongi I, II in:TASJ 1896
" "	Shinto, Longmans Green &Co. London 1905
Benl O.	Die Geschichte vom Prinzen Genji (=Manesse Bibliothek der Weltliteratur)2 vol. Manesse 1966
Bharati A.	Pilgrimage in the Indian tradition, in:HR vol. III No. 1 1963
Birket-Smith K.	Illustrierte Kulturgeschichte der Welt, eine allgemeine Ethnologie, Südwest Verlag München o. J.
Blacker C.	The divine boy in Japanese Buddhism, in:Asian Folklore Studies vol. XXII 1963
Blau H.	Sarugaku und Shushi (=Studien zur Japanologie vol. 6) Harrassowitz 1966
Bohner H. (übers.)	Honchô shinsen-den , in: MN vol. XIII No. 1-2 1957
" "	Legenden aus der Frühzeit des japanischen Buddhismus, 2 vol. OAG 1934
" "	Nô, Die einzelnen Nô, MOAG, Suppl. XXII, 1956
Casal U. A.	The Yamabushi, in: MOAG vol. 46 1965
Chamberlain B. H.	Allerlei Japanisches (Things Japanese, übers. aus dem Englischen B. Kellermann) Berlin 1912
" "	Kojiki or Record of Ancient Matters, TASJ, Suppl. vol. X 1882
Chavannes E.	Le T`ai chan , Annales du Musée Guimet , Bibl. d`etudes tome 21 , Paris 1910
Coates/Ishizuka	Hônen, The Buddhist Saint, Kyôto 1949
Conze E.	Der Buddhismus, Wesen und Entwicklung (= Urban Bücher 5) 1956
Mc Cullough H.	The Taiheiki, a chronicle of medieval Japan, Columbia U. P. New York 1959
" "	Yoshitsune, Stanford U. P. 1966
Cysat Renward	Warhafftiger Bericht von den Newerfundnen Japponischen Inseln und Königreichen/auch von anderem zuvor unbekandten Indianischen Landen Darinn der heilig Christliche Glaub Wunderbarlich zunimpt und auffwächst, Getruckt zu Freyburg bey Abraham Gemperlin 1586
Dorson R.	Folk Legends of Japan, Tuttle 1962
Earhart H. B.	A religious study of Mount Haguro sect of Shugendô , an example of Japanese mountain religion, unpl. Ph. D. dissertation, U. of. Chicago 1965

ders. — Ishikozume, ritual execution in Japanese religion , especially in shugendô, Vanderbuilt U. 1966

" " — Shugendô , the traditions of En no Gyôja and mikkyô influence, Vanderbuilt U. 1965

" " — Four ritual periods of Haguro shugendô in north-eastern Japan, in: HR vol. V No. 1 1965

Eliade M. — Das Heilige und das Profane (=Rowohlts Deutsche Enzyklopädie 31) Hamburg 1957

Eliot Ch. — Hinduism and Buddhism 3 vol. London 1962

" " — Japanese Buddhism, London 1959

Eucken, M.v. — Die Wandlung der sozialen Struktur des Ritterstandes in der Muromachizeit, Diss. Hamburg 1962 Ms.

Feifel E. — Geschichte der chinesischen Literatur, Wiss. Buchgemeinschaft Darmstadt 1959

Fitzgerald C.P. — China, a short cultural history, Cresset Press London 1961

Florenz K. — Die historischen Quellen der Shinto-Religion, Göttingen, Vandenhoek 1919

" " — Geschichte der Japanischen Litteratur (= Die Litteraturen des Ostens vol. X) Amelangs, Leipzig 1909

" " — Japanische Mythologie, Nihongi, Suppl. der Mitteil. der OAG 1901

Fong Yeou Lan — Precis d'histoire de la philosophie chinoise, Payot Paris 1952

Foucher — La vie du Bouddha, Payot Paris 1949

Frank B. — Kata-imi et Kata-tagae, Etude sur les interdits de direction à l'epoque de Heian, Bull. de la Maison Franco-Jap., N.S. tome V No. 2-4 Paris-Tôkyô 1958

Frois P.L. — Geschichte Japans (1549-1578) Nach der Handschrift der Ajuda-Bibl. in Lissabon, übers. u. komm. von G. Schurhammer u. E. Voretzsch, Leipzig, Verlag der Asia Major 1926

" " — Kulturgegensätze Europa-Japan, bearb, von J.F. Schütte S.J. 1955

Fujishima R. — Le Bouddhisme Japonais, Maisonneuve , Paris 1889

Glasenapp H.v. — Die nichtchristlichen Religionen (=Fischer Lexikon 1) Frankfurt 1957

" " — Die Religionen Indiens (=Kröners Taschenausgabe 190) Stuttgart 1943

" " — Glaube und Ritus der Hochreligionen (=Fischer Bücherei 346)

Granet M. — La civilisation chinoise, Albin Michel, Paris 1948

" " — La pensée chinoise, " " 1950

Groot de — Religion in China, Universism, Putnams Sons N.Y. 1912

" " — Religious system in China, vol. 5,6 Brill, Leiden 1907/1910

Grünwedel A. — Mythologie des Buddhismus in Tibet und der Mongolei, Leipzig, Brockhaus 1900

Gundert W. — Japanische Literatur, in Handbuch der Literaturwissenschaft, Potsdam, Akad. Verlagsbuchhandlung 1929

" " — Japanische Religionsgeschichte, Gundert Verlag, Stuttgart 1943

Haas — Geschichte des Christentums in Japan, 2 vol. Suppl. der Mitteil. OAG 1904

Hackmann H. — (Nobel ed.) Erklärendes Wörterbuch zum Chin. Buddhismus, Brill Leiden.

Haguenauer Ch. — Origines de la civilisation japonaise, Imprimerie Nat. Paris 1956

Hammitzsch H. — Zum Begriff "Weg " im Rahmen der jap. Künste, in: NOAG 82 1957

Hearn L. — Le Japon inconnu (esquisse psychologiques) trad. de l'anglais par Léon Raynal, Paris 1904

Heiler Fr. — Das Gebet, München 1921

Leeuw van d. — La religion dans son essence et ses manifestations, Payot Paris 1955

Lehrbuch der Völkerkunde — Adam/Trimborn (ed.), Enke, Stuttgart 1958

Lewin B.(übers. /komm.) — Rikkoku-shi, Die amtlichen Reichsannalen Japans (Hg. H. Hammitzsch), Die Reichsannalen Kammu Tennô , Shoku Nihongi 36-40 u. Nihon Kôki 1-13 Mitteil. OAG XLIII 1962

Li Chi — The changing concept of the recluse in Chinese Literature, in: HJAS XXIV 1962/3

Lowell P. — Esoteric Shintô pt. I in:TASJ vol. 21, 1893

Maspero H. — Les religions chinoises, Pub. du Musée Guimet Paris 1950

Mensching G. — Die Religion (=Goldmanns Gelbe T. 882/883)

Mock Joya — Things Japanese, News Service 1964

Moran Sh.F. — The blue Fudô, a painting of the Fujiwara period, in:Contemporary Religions in Japan, vol. VI No.3 1965

Naumann N. — Yama no kami - die japanische Berggottheit, in: Asian Folklore Studies vol. XXII, XXIII 1963/4

Needham J. — Science and civilisation in China, vol. II, Cambridge U.P. 1956

Nölle W. — Wörterbuch der Religionen (Goldmanns Gelbe Taschenbücher 642/3)

Otto R. — Das Heilige, L. Klot Gotha 1929

Pagés L. — Dic. Jap.-Franc., Paris 1868, Nachdr. Isseidô 1958

Ders.	Histoire de la Religion Chrétienne au Japon depuis 1598 jusqu'à 1651, Douviol Paris 1869
Pretzell K.	Das Bunmei-ittô-ki und das Shôdan-chiyô, Zwei Lehrschriften des Ichijô Kanera, in:OE No. 2 1965 (12. Jg.), No. (13. Jg.) 1966.
Quaritch Wales	Siamese State Ceremonies, London 1931
Radin P.	Primitive Religion, Dover Publ. N.Y. 1957
Reichelt	Der chin. Buddhismus, Basler Missionsbuchhandlung, 1926
Reischauer/Fairbank	East Asia, the Great tradition (=A history of East Asian civilisation vol. I) Tüttle 1962
Reischauer (tr.)	Ennins diary, the record of a pilgrimage to China, Ronald Press N.Y. 1955
Religious studies in Japan	Jap. Ass. f. Rel. studies (ed.), Maruzen 1959
Renondeau G.	Histoire des moines guerriers du Japon, Bibl. de l'Inst. des Hautes Etudes Chin., tome XI Paris 1957
" "	Le Shugendô, histoire, doctrine et rites des anachorètes dits yamabushi (=Cahiers de la Soc. Asiat. XVIII) Paris 1965
Rotermund H.O.	Die Legende des En no Gyôja, in: OE 12 No. 2 1965
" " (bearb.)	Warhafftiger Bericht von den Newerfundnen Japponischen Inseln und Königreichen, in:NOAG 98, 1965
Sansom G.	A history of Japan to 1334, Cresset Press, London 1958
" "	A short cultural history of Japan, Appl. Cent. Crofts N.Y. Rev. Ed.
" "	Early Japanese Law and Administration, in: TASJ 2. Ser. vol. XI 1934
Sato/Kraus	Japanisches Geschlechtsleben (bearb, von H. Ihm, neu herausg. G. Prunner) Schustek, Hanau 1965
Saunders E.D.	Mudra, a study of symbolic gesture in Jap. Buddhist sculpture, Kegan Paul London 1960
Schlingloff D.	Die Religion des Buddhismus (=Sammlung Göschen vol. 174/175) Berlin 1962
Schurhammer P.G.	Die Yamabushis, in:Zeitschrift f. Missionswiss. vol. XII 1922, Nachdr. MOAG vol. XLVI 1965
" "	Shintô, der Weg der Götter in Japan, 1923 Bonn und Leipzig.
Scott A. (tr.)	Kanjin-chô, a Jap. Kabuki play, Hokuseidô Pr. 1953
Siebold Ph. Fr. von	Nippon Archiv zur Beschreibung von Japan, 2. Aufl. Würzburg u. Leiden 1923
Soothill/Hodous	A dictionary of Chinese Buddhist terms, Kegan Paul London 1937

Sources of Chin. tradition	de Bary (ed.) Columbia U. P. 1960
Sources of Jap. "	" " " 1960
" Indian "	" " " 1964
Tajima R.	Les deux grands mandalas et la doctrine de l'ésoterisme Shingon (=Bull. de la Maison Fr.-Jap. N. S. tome VI) Paris-Tôkyô 1959
Tao Te-King	Debon (übers,) =Reclams U.-Bibliothek, 1961
Thunberg C. P.	Resa uti Europa, Afrika, Asia förrätted eren 177 1770-1779, Bibl. Nat. Paris 1796
Visser de	Ancient Buddhism in Japan, 2 vol. Brill, Leiden 1935
" "	The Dragon in China and Japan, J. Müller, Amsterdam 1913
" "	The Tengu, in: TASJ vol. XXXVI 2. S. 1908, Nachdr. Yûhôdô 1964
Wach J.	Vergleichende Religionsforschung (=Urban Bücher 52), Stuttgart 1962
Waddell L. A.	The Dharani cult in Buddhism, its origin, deified literature and images, in: Ostasiatische Zeitschrift 1. Jg. 1912/13
Yü Ying-shih	Life and immortality in the mind of Han China, in: HJAS vol. XXV 1964/5
Zürcher	The Buddhist conquest of China, the spread and apparition of Buddhism in early medieval China, 2 vol. Brill Leiden 1959

INDEX:

Haguro-Yamabushi in voller Ausrüstung, Hora blasend, mit Kongô-zue und Fächer in der Hand.

Tafel II

1

2

3

1 En no Gyôja (Daigoji, Sambôin)
Aufn.: Verfasser

2 Zaô Gongen, 11. Jh. Pr. Tottori, Sambutsuji
Aufn.: Sekai bijutsu zenshû 5 Nihon 5 Heian 2, Kadokawa Shoten, Tôkyô

3 Fudô Myôô, 9. Jh. Wakayama Shôchi-in, eine der ältesten Fudô-Statuen auf dem Kongô-san.
Aufn.: Sekai bijutsu zenshû 4 Nihon 4 Heian 1, Kadokawa Shoten.

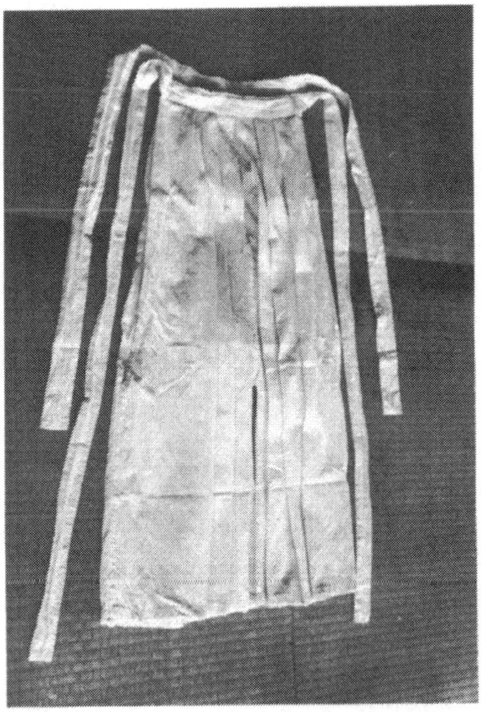

2

1 Hakama-Beinkleider

2 Yuigesa:Yamabushi-Stola, mit den 2 Quasten nach vorn, den 4 nach hinten getragen.

3 Oi-Schulterkorb mit Katabako (enthält Gelübdeschriften) und ayaigasa-Strohhut. Auf der Vorderseite der oi abgebildet:Joma Dôji und Kongô Dôji.

3

Yamabushi-Ausrüstung und Kleidung:Hora-Schnecke, tokin, Fächer sowie (Mitte) sog. ama-tokin mit 6 Falten, die von dai sendatsu getragen wird.

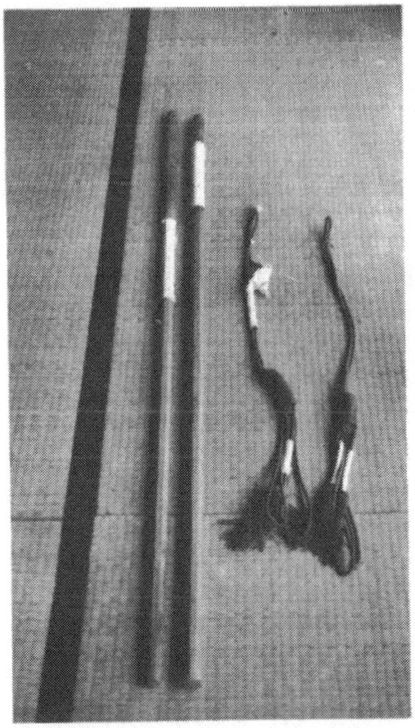

Kongô-Stab und Kai-no-o-Schnur.

Große Axt der Yamabushi, aus Holz, beim Bergeinstieg vorangetragen.

Tafel V

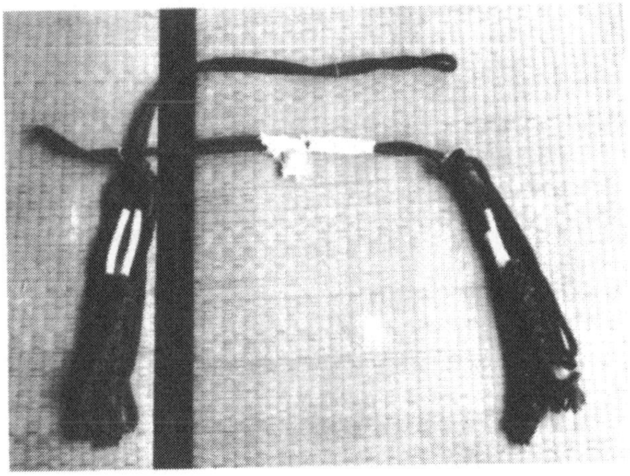

Kai-no-o-Schnur (in verschiedenen Farben), an der die Hora-Schnecke getragen wird. Gleichzeitig Verwendung als Seil beim Bergwandern.

Kensaki-Gamaschen. Jüngere Yamabushi in schwarzer, sendatsu in weißer Farbe

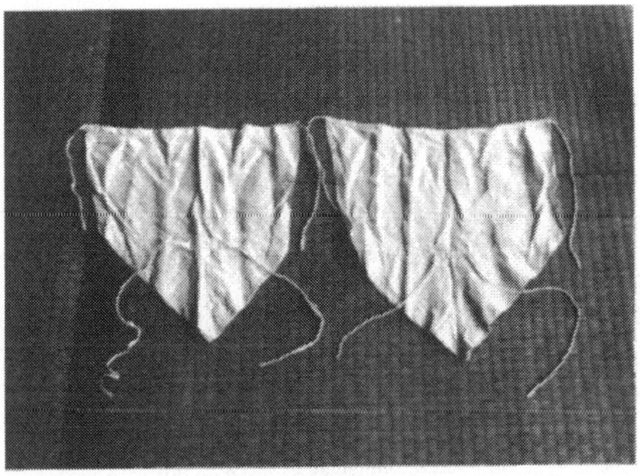

Suzukake-Gewand der Haguro-Yamabushi. Löwenmuster: Symbol der Furchtlosigkeit der Asketen, Steinmuster soll Härte u. Furchtlosigkeit der Fudô-Geisteshaltung ausdrücken.

Tafel VI

Yamabushi und Shamanin bei Krankenbeschwörung. Yamabushi mit tokin, langem Haar, Suzukake-Gewand mit Vogelmuster, Rosenkranz in Händen.
Aufn. :Shibusawa(ed.)Emaki-mono ni yoru Nihon jômin seikatsu ebiki vol. 4 p. 200/201, Kadokawa Shoten.

Arznèimittel verkaufender Yamabushi vor dem Kannon-Tempel in Asakusa, Tôkyô.

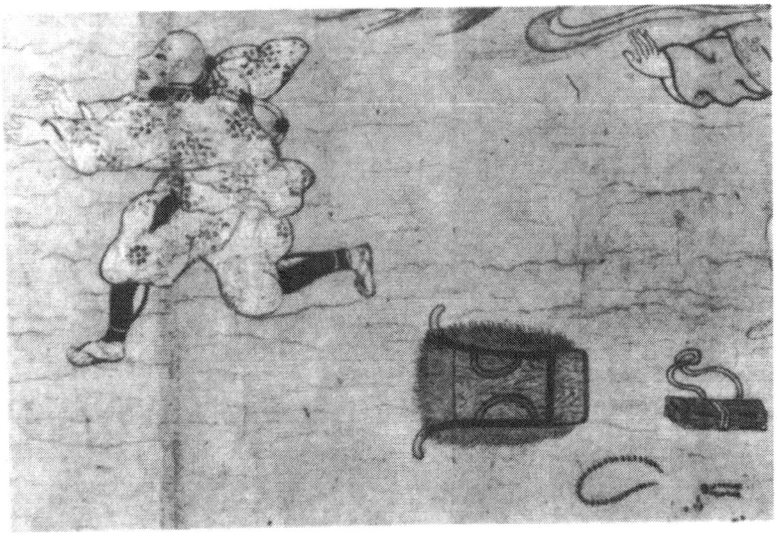

Szene aus dem "Dôjôji-engi". Der Yamabushi (ein Mönch, ohne Haar) flieht unter Zurück - lassung von oi, katabako und Rosenkranz.
Aufn. : Kokuhô emaki-mono Series, Benridô, Kyôto

Yamabushi im Omine.
Aufn. :Saigyô monogatari emaki, Nihon emaki-mono zenshû vol. XI, Kadokawa Shoten

Yamabushi-Pilger vor dem Kumano Shôjôden (Hongû).
Aufn. : Ippen hijiri-e, Nihon emaki-mono zenshû, vol. X Kadokawa Shoten.

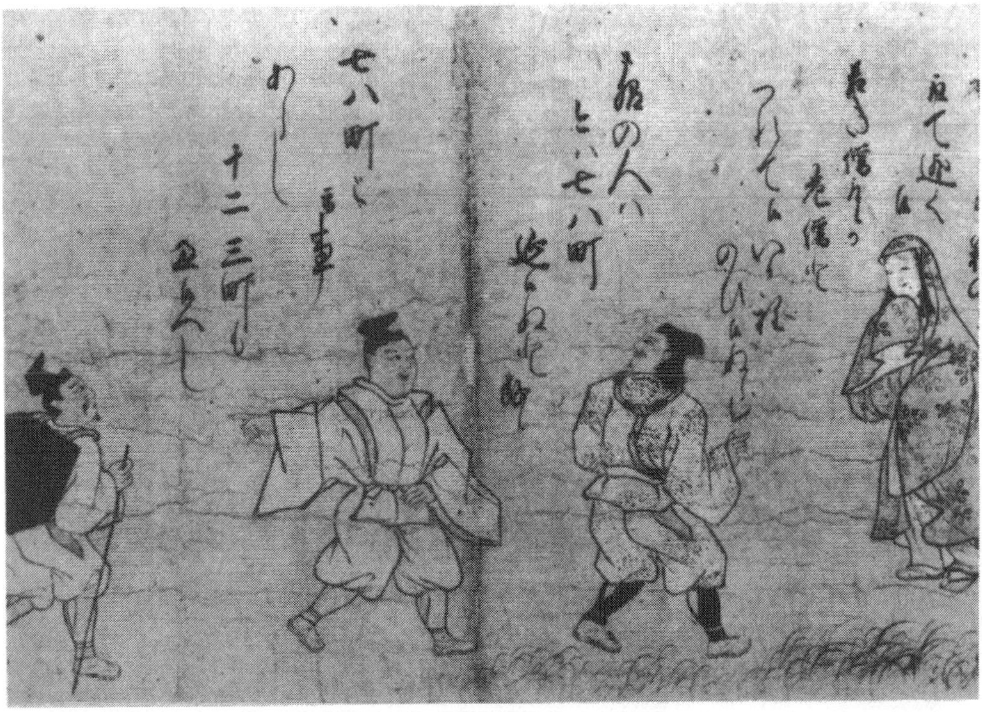

Yamabushi aus dem "Dôjôji-engi" . Aufn.: Dôjôji-engi, Kokuhô emaki-mono series, Benridô, Kyôto

Drei Yamabushi aus dem "Saigyô-monogatari emaki", zwei mit ayai-gasa, einer (schneuzt sich die Nase) nur mit tokin. Deutlich erkennbar oi-Schulterkorb und langes Haar. Aufn. :Shibusawa (ed.), ebiki, vol. 3 p. 61, Kadokawa Shoten

Saigyô Hôshi und Yamabushi in einem Unterstand (f. Pilger errichtet). Zweifüßige oi-Schulterkörbe, Yamabushi mit tokin und langem Haar. Aufn.: ibid. p. 49

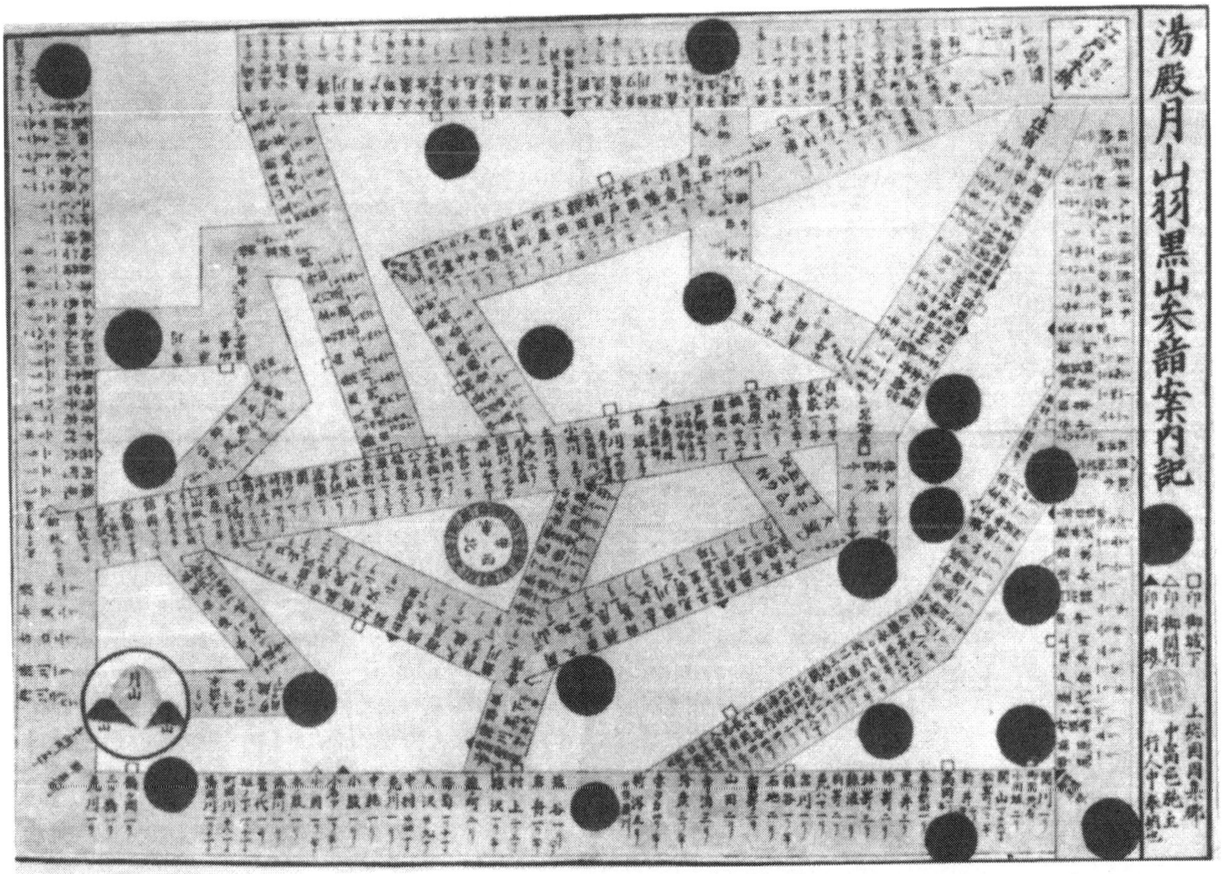

Wanderkarte der Yamabushi zum Yudono-san, Gassan und Haguro-san. Aufn.: Togawa.

Yamabushi (des 14. Jh.) am Strand von Chisato, Kii-Halbinsel. Aufn.: Saigyô-monogatari emaki, Nihon emaki-mono zenshû vol. XI, Kadokawa Shoten.

1

2

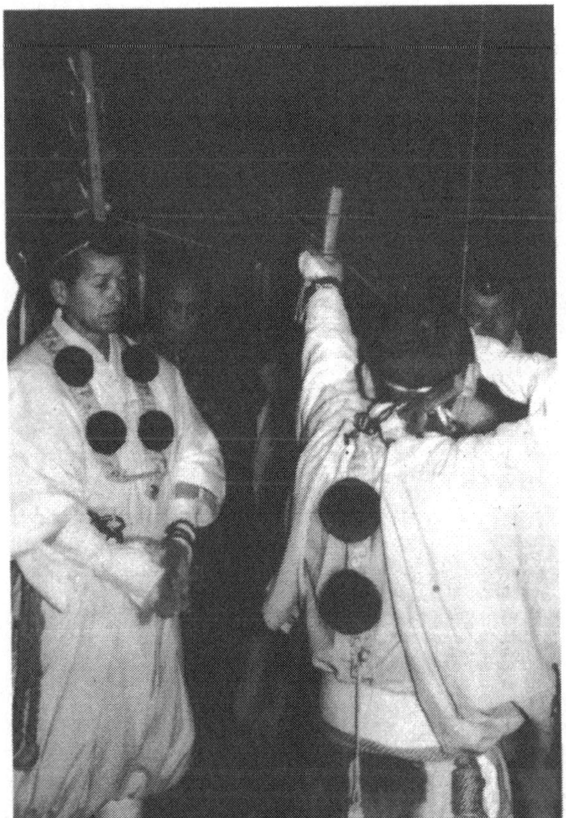

1 Hora-Blasen vor Beginn des Bergeinstiegs der Goryû Sonryû-in -Yamabushi auf der Kojima-Halbinsel.

2 Saitô-goma-Feuerstoß vor der Entzündung.

3 Reinigung des Weiheplatzes durch Pfeilschuß. Kojima-Yamabushi.

Entzündung des Saitô-goma-Feuers

Während der goma-Zeremonie.

Herbstgipfel der Haguro-Yamabushi. Nähe des Fudô-Wasserfalls. Aufn.: Togawa

Herbstgipfel. Tag des Bergeinstiegs. Yamabushi erhalten von den sendatsu (Hintergrund stehend)Ermahnungen, auf die zahlreichen Vorschriften während der Zeit im Berg zu achten. Aufn.: Togawa.

Kolibri 360 GmbH
Ferdinand-Jühlke-Straße 7
99095 Erfurt, Deutschland
produktsicherheit@kolibri360.de